U0611430

钟南山院士倾情作序与推荐

食品的红色警报

著名公共卫生教授
预防医学专家 肖斌权◎编著

羊城晚报出版社
·广州·

图书在版编目（CIP）数据

食品的红色警报 / 肖斌权编著．—广州：羊城晚报出版社，2013.7

ISBN 978-7-5543-0040-4

Ⅰ．①食…　Ⅱ．①肖…　Ⅲ．①食品—普及读物　Ⅳ．①TS971-49

中国版本图书馆CIP数据核字（2013）第160436号

食品的红色警报

Shipin de Hongse Jingbao

策划编辑　朱复融
责任编辑　高　玲　王思宇
责任技编　张广生
装帧设计　友间文化
责任校对　麦丽芬　胡艺超
出版发行　羊城晚报出版社（广州市东风东路733号　邮编：510085）
网址：www.ycwb-press.com
发行部电话：（020）87133824
出 版 人　吴　江
经　　销　广东新华发行集团股份有限公司
印　　刷　佛山市浩文彩色印刷有限公司（南海区狮山科技工业园A区）
规　　格　787毫米×1092毫米　1/16　印张22　字数460千
版　　次　2013年7月第1版　2013年7月第1次印刷
书　　号　ISBN 978-7-5543-0040-4/TS·66
定　　价　45.00元

Preface 序言

远离有毒食品，拥有安全健康的餐桌

中国工程院院士

近年来，食品安全事件不断挑战着公众脆弱的神经：镉大米、三聚氰胺、瘦肉精、地沟油、染色馒头、有毒松花蛋、苏丹红鸭蛋、孔雀绿鱼虾、甲醛奶糖、染色花椒、墨汁石蜡红薯粉、毒豆芽、染色蛋糕、毒豇豆、漂白大米、双氧水凤爪、激素染色草莓以及比三聚氰胺还毒的“塑化剂”、燕粪熏蒸的所谓“血燕”、含金黄色葡萄球菌的水饺，含致癌物黄曲霉素的牛奶等。这一起起事件，真是令人触目惊心。所以，食品安全问题，无论怎么强调也不过分。

导致食品不安全的因素有很多，尽管相关部门一直在不断努力，但食品安全问题仍然不断地发生，直接影响了老百姓的生活和身体健康。

目前我国食品领域存在的问题，直接导致了很多消费者对食品安全没有信心。食品安全不达标，不但影响消费者的信心，也影响社会经济发展。中共中央《求是》杂志社旗下《小康》杂志发布“2012中国综合小康指数”，结果显示，在我国全面建成小康社会进程中，“食品安全”成为2012年最受公众关注的焦点问题。

食品安全一直也是历年全国“两会”期间人大代表和政协委员的热议话题，今年“两会”期间，食品安全更成两会热点。有关食品安全的议案、提案每年都成为媒体关注的焦点。在过去，食品安全问题是民生问题，今年的“两会”把它上升到一个社会问题。

“民以食为天”，消费者对于食品质量的要求和关注一直高于其他商品。“食以安为先”，百姓最关心的是自已吃的食物是否安全，吃得是否健康。

预防医学专家、公共卫生教授肖斌权先生长年从事公共卫生防疫与食品安全研究工作。多少年来，食品安全问题一直是肖斌权教授非常关心的问题，既是出于一个预防医学、公共卫生专家对职业的专注与尊重，更出于对人类良知道义的坚守。在环境污染、食品安全出现严重问题的当今社会里，了解食品安全的基本知识，具备辨别劣、假、毒食物的能力，掌握鉴别这些有害食物的方法，树立健康的饮食观念，才能远离危险食品，拥有安全健康的饮食。

《食品的红色警报》是肖斌权教授最新编著的一本书。本书的核心是倡导科学精神，通过客观的事实介绍食品安全真相，科学解读食品安全现状。本书的内容来源于我们的日常生活，具有很强的科学性与实用性。作者以真实的笔触，把读者平时不知道的食品安全知识，浅显地奉献在读者面前，以期让读者看得懂、学得到、用得上。本书是一部普及食品安全知识与安全购买食品的指南，值得向广大读者推荐。

是为序。

2013年3月

Foreword 前言

民以食为天，食以安为先。食品安全是一项关系广大人民群众的身体健康和生命安全的“民心工程”，直接关系到广大人民群众的身体健康和生命安全，关系到经济发展和社会稳定。央视纪录片《舌尖上的中国》的热播，广大观众之所以对该片抱有空前的热情，大概因为它道出了中国人对饮食的基本追求：自然与安全。近年来，食品安全事件在国内不断出现，如有毒松花蛋、镉大米、地沟油、瘦肉精、致癌物等，食品安全问题已成为人们关注的热点问题。当前，许多消费者的食品安全意识还不强，消费知识仍不足，食品安全的社会基础还不牢固，广大消费者迫切需要一本通俗易懂、内容实用的安全选购与实用的科普读物，以此提高自己的食品安全知识水平和自我保护能力，真正地做到吃得放心、吃得安全、吃得健康！

为此，作为一直关注民生的羊城晚报出版社，专门约请了国家预防医学专家、著名公共卫生教授肖斌权来撰写了《食品的红色警报》一书。

本书是一本科普性的通俗读物，语言平易。全书分为上下篇。上篇为：食品毒素与预防，本篇主要介绍与老百姓日常生活相关联的食品毒素与预防等基础知识；下篇为：食品安全与选购鉴别，本篇汇集了近300种家庭常用食品选购与鉴别、食品贮藏、营养功效、健康食用、科学妙用、饮食宜忌等食品安全与健康常识，从细节处着手告诉读者怎样选购食物，怎样科学合理地安排自己的饮食，在消费中遇到问题怎样处理等等。

本书的出版发行，对于增强人们的食品安全意识，提高人们的食品安全知识水平，将会起到一定的促进作用。希望广大读者能把这些知识运用到日常生活当中，逐渐树立健康、科学的消费观念，积极参与食品安全的监督，保证饮食安全和身体健康。

本书既是普通百姓家庭养生保健、饮食安全的必备书，也是各高等医药卫生院校师生及广大卫生、食品药品、质量技术、工商和农业等质量监督人员的有益参考书。

目　录 contents

下篇 食品安全与选购鉴别 / 71

食品毒素与预防

SHIPIN DUSU YU YUFANG

第一章 预防食品中毒指导方针

1. 食品购买指导方针

购买安全食品的三项原则

购买安全食品是预防食品中毒关键性的第一步。

不法奸商层出不穷的缺德手法，让人防不胜防；种类繁多的食品及其鉴别方法，又让人不胜其烦。但你只要坚持下面的三项原则，你就不容易买到不安全的食品。

第一项原则：选择正规的购物商场。

到正规的、有卫生监管的肉菜市场，以及大型商场和超级市场选购食品，不要在路边小贩、无证摊贩处和无卫生监管的肉菜市场购买食品。

第二项原则：选择信誉好的生产厂家。

选购有知名品牌的、信誉好的食品生产企业的产品。

第三项原则：选择有安全标志的食品。

产品包装上有“质量安全”、“无公害农产品”、“绿色食品”、“有机食品”四种标志其中一种的就是安全食品，可放心购买。

购买加工食品的指导方针

购买包装加工食品要注意保质期，不买已过保质期和临近保质期的食品。

认真阅读产品包装上的产品说明，了解食品添加剂的种类和剂量。

警惕具有非天然颜色的加工食品，避免食入有害添加物。

购买加工食品数量要适宜，勿一次采购太多，避免这些食品因在家中放置时间过长而发生变质。

罐头食品要注意有无开裂、鼓听现象，开裂、鼓听现象表明食品已变质，不可再食用。尤其是鼓听罐头食品含剧毒，非常危险。不建议食用过多罐头食品。

购买植物性食品的指导方针

按季节时令购买食品，反季节时令的食品不符合自然规律，往往采取大量施用农药化肥的办法催熟，并违反农药化肥安全间隔期的规定上市。

警惕外表卖相好、色彩异常鲜艳亮丽的食品，注重食品的本色和内在品质。

勿贪图便宜去购买因存放时间过长而开始变质的贱卖食品。

购买新鲜食品数量要适宜，勿一次采购太多，随买随吃，保持食品新鲜。

一般而言，瓜果豆类蔬菜、叶茎类蔬菜农药污染较多，根茎类蔬菜农药污染相对较少。

有毒动植物类食品要注意来源和质量，避免误食有毒鱼类、毒蘑菇和变质甘蔗。

尽可能了解食品的来源产地，避免购买污染严重地区、污染水源种植和公路两旁出产的食品。

购买动物性食品的指导方针

每次采购食品，都需要花费不少的时间，因此你应当将那些容易腐败的食品，如鸡蛋、猪肉、鱼类食品放到最后来购买。完成食品采购后就直接回家，避免食品因在热空气中停留时间过长而变质，并尽快将这些食品妥善保藏。

坚决不接触、不购买、不食用野生动物。

注意避免购买来源于发生赤潮海域的贝类海产品。

注意避免购买来源于“厕所+鱼塘”方式养殖的淡水鱼。

避免购买私宰猪肉，只购买经过卫生检疫并盖有圆形合格章的猪肉。

所有动物头部的肉，如猪头肉、牛头肉、羊头肉等，均应少买少吃。

所有动物的内脏，均应少买少吃。

动物的耳朵和耳根部的肉，最好不买不吃。

2. 食品清毒指导方针

原料把关

任何发霉变质、腐败变质的食品，以及过了保质期的加工食品，必须坚决抛弃。

花生、玉米中的发霉、变质、破损、虫蛀粒要全部拣除。

鱼的内脏应完整去除，并注意不割破鱼胆，鱼鳃要完全除去，整个鱼头必须彻底洗净。

贝类的内脏应完整去除。

发好的银耳要充分漂洗，银耳的基底部要摘除。

发芽马铃薯要完全去除芽和芽眼周围部分。

包叶类蔬菜在冲洗浸泡前，需先剥去最外层叶片不要，因为农药残留最多的就在最外层叶片上。

动物的耳朵和耳根部应该全部抛弃，此部位是法定埋植兽用激素类药物的部位，含有较多残留兽药。

鸡的颈部、头部和鸡屁股部位，应该全部抛弃。

水解清毒法

原则一：先冲洗再浸泡。

蔬果一定要先用水清洗，把蔬果表面的污物彻底冲洗干净，然后再放到清水中浸泡约10分钟。如果不先用水冲洗就浸泡，蔬果表面的残留农药就会稀释到浸泡的水中，结果等于是将蔬果浸泡在稀释的农药水中。蔬果浸泡的时间也不宜太长，一般不超过15分钟。因浸泡时间过长而稀释出来的残留农药又会被蔬果重新吸收回去。

如果采用流动水浸泡，则效果最佳。但水流不必过快，以免浪费。

有毒贝类在清水中（需每天换水）放养2周左右，可排净毒素。无毒贝类在清水中放养1周以后再食用，会比较安全。

原则二：先浸泡再切菜。

浸泡后的蔬果，再用水冲洗几次，然后蔬菜就可以刀切。切菜不可在浸泡之前，因为蔬菜的切面很容易受残留农药的污染。

碱解清毒法

清水浸泡只能清除部分残留农药，不能清除有机磷类农药。因为有机磷类农药不溶于水。而有机磷类农药又是使用最多的杀虫剂。如果在浸泡水中加入碱粉，就可以迅速分解有机磷类农药。方法是在500毫升水中加入5~10克碱粉（小苏打），浸泡10分钟左右即可，然后用清水冲洗几次后就可以切菜了。

去皮清毒法

凡外表不平滑或多细毛的蔬果，会沾染更多残留农药。因此采用削去蔬果外皮的方法可有效去毒。但是一定要先清洗后去皮，这样可避免刀口所沾染的残留农药再污染蔬果的肉体。

在农药广泛应用的情况下，去皮清毒很重要。所有的瓜类蔬菜和水果食品均应以去皮为原则。不要因某些瓜果的皮富含营养物质而带皮食用。卫生第一，营养第二。

热解清毒法

芹菜、菜花、青椒、豆角等蔬菜会残留较多氨基甲酸酯类杀虫剂，这类农药在加温条件下容易分解。因此蔬菜在清洗后烹调前，可用沸水烫2~3分钟，可清除大部分毒素。

常用于牛奶、人乳及婴儿合成食品消

毒的“巴氏消毒法”，也是一种热解清毒法。一般有两种方法：

一种是将被消毒食品加热到61.1℃~65.6℃，作用30分钟；

另一种是将被消毒食品加热到71.7℃，作用15分钟。

巴氏消毒法可使细菌总数减少90%以上。

此外，多数残留农药在加热烹调时都会被分解，并随水蒸气蒸发而消失。

光解清毒法

据有关的测试实验表明，经阳光照射约5分钟，蔬果中的有机氯、有机汞农药的残留量可减少60%。因此，蔬果食用前先晒晒太阳，也是一种清毒的好方法。

放置清毒法

冬瓜、南瓜等不易腐败的蔬菜，可不急于吃新鲜，将其放置一段时间（10天以上），可利用空气缓慢分解有害物质，减少农药残留量。

细嚼慢咽清毒法

医学研究发现，人的口腔中有一种过氧化物酶，这种酶能消减食品中致癌物质的毒性。当食品在口腔中反复多次细嚼过程中，过氧化物酶就可以充分发挥消毒作用。如果你是狼吞虎咽，过氧化物酶就发挥不了消毒作用。

3. 食品加工指导方针

食品要以熟食为主

除水果外，一般的植物性、动物性食品，均应以熟食为原则。

特别是不吃生的或半生半熟的禽畜肉类、鱼虾类、贝类和蛋类食品。

不喝生的水。饮用水要煮沸5分钟左右才能喝。

食品加热要彻底

食品加热时，食品的中心温度要保证达到70℃以上，才能有效杀灭禽肉、肉类、蛋和未消毒奶中可能含有的致病菌。

肉块过大应分成小块，鱼头要剖开，要注意肉类食品体积过大会使其内部加热不足，达不到灭菌目的。

盲目追求蔬菜的生鲜嫩绿吃法是一种不卫生的饮食习惯，会导致对食品加热不彻底。

冷藏肉类食品要先解冻（不要在室温中解冻，应在冷藏箱或微波炉中解冻），再烹调，并保证加热彻底。

涮火锅方式最易造成食品加热不彻底，看着沸腾翻滚的汤水，容易产生食品易熟的感觉。因此，许多人总是将食品放进锅里烫一烫就吃，其实食品的加热并不充分，容易感染肉类食品中的寄生虫。

避免任何方式的高温烹调

避免任何方式的高温烹调，包括油炸、油煎、烧烤、烘烤、烟熏、猛火热油快炒等，较安全的方式是低温炒、水煮、蒸、炖、卤等。

炒菜时应避免食油接受高温时间过长，尤其不要将食油烧至冒烟甚至起火焰，此时的油烟和火焰含大量毒素。

反复多次用于油炸食品的油，含多种致癌物，已成为毒油。因此，油炸食品的油，用过一次就应弃之不用。

任何烧焦的肉类、植物类和谷物类食品，均含有多量毒素，一定不要食用。

烹调中不要加盖焖煮

应改变加盖焖煮的习惯，因食品中的残留农药等毒素，在加热烹调中会分解并随水蒸气蒸发消失，加盖焖煮则不利于毒素的蒸发。

同样道理，烧开水时，在水煮沸后也应打开盖子，让有毒物质蒸发。

烹调好的食品要趁热吃

烹调后的食品应尽快趁热食用，如果未能立即食用，应注意快速降温，要小分量分开低温保管（15℃以下），存放时间尽量缩短；在室温条件下，食品放置时间越长，微生物污染的危险越大。

尽量不吃加热后变冷的食品。

熟食食用前要再加热

熟食在保藏过程中会繁殖细菌，食用前一定要再加热，并保证食品中心温度要达到70℃以上，煮沸5～10分钟为佳，这是杀灭细菌的最佳办法。

尽量避免剩余饭菜，如有剩余饭菜应低温冷藏，再食用前必须彻底加热。

避免生熟食品交叉污染

生熟食品不要互相接触，加工生熟食品的菜板、菜刀等厨具要彻底分开使用，以减少致病菌直接污染熟食品的可能性。

加工熟食品之前，菜板，菜刀等都应彻底清洁。

反复充分洗手

勤于洗手，充分洗手，不留长手指甲，是预防病菌感染的最好的办法之一。在以下场合中，应该洗手：

饭前便后。

加工食品的前、中、后。

接触动物和动物的粪便之后。

从公共场所回来后。

家中有传染病人时。

手脏时。

洗手要使用肥皂或清洁剂彻底洗干净。

上呼吸道感染者和手上有感染伤口者，应避免直接接触食品；不要对着食品咳嗽和打喷嚏。

世界卫生组织（WHO）提倡：“洗干净你的手，煮熟透你的食品，不喝生水。”

使用安全的食具和厨具

不使用铅制或含铅的食具和厨具。

不使用含镉的食具和厨具（有色图案

玻璃用品、搪瓷食具等）。

铝制食具和厨具，不要用来烹调或盛装酸性食品；

各类食具应获得彻底清洗和消毒，并放入干净的柜橱中备用，要注意防止二次污染。

菜刀、菜板等厨具也要注意保持清洁，每次使用后均应彻底清洗和消毒，最好放入干净的柜橱中备用，不要随便放置在厨房的案台上。

保持厨房清洁

要保持厨房操作平台的清洁，不留残存食品，以避免滋生细菌。

厨房用抹布和地面拖布要经常换洗，并用开水煮沸消毒。

饭碗菜盘洗后再用水冲洗，然后晾干或放入消毒柜中，切勿用抹布擦干后盛装饭菜。

厨房要保持通风透气和干爽，勿堆放过多杂物；

注意灭虫灭鼠。

4. 食品保藏指导方针

尽量减少食品保藏

食品保藏的最好办法就是尽量减少需要保藏的食品，因为食品保藏的过程也是发生细菌、真菌污染的过程。减少食品保藏的方法如下：

少购——每次购买食品要注意适量，宁可增加购物次数，也不要一次购买太多。随买随吃，保持食品新鲜有利于身体健康。

少煮——吃多少煮多少，避免剩余饭菜。剩余饭菜在保藏过程中最容易发生毒物污染。同时，常吃剩余饭菜是一种不健康的饮食习惯。

正确保藏食品

食品和剩余饭菜要注意低温保藏；

大量温热食品应快速降温后再放入冰箱，否则会提高冰箱温度，使致病菌得以繁殖到引起中毒的菌量。

冰箱中的生熟食品要分别用保鲜膜包好，避免交叉污染。

鱼类、肉类食品一定要低温贮藏（5℃以下）。

要定期清理冰箱，去除长期存放、变质发霉的食品。

冰箱不是保险箱

保藏在冰箱中的食品并不安全，因为冰箱冷藏食品只能抑菌而不能杀菌。冰箱是利用低温抑菌的作用来达到贮藏食品的目的，冰箱冷藏室的一般温度是5℃～8℃，这样的温度不能冻死细菌，只能使细菌的繁殖减缓或停止。一旦温度适宜，细菌将复苏并重新繁殖。更何况一些嗜冷菌在冰箱的低温条件下，仍然可以正常生长繁殖。所以，冰箱中的食品，尤其是熟食，一定要彻底加热后才能食用。

避免动物接触食品

家中如有猫、狗等宠物，装食品的容器要盖严，以避免动物身上所携带的致病菌感染食品。

5. 饮用水卫生指导方针

自来水不等于安全直饮水

一般而言，自来水是相当安全的水源。来源于河流或地下的水源水，经取水工程被引到水厂后，为了达到饮用水的卫生标准，要经过一系列的净化和消毒处理程序之后，才会通过各级管道输送到千家万户中。这种自来水不仅感官性状好，更重要的是水的化学成分和微生物等的含量处在安全范围内，符合我国生活饮用水的卫生标准，基本上可以保证居民饮水后的身体健康。

但是自来水并不等于安全水，有时并不像人们想象的那样安全可靠。自来水中可能存在如下三类污染：

第一类污染是氯化消毒剂的污染。水厂目前广泛使用含氯的消毒剂来杀灭水中的细菌，同时也在自来水中产生氯化副产物。有关的研究证明，这些氯化副产物具有致突变性。国外的流行病学调查表明，长期饮用氯化饮水，与多种癌症（膀胱癌、结肠癌、直肠癌）的发病率增加有关。

第二类污染是输送过程中的二次污染。当自来水管网系统发生破损漏水而导致管网出现负压时，以及城市中大量高层建筑必需的二次加压供水系统，都可能造成水质重新被污染。

第三类污染就是不易被常规的氯化消毒剂所杀灭的病毒和寄生虫卵囊（如隐孢子虫的卵囊）。

自来水必须煮沸后饮用

如上所说，自来水是氯化水而且可能受到二次污染，不宜直接饮用。自来水必须经加热煮沸后，才能饮用。因为加热煮沸可去除氯化物，以及杀菌消毒。一般情况下，水质较好地区的居民，在水煮沸后打开盖子（氯化副产物具挥发性，水煮沸后会随水蒸气蒸发），用小火持续煮沸5分钟左右，就可以去除氯化物，若水质较差，则持续煮沸的时间适当延长。

首选凉白开水

自来水煮沸后就是可供饮用的白开水，白开水冷却到25℃～30℃时就是凉白开水。营养专家指出，儿童饮料的首选是凉白开水，对成人也是如此。白开水无菌而洁净，含有多种微量元素，而白开水放凉后能被身体更好地吸收，迅速补充身体所需的水分，促进新陈代谢，加快养分的运转和分解，增加肠道的生物活性，消除疲劳，焕发精神，排除毒素，增强人体免疫力。

凉白开水卫生而且经济，每天人体水分的补充应以凉白开水为主，其他的水产品可作为辅助性饮料。

不宜饮用的水

不要随便饮用未经消毒处理的河流水、地下水、山泉水、井水、雨水等非安全来源的水，避免遭到各种致病菌、病毒和有毒物质的污染。

白开水要当天加工当天喝，隔天的白开水喝了不卫生。反复烧开的水，会含有亚硝酸盐，易于生成致癌的亚硝胺，因此不能喝。

各种包装饮用水应按安全期限规定饮用，越新鲜越好，过了安全期的就不应再饮用。

包装饮用水应置于室内防凉处保藏，如处于室外阳光照射的炎热条件下，3～5天内就会变质而不宜饮用。

开启后的各种包装饮用水，宜当天喝完。喝不完的就应该丢弃，不要留到第二天再喝。

一切出现浑浊、有异味、有沉淀物的水，均不可在食品加工上使用，更不可饮用。

预防铅中毒

如果你家中的输水管道仍然采用铅管，自来水中会含有多量的铅，尤其是早上起来打开水龙头的前10分钟的水，因为一个晚上的静止状态，水中会有更多铅元素的溶出，最好不要用来饮用，以避免喝入过多的铅元素。这部分水可用于洗衣服、冲厕所，浇花等用途。

你应当尽快用聚氯乙烯管替代铅管作为自来水的输水管，以避免继续摄入过多的铅元素。

净水器和各种水产品

如果怀疑自来水的水质不好，可加载净水器进行处理，以改善水质。但一定要注意定期维修和消毒清洗，并按使用周期及时更换滤器或内芯。

天然矿泉水污染少，含多种营养物质，生产工艺讲究，具有较好的保健效果，但一定要特别注意装水的瓶和桶的彻底消毒，要定期进行专业性清毒，以避免水中细菌总数超标，反而危害健康。

纯净水和蒸馏水既去除了有害物质，同时也去除了营养物质，从饮水健康而言，不宜长期大量饮用，建议儿童、老人和孕妇少饮用此类水。

6. 儿童食品卫生指导方针

不宜吃或应少吃的食品

少吃加工过多的食品，多吃自然新鲜的食品。

尽量不吃或少吃油炸、烧烤、烟熏等高温加工的食品和腌制食品（如炸薯片、炸薯条等），高温和腌制加工的食品含较多致癌毒素。

不吃或少吃动物头部的肉，如猪头肉、牛头肉、羊头肉等。动物头部的肉会残留较多兽用激素类药物，儿童过多食用动物头部的肉容易导致早熟儿、肥胖儿和异性趋向等不良后果。

尽量少吃剩菜，凉拌菜、生冷食品、生水冷水，这些食品容易导致儿童痢疾症。

儿童要尽量少吃色彩鲜艳诱人的加工食品，如果冻布丁、果汁饮料等，生产厂家为了讨儿童喜欢，在这些食品中加入了各种食用色素，这些食用色素以煤焦油为原料，经化学加工而成，毫无营养价值，过多食用会对健康产生不良影响。

减少与动物的接触

儿童应减少与动物的直接接触，特别是不要接触动物的粪便，与动物接触后要及时洗手。动物及其粪便含有大量致病菌，容易导致儿童急性肠炎。

家中养有宠物，一定要保持宠物的卫生，并定期接受兽医寄生虫免疫注射和治疗，这样可减少宠物发病的机会，也避免了孩子和家人感染发病的机会。

不要收养任何来源不明的街头流浪小动物，收养宠物要从正规的宠物店或动物种畜场购买，并立即接受兽医的检查。

不可让孩子接触任何野生动物。

有选择地吃蔬菜

对婴儿不要喂食大量叶茎类、根茎类蔬菜，这类蔬菜中（如菠菜、芹菜、菜心、大白菜、小白菜、青菜、萝卜、胡萝卜、芦笋等），硝酸盐的含量会较多，加工后很容易还原为亚硝酸盐。

此外，这些蔬菜的农药污染也相对较严重。

其他应注意事项

大人嚼过的食品，再给孩子吃，或者嘴对嘴喂食，是非常不卫生的，会将大人口中的细菌感染给孩子。婴儿食品最好现做现吃，避免让婴儿吃不新鲜食品。

儿童饮料首选白开水（煮沸5分钟以上），尽量少喝其他各式各样的饮料。

加工婴儿食品的水一定要安全，如果怀疑水源不安全，在加工食品前要将水烧开后再使用。

儿童发生食品中毒，无论症状轻重，都应该尽快送往医院治疗。

从小培养儿童健康意识，养成健康饮食习惯，养成良好的个人卫生习惯。

7. 食品中毒家庭应急指导方针

现场应急处理

立即停止食用可疑食品，尽快脱离接触可疑污染物；采用自我催吐，自我导泻，自我洗胃方法，尽快清除胃肠道中未被吸收的有毒物质。

大量呕吐、腹泻症状者，体液损失过多，会引起脱水症，应注意补充水分和盐分。

保留好可疑食品，以供医院检验查明所中之毒。

中毒严重者（如高烧、便中带血、可能出现脱水和持续腹泻3天以上），以及婴儿、儿童和老人中毒者，均应及时送医院治疗。

剧毒毒物中毒，如肉毒毒素、河豚毒素等，死亡率较高，中毒发病后不可耽误时间，应立即送到医院进行救治。

传染性毒物中毒，如大肠杆菌O157、痢疾杆菌等，发生感染后应对家庭中进行消毒，以防止人传人的二次传染。采用煮沸消毒法，阳光消毒法，或使用一般家庭用漂白剂、酒精、药皂等即能杀菌。

发生食品中毒后，家庭中凡吃过同样食品者，无论是否发病，均应到医院检查。

自我催吐法

取清水（自来水，凉白开水等）300～500毫升给中毒者饮用；而后用手指刺激咽喉引起呕吐，或用汤匙、筷子等压迫舌板刺激呕吐。

此过程可重复多次，直到呕吐物为清水为止。

注意忌用热水，热水会加速胃肠对毒物的吸收。

此自我催吐法只限用于清醒的中毒者，呼吸抑制或昏迷的中毒者，应送医院处理。

自我洗胃法

方法同自我催吐法，但不用清水而使用稀牛奶、豆浆、豆奶、鲜鸡蛋清。

不主张使用2％～5％碳酸氢钠和1：5000高锰酸钾洗胃，这些液体洗胃后对有些毒物的毒性有增强作用，同时可造成对胃黏膜的损伤和酸碱度失调。

此法适用于中毒较轻、毒物吸收较慢、毒物对消化道有腐蚀性的中毒者。

鲜鸡蛋清对腐蚀性毒物中毒的洗胃效果最好，因为鲜鸡蛋清对胃黏膜的保护作用较强。

对于强酸、强碱引起的中毒不宜采用自我洗胃法。

此自我洗胃法只限用于清醒的中毒者，呼吸抑制或昏迷的中毒者，应送医院处理。

自我导泻法

可口服硫酸镁或甘露醇，自我导泻。

但对严重昏迷者、严重腹泻腹胀者，要慎重使用此法。因为导泻对此类病人有引起电解质紊乱和脱水症的危险。

第二章 最佳选择：四种安全食品

1. 无公害农产品

无公害农产品是指产地环境、生产过程、产品质量符合国家有关标准和规范的要求，并经政府有关部门认证合格获得证书，允许使用无公害农产品标志的未经加工或初加工的食用农产品。

无公害农产品标准是国内普通食品卫生质量标准，部分指标略高于国内普通食品卫生质量标准。

无公害农产品的认证体系由农业部牵头组建，各省市政府部门制定地方认证管理办法和颁发无公害农产品认证证书。

无公害农产品的生产必须在良好的生态环境条件下，遵守无公害农产品的技术规程，可以科学、合理地使用化学合成物。

经审查验证合格的无公害农产品，获允许使用全国统一的无公害农产品标志。无公害农产品标志图案如右图所示。

无公害农产品标志图案由麦穗、对钩、无公害农产品字样和金色、绿色组成，麦穗代表农产品，对钩表示合格，金色寓意成熟和丰收，绿色象征环保和安全。

2. 绿色食品

绿色食品是指遵循可持续发展原则，按照特定生产方式生产，经专门机构认证，许可使用绿色食品标志的无污染的安全、优质、营养类食品。

绿色食品的质量标准参照联合国粮农组织和世界卫生组织食品法典委员会（CAC）标准、欧盟质量安全标准，分A级、AA级，高于国内同类标准水平。

绿色食品由中国绿色食品发展中心负责认证。

绿色食品突出强调出自良好的生态环境，食品的生产是将传统农业技术与现代常规农业技术相结合，从选择、改善农业生态环境入手，限制或禁止使用化学合成物及其他有毒有害生产资料，并实施“从土壤到餐桌”的全程质量控制。

绿色食品标志是特定的产品质量证明商标，凡具有生产绿色食品条件的单位和个人，经中国绿色食品发展中心的调查、检测、评价、审核、认证合格后，方可获得绿色食品标志使用权。标志使用期为3年，到期后需重新检测认证。

绿色食品标志图案如下图所示。

绿色食品标志图案中的太阳、叶片、蓓蕾，象征自然生态；标志图形的正圆形寓意保护、安全；绿色，象征生命、农业、环保。

A级为绿底白字；AA级为白底绿字。

3. 有机食品

有机食品是指来自于有机农业生产体系，根据国际有机农业生产要求和相应的标准生产加工的并经过独立的有机食品认证机构认证的一切农副产品。有机食品在生产加工过程中，不使用任何人工合成的化肥、农药和添加剂。

有机食品采用欧盟和国际有机运动联盟（IFOAM）的有机农业和产品加工基本标准，其质量标准水平与AA级绿色食品标准基本相同。

有机食品一般由政府批准的民间认证机构认证。全球无统一有机食品标志。在我国，有机食品认证机构有两家：一家是经国家认证认可监督管理委员会批准设立的中绿华夏有机食品认证中心；另一家是国家环保总局有机食品发展中心颁证委员会。

有机食品的生产是在认证机构监督下，完全按有机生产方式生产1~3年，被确认为有机农场后，方可在其产品上使用有机食品标志上市。

中绿华夏有机食品认证中心的有机食品标志图案如下图所示。

该图案将绿叶拟人化为自然的手，寓意人与自然需要和谐美好的生存关系。

4. 质量安全食品

食品安全标志QS制度，即食品质量安全市场准入制度，由国家质监总局在2002年推出。“QS（Quality Safety）”是食品质量安全市场准入标志的英文缩写。凡进入该制度范围内的食品生产企业要拿到食品生产许可证，并在食品出厂前必须加（印）贴“QS”标志，没有该标志的，不得出厂销售。食品生产企业要想获得QS标志必须经过质监部门的审批。

按照国家有关法规，从2004年元旦起，市面上出售的小麦粉、大米、食用植物油、酱油、食醋等五类食品都应加盖“QS”标志。凡违规销售小麦粉、大米、食用植物油、酱油、食醋等5类食品无加贴QS标志的，质监部门将按国家《食品生产加工企业质量安全监督管理办法》进行查处。

食品质量安全的“QS”标志图案如下图所示。

第三章 食品添加剂中的毒物

1. 食品添加剂必要吗

《中华人民共和国食品法》中规定：食品添加剂是“为改善食品品质和色香味，以及为防腐和加工工艺的需要而加入食品中的化学合成或天然物质”。食品添加剂在食品工业中，是食品加工生产过程中不可缺少的原料。可以说不加任何添加剂的食品几乎没有。那么，在食品加工生产过程中，为什么要加入各种各样的食品添加剂呢?

首先，是为了改善食品的品质。比如说酸度调节剂，可以调节食品的酸碱度，增强食品的抗氧化作用和抗菌能力；防腐剂有抑制微生物繁殖作用，可帮助食品不易腐败变质；抗氧化剂可帮助油脂食品延缓氧化变质；漂白剂对食品有漂白、杀菌、防腐、抗氧化作用；酶制剂有催化作用，比化学合成方法更安全；水分保持剂可以帮助食品保持水分稳定，防止蛋白质变性。

其次，是提高食品的感官指标，使食品具有更好的色香味。比如说膨松剂可以使食品变得松脆可口；食用色素可以为食品着色，令人赏心悦目；护色剂可以帮助食品保持原有的鲜艳色泽；增味剂和甜味剂可增进食品的鲜美口感；增香剂可增加食品的诱人香味。

再次，是为了食品加工工艺的需要。比如说增稠剂是为了使食品从稀的状态变稠变凝胶变固体；稳定剂可保持食品内部结构不变而凝固；面粉处理剂可使面包松软，切片时不掉渣；抗结剂可防止食品结块，方便销售和使用。

从上述基本作用可见，使用食品添加剂是必要的。食品添加剂给人们的健康带来的好处要远远大于它可能造成的危害。

2. 食品添加剂安全吗

与此同时，我们还应当认识到，当食品添加剂被合法使用时，它们是安全的。

食品添加剂的使用在我国和世界各国都受到了严格管理。我国已经颁布了《食品添加剂使用卫生标准》和《食品添加剂卫生管理办法》，对食品添加剂的品种、使用范围及最大使用量的标准，对食品添加剂的生产、经营和使用的卫生管理办法，分别作出了具体规定。

此外，在国家标准局组织下成立的“全国食品添加剂标准化技术委员会”，由政府的卫生、化工、轻工、商业、商检等多个部门的负责人及专家参加，每年都要对新提出的食品添加剂的安全性、使用量、使用范围进行严格审查，并将审查结果报有关部门批准执行。

应该说，凡是在国家标准和法令范围内被合法合理使用的食品添加剂是安全的，有关危害健康的顾虑是不必要的。

3. 食品添加剂中毒

但是，在下列情况下，食品添加剂将变得不安全，会产生食品中毒，危害人体健康：

违禁使用食品添加剂

随着科学技术的发展，特别是毒性试验与分析方法的进步，一些过去认为安全的食品添加剂，有的被发现可引起慢性中毒，或有致癌性，因而被禁止使用。而违禁使用食品添加剂的大多是一些地下工厂。

比如硼砂（硼酸钠），已被禁止使用。硼砂作为食品添加剂在我国已有几百年的历史，经常被加入年糕、油条、萨其马、腐竹、烧饼、鱼丸、油面等食品中，可增加食品的韧性和弹性，延长食品保存期。但其已被证实有较高的毒性，因硼砂会在人体内长久蓄积，对消化功能有不良影响，妨碍营养物质吸收，引起食欲减退，导致体重下降。

比如“吊白块”（甲醛次硫酸氢钠），已被禁止使用。“吊白块”是一种漂白剂，加入食品中具漂白、杀菌、防腐和抗氧化作用，但对肝脏、肾脏会造成严重损害。“吊白块”遇高温还会分解产生甲醛，而甲醛具有很强的致癌性。曾经发生的“毒大米”、“毒粉丝”、“毒腐竹”、“毒鱿鱼”、“毒馒头”等食品中毒事件，均与违禁使用“吊白块”相关。

超标使用食品添加剂

在准许使用的食品添加剂中，有许多添加剂都具有一定毒性，有的甚至具较强的毒性。对于这些有一定毒性的食品添加剂，在使用中有一个剂量效应问题，关键在于掌握好安全使用量的标准。

不超过这个标准，就是安全无毒的；超过这个标准，就会对人体产生毒害作用。我国的《食品添加剂使用卫生标准》中，对所有准许使用的食品添加剂品种的最大使用量，都作了明确规定。但是，一些不法商家不严格执行《食品添加剂使用卫生标准》中的规定，在食品加工生产中往往超量使用食品添加剂，造成食品中毒，危害了消费者的身体健康。

比如说硝酸盐和亚硝酸盐是一种发色剂，可使肉类食品产生鲜艳的肉红色，同时还能对肉毒杆菌的繁殖进行抑制，有一定的防腐作用，被广泛用于肉类罐头食品和咸鱼、熏肉等加工食品中。在最高限量标准下使用，硝酸盐和亚硝酸盐不会对人体健康产生明显不良影响（咸鱼、熏肉、肉类罐头食品过多食用，对人体健康无益，不建议多吃）。但是超标使用硝酸盐和亚硝酸盐，对人体健康的危害则比较大。因为硝酸盐和亚硝酸盐是亚硝胺的前驱物，很容易转化生成亚硝胺。而亚硝胺是一种强致癌毒物。动物实验证实，亚硝胺是一种广谱致癌物，在动物的所有脏器组织均可诱发癌症，而且用于实验的动物无一幸免，全部发生癌变。亚硝胺对人体的致癌作用也已被肯定，主要引起胃癌、食道癌、肝癌、鼻咽癌和膀胱癌，以胃癌和食道癌最易发生。

超范围使用食品添加剂

比较典型的事例是超范围违规使用色素添加剂。

食用色素是人们比较熟悉，也比较关注的一类食品添加剂。食用色素就是为食品着色，美化外观，令人赏心悦目而增加食欲。食用色素分天然色素和化学合成色素两种。天然色素较安全，主要品种有焦糖、辣椒红、橘子黄、高粱红、甜菜红、虫胶红、叶绿素、紫草红、红花黄、紫苏素、萝卜红、紫甘蓝素、胡萝卜素、黄酮类素、番茄红素等，这些天然色素有的还具有营养价值，但价钱较化学合成色素贵。

化学合成色素又分为食用煤焦色素和工业用色素两类。食用煤焦色素使用煤焦油为原料，经化学反应而合成，对人体无任何营养价值。长期食用含这类化学性色素的食品，对人体健康会造成不良影响。其中一些煤焦色素，如奶油黄、苋菜红、金胺、孔雀绿等，因发现具有致癌性而陆续被禁止使用于食品加工生产，但仍可当作工业染料使用。工业用色素则只能用于工业染料用途，禁止使用于食品加工生产。

但是近年来，屡屡发生超范围违规使用色素添加剂的事件，如“苏丹红事件”、“对位红事件”。苏丹红1号和对位红都是化学成分相似的工业用红色染料，对人的眼睛、皮肤和呼吸系统有刺激作用，其他毒性尚在研究中，目前还没有明确结论。这两种工业染料都被禁止使用于食品加工生产范围，国内外发生的在人们常用的辣椒酱、咖喱酱、番茄酱、烤肉酱等调料食品中，发现含有这两种工业染料，属于超范围违规添加染料，是违法行为。这种违法行为的发生，往往与生产厂商贪图原料价格便宜，追求高额利润有关。

4. 如何预防食品添加剂中毒

预防食品添加剂中毒，最重要的是依靠国家的食品安全监督部门，进一步加强对食品安全生产和销售的监管工作，加大执法力度，严格执法，严厉打击违规使用食品添加剂的违法犯罪行为，规范食品市场秩序，为社会营造一个较好的食品安全环境。从家庭和个人的角度，就是要增强食品安全意识，正确认识食品添加剂，掌握一定的安全防范知识。其中最主要的就是在购买食品的环节中，避免购买不安全的加工食品。下列购物习惯可以帮助你购买安全食品，预防可能发生的食品添加剂中毒。

好的购物习惯

◎多买多吃自然新鲜的食品，少买少吃加工食品。

◎到正规的商场和超级市场购买加工食品。

◎购买有知名品牌的、有信誉的生产加工企业的产品。

◎购买产品包装上有“质量安全”、“无公害农产品”、“绿色食品”、“有机食品”标志的加工食品。

◎认真阅读产品包装上的产品说明，了解食品添加剂的种类和剂量。

◎与自然新鲜的食品不同，要警惕花花绿绿、五颜六色的加工食品，注重食品的本色和内在品质，避免食入有害添加物。

第四章
食品中的致癌毒物

1. 烟熏食品中的致癌物——多环芳烃

毒物是什么

多环芳烃是一大群化合物，目前已鉴定出来的有数百种之多。环境中的多环芳烃主要由煤、柴油、汽油、原油、香烟等不完全燃烧而产生。食品中多环芳烃的主要来源是以烟熏、烧烤、烘烤、油炸等方式加工食品时的熏烟、油烟、煤烟、炭烟等不良燃料；食品本身在经高温热解或热聚时也产生多量的多环芳烃物质。

多环芳烃是一种毒性较大的致癌物质，三环以下的芳烃无致癌性，四环芳烃部分有致癌性，五环芳烃则全部有致癌性。其中以苯并[a]芘最具代表性，毒性也最大，对人的致癌性已得到肯定。多环芳烃进入人体后，经过代谢而活化，可诱发胃癌、食道癌、肺癌、乳腺癌、白血病。

受污染食品和中毒原因

猪、牛、羊、鸡、鱼、蔬菜、谷物。

【中毒原因】

①经常采用高温烹调方式加工鱼和肉类食品。

②经常吃熏鱼、熏肉，以及烧焦的鱼和肉类食品。

③烹调中食用油接受高温时间过长，或反复多次用于油炸食品。

④用旧报纸、蜡纸包装食品。

⑤吸烟和被动吸烟。

预防中毒指导方针

◎避免任何方式的高温烹调，包括油炸、油煎、烧烤、烘烤、烟熏、猛火热油快炒等，较安全的方式是低温炒、水煮、蒸、炖、卤等。

◎不吃熏鱼、熏肉，以及烧焦的鱼和肉类食品。

◎炒菜时应避免食油接受高温时间过长，尤其不要将食油烧至冒烟，甚至起火焰。

◎反复多次用于油炸食品的油，含多种致癌物，已成为毒油。因此，油炸食品的油，用过一次后，就应弃之不用。

◎报纸中的油墨、蜡纸中的石蜡，均含有多环芳烃，不可用于包装食品。看完报纸后应洗手。

◎不吸香烟和避免被动吸烟。

2. 烧烤食品中的致癌物——杂环胺

毒物是什么

肉类食品如猪、牛、羊、鸡、鱼等，在高温烹调过程中受热裂解后，会产生一大类化合物，总称为杂环胺。实验表明，烹调温度超过200℃、时间超过2分钟时，食品中会形成大量杂环胺。尤以烧烤、油炸方式为甚。通常烹调温度不超过200℃时，杂环胺形成较少。

杂环胺本身无直接致癌性，是间接致癌物。杂环胺在人体内经过代谢活化后，所产生的代谢物就具有强烈的致癌作用。此外，杂环胺还具有诱变性，能使组织细胞发生突变而引发癌细胞产生。杂环胺主要引起肝癌、肺癌、结肠癌、血管内皮肉瘤、肾癌、乳腺癌。

受污染食品和中毒原因

猪、牛、羊、鸡、鱼。

【中毒原因】

①经常采用高温烹调方式加工鱼和肉类食品。

②经常吃烧焦的鱼和肉类食品。

③烹调中食用油接受高温时间过长，或反复多次用于油炸食品。

预防中毒指导方针

◎避免任何方式的高温烹调，包括油炸、油煎、烧烤、烘烤、熏、猛火热油快炒等，较安全的方式是低温炒、水煮、蒸、炖、卤等。

◎不吃熏鱼、熏肉，以及烧焦的鱼和肉类食品。

◎炒菜时应避免食油接受高温时间过长，尤其不要将食油烧至冒烟，甚至起火焰。

◎反复多次用于油炸食品的油，含多种致癌物，已成为毒油。因此，油炸食品的油，用过一次后，就应弃之不用。

3. 油炸食品中的致癌物——丙烯酰胺

毒物是什么

丙烯酰胺是一种白色无味的结晶体化

学物质，很容易发生聚合作用形成聚丙烯酰胺。聚丙烯酰胺是一种工业原料，用途广泛，比如用来生产塑料等。聚合而成的聚丙烯酰胺是无害的，未聚合的或者聚合之后又游离出来的丙烯酰胺单体则是有毒性的。

丙烯酰胺是一种神经毒素，可通过呼吸道、消化道、皮肤进入人体，会造成神经系统损伤。同时，动物实验已证实，丙烯酰胺可促使基因变异从而导致癌变。国外的有关研究机构已认定，丙烯酰胺是人类可能的致癌物。丙烯酰胺对人体的毒性虽然还没有最后定论，但是世界卫生组织和我国卫生部已发表公告，建议公众改变油炸和高脂肪食品为主的饮食习惯，减少因丙烯酰胺可能导致的健康危害。

丙烯酰胺主要是淀粉类食品在经过120℃以上高温加工时形成，而且温度越高，高温作用的时间越长，形成的丙烯酰胺越多。其中薯类油炸食品中的丙烯酰胺含量又要比谷物类油炸食品平均高出4倍。

受污染食品和中毒原因

由中国疾病预防控制中心营养与食品安全研究所提供的资料显示，在所监测的100余份样品中，丙烯酰胺含量较多的食品依次为：

薯类油炸食品（炸薯条、炸薯片等）、谷物类油炸食品（油饼、油条、麻花、锅巴、经高温油炸的方便面等）、谷物类烘烤食品（饼干、面包、曲奇、蝴蝶酥等）、速溶咖啡、大麦茶、玉米茶等。

由美国食品和药物管理局（FDA）对300余种食品的检测结果表明：

大部分的炸薯条、炸薯片，部分的硬面包、可可粉、杏仁、咖啡、饼干、爆米花等，含有高浓度的丙烯酰胺。

【中毒原因】

经常吃各种高温加工的淀粉类食品。

中毒症状和应急处理

头晕乏力、手足多汗、四肢麻木、食欲减退、记忆力下降。

严重者可致肌肉萎缩、大便失禁，不及时治疗会造成不可逆性神经损伤。

可能致癌性。

【应急处理】

①及时脱离接触可疑污染物。

②到医院积极治疗。

预防中毒指导方针

◎避免任何方式的高温烹调，包括油炸、油煎、烧烤、烘烤、熏、猛火热油快炒等，较安全的方式是低温炒、水煮、蒸、炖、卤等。

◎在加工淀粉类食品时，可降低加工温度（120℃以下），缩短加工时间。

◎尽量少吃经高温加工的淀粉类食品，多吃些蔬菜水果。

4. 腌制食品中的致癌物——亚硝胺

毒物是什么

亚硝胺是N-亚硝基化合物的一类，是一种强致癌毒物。动物实验证实，亚硝胺对用于实验的所有动物种类，以及在动物的所有脏器组织均可诱发癌症，而且用于实验的动物无一幸免，全部发生癌变。亚硝胺对人体的致癌作用也已被肯定，主要引起胃癌、食道癌、肝癌、鼻咽癌和膀胱癌，以胃癌和食道癌最易发生。

亚硝胺在天然食品中含量极少，主要是通过前驱物质亚硝酸盐和胺类在适宜的条件下合成。要生成亚硝胺，亚硝酸盐和胺类两者不可缺一，而这两种物质则广泛存在于各种鱼类、肉类和蔬菜等食品之中，存在于用来腌制加工食品的佐料之中（如粗制盐）。而亚硝酸盐和胺类本身就被当作食品添加剂，使用于肉制品和肉类罐头食品的加工中。这些前驱物质在食品的加工条件下就会合成亚硝胺。

此外，通过各种途径进入人体的亚硝酸盐和胺类物质，很容易就会在机体内的代谢过程中转化为致癌性的亚硝胺。

亚硝胺不易水解，在碱性条件下较稳定，在酸性条件和阳光照射下，可缓慢分解。

受污染食品和中毒原因

腌制肉类、腌制鱼类、腌制蔬菜、肉类罐头食品。

【中毒原因】

①经常食用腌制食品。

②经常食用含过量食品添加剂的肉制品和肉类罐头食品。

预防中毒指导方针

◎多吃新鲜食品，不吃或少吃各类腌制食品。

◎少吃肉类罐头食品，特别是不要吃过了保质期的罐头食品。

◎维生素C、大蒜（大蒜素）、绿茶（茶多酚）有抑制亚硝胺致癌作用，可经常摄取。

5. 腐败食品中的致癌物——亚硝酸盐

毒物是什么

亚硝酸盐的味道和外观都很像盐，所以在建筑工地的临时性集体食堂中，就发生过因贪图便宜而误将亚硝酸盐当食盐，结果造成集体食品中毒的事情。

亚硝酸盐本身是一种剧毒物，3克可致人死命，0.2克以上就可引起体内血液缺氧的中毒反应，发生肠原性青紫症，有喷射式呕吐，严重者会造成死亡。此外，亚硝酸盐是强致癌毒物亚硝胺的前驱物质，进入人体的亚硝酸盐很容易与蛋白质食品中的胺类物质结合而生成亚硝胺，可使人体消化系统发生癌变。

我国是氮肥施用量较多的国家，按每公顷平均消耗量计算，比世界平均水平高2倍以上。土壤中氮肥含量高，种出来的蔬菜中硝酸盐含量也高。硝酸盐本身虽然毒性不大，但它是亚硝酸盐的前驱物质，进入人体后在细菌的作用下很容易就转化为亚硝酸盐。所以，我们经常食用的蔬菜本身，特别是那些以吃叶、茎、根为主的蔬菜，硝酸盐、亚硝酸盐的含量会较多。

有两种情况最易导致食品中亚硝酸盐的大量形成：

一种情况是蔬菜的腐败。腐败的蔬菜

将产生大量细菌，在细菌污染的作用下，亚硝酸盐大量形成。

另一种情况是腌不透的菜。使用盐量不足和腌制时间不够的腌菜中，会含有大量的亚硝酸盐。一般认为，蔬菜腌制半天以后，亚硝酸盐的含量开始增多，经历一个逐渐达到高峰，而后开始降低的过程，需30天左右才达到允许食用的水平。

受污染食品和中毒原因

腐败变质的蔬菜、腌菜等其他食品。

腌不透的蔬菜和其他食品。

【中毒原因】

①食用了腐败变质的蔬菜和其他食品。

②食用了腌不透的蔬菜和其他食品。

中毒症状和应急处理

急性中毒发病的潜伏期为1小时左右。

出现头痛头晕、胸闷气短、恶心呕吐、腹痛腹泻症状。

口唇、指甲、全身皮肤出现紫斑等缺氧症状。

严重者意识丧失、昏迷不醒、呼吸衰竭至死亡。

【应急处理】

①中毒后应进行自我催吐和导泻。

④大量口服维生素C。

③及时到医院治疗。

预防中毒指导方针

◎不吃任何已腐败变质的蔬菜和其他食品。

◎不吃或少吃剩饭剩菜，多吃新鲜食品。

◎不吃或少吃腌制食品，特别是不吃腌不透的食品。腌制蔬菜一定要放足盐，并腌制30天左右才能进食。

◎对婴儿不要喂食大量蔬菜食品，尤其是叶茎类、根茎类蔬菜中（如菠菜、芹菜、菜心、大白菜、小白菜、青菜、萝卜、胡萝卜、芦笋等），硝酸盐的含量会较多，加工后很容易还原为亚硝酸盐。

◎维生素C、大蒜（大蒜素）、绿茶（茶多酚）有抑制亚硝胺致癌作用，可经常摄取。

6. 脂肪食品中的致癌物——二噁英

毒物是什么

“二噁英”这个名称就给人一种恶形恶状的感觉，可以说它名副其实就是一种恶形恶状的毒物。1999年欧洲发生了震惊世界的“二噁英污染事件”，比利时、法国、德国和荷兰四国的2709个养鸡场、养牛场，由于使用了被二噁英污染的饲料，造成了牛肉、鸡肉、牛奶、鸡蛋和相关的加工食品的污染和大量鸡的死亡，震动了整个欧洲，并引起了全世界的二噁英恐慌，二噁英的大名从此举世皆知。

二噁英是一群含多氯联苯结构式的化合物，其中以2. 3. 7. 8TCDD毒性最大，被认为是人类制造出来的化合物中毒性最强的物质，比氰化钠毒1000倍，比著名的沙林毒2倍，其致癌毒性甚至比最可怕的黄曲霉毒素还要毒10倍！世界卫生组织已经确认二噁英为对人肯定致癌物，长期接触二噁英可引起软组织肉瘤、淋巴网状细胞瘤、呼吸系统癌、前列腺癌等。美国环保局公布的评价结果指出，二噁英不仅具有致癌性，还具有生殖毒性、内分泌毒性、免疫抑制作用和环境雌激素效应。为此，世界卫生组织规定，人体每日允许摄入量为每千克体重1~4皮克（PG）。

二噁英完全是一类无用废物，主要产生于人类生活垃圾的焚烧、含氯塑料的低温燃烧和含铅汽油的燃烧。此外，二噁英也是工业生产过程中的副产物，如农药、化学品的生产，工业冶炼和纸浆漂白等都会产生二噁英。二噁英在环境中相当稳定，具有很高的热稳定性、化学稳定性和生物化学稳定性，挥发性低，不易溶于水，因此不会分解。有估计指出，二噁英在环境中甚至可残留100年之久。但二噁英易溶解于脂肪，因此比较容易经由食品链而蓄积在动物体内，尤其蓄积在肝脏中。也因此，人类受二噁英污染90%是通过饮食途径，其中最主要的来源就是动物性脂肪类食品。

预防中毒指导方针

◎减少脂肪类食品的饮食，少吃动物的肝脏，对人体健康具有多方面的好处，其中包括减少可能的二噁英污染。

◎注意平衡饮食，多吃些蔬菜、水果和谷物，不偏食，不只吃同类食品，多吃各种不同的食品。

◎蔬菜、水果要去除外皮后再食用，因为二噁英对蔬菜、水果的污染，外皮要多于内部。

◎不用聚氯乙烯塑料容器来装放油脂食品，生活中减少含氯塑料品的使用。不使用含二噁英的黏合剂、油漆、油墨。

◎尽量减少各种生活垃圾，对垃圾实行分类处理，重视资源回收等，可以帮助减少二噁英污染。

◎减少汽车使用，减少汽车尾气排放，可以减少二噁英污染。

◎不要吸烟，香烟中也含有二噁英。

致癌毒物一览表

污染方式	食品	产生毒物	毒性
高温烟熏、烧烤、油炸、油煎、烘烤、猛火热油快炒	油脂、肉类	多环芳烃	胃癌、食道癌、肺癌、乳腺癌、白血病
高温烧烤、油炸、油煎、烘烤、烟熏、猛火热油快炒	油脂、肉类	杂环胺	肝癌、肺癌、结肠癌、血管内皮肉瘤、肾癌、乳腺癌
高温油炸、烧烤、油煎、烘烤、烟熏、猛火热油快炒	淀粉类	丙烯酰胺	神经损伤、可能致癌
腌制	蔬菜、肉类	亚硝胺	胃癌、食道癌、肝癌、鼻咽癌、膀胱癌
腐败、速腌制	蔬菜	亚硝酸盐	肠原性青紫症生成亚硝胺
食品链污染	动物性脂肪类食品	二噁英	致癌性、生殖毒性、内分泌毒性、免疫抑制、环境雌激素

第五章
食品中的农药、兽药残留毒物

1. 精神错乱——有机磷农药中毒

毒物是什么

有机磷农药是广泛用于农业、林业中的一类高效、广谱杀虫剂，常用的有60多种，主要品种有乐果、敌敌畏、内吸磷、对硫磷、杀螟松、马拉硫磷、甲胺磷等。有机磷农药多为油状液体，不易水解。有机磷农药性质不稳定，挥发性强，在自然界中很容易分解（碱解、光解）而失去毒性，所以不污染环境。在生物体中易于被酶所分解，在食品中残留时间也短。因此，慢性中毒少见而急性中毒多见。

有机磷农药是一种神经毒物，进入人体后主要是对血液和组织中的乙酰胆碱酯酶的活性有抑制作用，引起神经机能的改变，从而引起人体神经功能紊乱，出现精神错乱、言语失常等现象，最后转入衰竭。

受污染食品和中毒原因

蔬菜、水果、薯类、谷物、茶叶。

【中毒原因】

①食用了施用有机磷农药后尚未过安全间隔期的食品。

②食用了在运输、储存、保管过程中被有机磷农药污染的食品。

中毒症状和应急处理

肌肉震颤，从眼睑至面部，发展到全身；

痉挛、血压升高、心跳加快、呼吸困难；其中半数以上中毒者有瞳孔缩小症状；肺水肿，从口、鼻排出红色泡沫性液体；严重者会导致昏迷、呼吸麻痹而死亡。

【应急处理】

①发生中毒后可自我催吐、自我洗胃；

②皮肤污染可使用碱水冲洗；

③中毒严重者应前往医院治疗。

预防中毒指导方针

◎尽量购买四种安全食品（参见“最佳选择：四种安全食品”）。

◎违反自然季节提前上市的蔬果，常常需要多用农药或药物催熟，而且农药安全间隔期未过，其安全质量值得关注。

◎有机磷农药用于家庭卫生杀虫时，要注意个人防护，避免孕妇、儿童接触。

◎有机磷农药不溶于水，蔬菜水果用清水浸泡方法不能解毒，采用碱解、热解、光解等方法，可分解大部分毒素（参见“食品清毒指导方针”）。

2. 长期残留——有机氯农药中毒

毒物是什么

有机氯农药是较早前被广泛使用的一类高效、广谱杀虫剂，属高残毒品种，其中六六六、DDT等有机氯品种已被禁止使用，但林丹、七〇五四、毒杀芬、氯丹等品种仍在继续使用。有机氯农药最大的问题就是难以降解，残留时效很长，无论是在自然界或是在人体中，残留时间可长达几十年。据说在人烟稀少的南北极和珠穆朗玛峰的积雪中都有它们的踪迹。

食品受到有机氯农药污染的主要途径是食品链富集。如水体中的有机氯农药首先被浮游生物吸食，浮游生物又被小鱼小虾捕食，小鱼小虾再被大鱼吃掉，最终，大鱼要么被水鸟捕食，要么被人类捕食。此时有机氯农药的富集已提高到了800万倍。

有机氯农药既能引发急性中毒也能造成慢性中毒，急性中毒可引发中枢神经系统症状，慢性中毒则会造成肝脏、肾脏和神经系统的损伤。其中DDT还有致癌性。

我国从20世纪50年代开始广泛使用六六六、DDT等有机氯农药，至1982年禁止使用，实际上已造成严重的有机氯污染，而且至今仍有人在违禁使用六六六和DDT。

有机氯农药脂溶性强，性质非常稳定，挥发性不高，不易水解，不易降解，在自然界和食品中可长期残留，在人体中可以富集，蓄积在身体的脂肪中，即使在不增加的情况下，也要经过几十年时间后，才能减少到较低水平。所以，尽管目前有机氯农药的使用并不广泛，但是过去大量残留在水域中、土壤中、人体中的有机氯农药，将继续影响我们的身体健康。据国外的专家估计，停止使用DDT等有机氯农药后，还需要经过25~110年的时间，才能使自然环境恢复到原先的状态。

受污染食品和中毒原因

禽畜肉、鱼及水产品、蛋类、乳

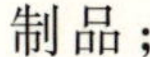

制品；

蔬果类、粮谷类、薯类、豆类、茶叶、烟草；

动物性食品的污染率要高于植物性食品，脂肪多的食品的污染率要高于脂肪少的食品。

【中毒原因】

食品中残留了有机氯农药，不会因贮藏、加工、烹调而减少，如果未经去毒处理就食用，有机氯农药很容易就会蓄积在身体中。

中毒症状和应急处理

有机氯农药由于可蓄积在人体的脂肪中，因而其急性中毒毒性低、症状轻，一般为乏力、恶心、眩晕、失眠等。

也有症状严重的，可出现腹痛、心跳减慢、血压上升、肌肉抽搐，甚至昏迷致死。

慢性中毒则会造成肝脏、肾脏和神经系统的损伤，以及出现癌变。

【应急处理】

①发生中毒后可自我催吐。

②皮肤污染可使用碱水冲洗。

③中毒严重者应前往医院治疗。

预防中毒指导方针

◎尽量购买四种安全食品（参见“最佳选择：四种安全食品”）。

◎违反自然季节提前上市的蔬果，常常需要多用农药或药物催熟，而且农药安全间隔期未到，其安全质量值得关注。

◎有机氯农药不解于水，对食品采用清水浸泡方法不能解毒。

◎有机氯农药大多存在于食品的外皮（壳）中，加工时去皮可基本去除毒素。

◎对食品加热烹调也可以去除一部分毒素。

3. 变态反应——氨基甲酸酯类农药中毒

毒物是什么

氨基甲酸酯类农药是一类新型杀虫剂和除草剂，目前被广泛应用。常用品种有抗蚜威、克百威、西维因、残杀威、杀螟丹等。

氨基甲酸酯类农药的毒性与有机磷农药相似，也是一种神经毒物，进入人体后主要是对血液和组织中的乙酰胆碱酯酶的活性有抑制作用，从而引起人体神经功能紊乱，出现精神错乱、言语失常等变态反应。但氨基甲酸酯类农药的毒性较轻，恢复也较快。

氨基甲酸酯类农药微溶于水，遇碱遇热分解。

受污染食品和中毒原因

蔬菜、水果、薯类、谷物、茶叶。

【中毒原因】

①食用了施用氨基甲酸酯类农药后尚未到安全间隔期的食品。

②食用了在运输、储存、保管过程中被氨基甲酸酯类农药污染的食品。

中毒症状和应急处理

与有机磷农药中毒症状大致相同。

由于毒性较轻，一般几小时内即可自行恢复。

【应急处理】

①发生中毒后可自我催吐。

②皮肤污染可使用碱水冲洗。

③中毒严重者应前往医院治疗。

预防中毒指导方针

◎尽量购买四种安全食品（参见“最佳选择：四种安全食品”）。

◎违反自然季节提前上市的蔬果，常常需要多用农药或药物催熟，而且农药安全间隔期未到，其安全质量值得关注。

◎氨基甲酸酯类农药微溶于水，蔬菜水果用清水浸泡方法不能解毒，采用碱解、热解、光解方法，可以分解大部分毒素（参见“食品清毒指导方针”）。

4. 过敏反应——兽用抗菌药物中毒

毒物是什么

抗菌药物是使用最广泛的一类兽药，也是一类人畜共用抗生素，用于治疗动物的多种细菌性疾病，最多见的包括：

青霉素类抗生素，不耐寒，低温冷藏可以降解。

氨基糖苷类抗生素，在动物组织中的残留时间较长，通常需要30天以上的停药期，才能将动物体内的残留药物消除。耐温，一般的加热烹调不能杀毒。

四环素类抗生素，耐寒不耐温，一般低温冷藏不能降解，加温烹调可降解。

磺胺类药物，是一种广谱杀菌剂，对肾脏、骨髓有毒性，会造成贫血、白细胞减少、血小板减少等症状。

人吃了含有超量残留抗菌药物的肉、蛋、奶之后，对此类药物过敏者就会发生过敏反应。

受污染食品和中毒原因

肉、蛋、奶。

【中毒原因】

食用含有超量残留抗菌药物的肉、蛋、奶等食品。

中毒症状和应急处理

食品中残留抗菌药对人的毒性主要表现为过敏反应，一般不会太严重。

主要症状是皮疹、发热、咽喉水肿、吞咽说话困难、呼吸困难。

严重者会发生过敏性休克、死亡，一般较少见。

【应急处理】

①吃了肉、蛋、奶食品后，如发生过敏症状，应立即停食可疑食品。

②去医院检查引起过敏反应的原因，并接受治疗。

预防中毒指导方针

◎抗菌药多经由内脏代谢，因此动物内脏残留毒素较多，故应少吃动物内脏。

◎低温冷藏对青霉素类抗菌药残留有降解作用，因此动物性食品冷藏几天后再食用，可减少残留毒素。

◎加热烹调对四环素类抗菌药残留有降解作用，因此不应生吃动物性食品。加热熟透的动物性食品，可减少残留毒素。

5. 胎儿畸形——兽用抗蠕虫药物中毒

毒物是什么

兽用抗蠕虫药物主要是苯并咪唑类药物，包括丙硫咪唑、丙氧咪唑、噻苯咪唑、丁苯咪唑等，用于治疗蛔虫、吸虫、绦虫等多种蠕虫病。在牛羊牧场，每年都会定期给牛羊投药，以帮助动物驱除体内的寄生虫。

研究表明，抗蠕虫药物大量分布于动物的肝脏中，并会持久地残留于肝中，对动物具有潜在的致畸和致突变性。从药物残留的角度，科学家们认为对人具有潜在危害性。致畸作用是指对胚胎和胎儿产生毒性作用而造成胎儿畸形的后果；致突变作用是指对机体细胞的遗传物质产生损伤，从而导致遗传物质的突变，造成癌症、生殖功能异常及其遗传性的后果。

食入含过量抗蠕虫药残留的肉类食品，不会很快发生致畸和致突变毒性，也不一定会发生致畸和致突变毒性。但是，一旦发生癌变或胎儿畸形，也很难查明致病原因，而且现代医学也无能为力。

发生癌变或胎儿畸形，很可能是包括抗蠕虫药物残留中毒和其他致畸和致突变物质共同作用，并经过一定的时间过程和毒性量的累积达到某种程度所表现出来的结果。

经常食用含有超量残留抗蠕虫药物的动物肉类食品，尤其是动物肝脏，容易受到残留抗蠕虫药物的潜在毒害。

预防中毒指导方针

◎主要依靠政府监管，严格规定动物宰杀前的停药期和食品中抗蠕虫药的最高残留限量。

◎到正规的地方购买合格的肉类食品。

◎注意做好肉类食品的低温冷藏和加温烹调。

◎怀孕女性要特别注意避免食入含过量抗蠕虫药残留的动物肝脏，建议在怀孕期不吃任何动物肝脏。

6. 儿童早熟——兽用激素类药物中毒

毒物是什么

兽用激素类药物是指具有与动物体内的性激素类似作用的化合物，如黄体酮、睾酮、雌二醇、丙酸睾酮、苯甲酸雌二醇、乙酸群勃龙等。这些激素类药物用于畜牧业生产，可以明显促进动物生长，提高饲料转化率，增加瘦肉率。

残留激素类药物的毒性作用是一种慢性过程，经常食用含有超量残留激素类药物的动物性肉类食品，会影响人体的正常性激素功能，导致早熟儿、肥胖儿，以及男孩女性化和女孩男性化等异性趋向现象，并具有致癌作用。

受污染食品和中毒原因

肉类（动物头部）食品。

【中毒原因】

①激素类药物的法定用药方法是将药物埋植在动物的耳根部，此部位将残留大量激素类药物。在宰杀动物时需将耳朵和耳根部废弃。如果急宰埋植药物不久的动物，同时又不将耳朵和耳根部废弃，那么食入这些动物头部的肉，就会对人体产生不良影响。

②非法将激素类药物注入动物深部肌肉组织，并将动物急宰，这样在注射部位将残留大量激素类药物。如果食入注射部位的肉，就会对人体产生不良影响。

预防中毒指导方针

◎到正规的地方购买合格的肉类食品。

◎注意做好肉类食品的低温冷藏和加温烹调。

◎不吃或少吃动物头部的肉，如猪头肉、牛头肉、羊头肉等，尤其不要让儿童过多食用动物头部的肉。

◎动物的耳朵和耳根部应该完全抛弃。

农药、兽药残留毒物一览表

农药与兽药	受污染食品	毒性
有机磷农药	蔬菜、水果、薯类、谷物、茶叶	精神性中毒
有机氯农药	动物性、脂肪多食品	肝脏、肾脏和神经系统的损伤，致癌性
氨基甲酸酯类农药	蔬菜、水果、薯类、谷物、茶叶	精神性中毒
兽用抗菌药物	肉、蛋、奶	过敏反应
兽用抗蠕虫药物	动物性肉类食品，尤其是动物肝脏	致癌、致畸、致突变
兽用激素类药物	猪头肉、牛头肉、羊头肉等，尤其是耳朵部位	致癌、早熟儿、肥胖儿、异性趋向

第六章
食品中的细菌性毒物

1. 变质鸡蛋——沙门氏菌食品中毒

毒物是什么

沙门氏菌属的种类繁多，目前已发现的有2000多种，是肠杆菌科中的第一大家族。同时，沙门氏菌又是引发食品中毒最多、最常见的致病菌，大量存在于鸡、猪、羊、牛、狗等动物的肠道和粪便中。感染沙门氏菌通常是因为食品被动物粪便污染所引起的。沙门氏菌的生长温度为10℃~42℃，不耐热，在60℃中10~20分钟即可灭菌。

沙门氏菌食品中毒属于感染型，因摄入活菌致病，且感染力较强，很少量的菌数即可感染。临床上沙门氏菌病分为两大类型。一类是急性胃肠炎型，又称为食品中毒型，主要是食入受污染食品和饮水所致，发病快，症状强烈，但病程短，恢复快，死亡率较低。另一类是伤寒型，主要由少数几种沙门氏菌（伤寒沙门氏菌、甲型副伤寒沙门氏菌、乙型副伤寒沙门氏菌）引起，通过受污染饮水、食品和带菌者传播，受感染后发病慢，但病情较严重。

儿童是感染沙门氏菌的高危人群，免疫力低下的人容易发生严重的感染。中毒季节多发生在夏季至秋季的5—11月。

受污染食品和中毒原因

引发沙门氏菌食品中毒的多数是鸡蛋及其蛋制品、肉类、鱼、奶和熟制食品，由植物性食品引起则不多见。

【中毒原因】

①食用了被沙门氏菌污染的食品。

②熟制食品食用前未经彻底加热。

中毒症状和应急处理

胃肠炎型中毒发病的潜伏期一般是6~12小时。

初期头痛寒战、食欲不振、全身乏力。

继而恶心呕吐、腹痛腹泻，一日数次至数十次，水样便或黏血便。

发高烧，体温多在38℃以上，甚至超过40℃。轻者4天左右症状消失。

伤寒型中毒发病的潜伏期一般是10~14天；

主要是发热、恶心、厌食、头痛、肌肉疼痛等症状。

【应急处理】

①中毒后应到医院进行治疗。

②注意补充水分和盐分。

预防中毒指导方针

◎重点是蛋类和动物性肉类食品的饮食卫生。

◎购买回来的鸡蛋应尽快放入冰箱中，低温贮藏（5℃以下），可防止沙门氏菌在鸡蛋内繁殖。

◎过了保质期的鸡蛋不吃，散黄变味的鸡蛋不吃，有裂纹的鸡蛋不吃。

◎手触摸过生鸡蛋后要将手用肥皂清洗干净。

◎鸡蛋打开后就要烹调，烹调后就要趁热吃，不要让煮过的鸡蛋在温暖的环境中放置超过2小时。

◎不吃生蛋，也不吃半生半熟的蛋。沙门氏菌能在外观看起来完好无损的鸡蛋内生存，因此，鸡蛋一定要烧熟煮透，带壳水煮要煮沸8分钟，壳内才能灭菌。炒鸡蛋中心部位要达到70℃才能灭菌。

◎接触过爬行动物（龟、蜥蜴、蛇等）和其他动物的粪便后要注意洗手。

◎沙门氏菌不会导致肉类食品的腐败，污染很严重时从外观上也看不出来。所以对肉类食品不管有无腐败情况，一定要注意彻底加热灭菌。烹调时要注意肉块过大，内部加热不足，达不到灭菌目的。

◎加工制作食品时，生熟用具要分开使用，避免交叉污染。

◎鱼类、肉类食品一定要低温贮藏（5℃以下）。

◎沙门氏菌病患者不能进行食品烹调工作，也不应为他人沏茶倒水。

◎注意搞好饮用水卫生。

2. 生吃鱼片——副溶血性弧菌食品中毒

毒物是什么

副溶血性弧菌是一种海洋细菌，在海水中生长良好，故又称嗜盐菌。无盐不生长，淡水中不易存活。不耐酸，可轻易被普通食醋杀死。不耐温，经加热60℃10分钟或80℃3分钟，即可杀菌。最适宜繁殖的温度是30℃~35℃。副溶血性弧菌多存在于海产品的鱼类、贝类中，在生鱼肉中繁殖速度极快。在感染此菌的海产品中，在适宜的温度下，短时间内即可大量繁殖。值得注意的是，在冰藏的海产品中，副溶血性弧菌虽然可受抑制不能繁殖，但可以存活下来，一旦解冻，即能迅速恢复繁殖。

副溶血性弧菌主要是通过海产品传播，病人排菌或污染环境而引发感染的机会较小。中毒季节多发生在6—9月高温季节，海产品大量上市时。此时，海产品带菌率高达80%左右。生食海产品非常容易受到副溶血性弧菌感染，可引起急性胃肠炎。

受污染食品和中毒原因

主要是海产品，如牡蛎、鱼、虾、蟹、贝壳类、海藻等;

其次是咸菜、熟制肉类食品，其中约半数为腌制品。

【中毒原因】

①生吃海产品，或海产品烹调时未烧熟煮透。

②熟制食物食用前未彻底加热。

③食用腌制时间短、未放足盐腌透的速腌菜。

④加工海产品时生熟混杂，产生交叉感染。

中毒症状和应急处理

中毒发病的潜伏期约1天左右，发病较急。

上腹部阵发性绞痛，继而腹泻，并出现恶心、呕吐、发烧。

腹泻多为水样便，重者为黏液便和黏血便。可引起虚脱，并伴有血压下降。

少数中毒严重者，会由于休克、昏迷而死亡。

【应急处理】

①发现中毒后应立即停止食用可疑食品。

②尽快到医院就医。

③注意补充水分和盐分。

预防中毒指导方针

◎不吃生牡蛎、生鱼片和其他生的贝壳类海产品（蛤、蚌类），海产品烹调时务必要烧熟煮透，加温至60℃10分钟或80℃3分钟，即可杀菌。甲壳类海产品烹调时，煮沸到甲壳张口后要再继续煮沸5分钟以上（屉蒸则需9分钟）。

◎食用海产品和熟制食品时，可加入适量食醋，既可杀菌，又增加美味，是最佳预防中毒的方法。

◎加工制作食品时，生熟用具要分开使用，避免交叉污染。

◎熟制食品宜在低温中贮藏，贮藏时间不宜过长。

◎速腌食品（只腌1~2天）中很适宜副溶血性弧菌生长繁殖，所以腌菜一定要放足盐腌透，时间要30天左右。但腌制食品不健康，应尽量少吃。

◎免疫功能有问题和肝功能低下的人，尽量少吃牡蛎和其他贝壳类海产品。

3. 熟制肉食——葡萄球菌食品中毒

毒物是什么

葡萄球菌形如其名，是一种球形菌，生长不规则，因而像葡萄串一样繁殖成菌落。该菌广泛存在于我们的生活环境和人体中，包括空气、水土、食品、动物和人体的皮肤、头发、鼻腔、咽喉、化脓性病灶等。葡萄球菌有氧无氧均可繁殖，具耐盐性。

葡萄球菌本身无毒，是人和动物身上的正常菌落，但在一定的条件下会在食品中产生肠毒素，而非在肠道内产生毒素。感染后会引发急性肠道炎。其中以金黄色葡萄球菌最常见，其所产生的肠毒素毒性也最强。

金黄色葡萄球菌所产生的肠毒素耐热性强，必须经高温210℃30分钟才能完全消毒。因此，一般的加热烹调只能杀菌，但不能破坏肠毒素。

金黄色葡萄球菌肠毒素的耐热性使它能够在曾经加热过的食品中，当其他不耐热细菌已被灭活而没有竞争对手，同时有足够时间条件下，大量繁殖和产毒。因此，最适宜被金黄色葡萄球菌污染的就是熟制肉类食品。

中毒多发生在夏秋季节。

受污染食品和中毒原因

熟肉制品、蛋及蛋制品、乳及乳制品、含乳冷冻食品；日式饭团、盒饭、沙拉、剩饭等。

【中毒原因】

在如下条件范围时，容易发生葡萄球菌中毒。

①食品的酸碱度为中性（pH6.8~7.2）。

②气候温度在20℃~40℃。

③熟制食品放置时间超过4天以上。

④食品被局部化脓性感染者、上呼吸道感染者接触。

中毒症状和应急处理

中毒发病的潜伏期一般在1~5小时。

严重恶心呕吐、腹痛腹泻。

儿童中毒症状较成人严重。

病程较短，一般1~2天痊愈，死亡率较低。

【应急处理】

①一般无需特殊治疗。

②注意补充水分和盐分。

③严重者应及时送医院治疗。

预防中毒指导方针

◎饭前便后要洗手。

◎不要对着食品咳嗽和打喷嚏。

◎局部化脓性感染者、上呼吸道感染者勿接触食品。

◎熟制肉类食品、乳制品等要低温保藏（10℃以下）。

◎食品放置时间不要超过4天。

4. 牛肉食品——大肠杆菌O157食品中毒

毒物是什么

大肠杆菌是人和动物的肠道中数量最多的正常菌落，无毒性。其中致病性大肠杆菌有致泻性，可引起腹泻。大肠杆菌O157是致病性大肠杆菌的一种，能产生强毒素，是肠道出血性大肠菌，可引起较严重的血性腹泻和溶血性尿毒症综合征。O157的意思是，第157个被发现的具有O抗原的大肠菌。又因为具有第7个被发现的H抗原，所以有时也写作大肠杆菌O157•H7。

大肠杆菌O157极易感染，100个细菌数就可以感染发病（一般的细菌性食品中毒通常需要10万个细菌数），所以容易引发集体中毒。大肠杆菌O157对胃酸的适应性较强，可以在胃酸的强大杀伤力下生存；对干燥条件适应性强，附着在干燥物体上也能存活。嗜冷，在阴湿和冷冻条件下可生存数周，水果和腌菜中可生存10天，在牛奶中可生存24天。最适宜生长的温度是37℃。但大肠杆菌O157不耐热，加热70℃ 10多秒钟即可杀菌。

大肠杆菌O157大量存在于牛和其他家畜的肠道和粪便中，经污染食品和饮水对人经口感染。其中最主要的感染源是未煮熟的牛肉食品，当人们吃牛肉时，如果未能彻底加热，就不能有效杀菌从而受到感染。而且被污染的牛肉从表面看起来、嗅起来都很正常。

受污染食品和中毒原因

牛肉，家畜肉类，汉堡包，蔬菜水果，生牛奶。

【中毒原因】

①牛肉食品食用前未经彻底加热。

②生熟食品交叉污染。

③饮食卫生和个人卫生注意不够。

中毒症状和应急处理

中毒发病的潜伏期一般是4~8天。

出血性腹泻，重症有腹痛。

约10%的患者会发生溶血性尿毒症综合征，而且以抵抗力较弱的婴儿、儿童和老人多见，并容易在老人中引起死亡。

【应急处理】

①大多数人不经过特定的治疗均可在5~10天内痊愈。

②重症者和婴儿、儿童和老人患者应送医院治疗。

③大肠杆菌O157具传染性，发生感染后应对家庭、幼儿园、老人院等进行环境消毒，使用一般家庭用漂白剂、酒精、药皂即能杀菌。

预防中毒指导方针

◎牛肉和其他肉类食品要加热煮透后才能食用，要确保肉食的中心温度达到75℃以上。

◎在餐馆中如果发现牛肉食品没有熟透，牛肉中心部位呈粉红色，应拒绝食用，可要求后厨进一步加工后再食用。

◎只饮用已经消毒过的牛奶、饮料。

◎直接生吃的蔬菜水果一定要彻底冲洗干净。

◎饭前便后、烹调前和触摸肉类后要充分洗手。

◎加工食品时，生熟食品要分别处理和保藏，生熟用具要分开使用，防止交叉污染。

◎避免喝入公共游泳池中的水。

5. 发酵食品——肉毒菌食品中毒

毒物是什么

肉毒菌是一种厌氧细菌，缺氧条件下才能繁殖，主要存在于土壤的深处、江湖的淤泥中，以及人和动物的粪便中。肉毒菌所产生的肉毒毒素堪称毒王，比剧毒的氰化钾还要毒千万倍，1毫克肉毒毒素就可以造成数万人死亡。被感染后会引发神经中毒症状，死亡率较高，是食品中毒中危害最严重的一种，需要特别注意。

肉毒菌本身耐热，但它制造出来的肉毒毒素不耐热，加热80℃30分钟或100℃10分钟以上，即可完全分解毒性。

肉毒毒素中毒多由植物性食品引起，尤其是发酵豆制品最多见。因为发酵过程的缺氧条件和较高温度，为肉毒菌的大量繁殖提供了适宜条件。此外，隔绝空气密封包装的食品，也是最易受到肉毒菌感染的食品。

受污染食品和中毒原因

发酵豆制品、面酱、臭豆腐、腊肠、肉类食品。

所有隔绝空气的罐装、瓶装、真空包装食品。

【中毒原因】

①酱类食品制作时盐量低、温度低、供氧不足。

②食用未经彻底加热的生酱。

③在如下条件范围时，肉毒菌易于繁殖并产生毒素：无氧；有水分。

酸碱度在4.5以上。

温度在3℃~40℃范围。

中毒症状和应急处理

中毒发病的潜伏期一般是18~36小时，长的可达8~10天。潜伏期愈短，病情愈重。

初期头晕头痛、恶心呕吐、全身乏力、步态不稳。

视觉模糊、瞳孔扩大、对光线反应迟钝。

严重者言语不清、吞咽困难、声音嘶哑、呼吸麻痹而死亡。

死亡多在发病后数天之内发生。

【应急处理】

肉毒毒素是剧毒，死亡率较高，中毒后应立即送到医院进行救治。

预防中毒指导方针

◎食用罐装、瓶装、真空包装食品前，要加热80℃30分钟或100℃10分钟以上。

◎罐装、瓶装、真空包装食品凡有过保质期者、膨胀变形者、有怪味者，皆不可食用。

◎不吃生酱，酱类食品务必彻底加热后才能食用；

◎家庭自制发酵酱类食品时要注意：

一是要使盐量达到15%以上。

二是要提高发酵温度。

三是要经常日晒，充分搅拌，保证有充足的氧气供应。

◎蜂蜜适合肉毒菌孢子生存，是感染婴儿的一个途径，因此对1岁以下的孩子不要喂食蜂蜜。而蜂蜜对1岁以上的孩子和成年人是安全的。

6. 大锅饭菜——产气荚膜杆菌食品中毒

毒物是什么

产气荚膜杆菌是一种厌氧菌，有氧不能繁殖。广泛分布于土壤、污水、人和动物的肠道和粪便中，会产生肠毒素，污染食品，人被感染后会引发肠道炎。

产气荚膜杆菌在恶劣环境下的生存能力很强，当环境条件很恶劣时，它的细胞会变身为像植物种子似的“芽孢”，被一层结实的外壳覆盖，耐热、耐干燥、耐消毒药，在加热100℃条件下，可存活数小时。当环境出现适宜的温度和相关条件时，“芽孢”就会发芽恢复成营养型细胞，并大量繁殖细菌。所以产气荚膜杆菌是一种即使经过加热烹调，其芽孢仍能够存活下来，并在较高温度和长时间储存过程中继续生长繁殖的细菌。产气荚膜杆菌的这种特长，使它成为集体饭堂每天加工的大锅饭菜中的常客。

中毒多发生在夏秋季节。

受污染食品和中毒原因

集体食堂大批量加工的食品。

隔天的剩饭剩菜。

肉类食品、鱼类食品、植物蛋白性食品。

【中毒原因】

①集体食堂大批量加工食品，烹调后的食品没有立即食用，在较高气温中缓慢降温，并在35℃左右温度下放置时间过长，此温度最适宜产气荚膜杆菌繁殖。

②同时，大批量食品的中心部位易形成无氧状态，适合厌氧性的产气荚膜杆菌生长繁殖。

中毒症状和应急处理

中毒发病的潜伏期为8~12个小时；

腹痛腹泻。

下腹部膨胀。

【应急处理】

①病情轻者一般无须治疗，可自行恢复。

②病情重者注意补充水分和盐分，或到医院就医。

预防中毒指导方针

◎重点是注意集体食堂大批量加工食品的卫生。

◎烹调后的食品应尽快食用，如果未能立即食用，应注意快速降温，要小分量分开低温保管（15℃以下），存放时间尽量缩短。

◎避免食用隔天的剩饭剩菜。

◎肉类食品要加热煮透后才能食用。

7. 剩饭剩菜——蜡样芽孢杆菌食品中毒

毒物是什么

蜡样芽孢杆菌广泛分布在自然环境之中，主要经由尘土、昆虫、不洁用具传播。在我国蜡样芽孢杆菌污染的食品，主要是米饭和淀粉类食品，可产生致吐肠毒素或致泻肠毒素。当食用了被该菌污染的食品后，就会发生中毒症状，如呕吐和腹泻等。蜡样芽孢杆菌最适宜在25℃~45℃条件下繁殖。不耐寒，在15℃以下不繁殖。其芽孢具有耐热性，在加热到120℃时需经60分钟才能杀死。

值得注意的是，被蜡样芽孢杆菌污染的剩饭剩菜等食品，没有明显的腐败变质症状，外观上感觉正常。

中毒多发生在夏秋季节。

受污染食品和中毒原因

剩饭剩菜、凉拌菜、奶制品、肉制品。

【中毒原因】

①食品加热后未及时食用，在较高温度中放置时间过长。

②剩饭剩菜等食品保藏温度过高。

③剩饭剩菜食用前加热不彻底。

中毒症状和应急处理

致吐肠毒素的中毒潜伏期为1~5个小时，症状为呕吐。

致泻肠毒素的中毒潜伏期为9~12个小时，症状为腹泻。

同时两种肠毒素的中毒症状为呕吐加腹泻。

【应急处理】

①注意补充水分和盐分。

②重症者应到医院治疗。

预防中毒指导方针

◎食品加热后要趁热食用，未能及时食用时，则需将食品快速降温保管（15℃以下）。

◎每天烹调的饭菜要适量，吃多少做多少，尽量避免剩饭剩菜。

◎剩饭剩菜应低温保藏（15℃以下），再食用前一定要彻底加热。

◎此菌常见于泥土、灰尘、昆虫，搞好环境卫生可减少感染的机会。

8. 生冷食品——痢疾杆菌食品中毒

毒物是什么

痢疾杆菌又叫志贺杆菌，是由日本的细菌学家志贺于1897年发现的。此菌是一种大肠菌，耐寒不耐热，在冰块中可生存好几个月，但在阳光下30分钟就会死亡。

痢疾杆菌食品中毒会引发痢疾，尤其是此菌的感染性特强，一点点细菌入口就会引发食品中毒，较一般的食品中毒的感染力强10000倍以上。而且可在人与人之间互相传染，造成流行性痢疾。人是痢疾杆菌唯一的自然宿主和寄存宿主，痢疾杆菌感染人体后，会在胃肠道中寄居、繁殖和产生毒素，引起腹泻后又随粪便向外界持续排菌，污染周围环境和物品、食品、水源等，造成更多的人被感染。痢疾的传染源是痢疾病人和带菌者，传染的方式与食品、手指、粪便、苍蝇这四种媒介有关。

痢疾杆菌中毒发病突然，来势较猛，

主要是急性肠炎症状。全年均有发生，但多发生在夏秋季节。

受污染食品和中毒原因

剩菜、凉拌菜、生冷食品、生水。

【中毒原因】

①夏天生吃被污染的瓜果蔬菜。

②水源水或饮用水受到污染。

③食品保藏过程中被苍蝇、蟑螂、蚊子接触而受到污染。

④不注意环境卫生、饮食卫生和个人卫生。

⑤集体食堂的工作人员被感染或带菌会导致食品污染，并将造成痢疾爆发和流行。

中毒症状和应急处理

中毒发病的潜伏期为1~5天。

剧烈腹痛、呕吐。

频繁腹泻，水样便，或黏血便。

儿童中毒严重者会出现惊厥、昏迷。

成人中毒严重者会出现手脚发凉、发绀，脉搏细弱，血压偏低。

【应急处理】

①儿童中毒后应到医院进行治疗。

②注意给病人补充水分和盐分。

③接触病人后要洗手消毒，病人的排泄物要消毒处理，控制人与人互相传染。

④发生痢疾感染的幼儿园应进行环境消毒。

预防中毒指导方针

◎凉拌菜加入食醋可有效杀菌，是预防痢疾杆菌中毒的好方法。

◎食品应低温保藏，放置时间不宜过长。

◎食用前一定要彻底加热，烹调好后应尽快食用。

◎痢疾流行时或到痢疾流行地去时，注意勿吃生冷食品和勿喝冷饮，最好只喝瓶装水。

◎集体食堂的工作人员一旦发现被感染或是带菌者，应立即脱离工作环境，持健康证才能上岗。

◎讲究个人卫生，饭前便后要洗手，不要用不干净的手来抓吃食品。

◎注意搞好环境卫生，及时清理生活垃圾，消灭苍蝇、蟑螂、蚊子滋生的场所。

◎注意搞好饮用水卫生，防止饮用水受到污染，及时清理各种生活污水，不要用不干净的水来清洗蔬果。如果怀疑水源不安全，可将水烧开后再使用。

◎要特别注意儿童的饮食卫生，痢疾是儿童易患病。儿童若经常吮手指，感染的概率会较高，应改掉吮手指习惯。

◎避免喝入公共游泳池中的水。

9. 接触动物——空肠弯曲菌食品中毒

毒物是什么

空肠弯曲菌是人畜的共致病菌，也是儿童急性肠炎的主要致病菌，广泛分布于动物体内，鸟与家禽为空肠弯曲菌的自然宿主，空肠弯曲菌是鸟与家禽肠道中的正常菌群之一。据国外的检测结果表明，动物携带空肠弯曲菌的检出率依次为：猪88%，狗69%，猫53%，牛43%，鸡11%。空肠弯曲菌对环境较敏感，干燥、氧均能杀菌，这种菌只能在弱氧环境中生存。

空肠弯曲菌主要通过动物粪便对水的污染，对食品的污染，人与动物的接触传播。国内的调查发现，感染空肠弯曲菌肠炎的病人中，近90%的病人有与家禽家畜密切接触史，包括直接接触小猫、小狗等宠物，可引起感染和传播。而且病人在感染过程中均具有传染性，是人传人的传染病。

受污染食品和中毒原因

生鸡肉等禽类食品、生的或未经消毒的牛奶。

【中毒原因】

①密切接触家禽家畜，接触了动物和动物的粪便后，未及时充分洗手。

②禽类食品污染率高，尤其是生吃鸡肉或吃半生半熟的鸡肉，饮生的牛奶或未经消毒的牛奶。

③儿童之间互相传染。儿童感染了空肠弯曲菌后，带菌率高达35%左右。

④食品生熟交叉污染。

中毒症状和应急处理

中毒发病的潜伏期为2~5小时。

初期出现头痛发热、肌肉酸痛症状。

继而出现腹痛腹泻、恶心呕吐症状。

大便水样、恶臭、有血脓。

少数中毒者会出现败血症、腹膜炎、急性胆囊炎。

一般情况下，可在10天内自愈。

【应急处理】

①儿童中毒后应到医院进行治疗。

②接触病人后要洗手消毒，病人的排泄物要消毒处理，控制人与人互相传染。

③注意补充水分和盐分。

预防中毒指导方针

◎注意儿童的饮食卫生，尤其是幼儿园要预防儿童空肠弯曲菌肠炎的爆发。

◎儿童应少接触小猫、小狗等宠物，尤其不要接触动物的粪便，接触后要及时充分洗手。

◎家禽肉制品要彻底加热煮透后才能食用。

◎牛奶等乳制品要经巴氏消毒或高温（120℃）瞬间消毒后才能饮用。

◎肉类食品一定要低温保藏。

◎加工食品时，生熟用具要分开使用，防止交叉污染。

◎养成良好卫生习惯，饭前便后要洗手。

10. 炎热致菌——变形杆菌食品中毒

毒物是什么

变形杆菌是革兰氏阴性杆菌，不产生芽孢，广泛分布在水和土壤，以及垃圾和各种腐败有机物中，也是人与动物肠道中的寄生菌，3%~5%的健康人肠道中可带有普通的变形杆菌，一般不致病。但在气候温暖条件下，变形杆菌就会在食品中大量繁殖。食用了被大量变形杆菌污染的食品，变形杆菌就会在人体内迅速繁殖，并产生肠毒素，使食品蛋白质中的组氨酸转化为组胺，从而引起过敏型和胃肠型的食品中毒。

中毒多发生在夏秋季节。

受污染食品和中毒原因

鱼类和蟹类污染率较高。

动物性食品、豆制品、凉拌菜。

【中毒原因】

①气温升高，变形杆菌大量繁殖，食品受到污染。

②食品在食用前未经彻底加热。

中毒症状和应急处理

上腹部绞痛、急性腹泻。

恶心呕吐、头痛发烧。

轻者病程为1~3天。

【应急处理】

①病情较轻者无需治疗，1~3天可自行恢复。

②病情较重者则应到医院就医。

预防中毒指导方针

◎夏秋季节气温升高，要注意食品卫生，防止食品受到污染。

◎肉类食品要低温保藏。

◎熟食，特别是集体食堂的熟食一定要加热煮透后才能食用。

◎肉类食品，特别是鱼类和蟹类要加热煮透后才能食用。

◎避免食用发霉、发臭的腐败食品。

11. 发霉米面——米酵菌酸食品中毒

毒物是什么

米酵菌酸，是椰毒假单胞菌酵米面亚种产生的一种毒素，对人体细胞会产生毒性，毒性较强，会严重损害人的肝、脑、肾器官，并引起消化系统、泌尿系统和神经系统的伤害，因此是一种较严重的食品中毒，死亡率较高。

我国东北地区民间流传有吃酵米面的习惯。酵米面就是将玉米、高粱米、小米等粮食，以水浸泡发酵而制成，然后用来做面条、面饼、饺子等食品。但是这种酵米面的制作和保存过程中，很容易发生发霉变质而引起食品中毒。

米酵菌酸耐热，一般加热烹调不能杀毒。

受污染食品和中毒原因

酵米面、鲜银耳、淀粉类制品。

【中毒原因】

①酵米面制作、保存不当。

②食用变质鲜银耳。

③食用了霉变淀粉类制品。

中毒症状和应急处理

轻者如一般急性胃肠炎症状。

呕吐物呈咖啡色。

严重者出现腹水、黄疸、肝大、血尿血便。

皮下出血、四肢抽搐、呼吸困难、昏迷谵语、休克而死亡。

【应急处理】

①中毒后应立即停食可疑食品。

②立即自我催吐，自我导泻，排出胃内容物，减少毒素吸收量，降低死亡率。

③尽快送到医院进行救治。

④家庭中凡吃过同样食品者，无论是否发病，均应到医院检查。

⑤保留可疑食品，一并送去医院检验。

预防中毒指导方针

◎改变饮食习俗，不要制作酵米面。

◎不食用霉变淀粉类制品。

◎不食用鲜银耳。正确识别银耳的质量，防止食用变质银耳，发好的银耳要充分漂洗，银耳的基底部要摘除。

12. 冰箱不是保险箱（1）

——耶尔森菌食品中毒

毒物是什么

耶尔森氏菌是一种嗜冷菌，在0℃~5℃低温也能生长繁殖，在低温水中可生存6个月之久。冰箱冷藏食品不能抑制该菌繁殖，耶尔森氏菌可在冰箱中生长繁殖达到致病的数量。这是需要特别注意的地方。

耶尔森氏菌也是一种能引发急性腹泻和胃肠炎的致病菌，此外还可以造成呼吸系统、心血管系统等局部或全身性疾病。耶尔森氏菌广泛分布于各种动物中，包括猪、牛、羊、狗、鸡、鸭、鹅、鱼、虾、蟹、牡蛎、贝类等，主要的动物宿主是猪，在猪的扁桃体和猪肠中存在较多。主要通过污染食品和饮水经口感染。

儿童的感染多于成人。

中毒多发生在低温，高寒地区和冬春季节。

受污染食品和中毒原因

肉类食品（特别是猪肠）、水产品、海产品、蔬菜。

【中毒原因】

①食用了被污染的禽肉制品，尤其是生的和加热不彻底的禽肉制品。

②加工处理生猪肠特别容易被感染。

③与动物有过多接触，对动物粪便的处理不够认真。

④饮用被污染而未经消毒的牛奶或未煮沸的水。

中毒症状和应急处理

中毒症状呈多样性。

主要症状为腹痛腹泻、头痛发烧，部分有恶心呕吐。

儿童和青少年类似急性阑尾炎症状。

成年人类似结节性红斑或关节炎，而无胃肠炎症状，或先胃肠炎症状后结节性红斑或关节炎症状。

如出现败血症，可导致死亡。

【应急处理】

①中毒后应到医院进行治疗。

②注意补充水分和盐分。

预防中毒指导方针

◎冰箱不是保险箱，冷藏食品食用前一定要彻底加热。

◎减少与动物的直接接触，认真处理好动物的粪便，减少经动物感染的机会。

◎避免食用生的或未彻底加热的猪肉，避免生熟肉食的交叉污染。

◎加工处理生猪肠后要充分洗手（注意手指甲的清洗），猪肠的烹调一定要彻底加热。

◎牛奶和饮用水一定要经过消毒处理才能食用。

13. 冰箱不是保险箱（2）
——李斯特菌食品中毒

毒物是什么

李斯特菌广泛分布于生活环境和各种食品之中，如土壤、污水、河水、烂菜等。该菌耐碱不耐酸，耐冷不耐热，零下20℃可存活1年，60℃只能存活10分钟。冰箱冷藏的温度在2℃~8℃，不能抑制该菌繁殖，所以保藏在冰箱中的食品完全可能被李斯特菌污染。李斯特菌因而又被称为“冰箱杀手”。

李斯特菌可以引发多种感染疾病，称为“李斯特病”。新生儿、免疫功能低下者或免疫功能缺陷症患者、孕妇等，是感染李斯特菌的高危人群。艾滋病患者比其他免疫功能正常的健康人感染李斯特菌的机会大300倍。一般健康人则不易感染李斯特菌。据统计，李斯特病死亡率为30%，老年人居多。

需要特别强调的是，李斯特菌病对孕妇和孕妇的孩子特别危险，因为怀孕期间女性激素的变化，影响了母亲的免疫系统，导致孕妇对李斯特菌非常敏感，因此，孕妇比其他健康人感染李斯特菌的机会大20倍。而孕妇感染李斯特菌能引起流产、早产、死胎，以及新生儿健康不良，甚至新生儿因严重感染而导致死亡。

中毒多发生在夏秋季节。

受污染食品和中毒原因

牛奶和奶制品、肉类食品、水产品、蔬菜水果。

【中毒原因】

①动物性食品未经烧熟煮透就食用。

②冰箱冷藏熟制食品未经加热即直接食用。

③食用了未经消毒的牛奶和奶制品。

④孕妇被李斯特菌感染，其新生儿也可能被李斯特菌感染。

中毒症状和应急处理

中毒发病的潜伏期为2~3天。

初期为一般胃肠炎症状，并有发热、畏寒症状。

严重者会出现败血症、脑膜炎、心内膜炎。

如有神经症状，并影响脑干者会导致死亡。

【应急处理】

①中毒后应立即停食可疑食品。

②尽快到医院进行治疗。

预防中毒指导方针

◎动物性食品一定要烧熟煮透才能食用。

◎冷藏食品食用前一定要彻底加热。

◎不饮用未经消毒的牛奶和奶制品。

◎冷藏食品存放时间不宜超过1周。

细菌性毒物一览表

致病菌	特性	污染食品	症状	人传人
沙门氏菌	嗜冷菌	鸡蛋及其蛋制品；肉类、鱼、奶熟制食品	急性肠炎	√
副溶血弧菌	嗜盐菌	海产品，如鱼、虾、蟹、贝类、海藻等；咸菜、熟制肉类食品，腌制品	急性肠炎	
葡萄球菌	嗜盐菌	熟肉制品、蛋及蛋制品、乳及乳制品、含乳冷冻食品；日式饭团、盒饭、沙拉、剩饭等	急性肠炎	
大肠杆菌O157	耐胃酸	牛肉、家畜肉类、汉堡包、蔬果、生牛奶	出血性肠炎、溶血性尿毒症	√
肉毒杆菌	厌氧菌	面酱、臭豆腐、发酵豆制品、腊肠、肉类食品；罐装、瓶装、真空包装食品	神经中毒	
产气荚膜杆菌	厌氧菌嗜热菌	大批量加工的食品剩饭剩菜；肉类食品、鱼类食品、植物蛋白性食品	急性肠炎	
蜡样芽孢杆菌	嗜热菌	剩饭剩菜、凉拌菜	急性肠炎	
痢疾杆菌	嗜冷菌	剩菜、凉拌菜、生冷食品、生水	痢疾	√
米酵菌酸	嗜热菌	酵米面、鲜银耳、淀粉类制品	急性肠炎损害消化系统、泌尿系统和神经系统	
耶尔森氏菌	嗜冷菌	牛奶、肉类、水产品、豆类、蔬菜	类似阑尾炎	
李斯特菌	嗜冷菌	牛奶和奶制品、肉类食品、水产品、蔬菜水果	急性肠炎败血症、脑膜炎、心内膜炎；神经症状	
空肠弯曲菌	弱氧菌	蔬菜水果、熟制食品、牛奶	急性肠炎	√
变形杆菌	嗜温菌	动物性食品、豆制品、凉拌菜	急性肠炎	

第七章

食品中的真菌性毒物

1. 花生破皮时——黄曲霉素食品中毒

毒物是什么

黄曲霉素是黄曲霉、寄生曲霉、温特曲霉所产生的一组毒素，已分离出12种以上。其中在食品污染中最多见的是黄曲霉素B_1，毒性较强，是剧毒化学物氰化钾毒性的10倍以上，比砒霜大68倍，比敌敌畏大100倍。而且，世界卫生组织已明确认定，黄曲霉毒素为人类致癌物，主要是肝致癌物。黄曲霉素诱发肝癌的能力比亚硝胺大75倍。乙肝病毒感染者如果被黄曲霉素污染，黄曲霉素的致癌毒性将提高30倍。大量食入含有黄曲霉素的食品，还会引起急性肝脏中毒。

黄曲霉素性质稳定，耐高温、耐高压，在280℃高温时才开始分解，所以一般的加热烹调和高压处理，不能有效杀毒。黄曲霉素在碱性条件下和在阳光照射下容易分解。

在天然食品中以被污染的花生、花生油和玉米的黄曲霉毒素检出率最高，含量最多。其中尤以受虫害的玉米和破损的花生为甚。

黄曲霉素在28℃~32℃温度条件下产出最多，在低温和通风条件下生成量大幅降低。在我国，黄曲霉素污染以温湿气候的长江沿岸和江南地区较严重，中毒多发生在夏秋季节。

受污染食品和中毒原因

花生、花生油、玉米、大米、干果类、奶和奶制品、干咸鱼、发酵食品。

【中毒原因】

食用了虫蛀、发霉、变质、破损的花生、玉米等食品。

中毒症状和应急处理

大量摄入可引发急性肝脏中毒，出现眼睛发黄，呕吐、水肿、虚弱、厌食、发烧、昏迷等症状，并可能导致死亡。

持续摄入可造成慢性中毒，将导致肝大、肝硬化，直至肝癌。

【应急处理】

①立即停止食用任何发霉变质食品；

②急性中毒性肝炎病者应到医院就医。

预防中毒指导方针

◎不食用任何发霉变质食品，重点是霉变的花生、玉米和大米。

◎要将花生、玉米中的发霉、变质、破损、虫蛀粒全部挑除。

◎已破皮和不完整（半粒）的花生，含多量毒素，一定不能吃。

◎清洗花生、玉米、大米时要反复搓洗多次。据测试，淘洗大米时，搓洗2次可去毒60%以上，搓洗4次可去毒80%以上，搓洗5次可去毒90%以上。

◎清洗时加碱，可破坏黄曲霉素的结构并溶于水，去毒率可达80%以上。

◎家庭中的食品保藏一定要采取防潮防霉措施。

2. 甘蔗变质时
——节菱孢霉素食品中毒

毒物是什么

节菱孢霉是生长在甘蔗中的一种真菌，在温湿环境中会大量繁殖，并产生一种叫3-硝基丙酸的毒素。吃了被这种毒素污染的甘蔗，会引发急性食品中毒症，并伤害人的中枢神经系统。

甘蔗长期储存，场所通风条件不佳，甘蔗堆积发热，使节菱孢霉在温湿环境中大量繁殖和产毒。

中毒多发生在初春季节。

中毒症状和应急处理

节菱孢霉素中毒最快可在10分钟左右发病；

初期为头晕呕吐、视力障碍；

继而眼球斜视、阵发性抽搐、四肢强直、手呈鸡爪状；

严重者昏迷至死；

儿童中毒者较多，10%左右的患儿会留下终生残疾的后遗症。

【应急处理】

中毒者应尽快送到医院进行救治。

预防中毒指导方针

◎不吃不新鲜的甘蔗，家庭中存放甘蔗要注意通风低温，时间不宜过长。

◎选购甘蔗要注意观察横切面是否无异味（有酒酸味）、呈白色，凡有异味且切面发黄者，为变质甘蔗，不可食用。

3. 水果腐烂时——展青霉素食品中毒

毒物是什么

展青霉素由青霉、曲霉产生，实验证明，对动物有致癌和致畸毒性，会造成动物的中枢神经系统损害。目前尚未证实展青霉素对人直接致病。由于已证实对动物毒性很强，危害极大，应该引起我们的重视和防范。而且吃入腐烂变质水果对健康绝无益处。

水果含80%以上水分，酸碱度一般在pH4.5以下，多属酸性食品，适宜霉菌生长繁殖。霉菌侵染新鲜水果后，可使果皮软化、形成病斑、下陷、果肉软腐等。在已发生腐败的水果中可检测到大量展青霉素，在距离腐烂部分1厘米处的正常果肉中，仍可检测出毒素。食用有病斑、腐烂、霉变的水果和蔬菜容易受到展青霉素的潜在的危害。

预防中毒指导方针

◎水果以尽量吃新鲜为好，不吃有病斑、腐烂、霉变的水果。

◎对局部腐败的水果，在去除腐败部分时，对周围3厘米的看上去正常的果肉应一并去除。

◎水果每次应少买，如需贮藏应保持低温。

◎吃水果前可用水果消毒剂消毒，或用清水反复冲洗。

◎最佳方法是削皮后食用，可去除表皮霉菌和残留农药的污染。

4. 玉米发霉时——伏马菌素食品中毒

毒物是什么

伏马菌素是玉米和玉米制品中，串珠镰刀菌产生出来的其中一种毒素，对动物有致癌和致病毒性，对人体的致病性正在研究中，目前尚未有定论。

伏马菌素可引起马的神经中毒症状，猪的肺水肿症候群，羊的肝病和肾病，老鼠的肝坏死、肝硬化和致癌性，鸡胚的致病性和致死性，对动物毒性很强，危害极大。对人体的致病性目前虽然尚未有定论，但应该引起我们的重视和防范。

食用霉变的玉米和玉米制品，容易受到伏马菌素的潜在危害。

预防中毒指导方针

◎不食用霉变的玉米和玉米制品。

◎玉米和玉米制品的存放要通风防潮，以防止串珠镰刀菌产毒和伏马菌素污染。

真菌性毒物一览表

毒物	污染食品	毒性
黄曲霉素	花生、花生油、玉米、大米、干果类、奶和奶制品、干咸鱼、发酵食品	肝致癌性急性肝脏中毒
节菱孢霉素	变质甘蔗	神经毒素
展青霉素	腐烂、霉变的水果	对动物有致癌、致畸性
伏马菌素	霉变玉米和玉米制品	对动物有致癌、致病性

第八章

食品中的重金属毒物

1. 致癌致畸——铅中毒

毒物是什么

铅是自然环境、生活环境中最广泛存在的元素，可以说是万物均含铅，量多量少而已。工业生产中所制造的大量粉尘、废气中含有多量的铅，飘浮于大气中的铅通过自然下降、雨水冲洗而沉降于土壤和农作物上，并通过食物链进入人体。此外，铅还会经呼吸由肺进入人体，经溶解由皮肤进入人体。

经消化道进入人体的铅，其中少量存在血液中，大部分的铅会与红细胞结合，并经由血液循环而到达全身各处，其中以肝、肾、肺、脑等部位含量最多，最后大部分沉积于骨骼中。铅进入人体后极难排出，即使不再有铅摄入，原有的铅4年之后也才能排出一半。

一般情况下，人体摄入过量的铅并不表现出急性中毒症状，但在人体抵抗力下降和受到感染时，铅会从骨骼释出并引起明显症状。铅的慢性中毒会对人体神经系统、造血功能和肾脏功能造成损伤。动物实验已证实，铅对动物有致癌致畸作用。现在也有研究认为，铅对人体也有致癌致畸作用，与食道癌、胃癌、肝癌、肾癌和胆管癌等多种癌症有关。

值得注意的是，儿童比成人更容易发生铅中毒，极少的量就可以影响儿童神经系统的发育和智力的成长。

受污染食品和中毒原因

使用有较高铅含量的黄丹粉制作的皮蛋。

含铅马口铁制作的罐头食品，或使用含铅焊料制作的罐头食品。

铅制或含铅的食具、玩具和用具。

【中毒原因】

①经常吃使用有较高铅含量的黄丹粉制作的皮蛋和爆米花。

②经常吃含铅马口铁制作的罐头食品，或使用含铅焊料制作的罐头食品。

③使用铅制或含铅的食具和用具。

④输水管道采用铅管的自来水中含有多量的铅。

中毒症状和应急处理

急性铅中毒较少见，一般表现为口中有金属味、腹痛腹泻、呕吐、昏睡等症状。

慢性铅中毒对人体神经系统、造血功能和肾脏功能造成损伤，并有致癌致畸作用。

【应急处理】

①急性铅中毒应尽快脱离接触铅毒污染。

②到医院进行排铅治疗。

③慢性铅中毒则需进行对症治疗和保健疗法。

预防中毒指导方针

◎将家庭中的食具和用具检查一遍，不使用铅制或含铅的食具和用具，尤其是儿童使用的所有食具、玩具和用具，一定要保证无铅化。

◎少吃皮蛋等含铅食品和马口铁制或含铅焊料制罐头食品。

◎制作爆米花的机器含有一层铅，当机器加热时一部分铅就会以铅烟或铅蒸气出现，并被疏松的爆米花轻易吸收。常吃爆米花容易受铅污染。

◎如果你的家中的输水管道仍然采用铅管，自来水中会含有多量的铅，尤其是早上起来打开水龙头的前10分钟的水，因为一个晚上的静止状态，水中会有更多铅元素的溶出，最好不要用来饮用，以避免喝入过多的铅元素。这部分水可用于洗衣服、冲厕所、浇花等用途。

◎你应当尽快用聚氯乙烯管替代铅管作为自来水输水管。

◎公路两旁的农作物铅毒污染会较严重，最好不吃。

◎在公路两旁居住或长期工作的人容易受到铅毒污染，要注意防铅保健。

◎多吃大蒜、鸡蛋、豆类和豆制品、牛奶、花生、猪血等食品，对排除铅毒素有很好作用。

2. 全身骨折——镉中毒

毒物是什么

镉是一种银白色的金属，质地柔软，抗腐蚀性强，加热易挥发。镉及其化合物应用广泛，主要应用于电镀、颜料、电池和电子器件、塑料稳定剂、合金等方面。

通过饮食进入人体的镉，主要是受镉污染的水和食品，以及含镉的食具和用具。

在常见的重金属毒物中，以镉的毒性最强，慢性镉中毒可引起骨质疏松、骨骼软化和变形（据对一名日本的慢性镉中毒“痛痛病”死者的尸体解剖发现，全身有122处骨折，身高缩短30厘米）。慢性镉中毒还会对肾脏功能和生殖健康造成损害。另据相关研究发现，镉毒还是一种致癌致畸致突变的三致性毒物，可能引起呼吸道癌、肾癌、前列腺癌，并对胎儿生长发育引发畸变。

受污染食品和中毒原因

谷物和水。

【中毒原因】

①食用了受镉污染的水和食品（如受污染土壤中出产的“镉米”）。

②使用含镉的食具和用具（有色图案玻璃用品、搪瓷食具、冰箱镀镉冰槽等）。

中毒症状和应急处理

急性镉中毒表现出口中有金属味、头痛咳嗽、呕吐腹泻、发烧畏寒、呼吸困难等症状。

严重者会引发肺炎、肺水肿、肾功能障碍。

慢性镉中毒潜伏期2~8年，一般分警戒期、疼痛期、骨骼变形期和骨折期，最终会在极度痛苦中死去。

可能引起呼吸道癌、肾癌、前列腺癌，并对胎儿生长发育引发畸变。

【应急处理】

①急性镉中毒应尽快脱离接触镉毒污染。

②到医院进行排镉治疗。

③慢性镉中毒则需进行对症治疗和保健疗法。

预防中毒指导方针

◎注意了解米的产地，避免食用镉污染严重地区出产的米。

◎或者轮流更换食用不同产地的米，以分散风险。

◎不使用含镉的食具和用具。

◎生活中注意补充维生素D和钙质，尤其是中年女性。

◎海带中含有褐藻胶类物质，这种物质能与镉元素结合而使之排出体外。海带还可用于治疗镉中毒引起的疼痛。海带还可以减少肠道对放射性元素锶的吸收。海带含有丰富甘露醇，是一种很有效的利尿剂，可促使体内毒素及时排出。海带中含砷量较多，食用前需在清水中浸泡24小时清毒。

3. 大脑中毒——汞中毒

毒物是什么

汞，俗称水银，是唯一在室温下呈液体的金属，银白色、易流动、高密度、导电性。在自然界中，汞以金属汞、无机汞和有机汞形式存在。汞及其化合物，广泛用于冶金、化工、制药、化妆品、电气、油漆颜料、纺织等众多行业中。

被汞污染的水以及有机汞农药通过食物链使其中的汞进入人体，这是人体汞中毒的主要来源。

汞的毒性因化学形态不同而不同，其中以有机汞的甲基汞最具代表性，这是一种高毒性的神经毒素，在人体内非常稳定，大部分存在于肝和脑中。20世纪70年代在日本发生的水俣病，造成上千人死亡并引发大量婴儿残疾，就是由甲基汞中毒引起的神经性疾病。

受污染食品和中毒原因

以水污染造成的鱼类等水产品中毒多见。

【中毒原因】

①误吃含汞物品，如硝酸汞、砷酸汞、氰化汞，以及含汞搅拌的种子等。

②口服或外用过量含汞药剂，如朱砂、大升丹、小升丹、九一丹、轻粉、白降汞等。

③职业性接触。

中毒症状和应急处理

急性汞中毒一般表现出疲乏、多汗、头晕、易怒、手指脚趾失去感觉、视力模糊、肌肉无力、运动失调、听觉受损、语言障碍等症状。

慢性汞中毒会造成肾功能、肝功能和神经系统损害，并引发婴儿残疾。

【应急处理】

①急性汞中毒应尽快脱离接触汞毒污染。

②进行自我催吐，并以蛋清、牛奶、豆浆等反复洗胃。

③到医院进行排汞治疗。

④慢性汞中毒则需进行对症治疗和保健疗法。

预防中毒指导方针

◎尽量减少接触含汞环境。

◎小心使用体温计、血压计等含汞用品，万一摔碎要回收落地水银，并注意不让小孩接触。

◎服用或外用含汞药剂要严格控制剂量，并按医嘱服用。

◎胡萝卜中的果胶成分能与汞结合，降低血液中汞离子的浓度，促使汞离子排出体外。

4. 毒如砒霜——砷中毒

毒物是什么

砷是一种准金属重元素，大部分砷化合物的毒性都很强，其中最具代表性的就是俗称“砒霜”的三氧化二砷。砷化合物应用于合金制造、化工、陶瓷、医药、染料、农药等行业中。

含砷饲料添加剂以及含砷农药通过食物链使其中的砷化合物进入人体，这是人体砷中毒的主要来源。

砷的危害主要是慢性危害，慢性砷中毒可抑制DNA损伤的修复，引起染色体的畸变，导致皮肤癌、肺癌、结肠癌、膀胱癌的发生，以及胎儿畸形。

受污染食品和中毒原因

禽畜肉类、蔬菜水果、污染水源及其水产品。

【中毒原因】

①急性砷中毒一般多由误食事故和故意下毒引发。

②慢性砷中毒一般多由职业性接触引发。

中毒症状和应急处理

砷中毒的早期症状是：

视力障碍、听力障碍。

头发脱落、皮肤色素沉积、出现褐斑。

呕吐腹痛、消化不良、食欲不佳。

【应急处理】

①急性砷中毒应尽快脱离接触砷毒污染。

②到医院进行排砷治疗。

③慢性砷中毒则需进行对症治疗和保健疗法。

预防中毒指导方针

◎认识砷中毒，提防误食事故发生。

◎尽量减少接触含砷环境和含砷物品。

◎小虾、对虾含多量低毒五价砷化合物，不过量吃则无毒。但食后勿服用维生素C，因维生素C对五价砷化合物有还原作用，可还原转变为高毒的低价砷化合物，对健康有危害。

◎海带中含砷量较多，食用前需在清水中浸泡24小时清毒。

5. 老年痴呆——铝中毒

毒物是什么

铝是自然界中最丰富的一种元素，导热导电性能极佳，生活中应用十分广泛，食品中也普遍存在，特别是动物肉类及其内脏含量较多。

铝在人体中主要存在于骨骼、肺脏和大脑中，主要的排出途径为肾脏。人体对铝的吸收率较低，只有不到1%的吸收率，但是胃肠的酸性环境增高时（尤其是柠檬酸的增加），对铝的吸收率会大幅提高到10%~30%。

由于铝中毒并不多见，人们一般对铝并不在意。但是铝已被证实是有毒性的。铝是一种大脑神经毒素，动物实验表明，铝可以抑制神经细胞的酵素活动，导致脑功能异常；铝会取代输铁蛋白中铁的位置，造成造血器官无铁可用，导致贫血；铝还会取代骨骼中钙的位置，造成软骨症，导致骨骼变形、骨折、肌肉无力等症状发生。国外的流行病学调查曾发现，在饮用水中铝含量较高的地区，老年痴呆症的发生率也较高。在长期服用含铝胃药的人中，会引起软骨症等。

尽管铝对人的毒性还没有最终定论，

但是基于铝的毒性的发现，以及铝元素的普遍存在，提高对铝中毒的重视，避免长期过多摄入铝元素是很有必要的。

受污染食品和中毒原因

动物肉类及其内脏、饮用水。

【中毒原因】

①长期食用被污染的食品和水；

②长期服用含铝胃药；

③对铝制品的不当使用。

预防中毒指导方针

◎由于人体主要依靠肾脏排出铝元素，因此，肾脏病人、肾功能老化的老年人、肾脏发育未成熟的儿童容易发生铝中毒。

◎长期服用含铝胃药，容易发生铝中毒，应有所节制。

◎避免使用铝制品盛装和烹调酸性食品，铝元素遇酸容易溶出。

◎铝罐包装的酸性饮料，时间长了铝含量会较多，可挑选出厂不久的，铝含量会较少。

◎动物的脑、肺、大骨，会含有较多的铝，应少吃。

◎猪血中的血红蛋白被胃酸分解后，可产生一种有解毒作用的物质，这种物质会吸附在进入人体内的镍、铅、汞等有毒金属微粒上，然后经消化道排出体外。

重金属毒物一览表

重金属	污染源	毒性
铅	铅管自来水 铅制或含铅食具和用具皮蛋等含铅食品	神经系统、造血功能和肾脏功能损伤，食道癌、胃癌、肝癌、肾癌、胆管癌
镉	被污染的水和食品 含镉的食具和用具	骨质疏松、骨骼软化和变形，肾脏功能和生殖健康损害，呼吸道癌、肾癌、前列腺癌，胎儿畸形
甲基汞	被污染的水和食品 含汞药剂、农药 职业性接触	肾功能、肝功能和神经系统损害，婴儿残疾
三氧化二砷	被污染食品 职业性接触	皮肤癌、肺癌、结肠癌、膀胱癌、胎儿畸形
铝	动物内脏 含铝胃药 铝制品	对动物致脑功能失常、软骨症、贫血；对人可能导致老年痴呆症、软骨症

第九章 食品中的动植物性毒物

1. “拼死吃河豚”——有毒鱼类中毒

毒物是什么

有毒鱼类在我国约有170多种，最常见的有屯毒鱼类、高组胺鱼类和胆毒鱼类。

屯毒鱼类的代表就是河豚，此鱼肉味道非常鲜美，但在肠道、卵巢和肝脏部分含有剧毒。这是一种神经毒素，人一旦误食中毒，30分钟内将导致神经细胞麻痹，2毫克毒素即可造成成人死亡。河豚毒素性质稳定，耐热耐酸，一般加热加酸方法，均不能杀毒。不认识河豚，误食中毒是发生河豚中毒的主要原因。中毒多发生在春季，此时正是河豚产卵的季节，鱼的毒性最强。

高组胺鱼类主要是海洋鱼类中的青皮红肉鱼，如金枪鱼、沙丁鱼、鲭鱼、鲐鱼、鲣鱼、秋刀鱼、蓝园参、竹荚鱼等。在这些鱼的血红蛋白中，有一种氨基酸叫组胺酸的含量较高，组胺酸可产生一种叫做组胺的物质，这种物质可使人发生过敏反应。尤其是当这些鱼开始腐败时，大量繁殖的细菌会导致组胺的大量产生。组胺中毒一般发病快，恢复也快，死亡率较低。

胆毒鱼类包括常见的青鱼、草鱼、鲢鱼、鲤鱼等淡水鱼。这些鱼的胆汁中含有胆汁毒素，吃入这些鱼的鱼胆可引起神经系统及循环系统症状，并造成肝脏和肾脏的损害。胆毒鱼类中毒一般病情严重，死亡率较高。

受污染食品和中毒原因

河豚，不新鲜的、腌制的海洋青皮红肉鱼类，青鱼、草鱼、鲢鱼、鲤鱼等淡水鱼的鱼胆。

【中毒原因】

①不认识河豚，误食中毒。

②高组胺鱼类鱼质腐败，或腌制不透，或未去内脏。

③胆毒鱼类未去内脏，或加工中割破鱼胆而未清洗干净。

中毒症状和应急处理

河豚毒素入口后，10分钟以后就会发病；

初始舌头、嘴唇、手指发麻，四肢麻木，站立不稳，行走困难；

而后全身瘫痪，瞳孔扩大，言语不清，体温下降，呼吸困难；

如不及时抢救将发生死亡。

高组胺鱼类中毒发病也很快，最快的几分钟就发病；

脸红、头晕、心跳加快、呼吸急促、血压下降；

有的病人伴有恶心呕吐、腹痛腹泻、四肢发麻、全身乏力症状；

一般2天左右自行恢复。

胆毒鱼类中毒，最快30分钟左右发病；

初期恶心呕吐、腹痛腹泻、头晕头痛；

继而出现黄疸、肝大、少尿或无尿；

严重时全身水肿、神志不清、阵发性抽搐、昏迷休克等；如不及时抢救，一般可在10天左右死亡。

【应急处理】

①河豚中毒，应立即将中毒者送到医院进行抢救；

②胆毒鱼类中毒，一定要立即进行自我催吐，并尽快将中毒者送到医院进行抢救；

③高组胺鱼类中毒呕吐、腹泻严重者，要注意补充水分和盐分。

预防中毒指导方针

◎要清楚了解河豚鱼的模样、毒性和危害性，不吃和避免误吃河豚。

◎不吃不认识的或认识不清的鱼类。

◎加工鱼类时，鱼的内脏应完整去除，并注意不割破鱼胆。

◎要多吃新鲜的鱼，不吃腐败的鱼，少吃腌制的鱼。腌制的鱼，盐分要加足，腌制要透。

◎鱼类要低温冷藏，食用前要彻底加热。

2. 赤潮之祸——贝类中毒

毒物是什么

贝类中毒一般指可食贝类摄食有毒藻类而被毒化，体内富集和蓄积了毒素，人食用了这些贝类后即引起食品中毒。有毒藻类，即所谓的“赤潮”，海水中出现大面积变色的红斑，这就是某些有毒藻类在海水中迅速繁殖，大量集结而成。

毒贝类包括扇贝、蛤仔、泥螺、香螺、织纹螺、牡蛎、荔枝螺等，有毒部位主要是内脏，毒素成分复杂多样，有的耐热，一般加热烹调方法，不能杀毒。

食用了发生赤潮海域的贝类，很容易发生贝类中毒。

中毒症状和应急处理

毒素成分不同，中毒症状也不同。国内多见的有日光性皮炎型和麻痹型。

日光性皮炎型：中毒后3天左右发病。

前期面部和外露的四肢部位出现红肿，有痒、痛、胀、热感；

后期出现淤血斑、水疱或血疱，有头痛发烧、食欲不振症状。

麻痹型：中毒后1天左右发病。

前期有舌头、嘴唇、手指发麻，动作麻痹，步态不稳，发音障碍，头痛呕吐；

后期会因呼吸肌麻痹导致死亡。

【应急处理】

①发生贝类中毒后应尽快到医院治疗。

②将食用过的剩余贝类一并送交医院检验。

预防中毒指导方针

◎了解贝类的来源，不食用发生赤潮海域的贝类。

◎无论是否来源于赤潮海域，贝类的内脏均不应食用，加工时应全部去除。

◎被毒化的贝类在清水中（需每天换水）放养2周左右，可排净毒素。对非赤潮海域来源的贝类，也建议采用清水放养1周以后再食用的方法，比较安全。

3. 毒碱作祟——发芽马铃薯中毒

毒物是什么

马铃薯又叫土豆、山药蛋，是一种根茎食品，无毒。有毒的是发芽的马铃薯。在马铃薯的幼芽部位含有龙葵素毒素，属生物碱类，是一种神经毒素，对中枢神经系统有损害，会引起神经系统功能紊乱。对胃肠道有强刺激作用，对呼吸系统有麻痹作用，中毒严重者可致死。龙葵素毒素可被酸分解。

马铃薯存放时间长，温度过高，阳光直射，会促使发芽。对发芽马铃薯的去毒加工不彻底，或不了解马铃薯发芽后会有毒而误食发芽马铃薯，都会引发龙葵素毒素中毒。

中毒症状和应急处理

食入发芽马铃薯的毒素后，一般2天后发病，最快的也有十几分钟发病的；

初期咽喉发痒或烧灼感，上腹部疼痛或烧灼感；

继而恶心呕吐，腹痛腹泻；

中毒轻者症状开始逐步缓解，中毒重者症状继续恶化，头晕头痛，瞳孔扩大，视物不清，呼吸困难，抽风昏迷；

可因心力衰竭，呼吸麻痹而死亡。

【应急处理】

①中毒后一旦出现初期症状，立即进行自我催吐。

②尽快到医院治疗。

预防中毒指导方针

◎不吃发芽过多的马铃薯。

◎对发芽马铃薯的去毒加工一定要彻底，要完全去除芽和芽眼周围部分。

◎食醋可分解龙葵素毒素，烹调马铃薯时加入食醋，既添味又去毒。

◎马铃薯每次应少买，如需贮藏应保持低温，避免阳光直射。

4. 皂苷之毒——四季豆中毒

毒物是什么

四季豆又叫扁豆，顾名思义就是一种一年四季都能吃到的蔬菜。四季豆含有皂苷素。皂苷的水溶液经搅动后会起泡沫，像肥皂泡一样，故称为皂苷。皂苷是一种神经毒素，对中枢神经系统有损害，进入人体后会使神经系统先兴奋后麻痹，导致呼吸系统麻痹而死亡。皂苷还有溶血作用，并对胃肠有较强刺激性。

皂苷素不耐热，加热彻底可完全破坏毒性。

老四季豆和四季豆的两头部分含毒素较多。烹调四季豆时加热不彻底，毒性未完全破坏；或集体食堂一次烹调四季豆的量过多，受热不均，造成加热不彻底，都会导致四季豆中毒。

中毒症状和应急处理

四季豆中毒一般30分钟后发病；

一般症状为胃部不适，恶心呕吐，腹痛；

部分病人会有头晕头痛和腹泻症状。

【应急处理】

①症状轻者会自行恢复，无须治疗；

②症状重者则应到医院治疗。

预防中毒指导方针

◎盲目追求蔬菜的生鲜嫩绿吃法是一种不卫生的饮食习惯，会导致对食品的加热不彻底。

◎烹调四季豆时务必煮熟煮透，四季豆外表要失去原有的深绿色，吃起来没有豆腥味。

◎不吃老四季豆。

◎加工四季豆时要摘掉四季豆的两头部分。

◎集体食堂一次烹调四季豆的量不宜过多，翻炒要均匀，务必烧熟煮透。

5. 毒蛋白作怪——豆浆中毒

毒物是什么

生豆浆含有胰蛋白酶抑制素和皂苷等，有毒性，会引起食品中毒，但一般不会造成死亡。胰蛋白酶抑制素和皂苷不耐热，加热彻底可完全破坏毒性。发生中毒的原因主要是煮生豆浆时加热不彻底。

儿童对生豆浆毒素的抵抗力较弱，较易发生食品中毒。

中毒症状和应急处理

豆浆中毒后一般30分钟发病；一般症状为恶心呕吐，腹胀腹泻，头晕乏力。

【应急处理】

①症状轻者会自行恢复，无须治疗。

②症状重者以及儿童病者则应到医院治疗。

预防中毒指导方针

◎煮豆浆时，要不停搅拌。搅拌不匀，锅底会变稠或烧煳，造成加热不彻底。

◎煮豆浆时出现泡沫并非豆浆煮开，是一种“假沸”，一定要真正煮开后（100℃）再继续煮5分钟以上，才不会中毒。

6. 美色迷人——毒蘑菇中毒

毒物是什么

蘑菇种类很多，可食用的就有300多种，有毒蘑菇也约有80种，其中剧毒蘑菇约有10种。毒蘑菇中的毒素有多种，主要有毒肽、毒伞肽、毒蝇碱、毒蕈溶血素、毒蕈阿托品等。

毒肽和毒伞肽，属于剧毒，能对细胞产生毒性，并导致肝脏损害。中毒后死亡率较高。毒蝇碱能引发胃肠道症状和神经系统症状，一般情况下致死率不高；毒蕈溶血素可引起急性溶血症状；毒蕈阿托品可抑制副交感神经，作用如阿托品。

毒蘑菇中毒主要是误食造成，尤其是气候温暖季节，雨过天晴，野蘑菇大量生长，误采误食引起的中毒事件时有发生。

有毒食品和中毒原因

白毒伞、鳞柄白毒伞、毒蝇伞、斑毒菌、毒红茹、臭黄茹、褐鳞小伞菌、油麻菌、红网牛肝菌等，约80种。

【中毒原因】

①自行采摘野外蘑菇，缺乏识别经验，误食有毒蘑菇；

②被某些毒蘑菇的艳丽奇特外表所迷惑，放松警惕，“上当”误食；

③可食干蘑菇中混入了毒蘑菇，不易辨别，造成误食。

中毒症状和应急处理

剧毒蘑菇中毒发病潜伏期为10~30小时。

出现急性肠炎症状，恶心呕吐，腹痛腹泻。

其中一部分病人肠炎症状迅速恶化，昏迷休克，呼吸衰竭，在短时间内死亡。

另一部分病人肠炎症状持续1~2天后缓解或消失，进入假愈期1~2天。

然后突然出现肝损害症状，黄疸、肝肿大、肝功能异常。

严重者肝昏迷、抽搐休克，直至死亡。死亡率60%以上。

一般毒蘑菇中毒发病潜伏期为0.5~6

小时。

出现急性肠炎症状，恶心呕吐，腹痛腹泻，汗水泪水口水增多。

出现神经系统症状，瞳孔缩小，心律减慢，神经错乱，呼吸困难，抽搐昏迷。

病程较短，经催吐和使用阿托品后，很快痊愈。

【应急处理】

①食用不认识的蘑菇后如发生中毒，即可怀疑为毒蘑菇中毒。

②应立即进行自我催吐、自我洗胃。

③尽快前往医院治疗。

④将食用过的剩余蘑菇，一并送医院供检验查明所中之毒。

⑤发生中毒后，凡吃过同样蘑菇者，无论是否发病，均应到医院检查。

预防中毒指导方针

◎无识别经验者，不应自行采摘和食用野外蘑菇，以避免误采误食而中毒。

◎野生蘑菇中往往颜色越艳丽，形态越奇特者，其毒性越大，不可怀有侥幸心理，不可为其美色所迷而贸然食用。

◎事实上，识别种类繁多的蘑菇是困难的，一般人的“经验”也是不可靠的。可靠的办法是，对一切不认识的、未曾食用过的蘑菇，均不可食用；只能吃已经确认无毒的蘑菇。

◎新鲜蘑菇，应先用清水加热煮沸5分钟以上，弃去汤水后方可食用。

7. 饮用水消毒剂无效——隐孢子虫病

毒物是什么

隐孢子虫是寄生虫的一种，是单细胞原虫，非常小，不用显微镜是看不见的。隐孢子虫的卵囊经口感染进入人体肠道中，大量繁殖，可发育出数十亿的原虫卵囊，经4~5天的潜伏期后，引发急性肠炎。

隐孢子虫除了对人感染外，也感染牛、马、猪、羊、狗、猫、鸡、鼠等动物。其感染力非常强，仅数十个原虫卵囊即可感染发病。而且原虫卵囊的生命力顽强，用于消毒自来水和游泳池的氯对它完全无效。所以，隐孢子虫病的主要污染源是自来水和公共游泳池。

进入饮用水源的原虫卵囊会造成隐孢子虫病的爆发流行。

受污染食品和中毒原因

自来水和公共游泳池。

【中毒原因】

①饮用了被污染的自来水。

②公共游泳池感染。

③接触动物粪便、人与人传染。

中毒症状和应急处理

中毒发病的潜伏期为4~5天。

腹痛腹泻（有恶臭）、恶心呕吐、低度发烧、食欲不振。

一般10天左右，快则2~3天，不治而愈。

免疫力低下者，可能出现长期性腹泻。

【应急处理】

①注意补充水分和盐分。

②严重者和免疫力低下的感染者应到医院治疗。

③病人应及时隔离，以避免人与人传染。

预防中毒指导方针

◎不喝生水，开水一定要煮沸5分钟左右。同时要确保自己所有的饮用水都是安全的。

◎避免接触牛、羊和其他小动物，尤其是在街上流浪的小猫、小狗，也要避免接触动物的粪便。

◎注意勤洗手，特别是接触过动物之后，要及时充分洗手。

◎建议少去公共游泳池游泳，尤其要注意避免喝入公共游泳池中的水。在海水、河水、湖水中游泳，也要注意避免喝入这些水。

◎新鲜的蔬菜水果在加工和食用前，要获得充分清洗。

◎不要饮用和食用未经消毒的奶和奶制品。

◎外出旅游时，要特别注意食品和饮水的卫生。

8. 寄生在你的肺中
——肺吸虫病

毒物是什么

吸虫病是一种经口传播的食源性寄生虫病，分肺吸虫病和肝吸虫病两类。

肺吸虫已知虫种有50多种，国内主要是卫氏肺吸虫和斯氏肺吸虫分布较广、感染者较多，是主要的致病虫种。肺吸虫的虫卵进入水体后发育成为毛蚴，毛蚴首先进入淡水螺（第一宿主）中发育成为尾蚴，而后尾蚴离开螺体，再进入河蟹、蝲蛄（第二宿主）体内发育成为囊蚴。人吃了这些含有活的囊蚴的生的或半生熟的水产品食品，就会感染上肺吸虫病。

肺吸虫的囊蚴不耐热，70℃以上几分钟即可杀虫。

受污染食品和中毒原因

河蟹、蝲蛄等水产品。

【中毒原因】

①生吃或半生吃、腌吃、醉吃溪蟹、蝲蛄等水产品；

②饮用溪流生水；

③厨房用具生熟混用，造成生熟食品交叉污染。

中毒症状和应急处理

感染肺吸虫病后一般在2个月后发病。

斯氏肺吸虫进入人体内，由于不能发育成熟，多以幼虫在体内移行，从而引起一系列过敏反应及皮下游走性包块，这是主要的临床表现。斯氏肺吸虫寄生肺部后，一般为咳嗽、胸痛、咳带血丝的痰，并出现低烧、食欲不振、荨麻疹等症状。

卫氏肺吸虫则主要寄生在肺部，出现咳嗽，并咳铁锈色痰和棕褐色痰，这是最具特征性症状。卫氏肺吸虫病症状与肺结核症状相似。

【应急处理】

①肺吸虫病感染者应到医院就诊治疗。

②肺吸虫病症状与肺结核症状相似，要防止误诊。

预防中毒指导方针

◎不吃生的和半生的、腌制的水产品食品，不吃醉虾醉蟹。

◎烹调鱼虾蟹等水产品食品时，一定要彻底加热。

◎涮火锅时，要注意水产品食品一定要真正熟透才能食用。

◎厨房用具要生熟分开使用，防止交叉污染。

◎不要饮用溪流生水，所有生水均应煮沸后才可饮用。

9. 吃生鱼要小心——肝吸虫病

毒物是什么

吸虫病的另一类就是肝吸虫病，肝吸虫病主要就是华支睾吸虫，是一种经口传播的食源性寄生虫病，华支睾吸虫的毛蚴会在淡水鱼、河虾体内发育成为囊蚴。因此，华支睾吸虫的囊蚴大量分布在淡水养鱼区中，尤其是农村中常见的“厕所+鱼塘”的养鱼方式，调查发现，在这种鱼塘中的鱼类普遍受到华支睾吸虫的感染。

鱼类受感染的部位是鱼肉、鱼头和鱼鳃，以鱼头较多，鱼鳃尤甚。人食用了被感染的鱼虾，华支睾吸虫的囊蚴就会进入人体，并在小肠中发育为成虫，然后钻入肝内胆管中长期寄生（10~20年），造成胆管阻塞、感染、受损，导致一系列肝胆病症发生。寄生在肝内胆管中的成虫，最多时可达1000多条。据流行病学调查显示，华支睾吸虫病与胆管癌和肝癌的发生有关联。

像其他寄生虫一样，华支睾吸虫囊蚴也不耐热，加热70℃以上几分钟就可杀虫。

受污染食品和中毒原因

淡水鱼、河虾等水产品。

【中毒原因】

①生吃或半生吃、腌吃、醉吃淡水鱼、河虾等水产品。

②饮用溪流生水。

③厨房用具生熟混用，造成生熟食品交叉污染。

中毒症状和应急处理

出现黄疸和腹痛腹泻、呕吐、肠胃不适等肠炎症状。

还会出现头痛、乏力、失眠等精神症状。

严重者出现肝大、肝硬化，并发胆囊炎、胆结石、胰腺炎等。

【应急处理】

①华支睾吸虫病感染者应到医院就诊治疗。

②华支睾吸虫病感染症状与肝炎症状

相似，要防止误诊。

预防中毒指导方针

◎不吃生的和半生的水产品食品，不吃醉虾醉蟹。

◎烹调鱼虾蟹等水产品食品时，一定要彻底加热。

◎加工鱼头时，一定要将鱼鳃完全除去，将整个鱼头彻底洗净，烹调时务必烧熟煮透。鱼头应剖开或分成小块烹调，以保证加热彻底。

◎涮火锅时，要注意水产品食品一定要熟透才能食用。

◎厨房用具要生熟分开使用，防止交叉污染。

◎不用生鱼虾和鱼鳃、鱼鳞等，喂养猫、狗等宠物。

◎不要饮用溪流生水，所有生水均应煮沸后才可饮用。

10. 猪肉中的包囊——旋毛虫病

毒物是什么

旋毛虫病是由旋毛线虫引起的一种经口传播的食源性寄生虫病，人和动物都容易被旋毛虫病所感染。旋毛虫虫体呈卷曲状，幼虫由淋巴管或血管经肝及肺入体，循环散布全身，但只有到达横纹肌的幼虫才能继续生存，所以只寄生在人和动物的肌肉中，与周围结缔组织形成包囊。旋毛虫耐冷不耐热，可抵抗-15℃的低温，但60℃时5分钟即可杀虫。

旋毛虫病流行于哺乳动物间，其中猪为主要传染源，狗肉、羊肉，野猪肉和其他野生动物的肉类食品中，也存在着旋毛虫包囊。人吃了含有活的旋毛虫包囊的生的或半生熟的动物性食品，就会传染上旋毛虫病。

受污染食品和中毒原因

猪肉，狗肉和其他野生动物肉。

【中毒原因】

①生食或半生食含有活的旋毛虫包囊的动物性食品；

②厨房用具生熟混用，造成交叉污染。

中毒症状和应急处理

感染旋毛虫病后，一般在10天左右发病。

旋毛虫病症状多不明显、不典型，复杂多样，一个具有特征性的症状是肌肉疼痛，尤其是小腿肚痛最明显。其他症状包括恶心呕吐、腹痛腹泻、全身乏力，发烧，局部或全身水肿等，并可引发心肌炎、肺炎、肝炎等并发症。

重症病人会出现咀嚼、吞咽、说话困难，声音嘶哑，甚至失声。皮肤出现皮疹，轻触皮肤甚至只是碰到毛发都会感到剧痛。

旋毛虫病经治疗后，乏力和肌肉疼痛症状仍将持续半年左右。

【应急处理】

①旋毛虫病感染者应到医院就诊治疗。

②旋毛虫病症状不典型，要防止误诊。

③治疗旋毛虫病的特效药是丙硫咪唑。

预防中毒指导方针

◎不购买私宰猪肉，只购买经过卫生检疫并盖有圆形合格章的猪肉。

◎不吃生的和半生的猪肉、狗肉和其他野生动物肉。

◎烹调动物性食品时，一定要彻底加热，肉的中心温度要达到70℃以上。

◎厨房用具要生熟分开使用，防止交叉污染。

动植物性毒物一览表

食品	毒物	毒性	中毒原因
有毒鱼类	神经毒素、过敏反应、肝脏和肾脏损害	河豚毒素、组胺、胆毒素	误食、鱼质腐败、腌制不透、吃入鱼胆
有毒贝类	石房蛤毒素、光敏物质	神经毒素、皮肤炎症	食用了赤潮海域的贝类
发芽马铃薯	龙葵素	神经毒素	去毒加工不彻底
四季豆	皂苷素	神经毒素	加热不彻底
豆浆	胰蛋白酶抑制素、皂苷素	急性肠炎	加热不彻底
饮用水	隐孢子虫	急性肠炎	喝生水、公共游泳池感染、人传人
河蟹、蝲蛄	肺吸虫	肺吸虫病	生食或加热不彻底
淡水鱼虾	华支睾虫	肝胆病症	生食或加热不彻底
猪肉、狗肉和其他野生动物肉	旋毛虫	旋毛虫病	生食或加热不彻底
毒蘑菇	毒肽、毒伞肽、毒蝇碱、毒蕈溶血素、毒蕈阿托品	肝脏损害、胃肠道症状、神经系统症状、急性溶血症状	误采误食

第十章 野生动物不能吃

1. 摒弃滥食野生动物的陋习

人类要在地球上很好地生存，就要维持自然界的生态平衡，其中一个重要方面就是必须保护好野生动物。

野生动物指的是完全自由生活在自然环境中的动物，即生活在野外的非家养的动物。人类、野生动物和各种自然植物的生存过程，在地球的自然生态环境中是一种共存的动态平衡关系。生态平衡，则地球上所有的生物都可以稳定发展；生态平衡如果受到破坏，所有的生物，包括人类都会受到影响，也就是说大家都没有好日子过。野生动物与人类共同生存在地球上，但是随着人类在地球的主宰地位的确立，特别是人口的急剧膨胀、经济利益驱动、对自然环境的破坏、对野生动物的大量捕杀，到了20世纪，野生动物的种类和数量急剧减少，许多野生动物濒临灭绝，野生动物资源受到严重破坏。这种丧失理智的行为，已经直接影响到人类社会赖以生存的生态平衡和可持续发展，并迫使人们重新认识人类与野生动物的根本关系，认识到保护野生动物的重要性。

保护好野生动物资源，不滥捕滥杀滥食野生动物，是当今社会文明程度的一个重要标志，也是每个人的人文素质和社会公德的重要素养。凡是热爱我们生活其中的自然生态家园，具有社会公德和高尚情操的人，都应当自觉地去保护好野生动物资源，遵守国家的有关法律法规，坚决摒弃滥食野生动物的陋习。

2. 野生动物是不安全的食品

不滥食野生动物，对于人体健康也具有重要意义。大量的研究和调查表明，滥食野生动物，会对人类的身体健康造成多种危害。

国际野生生物学会和各专业的病学专家们联合向人们告诫：

基本上所有的野生动物体内都有寄生虫、激素、细菌和有毒物质。人与动物共生的病种多达100种以上，其中狂犬病、伪狂犬病、口蹄疫、日本乙型脑炎、流行性感冒、结核病、鼠疫、炭疽病、非典型肺炎（SARS病）、Q热病等15种疾病最常见。野生动物所携带的病原体在人们对野生动物的猎捕、运输、饲养、宰杀、储存、加工和食用过程中，很容易扩散开来。由于人们对野生动物的生活环境和来源不了解，即使是卫生检疫部门也难以检验出野生动物体内的病原体，可以说是无法进行有效的控制和采取预防措施。更何况，几乎所有的野生动物均没有经过卫生检疫，是安全上毫无保障的食品。滥食野生动物完全有可能导致人类被多种毒素感染而患上各种恶疾，有的甚至是绝症。

3. 野生动物与寄生虫病感染

寄生虫病是吃野生动物最容易感染的疾病，野生动物体内都有寄生虫，包括旋毛虫、绦虫、肺吸虫、弓形虫等，国内食用较多的鸟类、蛇类、蛙和穿山甲等野生动物体内都有这些寄生虫。我国是旋毛虫感染比较严重的国家，不少地方甚至发生人体旋毛虫病的流行，这与人们大量食用野生动物有直接关系。蛙类动物体内有许多寄生虫，特别是一种对人体危害较大的寄生虫——曼氏迭宫绦虫，人被感染后会导致失明、昏迷，甚至瘫痪。而且蛙类动物体内还有钩端螺旋体、支原体等病原微生物。尤其是一些人吃生肉、生饮龟蛇鲜血、生吞蛇胆等大胆爱好，等于是把寄生虫直接送入体内，真是可怕的无知行为。

4. 野生动物与细菌性、病毒性感染

野生动物都携带大量细菌和病毒，如沙门氏菌、葡萄球菌、链球菌、大肠杆菌、B病毒等，其中几乎所有的禽类动物都有沙门氏菌，野生猴子身上最常见的就是B病毒，鹦鹉家族、火鸡、海鸥等，会将鹦鹉热衣原体传染给人类，导致流感和急性肺炎等疾病。猫类动物、蛙类动物的衣原体会使人患上结膜炎。果子狸身上的SARS冠状病毒基因结构与人类SARS疑似病例基因片断相似，表明人类SARS冠状病毒可能来源于果子狸。

第十一章
吃不吃转基因食品

1. 什么是转基因食品

转基因食品是指利用分子生物学手段，将某些生物的基因转移到其他生物物种上，使之出现原物种不具有的新特征的食品种类。

转基因食品分为植物性转基因食品和动物性转基因食品两大种类。前者有番茄、马铃薯、甜菜、黄瓜、胡萝卜、油菜、大豆、玉米、小麦、水稻、苜蓿、花生、番木瓜、苹果、葡萄、甜橙、梨、山楂等；后者有鸡、鱼、牛、羊等。

转基因食品的优点是：

产量高、生命力强，抗病力强、营养丰富。

打破不同物种间限制，可在动植物间进行基因优化组合，培育出兼有两类物种优势的新品种。比如用鱼的基因帮助番茄，经过基因优化组合后培育出来的转基因番茄就具有了耐寒的特性，可以摆脱季节气候性生产限制。

可以生产出抗病防病的食品。比如由中国农业科学院研制出的乙肝疫苗番茄，每克番茄就含有2微克乙肝疫苗蛋白，只要吃几次这种番茄，就能使人体产生抗体，具有乙肝免疫力。

从1983年全世界第一例转基因植物在美国培植成功之后，转基因食品在全世界的发展非常迅猛。目前全球转基因植物的种植面积已达到6000万公顷以上，全球有16个国家的600万以上的农民，以种植转基因作物为生。美国是世界最大的转基因作物大国，转基因食品有4000多种，60%以上的加工食品为转基因食品。我国为仅次于美国、阿根廷、加拿大的第四大转基因农作物国家。

随着越来越多的转基因食品出现在人们的餐桌，转基因食品的安全性问题的争议也越来越激烈。

2. 转基因食品安全吗

人们对待转基因食品有两种截然不同的态度：

一种是坚决支持的态度，认为转基因食品具有很多优越性，不仅能够解决人类的粮食问题，同时也极大地丰富了人们的饮食内容，而且经过多年的食用，还没有一例因为食用转基因食品而造成对人体伤害的个案，更未发生致死情况，是安全的食品。

另一种是坚决反对的态度，认为转基因食品对人类的健康和生态环境具有潜在危险性，转基因食品中的毒素可引起人类急慢性中毒，会产生致癌、致畸、致突变作用，转基因食品所造成的基因污染已经成为事实。

事实上，两种针锋相对的态度目前都缺乏令人信服的有力证据。到目前为止，转基因食品的安全性问题，在全球范围仍然还是一个悬念，没有明确结论。

3. 转基因食品该不该吃

首先，选择权在你自己手中。

如上所述，你面对的是一个在全世界都没有权威性意见、没有明确结论的问题。你必须自己作出判断和选择，没有人可以帮到你。

因此，你应该认识转基因食品。你如果不知道转基因食品是怎么回事，它的优点是什么，它的安全性争议是什么，你又如何来选择是该吃转基因食品，还是不该吃转基因食品呢?

在转基因食品的远期毒性和安全问题还没有得出明确结论之前，许多人基于健康考虑，对转基因食品持谨慎的态度是可以理解的。

其次，你必须拥有知情权。

不论你是选择转基因食品，还是拒绝转基因食品，你都应该明明白白地消费。我国政府已经颁布了相关法规，明确要求对含有转基因成分的农作物及其产品必须标明转基因成分才能进行生产和销售。对转基因成分的标志，有如下几种：

◎转基因动植物和微生物及其产品，标志为：“转基因××”。

◎转基因农产品的直接加工品，标志为：“转基因××加工品”或“加工原料为转基因××”。

◎加工原料中含有转基因生物成分，但最终销售产品中已不再含有转基因成分的产品，标志为：“本产品加工原料中含有转基因××，但本产品中已不再含有转基因成分”。

转基因食品的生产厂商必须在产品标牌上把产品的基本情况介绍清楚，消费者在购买转基因食品时，也可向经销商询问食品的有关情况，而经销商有义务和责任回答消费者的询问，说明有关情况。

根据《农业转基因生物安全管理条例》的规定，如果消费者购买并食用了没有转基因食品标志的转基因食品，消费者可向政府有关部门举报，并对有关生产厂商进行处罚。

食品安全与选购鉴别

SHIPIN ANQUAN YU XUANGOU JIANBIE

第一章
畜肉类食品鉴别与选购

1. 怎样鉴别与选购猪肉

【本品概述】

猪又名豕、豚。因饲养简易，又具有骨细筋少肉多的特点，为日常食用肉最多的一种。

【选购指要】

选购时要认准定点屠宰场经过检疫、有检疫证和印章齐全的猪肉，坚决杜绝从不正当渠道购买未经检疫、私屠乱宰的猪肉。鲜猪肉皮肤呈乳白色，脂肪洁白且有光泽，没有黄膘色。肌肉呈均匀红色，表面微干或稍湿，但不黏手，弹性好，指压凹陷立即复原，具有猪肉固有的鲜、香气味。正常冻肉呈坚实感，解冻后肌肉色泽、气味、含水量等均正常而没有异味。一旦发现肉及肉制品有异味变质要立即处理掉，以免被误食或污染其他食物。

注水肉通过烧煮的办法鉴别，不好的猪肉放到锅里一烧水分很多，没有猪肉的清香味道，汤里也没有薄薄的脂肪层，再用嘴一咬肉很硬，肌纤维粗。注水肉鉴别可以用一种简易的方法，就是把一块肉切开，在肉的横切面贴上一张纸，如肉正常，纸的粘湿度较小，用火可以燃起；如肉不正常，纸的粘湿度较大，用火则不易烧着。

生熟分开。进行烹调时，操作所用的案板、刀具等一定要清洗干净，肉类要生熟分开，以免交叉感染。注意食品卫生，不要在没有任何防污染和保鲜设施的路边小摊小店购买熟肉食品回家，不经任何处理和加工而直接食用很易染病。

食品健康知识链接

【天然药理】猪肉中的脂肪除能提供热量外，还有助于脂溶性维生素的吸收，瘦猪肉含有的矿物质铁，属血红素铁，能有效改善缺铁性贫血。猪肉主要有润肠胃、生津液、补肾气、解热毒的功效。

【用法指要】猪肥肉一般用于红烧，也可煮熟后粉蒸、清蒸、作为配料制馅包饺子和肉包子。腌制后的猪肥肉煮熟后还可直接食用或凉拌。肥肉多用于与其他素菜配炒或炼成猪油作为作料食用。里脊瘦肉是猪身上最嫩的瘦肉，可炸、炒、爆、熘等，如炒精肉片、炒姜肉丝、炸糖醋里脊等。臀尖上的瘦肉可代替里脊肉使用。坐臀上的瘦肉肉质较老、丝缕较长，可用于炒、卤等。蹄上的瘦肉也较老，可清炖或红烧。猪肉属酸性食物，为保持膳食平衡，烹调时宜适量搭配些豆类和蔬菜等碱性食物，如马铃薯、萝卜、海带、大白菜、芋头、藕、木耳、豆腐。

【健康妙用】猪肉如果调煮得宜，它亦可成为"长寿之药"。调查结果发现，某地八十岁以上的长寿老人们几乎每天都吃猪肉，主要由于烹调方法不同，猪肉煮的时间都很长，先将猪肉煮二三小时后，再加入海带或萝卜又煮一小时，做成一种汤菜食用。经过化验分析，猪肉经长时间炖煮后，脂肪会减少30%~50%，不饱和脂肪酸增加，而胆固醇含量大大降低。

【食用宜忌】适宜于不同人群，特别是老年人燥咳无痰、大便干结者、青少年儿童、产后缺乳等。猪肉中所含的锌和铜都是少年儿童智力发育所不可缺少的元素。

猪肉不能与龟肉、羊肝、马肉、甲鱼一同食用；在服中药乌梅、大黄、桔梗、黄连、首乌、苍耳、吴茱萸、胡黄连期间，忌吃猪肉。切忌暴食猪肉，否则容易引发胆道、胰腺、胃肠的急性病症。患有动脉硬化、高血压、糖尿病的人和胖人，应少吃或不吃猪肉。

【温馨提示】中国营养学会推荐成人的畜禽肉摄入量是：平均每日50~100克。

【药典精论】《本草备要》："猪肉，其味隽永，食之润肠胃，生津液，丰肌体，泽皮肤。"《本草纲目》："反乌梅、桔梗、黄连、胡黄连，犯之令人泻痢，及苍耳，令人动风，合百花菜，吴茱萸食，发痔疾。"

2. 怎样鉴别与选购猪肝

【本品概述】

猪肝为猪的肝脏。肝脏是动物体内储存养料和解毒的重要器官，含有丰富的营养物质，具有营养保健功能，是最理想的补血佳品之一，因此，深受食者的喜爱。

【选购指要】

选购猪肝时先看外表，表面有光泽、颜色呈紫红且均匀的是新鲜猪肝。然后用手触摸，感觉有弹性，无硬块、水肿的是新鲜猪肝。最后再闻一闻，无异味的即可选用。另外，有的猪肝表面有菜籽大小的白点，这是致病物质侵袭肌体后，肌体保护自己的一种肌化现象。把白点割掉仍可食用。如果白点太多就不要购买。猪肝不仅是物质代谢的重要器官，也是体内解毒和排泄某些物质的主要场所。某些有毒物质，随血液进入肝脏后，生成比原来毒性低的物质，然后经由胆汁或尿排出体外。因此，猪肝中会积累代谢产生的毒素，如果不彻底清洗，可能会对健康造成危害。另外，肝吸虫等寄生虫也会寄生其中。

食品健康知识链接

【天然药理】猪肝能养血，补肝，明目，食用后可除眼科病症，也有利于儿童的智力发育和身体发育。猪肝中维生素A的含量远远超过奶、蛋、肉、鱼等食品，具有维持正常生长和生殖机能的作用，还能保护眼睛，维持正常视力，防止眼睛干涩、疲劳，维持健康的肤色，对皮肤的健美具有重要作用。经常食用猪肝还能补充维生素B_2，这对补充机体重要的辅酶，完成机体对一些有毒成分的去毒有重要作用。肝中还具有一般肉类食品不含的维生素C和微量元素硒，能增强人体的免疫力、抗氧化、防衰老，并能抑制肿瘤细胞的产生。

【用法指要】刚买回的鲜肝不要急于烹调，应将其放在自来水龙头下冲洗10分钟，然后切成片放在水中浸泡30分钟，反复换水至水清为止，以彻底清除滞留的肝血和胆汁中的毒物。浸泡肝脏的水以淡盐水为佳。这是因为，淡盐水呈高渗状态，通过渗透作用，能有效地吸附滞留于肝组织中的毒性物质。烹调的时间应尽量长一点，切忌为追求鲜嫩而“落锅即起”。猪肝中含有的维生素A性质比较稳定，一般的烹调和加工是不易被破坏的。

【健康妙用】猪肝和粳米同煮粥，食用后可补肝明目、养血养颜，适用于血虚、萎黄、夜盲、目赤、水肿等病症。猪肝和绿豆、大米同煮粥食用，具有养血和脾、利水消肿、解暑热药毒的作用，可治脚气病、肾炎水肿，解附子、巴豆毒及铅毒。韭菜和猪肝同吃，有养肝明目、补肾壮阳的功效，可治疗夜盲、盗汗、头风、遗尿、阳痿、遗精、女性月经不调、崩漏、带下、肝虚目翳等病症。

【食用宜忌】患有气血虚弱、缺铁性贫血、夜盲、小儿麻疹病后角膜软化症等宜食。猪肝有较多的胆固醇，因此患有高血压、冠心病、肥胖症及血脂高的人忌食猪肝。猪肝不宜与维生素C、抗凝血药物、左旋多巴、优降灵和苯乙肼等药物同食；不宜与富含维生素C的食物同食。猪肝中含有多量的维生素A，因此不宜摄取过多，否则反而会造成排泄不良，会使肝脏产生疲乏，而引起毛发脱落或发疹等症状，因此每天每餐均食用肝脏，会造成维生素A摄取过剩。

【温馨提示】每餐50克。新鲜猪肝不要沾生水，在上、下各垫盖一层紫苏叶，可保持2～3天不坏。

【药典精论】《随息居饮食谱》：“猪肝明目，治诸血病，余病均忌，平人勿食。”《本草拾遗》：“主脚气。空心，切作生，以姜醋进之，当微泄。若先痢，即勿服。”

3. 怎样鉴别与选购猪心

【本品概述】

猪心又名豕心、豚心等，为猪科动物猪的心脏。

【选购指要】

新鲜的猪心呈淡红色，脂肪呈乳白色或微红色，组织结实有弹性，湿润，用力挤压时有鲜红的血液或血块排出，无黏液，气味正常。

不新鲜的猪心呈红褐色，脂肪微绿有味，表面干缩，组织松软无弹性，小的上部有结节、肿块，颜色不正，有斑点或心外表有绒毛样包膜粘连的为变质的猪心。

食品健康知识链接

【天然药理】猪心能养心，安神，加强心肌营养，增强心肌收缩力，治疗心悸、心跳、怔忡。临床有关资料说明，许多心脏疾患与心肌的活动力正常与否有着密切的关系。因此，猪心虽不能完全改善心脏器质性病变，但可以增加心肌营养，有利于功能性或神经性心脏疾病的痊愈。此外，中医认为猪心还能安神定惊、补血。

【用法指要】将猪心放在面粉中“滚”一下，放置1小时后清洗，再烹炒。

【健康妙用】猪心与玉竹同煮食可安神宁心、养阴生津。适用于冠心病、心律不齐以及热病伤阴的干咳烦渴；与芹菜同炒食不仅香味浓厚，而且还能清心养神；与酸枣仁同炖食可养心安神，对有睡眠障碍兼有心慌者尤为适宜；与核桃同煮食可养心补气、镇惊宁心、补肾，适用于气血不足引起的心悸、失眠者；与枸杞同煮汤食可补肾纳气，对慢性支气管炎有一定疗效。

【食用宜忌】体虚自汗、惊悸恍惚、怔忡、失眠多梦之人食用；适宜精神分裂症、癫痫、癔症者食用。

患有高胆固醇血症的人忌食。

【温馨提示】每次50克即可。古有“以脏补脏”、“以心补心”的说法，猪心能补心。

【药典精论】《随息居饮食谱》：“补心，治恍惚，惊悸，癫痫，忧恚诸证。”《本草图经》：“不与吴茱萸合食。”《千金•食治》：“平，无毒。”“主虚悸气逆，妇人产后中风，聚血气惊恐。”

4. 怎样鉴别与选购猪肾

【本品概述】

猪的肾脏，又名猪腰子。

优质猪腰表面没有出血点，形体正常，用刀切开猪腰后其皮质和髓质（白色筋丝与红色组织之间）清晰。新鲜的猪肾呈淡褐色，有光泽，组织结实，有弹性，略带臊味。腐败变质的猪肾色泽灰绿，组织松弛，弹性极差，还有臭味；异常的猪肾，如肿大、萎缩或带有各色斑点和肿块的，还有黄色的水呈半流体，都不能食用。

食品健康知识链接

【天然药理】猪腰可补肾、强腰、益气，食用后可加强人的肾脏功能及相关诸症。此外，猪腰还具有通膀胱、消积滞、止消渴的功效，可用于治疗肾虚腰痛、水肿、耳聋等症。

【用法指要】要做好猪腰菜肴，首先要清除猪腰子的臊臭味：将腰子剥去薄膜，剖开，剔除污物经络，切成所需的片段或花状，先用清水洗一遍，捞出沥干，按500克猪腰用50克白酒的比例，用白酒拌和捏挤，然后用水漂洗2～3遍，再用开水烫一遍，捞起后便可烹饪。

【健康妙用】猪肾与核桃同炒食可补肾平喘，对肾虚、腰痛、遗精、盗汗、耳鸣等症有一定疗效；与枸杞同煮粥食有益肾阴、补肾阳、固精强腰的作用。与黑豆同煮食可补肾益气、强腰聪耳。适用于耳鸣、听力减退等亚健康状态，对兼有腰膝酸痛者也尤为适宜。

【食用宜忌】因肾虚而腰酸痛、遗精、盗汗及年老而肾虚耳聋耳鸣者宜食。高胆固醇者忌食。不宜久食。肾气虚寒者不宜食用。

【温馨提示】猪腰与枸杞一起食用为最佳搭配。清洗猪的肾脏时，可以看到白色纤维膜内有一个浅褐色腺体，那就是肾上腺。它富含皮质激素和髓质激素。如果孕妇误食了肾上腺，其中的皮质激素可使孕妇体内血钠增高，排水减少而诱发妊娠水肿。髓质激素可促进糖原分解，使心跳加快，诱发妊娠高血压或高血糖等疾患。同时可以出现恶心、呕吐、手足麻木、肌肉无力等中毒症状。因此，吃腰花时一定要将肾上腺割除干净。

【药典精论】《本草纲目》：“肾虚有热者宜食之。若肾气虚寒者，非所宜矣。”

5. 怎样鉴别与选购猪肚

【本品概述】

猪肚别名猪胃、猪堵，为猪科动物猪的胃。

【选购指要】

新鲜的猪肚富有弹性和光泽，白色中略带些浅黄色，黏液多，质地紧而厚实。不新鲜的猪肚，白中带青，无弹性和光泽，黏液少，肉质松软。如果偏黄或者偏绿比较厉害的多半就是有点病变了。味道也是正常的肉味，不应该泛酸甚至有臭味。如将肚翻开，内部有硬的小疙瘩，系病症，不宜选购食用。

食品健康知识链接

【天然药理】猪肚含有蛋白质、脂肪、碳水化合物、维生素及钙、磷、铁等，具有补虚损、健脾胃的功效，适用于气血虚损、身体瘦弱者，对虚劳羸弱、泻泄、下痢、消渴、小便频数、小儿疳积等症有效。

【用法指要】猪肚买回来之后要彻底将内外两面都清洗干净，最简单的办法就是用大量淀粉搓洗，搓去猪肚表面多余的黏液。然后用菜刀将猪肚开口处的淡黄色物质给削掉，撕去白色的油脂，然后放进水快开的锅里，经常翻动，不等水开就把猪肚子取出来，再把猪肚子两面的污物除掉就行了。猪肚适于爆、烧、拌和作什锦火锅的原料。

【健康妙用】孕妇如果胎气弱，或娩后体虚，用猪肚煨煮烂熟常吃，滋补效果好。

猪肚和白术、生姜、槟榔、粳米同煮粥，食用后有补中益气、健脾和胃的功效，可治疗脾胃气虚，运化失常导致的饮食减少、倦怠无力等症状。将车前草和猪小肚一起煨汤，食用后有清热利湿、利尿通淋的功效，可治疗膀胱炎、尿道炎、眼结膜炎及女性因湿热引起的白带过多症状。

【食用宜忌】男子遗精、女子带下、脾胃虚弱、食欲不振、泄泻下痢、小儿疳积者宜食；体虚之人小便频多者宜食。患感冒或腹胀时忌食。

【温馨提示】每次约50克。煮猪肚时，不要先加盐。猪肚煮熟后，切成长块，放入碗中，加汤、盐等作料。放锅里蒸，不仅味美而且猪肚可增加一倍。

【药典精论】《日华子本草》："补虚损，杀劳虫，止痢。酿黄糯米蒸捣为丸，甚治劳气，并小儿疳蛔黄瘦病。"《随息居饮食谱》："外感未清，胸腹痞胀者，均忌。"《本草经疏》："猪肚，为补脾胃之要品，脾胃得补，则中气益，利自止矣。"

6. 怎样鉴别与选购猪肺

【本品概述】

猪肺即猪的肺脏。

【选购指要】

新鲜的猪肺首先是没有被注水的，猪肺体积很小，表面的肺膜有点皱，整个呈暗红而且色泽均匀，没有斑点，表面没有被刀口划破，提在手里轻轻的；另外，喉管要长，大概30厘米左右并且不能穿孔；管道不能太窄，大小以能套住家里水龙头为宜。其次观察有无脓点、出血点或仿斑，特别应该留意的是有无病变表现。然后是嗅其气味，看有无腐臭或其他令人不愉快的气味。

食品健康知识链接

【天然药理】猪肺有补虚、止咳、止血的功效，可用于治疗肺虚咳嗽、久咳咯血等症。

【用法指要】将猪肺管套在水龙头上，充满水后再倒出，反复几次便可冲洗干净，最后把它放入锅中烧开，以浸出肺管内的残物，再洗一遍，另换水煮至酥烂即可。

【健康妙用】中医有"以脏补脏"之理，凡肺虚之病，如肺不张、肺结核等，可借鉴《证治要诀》里的方法：取猪肺1具，洗净切片，用麻油炒熟，同粥食。猪肺和白萝卜、杏仁共煮汤食用，可治久咳不愈。将猪肺用麻油炒熟后，加入粳米共煮粥食用，可治肺虚咳嗽。

【食用宜忌】肺虚久咳、肺结核咯血者宜食。健康状况正常者不宜多食。猪肺不宜与白花菜、饴糖同食。

【温馨提示】一定要洗净烹熟后再食用。

【药典精论】《本草图经》："猪肺，补肺。"《本草纲目》："疗肺虚咳嗽、嗽血。

7. 怎样鉴别与选购猪胰

【本品概述】

猪的胰脏，别名猪胰脏、猪横利，呈

扁平长条形，长约12厘米，粉红色，上面有一层白油。

【选购指要】

以新鲜、无污染、没有异味的为佳。

食品健康知识链接

【天然药理】猪胰能补脾益肺，润燥去热，可用于治疗肺虚咳嗽、咯血、消渴、脾胃虚弱、消化不良、乳汁不通、手足皲裂、下痢等症。吃猪胰对肺咳有极好的效果，民间也常用猪胰治疗糖尿病。

【用法指要】浸泡洗净即可。煮食或煎汤皆可，视病情适量选用。

【健康妙用】治赤白癜风：猪胰1条，用米酒浸1小时，再放饭上蒸熟食。治肺虚咳嗽、咯血：猪胰1条切片，煮熟蘸苡仁末，空腹服。每日1次，连续服用7天。

治糖尿病：猪胰1条，猪瘦肉60克，黄芪30克，生地30克，淮山30克，山茱萸肉15克，水煎，去药渣，饮汤食猪胰、猪瘦肉，每日1次。

治肺肾阴虚、咽干口渴、干咳、咯血者：猪胰1条，猪瘦肉100克，雪耳30克，冬菇30克。一同放入锅内，煲熟后调味食用。每日1次。

【食用宜忌】适宜肺痿、肺结核、肺不张等肺气虚弱者咳嗽、咯血者食用；适宜脾虚下痢者食用；适宜产妇乳汁不通者食用；适宜小儿疳积者食用；根据清代食医王孟英的经验，肥胖妇人不孕者食之也宜；适宜糖尿病人食用。食性甘平，暂无所忌。多服会损阳，因此男子不宜多服。

【温馨提示】每次约50克。

【药典精论】《本草拾遗》："主肺痿咳嗽。"《药对》："通乳汁。"《随息居饮食谱》："猪胰，血肉之品，无克伐之虞，虽频食亦无害也。"

8. 怎样鉴别与选购猪肠

【本品概述】

猪肠即猪大肠，又名肥肠。猪肠是用于输送和消化食物的，有很强的韧性，并不像猪肚那样厚，还有适量的脂肪。根据猪肠的功能可分为大肠、小肠和肠头，它们的脂肪含量是不同的，小肠最瘦，肠头最肥。

【选购指要】

优质的猪肠外表光滑，微微带一点肉色。选购猪小肠时，会发现有些是已经初步处理过的，有些则是未处理过的。若要挑选处理过的猪小肠，应特别注意是否有异味，并以外表不带有黏液者为佳；而若是选购未经处理的，则要择其表面光滑、颜色粉嫩者。

食品健康知识链接

【天然药理】猪大肠有润燥、补虚、止渴止血的功效，可用于治疗虚弱口渴、脱肛、痔疮、便血、便秘等症。古代医家常用猪肠来治疗痔疮、大便出血或血痢，如《仁斋直指方》和《奇效良方》中的猪脏丸，《本草蒙筌》中的连壳丸等，都是用于治疗直肠病变的名方，其中均用到了猪大肠。

【用法指要】将猪大肠放在淡盐醋混合液中浸泡片刻，摘去脏物，再放入淘米水中浸泡一会（在淘米水中放几片橘片更好），然后在清水中轻轻搓洗即可。由于小肠内有层黏膜，如果不将其洗净，会有股腥臭味，所以清洗的功夫相当重要。彻底洗净猪小肠的方法有很多种，较简单的便是将猪小肠浸泡在可乐、苏打水或是明矾水中半小时，浸泡过后再用清水洗净，这样便能轻松地去除黏膜。浸泡过苏打水的猪小肠用开水汆烫后再烹煮，吃起来不但脆脆的，还能防止吐水变色。而另外一种方法也相当容易，可以利用色拉油（或回锅油）、面粉、醋或青蒜尾任意一种材料来搓洗猪小肠，洗过后再用清水将搓洗下来的杂质冲洗干净便可。猪小肠洗净之后，把它切成小段来检视其中的油脂，此时再去除油脂过多的部分，便可以减少油腻。

猪大肠适于烧、烩、卤、炸，如“烧大肠段”、“卤五香大肠”、“炸肥肠”、“九转肥肠”、“炸斑指”等。

【健康妙用】用猪大肠和槐花可治疗大肠病变，中医常用于痔疮、大便出血或血痢。具体做法是：猪肠1条，槐花炒研为末，填入肠内，两头扎紧，用米醋煮烂，捣和作丸，如梧桐子大，每次服50丸，食前当归酒下。

【食用宜忌】一般人都可食用。痔疮、便血、脱肛、小便频多者宜食。感冒、脾虚便溏者忌食。

【温馨提示】每次约食用45克即可。把肥肠用半罐可乐腌半小时，再用淘米水搓洗，也能迅速洗去大肠的异味。

【药典精论】《本草图经》：“主大小肠风热。”《随息居饮食谱》：“外感不清，脾虚滑泻者，均忌。”《千金·食治》：“猪洞肠，主洞肠挺出血多者。”《本草纲目》：“润肠治燥。”

9. 怎样鉴别与选购猪蹄

【本品概述】

猪蹄为猪科动物猪的四脚，又叫猪脚、猪手。人们把猪蹄称为“美容食品”和“类似于熊掌的美味佳肴”。

【选购指要】

挑选生猪蹄时，肉色红润均匀，脂肪洁白有光泽，肉质紧密，手摸有坚实感，外表及切面微微湿润不黏手，无异味的为上好猪蹄。过白的、发黑的及颜色不正的要慎买。可以用鼻子闻，新鲜的猪蹄有肉的味道，而经过化学物质浸泡过的，肉的味道很少或者没有，同时，有刺激性气味的尽量不要购买。

食品健康知识链接

【天然药理】猪蹄所含的胶原蛋白是一种由生物大分子组成的胶类物质，含有大量的甘氨酸，吃了猪蹄后，这些氨基酸不仅能在人体内参与合成胶原，它还能镇静中枢神经，对焦虑及神经衰弱、失眠等也有改善作用。传统医学认为，猪蹄有壮腰补膝和通乳之功，可用于肾虚所致的腰膝酸软和产妇产后缺少乳汁之症。猪蹄对于经常性的四肢疲乏、腿部抽筋、麻木、消化道出血、失血性休克、缺血性脑患者有一定辅助疗效，也有助于青少年生长发育和减缓中老年妇女骨质疏松的速度。

【用法指要】猪蹄含钙质较多，宜放醋煲烹，使猪蹄中的钙质分解。猪蹄一般用于炖汤、烧、卤。事前要检查好所购猪蹄是否有局部溃烂现象，以防口蹄疫传播给食用者，然后把毛拔干净或刮干净，剁碎或剁成大段骨，连肉块带碎骨一同掺配料。猪蹄毛多而不易去除，可先洗净猪蹄，用开水煮到皮发胀，然后取出用指钳将毛拔除，这样省力多了。

【健康妙用】猪蹄与冬瓜同煮汤食具有强身健体、利尿消肿、减肥抗衰之功效；与黑芝麻同煮汤，可治产后乳房不胀之乳汁不足；与黄花菜同煮汤食富有营养，且具有补血益气、滋润皮肤的功效；与海带同煮汤食咸香可口，具有软坚散结、滋阴补肾、清热利尿之功效；与红枣同煮汤食具有滋阴补脾、益气养血之功效；与花生同煮汤食有养血益阴、通乳的作用，适用于产后乳汁缺乏或无乳。

【食用宜忌】体虚、产后缺奶、腰脚无力、痈疽疮毒患者宜食。有胃肠消化功能减弱的老年人每次不可食之过多；患有肝炎、胆囊炎、胆结石、动脉硬化、高血压病的患者食应以少食或不食为好。胃肠消化功能减弱的儿童一次不能过量食用。外感发热及一切热证者忌食。猪蹄不可与甘草同吃，否则可能引起不适。

【温馨提示】每次1只即可。若作为通乳食疗时应少放盐、不放味精。猪蹄带皮煮的汤汁不要浪费了，可以用来煮面条，味道鲜美而且富含有益皮肤的胶质。

【药典精论】《随息居饮食谱》：“填肾精而健腰脚，滋胃液以滑皮肤。长肌肉可愈漏疡；助血脉能充乳汁，较肉尤补。”《别录》：“下乳汁。”《本草图经》：“行妇人乳脉，滑肌肤。”

10. 怎样鉴别与选购猪脑

【本品概述】

猪脑即猪的脑髓，民间常有吃脑补脑之说，食用后有很好的健脑功效。它不仅肉质细腻，鲜嫩可口，而且含钙、磷、铁比猪肉多。

【选购指要】

以新鲜的为宜。选购猪脑要拣形状完整，新鲜有光泽，没有异味的为佳。买回来的猪脑，要细心用牙签挑去其红色的筋膜，若有血污留存的，也要洗净，否则会有腥味。还可以用简单的方法将其清洗干净，就是把猪脑用碗盛着浸于清水中，用手轻轻把表面的薄膜及红筋撕去即可。

食品健康知识链接

【天然药理】猪脑能补益体虚，补髓健脑，主治头晕，头痛，目眩，风眩，脑鸣，偏正头风，神经衰弱。外用可治手足皲裂出血。

【用法指要】将猪脑浸入冷水中浸泡，直至看到有明显的血筋粘在猪脑表面时，只要手抓几下，即可将血筋抓去。食用猪脑时，蒸、炖均可。

【健康妙用】对体质衰弱之人的头晕头痛，民间常用猪脑与天麻炖食。

【食用宜忌】脑震荡、健忘者、神经衰弱、头晕、老人头眩耳鸣者宜食。由于猪脑中含大量的胆固醇，为所有食物中胆固醇含量最高者，因此冠心病、高血压、高胆固醇血症患者忌食。青壮年男子也不宜食用。猪脑髓不可与酒、盐同食，否则会影响男子性功能。

【温馨提示】不可过量食用。

【药典精论】《四川中药志》："补骨髓，益虚劳，治神经衰弱，偏正头风及老人头眩。"《别录》："主风眩，脑鸣。"《随息居饮食谱》："多食损人，患筋软、阳痿。"

11. 怎样鉴别与选购猪血

【本品概述】

猪血俗称血豆腐，又称液体肉、血豆腐和血花等，性平、味咸，是最理想的补血佳品，一年四季都有售。它的蛋白质含量略高于瘦猪肉，所含氨基酸的比例与人体中氨基酸的比例接近，极易被消化、吸收。酌量食用猪血，可起到防病、治病和保健的功效。

【选购指要】

新鲜的猪血具有弹性，切面整齐，略有血腥气味。变质的猪血有腐臭味。另外，猪血在收集的过程中非常容易被污染，因此最好是购买经过灭菌加工的盒装猪血。

食品健康知识链接

【天然药理】猪血中含铁量较高，而且以血红素铁的形式存在，容易被人体吸收利用，处于生长发育阶段的儿童和孕妇或哺乳期妇女多吃些有动物血的菜肴，可以防治缺铁性贫血，中老年人多吃猪血能有效地预防患冠心病、动脉硬化等症。现代医学研究发现，猪血中的蛋白质经胃酸分解后，可产生一种消毒及润肠的物质，这种物质能与进入人体内的粉尘和有害金属微粒起生化反应，然后通过排泄将这些有害物带出体外，堪称人体污物的"清道夫"。猪血含有维生素K，能促使血液凝固，因此有止血作用。猪血中含有其他食品中难以获得的微量元素钴，它可以防止人体内恶性肿瘤生长。

【用法指要】买回猪血后要注意不要让凝块破碎，除去少数黏附着的猪毛及杂质，然后放开水一汆，切块炒、烧或作为做汤的主料和副料。烹调猪血时最好要有辣椒、葱、姜等作料，用以压味，另外也不宜只用猪血单独烹饪。

【健康妙用】猪血与菠菜同煮粥或汤食具有润肠通便、清热润燥、养血止血的功效。适用于贫血及痔疮便血、老年便秘等症；与竹笋炒食或煮食可补血养血、润肤抗皱，特别适合产后贫血者；与鲫鱼煮粥能益气养血，常食可预防贫血；与西洋参、大豆芽同煮汤食可养神补血，清除黑眼圈。

【食用宜忌】一般人群均可食用。适宜贫血

患者、老人、妇女，从事粉尘、纺织、环卫、采掘等工作的人食用；适宜血虚头风眩晕者食用；适宜肠道寄生虫病人腹胀嘈杂者食用。

高胆固醇血症、肝病、高血压、冠心病患者应少食。上消化道出血阶段及患有其他病期间忌食。猪血不宜与黄豆同吃，否则会引起消化不良。猪血忌与海带同食，否则会导致便秘。

【温馨提示】食用猪血无论烧、煮一定要氽透。每次50克左右即可。

【药典精论】《千金•食治》："主卒下血不止，美清酒和炒服之。"《日华子本草》："生血，疗奔豚气。"《纲目》："清油炒食，治嘈杂有虫。"《医林纂要》："利大肠。"

12. 怎样鉴别与选购火腿

【本品概述】

火腿即猪的腿腌制而成。俗称兰熏、熏蹄、南腿。《东阳县志》中称之为熏蹄，《宦游笔记》中称兰熏，历史上以浙江金华火腿驰名天下。清代医家王孟英称赞说："以金华之东阳、冬月造者为胜，浦江、义乌稍逊，他邑不能及也。逾二年，即为陈腿，味甚香美，甲于珍馐，养志补虚，洵为极品。"

【选购指要】

选购火腿要注意将其与火腿肠、腊肉以及西式火腿区别开来，除了原料、制作工艺、口味的区别之外，价格悬殊是主要的差别。优质火腿色泽鲜艳，红白分明，瘦肉香咸带甜，肥肉香而不腻，美味可口。选购在保质期以内，最好是近期生产的产品，因为肉食品本身容易被氧化，腐败，越新鲜的产品，口味越好。有一种称为咸干腿的，也就是没有发酵过的咸腿风干的产品。由于全年都是可以制作这种腿的，所以天气热苍蝇多的时候很有可能喷敌敌畏。肠衣上如果有破损的地方，请不要购买。

食品健康知识链接

【天然药理】火腿制作经冬历夏，经过发酵分解，各种营养成分更易被人体所吸收，具有养胃生津、益肾壮阳、固骨髓、健足力、愈创口等作用，可用来治疗虚劳怔忡、脾虚少食、久泻久痢、腰腿酸软等症，它现已被用为外科手术后的辅助食品。

【用法指要】根据需要切片即可。火腿肉是坚硬的干制品，要炖烂很不容易，如果在炖之前在火腿上涂些白糖，然后再放入锅中，就比较容易炖烂，且味道更为鲜美；用火腿煮汤时也可以加少量米酒，能让火腿更鲜香，且能降低咸度。整只火腿用刀切开很不容易，若以锯代刀，便可获得理想效果。

【健康妙用】火腿和大米一起煮粥食用，有健脾开胃、滋肾生津、益气补血的作用，可治虚劳怔忡、虚痢泄泻等症。取花椒和火腿一起煮汤，具有温中止痛、健脾开胃的作用，可治疗胃寒呃逆、恶心呕吐、虚寒性胃痛、脾虚泄泻等病症。江南一带的人常用火腿煨汤，把它作为产妇或病后开胃增食的食品。

【食用宜忌】适宜体质虚弱、气血不足、腰膝无力、心烦不安、脾虚久泻、胃口不开之人。脾胃虚寒的泄泻下利之人，不宜多食；老年人、胃肠溃疡患者禁食；患有急慢性肾炎者忌食；凡浮肿、水肿、腹水者忌食；感冒未愈、湿热泄痢、积滞未尽、腹胀痞满者忌食。

【温馨提示】每次约50克即可。存放火腿时，应在封口处涂上植物油，以隔绝空气，防止脂肪氧化；再贴上1层食用塑料薄膜，以防虫侵入；夏天可用食油在火腿两面擦抹1遍，置于罐内，上盖咸干菜，可保存较长时间。

13. 怎样鉴别与选购羊肉

【本品概述】

羊肉是我国三大家畜肉类之一，分山羊、绵羊两种。绵羊肉质细嫩，口感最佳，也是全国食用范围最广、烹饪方法最具特色的肉类之一，其中“手抓羊肉”以其色白质嫩、清香不腻而取胜，是颇享盛名的地方风味菜。

【选购指要】

新鲜羊肉肉色鲜红而且均匀，有光泽，肉细而紧密，有弹性，外表略干，不粘手，气味新鲜，无其他异味。从颜色上看，绵羊肉肌肉呈暗红色，肉纤维细而软，肌肉间夹有白色脂肪，脂肪较硬且脆；山羊肉肉色较绵羊肉淡，有皮下脂肪，只在腹部有较多的脂肪，其肉有膻味。从肉上未去净的羊毛形状看，绵羊肉毛卷曲，山羊肉毛硬直。从肋骨上看，绵羊肉肋骨窄而短，山羊肉肋骨宽而长。肉色暗，外表无光泽且粘手，有黏液，脂肪呈黄绿色，有异味，甚致有臭味的是变质羊肉，不要买。

食品健康知识链接

【天然药理】羊肉历来被当作冬季进补的重要食品之一。寒冬常吃羊肉可益气补虚，促进血液循环，增强御寒能力。羊肉可增加消化酶，保护胃壁，帮助消化。若胃壁破损，还可以修补胃黏膜，并有效预防衰老，老年人和脾胃虚寒者冬季多吃羊肉甚为合适。中医认为，羊肉还有补肾壮阳的作用，对男士非常有益。

【用法指要】羊肉，特别是山羊肉，膻味较大，所以在煮羊肉时，锅里可以放两三个带皮的核桃或山楂，或者加一些胡萝卜、绿豆、咖喱粉等。嫩羊肉宜炒、爆、氽，较老的宜烧、炖、卤，肥瘦兼备的宜制作肉馅。吃涮羊肉，最好选用上脑、里脊、内腱子和磨裆部位的肉。

【健康妙用】羊肉和生姜均为辛温之品，羊肉可补气血和温肾阳，生姜有止痛祛风湿等作用。此外，生姜既能去除羊肉腥味，又能助羊肉温阳祛寒之力，两者搭配，还可治腰背冷痛、四肢风湿疼痛等。萝卜配以羊肉，有较好的益智健脑作用，还具有助阳补精、消食顺气的功效，适合身体虚弱的人食用。羊肉与山药同煮有健脾补肾的作用，适用于身体怕冷、食欲不振、大便溏薄、腰酸尿多等症；与枸杞子炖服有固精明目、强筋补肾的作用。适用于男子阳痿、早泄，女子月经不调、性欲减退等肾虚患者。年老体弱、视力减退、头晕眼花者食用效果也佳。

【食用宜忌】适宜虚体寒体进食，尤其是老年身体虚弱、阳气不足、冬天手足不温、畏寒无力、腰酸阳痿之人；妇女气血两虚、形体消瘦、产后虚弱贫血或奶少、乳汁不下、自汗或虚汗不止等；也适合于脾肾阳虚的慢性支气管炎、哮喘患者食用。外感时邪（感冒、肠炎、痢疾等）或内有积热痰火（感染性发热，素有肝火偏旺、阴虚内热等）者不宜食用。热体及原发性高血压患者不宜吃羊肉。据经验，羊肉不宜与南瓜及中药半夏、首乌、菖蒲及梅干菜、荞麦、豆瓣酱同食。羊肉食性温热，因此不宜在春夏阳气偏盛的季节进食。吃完羊肉后不宜马上喝茶，也不宜边吃羊肉边喝茶。吃羊肉不可加醋。

【温馨提示】每餐约50克。羊肉中有很多膜，切丝之前应先将其剔除，否则炒熟后肉膜硬，吃起来难以下咽。

【药典精论】《日用本草》：“治腰膝羸弱，壮筋骨，厚肠胃。”《金匮要略》：“有宿热者不可食之。”《本草纲目》：“铜器煮之，男子损阳，女子暴下，物性之异如此，不可不知。”

14. 怎样鉴别与选购羊肚

【本品概述】

羊肚俗称羊胃，为牛科动物山羊或绵羊的胃。

【选购指要】

与猪肚相同。

食品健康知识链接

【天然药理】羊肚具有健脾补虚、益气健胃、固表止汗的功效，可用于虚劳羸瘦、不能饮食、消渴、盗汗、尿频等症的食疗。

【用法指要】用法与猪肚同。清洗羊肚时，先用清水大致冲洗一下，再用香油加食盐泡10分钟左右（香油略多一些），开始用手反复抓搓，直到把里面的脏东西都搓出来，再用清水冲干净就可以了。也可以第一遍先用淡碱水揉洗，第二遍使用清水洗净。

【健康妙用】治胃虚消渴：羊肚烂煮，空腹食之。（《古今录验方》）

治项下瘰疬：将羊肚烧灰，香油调敷。（《纲目》）治久病虚羸，不生肌肉，水气在胁下，不能饮食，四肢烦热：羊胃一枚，白术一升。切，水二斗，煮九升，分九服，日三。（张文仲）羊肚与黑豆、黄芪30克同煮汤，熟后捞去黄芪药渣，加适量油盐调味食用，可治体虚多汗。

【食用宜忌】一般人群均可食用，尤适宜体质羸瘦、虚劳衰弱之人食用；适宜胃气虚弱、反胃、不食以及盗汗、尿频之人食用。羊肚补虚，诸无所忌。

【温馨提示】每次约50克。一定要洗净、煮透后再食用。

【药典精论】《千金·食治》："主胃反，治虚羸，小便数，止虚汗。"《随息居饮食谱》："羊胃，甘温，补胃，益气，生肌，解渴，耐饥，行水，止汗。"

15. 怎样鉴别与选购羊肝

【本品概述】

羊的肝脏。

【选购指要】

与猪肝相同。

食品健康知识链接

【天然药理】羊肝能养肝明目，清虚热。羊肝含铁丰富，铁质是产生红细胞必需的元素，一旦缺乏便会感觉疲倦，面色青白，适量进食可使皮肤红润。羊肝中富含维生素B_2，维生素B_2是人体生化代谢中许多酶和辅酶的组成部分，能促进身体的代谢。羊肝中还含有丰富的维生素A，可防止夜盲症和视力减退，有助于对多种眼疾的治疗。其中补益效能以青色山羊肝最佳。

【用法指要】肝是体内最大的毒物中转站和解毒器官，所以买回的鲜羊肝不要急于烹调，应把肝放在自来水龙头下冲洗10分钟，然后放在水中浸泡30分钟后再烹调。羊肝不宜冷冻太久，烹饪前可用温水浸泡10分钟更佳。

【健康妙用】羊肝与菟丝子、车前、枸杞子、决明子等19味中药配合，即为名方"羊肝丸"，可治青光眼。将羊肝用竹片割开（忌铁器），塞入夜明砂、石决明粉，放入碗内隔水蒸熟食用，连服3~5天，可治夜盲，视物昏花。羊肝与大枣同煮汤，加适量油盐调味食用，可治头晕眼花，面色萎黄，心悸乏力。羊肝与苍术同煮汤食用可治夜盲，视物昏花。

【食用宜忌】适宜患有夜盲症（雀目）、眼干燥症、青盲翳障、小儿疳眼、目暗昏花或热病后弱视之人食用；适宜血虚、面色萎黄、产后贫血、肺结核、小儿衰弱以及维生素A缺乏症者食用。

羊肝含胆固醇高，高脂血症患者忌食。羊肝忌同猪肉、梅、生椒、苦笋一并食用；忌与富含维生素C的蔬菜一同食用；忌与维生素C、抗凝血药物、左旋多巴、优降灵和苯乙肼等药物同食。

【温馨提示】每餐约30克即可。烹调时间不能太短，至少应该在急火中炒5分钟以上，使肝完全变成灰褐色，看不到血丝才好。

【药典精论】《药性论》："青羊肝服之明目。"《现代实用中药》："适用于萎黄病，妇人产后贫血，肺结核，小儿衰弱及维生素A缺乏之眼病（疳眼、夜盲等）。"

16. 怎样鉴别与选购羊骨

【本品概述】

俗称羊骨头，别名羊脊骨、羊骨头、羊胫骨，为牛科动物山羊或绵羊的骨。

【选购指要】

新鲜羊骨肉色鲜红而且均匀，有光泽，肉细而紧密，有弹性，外表略干，不粘手，气味新鲜，无其他异味。

羊骨不适宜长时间保存，最好在1~2天内食完，如果需要长时间保存，可把羊肉剔去筋膜，用保鲜膜包裹后，再用一层报纸和一层毛巾包好，放入冰箱冷冻室内冷冻保存，一般可保存1个月不变质。

食品健康知识链接

【天然药理】羊骨中含有磷酸钙、碳酸钙、骨胶原等成分，有补肾壮骨，温中止泻之功效。可用于血小板减少性紫癜、再生不良性贫血、筋骨疼痛、腰软乏力、白浊、淋痛、久泻、久痢等病症。煮汤服用有补益作用，可去风湿、强筋壮骨，可用于治疗虚劳、羸瘦等症。肾主骨，羊胫骨和羊脊骨均有补肾、强腰脊的作用。

【用法指要】羊骨一般用于煲汤，羊骨敲裂开后煲汤效果更佳。

【健康妙用】取羊骨一副（砸碎），陈皮6克，良姜6克，草果6克，生姜30克，盐少许，加水熬粥食用，可治疗虚痨腰膝无力。

【食用宜忌】适宜虚劳羸瘦，腰膝无力，筋骨挛痛，久痢久泻之人食用；适宜再生障碍性贫血、血小板减少者食用。高烧发热者忌食。

【温馨提示】每次不宜过量食用。

【药典精论】《本草纲目》：“脊骨，补肾虚，通督脉，治腰痛下痢；胫骨，主脾弱，肾虚不能摄精，白浊。”《千金·食治》：“宿有热者不可食。”

17. 怎样鉴别与选购兔肉

【本品概述】

兔肉为兔科动物蒙古兔、东北兔、高原兔、华南兔、家兔等的肉。

【选购指要】

新鲜的兔子肌肉呈暗红色并略带灰色，肉质柔软，色红均匀，富有光泽，脂肪洁白或淡黄色，结构紧密坚实，肌肉纤维韧性强，兔肉的外表微干或有风干的膜，不黏手，用手指按下的凹陷能立即恢复原状，并且带有鲜兔肉特有的气味。

食品健康知识链接

【天然药理】补中益气，凉血解毒。治消渴羸皮，胃热呕吐，便血。吃兔肉可以阻止血栓的形成，并且对血管壁有明显的保护作用。兔肝适宜夜盲症、小儿疳眼者食用。

【用法指要】兔肉可红烧、粉蒸、炖汤，如兔肉烧红薯、椒麻兔肉、粉蒸兔肉、麻辣兔肉、鲜熘兔丝和兔肉圆子双菇汤等。

【健康妙用】身体虚弱的人，可将兔肉加水煮致极烂，滤出骨肉，饮其汁。

治消渴羸瘦，小便不禁：兔一只，剥去皮爪五脏等，以水一斗半煎使烂，骨肉相离，漉出骨肉，斟酌五升汁，便澄滤，令冷，渴即服之。用鲜兔肝2~3具，开水烫至半熟，空腹食用，对夜盲症很有效果。兔肉加鲤鱼等份炖食，治疗慢性气管炎；兔肉加蛇肉等份炖食治瘫痪；兔肉加红枣适量治疗虚弱，兔肉加胡椒治胃寒，并具有一定的抗癌防癌作用。

【食用宜忌】适宜儿童以及中老年人食用；适宜糖尿病患者食用；适宜缺铁性贫血，营养不良，气血不足之人食用；适宜高血压，冠心病，动脉硬化，肥胖症者食用；适宜作为美容食品，经常食用，可使人体发育匀称，皮肤细腻健康，故有“美容肉”之称。根据前人经验，孕妇及阳虚之人以及脾胃虚寒，腹泻便溏者忌食。兔肉不能与鸭肉同食，否则易致腹泻。

【温馨提示】每次80克即可。

【药典精论】《别录》：“主补中益气。”《本草纲目》：“凉血，解热毒，利大肠。又能治消渴。”《随息居饮食谱》：“兔肉多食损元阳，孕妇及阳虚者尤忌。”

18. 怎样鉴别与选购狗肉

【本品概述】

狗俗称地羊。狗肉味道醇厚、芳香四溢，所以有的地方叫香肉，它与羊肉都是冬令进补的佳品。俗话说“寒冬至，狗肉肥”、“狗肉滚三滚，神仙站不稳”。狗肉的营养价值很高，含蛋白质及脂肪的量可与牛肉、猪肉相媲美，而且含有钾、钙、磷、钠及多种维生素和氨基酸，是理想的营养食品。此外，狗肉还具有入药疗疾的效用。

【选购指要】

色泽鲜红、发亮且水分充足者为新鲜狗肉；颜色发黑、发紫、肉质发干者为变质狗肉；肌肉中藏有血块、包块等异物的极可能是病狗狗肉；肌肉之间血液不凝固的可能是毒死狗肉。

食品健康知识链接

【天然药理】现代医学研究证明，狗肉中含有少量稀有元素，对治疗心脑缺血性疾病，调整高血压有一定益处。狗肉不仅蛋白质含量高，而且蛋白质质量极佳，尤以球蛋白比例大，对增强机体抗病力、细胞活力及器官功能有明显作用。食用狗肉可增强人的体魄，提高消化能力，促进血液循环，改善性功能。狗肉还可用于老年人的虚弱症，如尿溺不尽、四肢厥冷、精神不振等。冬天常吃，可使老年人增强抗寒能力。

【用法指要】烹调狗肉时，应先将狗肉放在清水中浸泡数小时，或先用盐渍一下，以去除黏附的污物或土腥气。将狗肉用白酒、姜片反复揉搓，再用稀释的白酒泡1~2小时，清水冲洗后入热油锅微炸再烹调，也可有效降低其腥味。狗肉一般用于烧、炖、煨等。为防旋毛虫病，一定要烹烂烹熟。

【健康妙用】狗肉与胡萝卜同炖食可温补肾阳、提高性欲，对性欲减退、阳痿有疗效；与红薯同蒸食用有补中益气、固肾强腰的作用，适用于体虚怕冷、腰腿疼、夜多小便等症；与生姜同煮粥食可祛寒壮阳、温肾补脾，适用于病后体虚或老人阳气不足、怕冷畏寒、手脚冰冷、腰膝无力、小便清长、夜多小便、肾虚阳痿、遗精遗尿、性欲减退等症；与黑豆同煮汤食可滋阴补肾、祛风助阳；对动脉硬化症、高血压病、糖尿病、疲劳综合征、神经衰弱、阳痿、早泄、性欲低下等病症均有疗效。

【食用宜忌】年老体弱有腰痛足冷、四肢不温者宜食；性功能减退的遗精、早泄、阳痿、不育者也很适合食用；脾胃气虚、阳气不足、遗尿之人、慢性溃疡久不收敛或痔漏久不愈者均可食用。

平素气壮火旺、热体体质、阴虚内热、发热或热病初愈者忌食，胃弱者慎服。狗肉多食易生热助火、多痰，故多种炎症、湿疹、痈疽、疮疡及孕妇都应忌食。据经验，狗肉忌与大蒜、鳝鱼、葱、鲤鱼、泥鳅、绿豆、杏仁、姜、菱同食。食狗肉后宜喝米汤解渴，不宜喝茶。忌吃半生不熟的狗肉，以防寄生虫感染。疯狗肉不能吃。

【温馨提示】每次约50克。夏季最好不吃狗肉，以防生热助火，多痰发渴。

【药典精论】《本草纲目》："狗肉能滋补血气，暖胃祛寒，补肾壮阳，服之能使气血溢沛，百脉沸腾。"《饮食须知》："春末夏初多制犬，宜忌食。"

19. 怎样鉴别与选购牛肉

【本品概述】

牛肉在中国是仅次于猪肉的第二大肉类食品，它蛋白质含量高，且是优质蛋白，而脂肪含量低，所以味道鲜美，受人喜爱，享有"肉中骄子"的美称。

【选购指要】

牛肉的鉴别可从色泽、气味、黏度、弹性、肉汤等方面进行鉴别。新鲜肉肌肉呈均匀的红色，具有光泽，脂肪白色或呈乳黄色。次鲜肉肌肉色泽稍转暗，切面尚有光泽，但脂肪无光泽。变质肉肌肉色泽呈暗红，无光泽，脂肪发暗直至呈绿色。新鲜肉具有鲜牛肉的特有正常气味。次鲜肉稍有氨味或酸味。变质肉有腐臭味。新鲜肉表面微干或有风干膜，触摸时不粘手。次鲜肉表面干燥或黏手，新的切面湿润。变质肉表面极度干燥或发黏，新切面也黏手。新鲜肉指压后的凹陷能立即恢复。次鲜肉指压后的凹陷恢复较慢，并且不能完全恢复。变质肉指压后的凹陷不能恢复，并且留有明显的痕迹。

良质冻牛肉（解冻肉）肉汤汁透明澄清，脂肪团聚浮于表面，具有一定的香味。次质冻牛肉（解冻后）汤汁稍有混浊，脂肪呈小滴浮于表面，香味鲜味较差。变质冻牛肉（解冻后）肉汤混浊，有黄色或白色絮状物，浮于表面的脂肪极少，有异味。

食品健康知识链接

【天然药理】牛肉中的肌氨酸含量比任何其他食品都高，肌氨酸是肌肉的燃料之源，这使它对增长肌肉、增强力量特别有效。牛肉还是适合肥胖者食用的肉类，牛肉中脂肪含量很低，对于需要低热量怕发胖的女士，吃牛肉是最佳选择。牛肉含有丰富的蛋白质，氨基酸组成比猪肉更接近人体需要，能提高机体抗病能力，对生长发育及手术后、病后调养的人在补充失血、修复组织等方面特别适宜。寒冬食牛肉有暖胃作用，所以牛肉是寒冬补益佳品。

【用法指要】不同部位的牛肉有不同的用法，例如，老人、幼儿和消化力弱的人，可多吃炒、爆、汆牛肉等，可选购上脑、外脊和里脊部位的嫩牛肉；如想酱、烧、卤牛肉，可选购肉质较老的牛肉，包括腱子肉、哈力巴肉和尾根肉等；如用以制作肉馅或炖汤，可选择肥瘦兼备的脖子和腩腹等处的牛肉。烹饪时放一个山楂、一块橘皮或一点茶叶，牛肉易烂；清炖牛肉能较好地保存营养成分。红烧牛肉时，加少许雪里蕻，肉味鲜美。牛肉的纤维组织较粗，结缔组织又较多，应横切，将长纤维切断，不能顺着纤维组织切，否则不仅不容易入味，还嚼不烂。

【健康妙用】牛肉与莴笋同炒食具有调养气血的作用，还可以丰胸；与萝卜同炖食不仅可为人体提供丰富的蛋白质、维生素C等营养成分，还具有利五脏、益气血的功效；与仙人掌同食可起到抗癌止痛、提高机体免疫功能的效果；与西红柿同烧食有平肝益血、健胃消食、养肝补脾的作用，对高血压、慢性肝炎有良好的辅助治疗功效；与马铃薯同食不但味道好，且马铃薯含有丰富的叶酸，起着保护胃黏膜的作用。

【食用宜忌】适宜身体虚弱、营养不良、筋骨酸软、气短、面黄、头昏目眩或贫血、产后之人食用；也适合运动员、体力劳动者食用。在食欲不振，身体素虚，又不能进服其他补养药时，宜先吃牛肉汁。对年轻产妇及失血引起的贫血，宜食牛肉，或用牛肉配以枸杞子、红枣，补血功效更为显著。牛肉为发物，疮疥、湿疹、痘疹、瘙痒者，食后病情可能加重，宜慎用；肝炎、肾炎患者也应慎用；感染性疾病的发热期间应忌食牛肉。

【温馨提示】一周吃一次牛肉即可，每次约80克，不可食之太多，另外，牛脂肪更应少食为妙，否则会增加体内胆固醇和脂肪的积累量。

【药典精论】《医林纂要》：“牛肉味甘，专补脾胃，后天气血之本，补此则无不补矣。”《雷公泡制药性解》：“黄牛肉，主安中益气，健脾养胃，强骨壮筋。”

20. 怎样鉴别与选购牛肚

【本品概述】

牛肚即牛胃。牛为反刍动物，共有四个胃，前三个胃为牛食道的变异，即瘤胃（又称毛肚）、网胃（又称蜂巢胃、麻肚）、瓣胃（又称重瓣胃、百叶胃），最后一个为真胃又称皱胃。瘤胃内壁肉柱俗称“肚领、肚梁、肚仁”，贲门括约肌，肉厚而韧俗称“肚尖”、“肚头”（用碱水浸泡使之脆嫩，可单独成菜）。牛肚中运用最广的为肚领和百叶。

【选购指要】

新鲜牛百叶原是黑色的，市场上见的白色牛百叶经过漂白，是冷冻食品。漂白后的牛百叶口感较爽脆，但挑选起来有讲究，选又软又实，手感有弹性，不烂，闻之无刺鼻味的才好。选购牛肚时要注意，特别白的牛肚是用双氧水、甲醛炮制三四天才变成白色的。有些不法商贩在制作水发产品时，先用工业烧碱浸泡，以增加体积和重量，然后按比例加入甲醛、双氧水，稳固体积与重量，并使其保持表面新鲜和色泽。用工业烧碱炮制的牛肚个体饱满，非常水灵，使用甲醛可使牛肚吃起来更脆，口感好。双氧水能腐蚀人的胃肠，导致胃溃疡。长期食用被这些有毒物质浸泡的牛肚，将会患上胃溃疡等疾病，严重时可致癌。

如果牛肚非常白，超过其应有的白色，而且体积肥大，应避免购买。用甲醛泡发的牛肚，会失去原有的特征，手一捏牛肚很容易碎，加热后迅速萎缩，应避免食用。

还可在小玻璃杯中加入少许牛肚，用水浸泡，然后夹出牛肚，倾斜玻璃杯，沿杯壁小心加入少许浓硫酸，使液体分成两层，不要混合。如果在液面交界处出现紫色环，证明牛肚中掺有甲醛。

食品健康知识链接

【天然药理】益脾补胃。有补虚、益脾胃的作用，可治病后虚羸，气血不足，消渴，风眩。

【用法指要】用法同猪肚。应用瘤胃时可把牛浆膜撕掉，保留黏膜，生切片涮吃。菜品如“毛肚火锅”、“夫妻肺片”。网胃应用与瘤胃相同，瓣胃与皱胃大都切丝用。

【健康妙用】将牛肚洗净，切片后与苡仁同煮粥服食，有健脾除湿的功效。用牛肚、生姜加水同炖至牛肚熟后取出切片，再放回汤中，调入料酒、味精、精盐、猪脂少许，煮开后服食，有补元气、壮身体的功效。

【食用宜忌】中医有“以脏补脏”的说法，因此胃气不足的人宜吃牛肚来养胃气。病后体虚、气血不足、营养不良、脾胃薄弱宜食。牛肚养胃益气，诸无所忌。

【温馨提示】每次约50克，不宜过量食用。

【药典精论】《本草纲目》：“补中益气，解毒，养脾胃。”《食疗本草》：“主消渴，风眩，补五脏，以醋煮食之。”《本草蒙荃》：“健脾胃，免饮积食伤。”

21. 怎样鉴别与选购牛肝

【本品概述】

牛肝即牛科动物黄牛或水牛的肝脏。其色泽和质地均与猪肝相近，但成菜后口感略硬于猪肝。

【选购指要】

选购牛肝时先看外表，表面有光泽、颜色呈紫红且均匀的是新鲜肝。然后用手触摸，感觉有弹性，无硬块、水肿的是新鲜肝，而且闻起来没有异味。

食品健康知识链接

【天然药理】牛肝中铁质丰富，是补血食品中最常用的食物。牛肝中维生素A的含量远远超过奶、蛋、肉、鱼等食品，具有维持正常生长和生殖机能的作用；能保护眼睛，维持正常视力，防止眼睛干涩、疲劳；维持健康的肤色，对皮肤的健美具有重要意义。牛肝中还具有一般肉类食品不含的维生素C和微量元素硒，能增强人体的免疫反应，抗氧化，防衰老，并能抑制肿瘤细胞的产生。

【用法指要】用法同羊肝。买回的鲜牛肝不要急于烹调，应把肝放在自来水龙头下冲洗10分钟，然后放在水中浸泡30分钟。烹调时间不能太短，至少应该在急火中炒5分钟以上，使肝完全变成灰褐色，看不到血丝才好。

【健康妙用】牛肝和枸杞子共煮汤食用，有补肝明目作用，适用于肝血虚引起的头晕眼花，视力减退；牛肝和苍术共煮汤，去药渣食用，可治因缺乏维生素A引起的夜盲症；牛肝和大枣共煮汤食用，可治血虚引起的头昏、眼花、心悸、疲乏、面色萎黄等症；把牛肝用竹片割开多处，将夜明砂、石决明粉塞入肝内，置锅内隔水蒸熟，分作2~3次食用，连续服用3~5日，可治夜盲，视物昏花。

【食用宜忌】适宜血虚萎黄、虚劳羸瘦、视力减退、夜盲之人食用。凡因肝血不足引起的视物昏花症等，均可食之。高胆固醇血症、肝病、高血压和冠心病患者应少食。牛肝忌与鲮鱼一同食用。

【温馨提示】每次约50克即可。治疗贫血时用牛肝配菠菜最好。

【药典精论】《别录》："主明目。"《本草经疏》："补肝，治雀盲。"《现代实用中药》："适用于萎黄病，妇人产后贫血，肺结核，小儿疳跟，夜盲。"

22. 怎样鉴别与选购牛蹄筋

【本品概述】

牛蹄筋向来为筵席上品，食用历史悠久，它口感淡嫩不腻，质地犹如海参，故有俗语说："牛蹄筋，味道赛过参。"它和牛百叶、牛脑髓并称为"牛中三宝"，而且以牛后蹄的筋为佳。

【选购指要】

蹄筋要挑色泽白，软硬均匀，且没有硬块的才好。需要注意的是，剥离下来的牛蹄筋是带着牛皮的。自己买来牛蹄筋之后，必须亲自动手把牛皮去掉。如今，很多菜市场都卖一种涨发好的牛筋，往往使用了双氧水、甲醛以及吊白块之类的化学物品，而且口感也不好，不建议购买，还是以新鲜牛筋为好。

食品健康知识链接

【天然药理】牛蹄筋中含有丰富的胶原蛋白，脂肪含量也比肥肉低，并且不含胆固醇，能增强细胞生理代谢，使皮肤更富有弹性和韧性，延缓皮肤的衰老。牛蹄筋还具有强筋壮骨的功效，对腰膝酸软、身体瘦弱者有很好的食疗作用，有助于青少年生长发育和减缓中老年妇女骨质疏松的速度。

【用法指要】干牛蹄筋需用凉水或碱水发制，刚买来的发制好的蹄筋应反复用清水过洗几遍。凉水发透法：先用木棒将蹄筋砸一砸，使之松软（这样易于涨发，且成品酥脆，出品率高），再放入水中浸泡12小时，然后加清水，蒸或炖4小时，当蹄筋绵软时，捞入清水中浸泡2小时，剔去外层筋膜，再用清水洗干净即可使用，蹄筋带有的残肉要去除掉。

【健康妙用】牛蹄筋与带衣花生米同用补气养血，对贫血及白细胞低下有很好的疗效。牛蹄筋和灵芝、黄精、鸡血藤、黄芪同炖，当点心食用，对肝虚血亏、腰膝酸痛、疲乏无力、四肢痿弱、齿牙动摇、白细胞减少等病症有效。牛蹄筋和大枣同炖后食用，可治疗脾气虚弱，气不摄血，面色无华，唇指淡白，疲乏无力，食欲不振，皮肤紫癜。凡是胃气已经下降的内脏下垂病人，由于消化吸收能力已经减弱，因此这些病人喝了牛蹄筋汤之后，不一定能够合成胶原纤维，以恢复脏器的应有位置。

【食用宜忌】虚劳羸瘦、腰膝酸软、产后虚冷、腹痛寒疝、中虚反胃的人宜食。凡外感邪热或内有宿热者忌食。用火碱等工业碱发制的蹄筋不宜吃。

【温馨提示】以食用发制好的牛蹄筋每次100克为宜。牛蹄筋要买新鲜的。但有些卖牛蹄筋的人，说牛蹄筋都是煮熟的。因为从牛蹄上剥离筋腱，必须把牛蹄放在开水里煮，煮软之后才能剥离筋腱。如此处理，不会影响牛蹄筋的品质。

【药典精论】《本草从新》：“牛筋有补肝强筋，益气力，健腰膝，长足力，续绝伤。”

23. 怎样鉴别与选购驴肉

【本品概述】

“天上的龙肉，地上的驴肉”这句话在中国几乎无人不晓。由此可知驴肉之美。驴肉肉质细嫩，远超过牛羊肉，其营养价值也相当高，脂肪含量比牛肉、猪肉低，是典型的高蛋白低脂肪食物。

【选购指要】

在选购驴肉时，首先要看其颜色，新鲜驴肉呈红褐色，脂肪颜色淡黄有光泽；不新鲜的驴肉呈暗褐色，无光泽。其次要闻味，新鲜驴肉脂肪滋味浓香，不新鲜的驴肉脂肪平淡或无滋味。最后要看驴肉有无弹性，新鲜驴肉结实而有弹性，不新鲜的驴肉松软而缺乏弹性。牛肉与驴肉的鉴别：牛的膝盖骨是等腰三角形，驴则是等边三角形；牛肉的肌肉之间有脂肪层隔开，驴肉之间则没有；取脂肪少许，用打火机烧溶，如脂肪油滴入凉水中是蜡样硬壳，是牛肉，否则就是驴肉。

食品健康知识链接

【天然药理】驴肉能益气补血，益肾壮阳。中医则认为驴肉一能补气养血，用于气血不足者的补益；二能养心安神，用于心虚所致心神不宁的调养。

【用法指要】在烹调中不仅适用于炖、煮、煨、焖，还可用于扒、烧、酱、卤等。驴肉多作为卤菜凉拌食用，也可配以素菜烧、炖和煮汤。

【健康妙用】功效非凡的阿胶制品，就是

用驴皮熬制而成的，具有很好的补血护肤养颜功效。驴肉与淮山药、大枣同煮汤食用，有补益气血的作用；驴肉适量，加豆豉、五香粉、食盐调味煮熟后取出切片食用，有补益气血、安神的作用。

【食用宜忌】积年劳损，久病之后的气血亏虚、短气乏力、倦怠羸瘦、食欲不振、心悸眼差、阴血不足、风眩肢挛、不寐多梦、功能性子宫出血和出血性紫癜等症患者宜食。驴肉不可与金针菇、猪肉同食。

吃驴肉后忌饮荆芥茶。孕妇及瘙痒性皮肤疾病患者忌食。

【温馨提示】每次约50克。十件拼盘是指驴身的十个部件：心、肝、腰、肉、肚、肠、耳、尾、口条、蹄筋。

【药典精论】《饮膳正要》：“野驴，食之能治风眩。”《日用本草》：“食驴肉，饮荆芥茶杀人。妊妇食之难产。”

24. 怎样鉴别与选购腊肉

【本品概述】

腊肉是中国腌肉的一种，主要流行于四川、湖南和广东一带，但在南方其他地区也有制作，由于通常是在农历的腊月进行腌制，所以称作“腊肉”。熏腊肉从鲜肉加工、制作到存放，肉质不变，长期保持香味，还有久放不坏的特点。此肉因系柏枝熏制，故夏季蚊蝇不爬，经三伏而不变质，成为别具一格的地方风味食品。

【选购指要】

看产品标志，产品包装上应贴有“QS”标志；看生产日期，应选择近期产品；看产品外观，质量好的腊肉，皮色金黄有光泽，瘦肉红润，肥肉淡黄，有腊制品的特殊香味。好的腊肉，表里一致，煮熟切成片，透明发亮，色泽鲜艳，黄里透红，吃起来味道醇香，肥不腻口，瘦不塞牙。反之，若肉色灰暗无光、脂肪发黄、有霉斑、肉松软、无弹性，带有黏液，有酸败味或其他异味，则是变质的或次品。

由于某种原因，一些不法商贩非法制作腊肉，使用国家禁止的添加剂（如工业盐、不安全染色剂等）和过期变质的肉品加工，请消费者在购买时注意到正规厂家和商家处购买，并且注意观察腊肉相关标签和色泽等信息。

食品健康知识链接

【天然药理】腊肉中磷、钾、钠的含量丰富，还含有脂肪、蛋白质、碳水化合物等元素。腊肉选用新鲜的带皮五花肉，分割成块，用盐和少量亚硝酸钠或硝酸钠、黑胡椒、丁香、香叶、茴香等香料腌渍，再经风干或熏制而成。腊肉性味咸甘平，具有开胃祛寒、消食等功效。

【用法指要】一般多用于红烧，也可炒、煮、煲。腊肉因为是腌制食品，里面含有大量盐，所以不能每顿都吃；这样超过人体每天摄入的最大盐量；所以当作调节生活的一个菜谱，当然可以先采用蒸煮或者多次蒸煮，尽量降低肉里盐的含量；与此同时也能享受腊肉的淳朴香味了。

其次，腊肉一定要用冷水下锅煮，这

样才能让水分缓慢地渗入肉的组织中，让本来干瘪的腊肉腊肠变得更加滋润。如果先用锅蒸就达不到这个效果，用沸水下锅煮，肉的表面蛋白质会受热急剧收缩，影响水分的渗入，同时，亚硝酸盐也难以充分渗出。

【食用宜忌】腊肉含有大量亚硝酸盐，是重要的致癌物质。一般人可少量食用，老年人忌食；胃和十二指肠溃疡患者禁食。如果暂时放开“口感”，从营养和健康的角度看，腊肉对很多人，特别是高血脂、高血糖、高血压等慢性疾病患者和老年朋友而言，实在是一种不宜多吃的食物。

【温馨提示】腌腊制品含有充足的盐分，而盐中的磷会使骨头变脆。食用腌腊制品的同时，应多补充含钙丰富的食物，以达到骨质中磷与钙的平衡。食用腌腊制品后，应该多喝些绿茶或多吃点新鲜蔬菜和水果。

腊肉作为肉制品，并非长久不坏，随着气温的升高，腊肉虽然肉质不变，但味会变得刺喉。由于腊肉需要干燥的环境，因此不适合在冰箱冷藏室中保存。冷藏室中常有蔬菜水果等食物，湿度较大，容易导致腊味霉变。腊肉如果只是表面出现少许霉变，可以用温水擦干净后放通风处晾晒；如果霉变较多，就不建议食用。长时间保存的腊肉上会寄生一种肉毒杆菌，它的芽苞对高温高压和强酸的耐力很强，极易通过胃肠黏膜进入人体，仅数小时或一两天就会引起中毒。

第二章
禽肉类食品鉴别与选购

1. 怎样鉴别与选购鹧鸪

【本品概述】

鹧鸪又名石鸡，它既是一种非常美丽的观赏鸟，又是一种经济价值很高的美食珍禽，鹧鸪肉厚骨细，风味独特，营养极为丰富。

【选购指要】

以鲜活、没有病害的为佳。

食品健康知识链接

【天然药理】鹧鸪肉含有丰富的蛋白质、脂肪，且含有人体必需的18种氨基酸和较高的锌、锶等微量元素，具有壮阳补肾、强身健体的功效，是男女老少皆宜的滋补佳品。中医认为鹧鸪入脾、胃、心经，能利五脏，开胃，益心神，补中消痰。鹧鸪肉蛋白质含量为30.1%，比珍珠鸡、鹌鹑均高6.8%，比肉鸡高10.6%；脂肪含量为3. 6%，比珍珠鸡低4.1%，比肉鸡低4.2%；并含人体所必需的18种氨基酸和64%的不饱和脂肪酸。具有高蛋白、低脂肪、低胆固醇的营养特性。

【用法指要】适用于炸、烧、焖、蒸等烹调方法，如“油淋鹧鸪”、“白梅鹧鸪”等。

【健康妙用】民间把鹧鸪作为健脾消疳积的良药，治疗小儿厌食、消瘦、发育不良效果显著。妇女在哺乳期间食用鹧鸪，对促进婴儿的体格和智力发育具有明显的效果。

【食用宜忌】一般人群均可食用。特别适合哺乳期妇女，小孩和成年男性；对小儿厌食、消瘦、发育不良者也有益。鹧鸪不可与竹笋同食，否则令人小腹胀痛。

【温馨提示】每次50~100克即可，不宜多食。

【药典精论】《本草纲目》："鹧鸪补五脏、益心力。""一鸪顶九鸡。"

2. 怎样鉴别与选购鹌鹑（附：鹌鹑蛋）

【本品概述】

鹌鹑古称鹑鸟、宛鹑、奔鹑，其肉质鲜美细嫩，营养丰富，含脂肪少，食不腻人，从古至今均被视为野味上品，有"动物人参"的美誉。鹌鹑蛋虽然体积小，但它的营养价值与鸡蛋一样高，是人们的天然补品，在营养上有独特之处，故又有"卵中佳品"之称。

【选购指要】

鹌鹑有野生和家养两种，宜选购野生的，而且最好在100~150克左右、鲜活的为宜。

选购鹌鹑蛋有一个标准，从外表看，近似圆形，个体很小，一般只有5克左右，表面有棕褐色斑点。蛋壳颜色鲜明，如果细看的话，会看到有细小的气孔，否则就是陈蛋。用手轻轻摇动，没有声音的是鲜蛋，有水声的是陈蛋。还有一个方法是，把鹌鹑蛋放到冷水里，下沉的是鲜蛋，上浮的是陈蛋。新鲜程度与蛋壳花纹无关，蛋壳颜色取决于遗传和产卵的环境。产蛋在草堆里，颜色接近草色；位于杂草和乱石中，蛋壳斑杂。

食品健康知识链接

【天然药理】鹌鹑肉中所含丰富的卵磷脂和脑磷脂，是高级神经活动不可缺少的营养物质，具有健脑的作用。鹌鹑含丰富的卵磷脂，可生成溶血磷脂，有抑制血小板凝聚的作用，还可阻止血栓形成，保护血管壁，防止动脉硬化。鹌鹑蛋含有能降血压的芦丁等物质，是心血管病患者的理想滋补品。中医认为，鹌鹑具有利水消肿、益中续气、补益五脏、实筋骨、耐寒暑、消结热等功效；鹌鹑蛋有补益气血、强身健脑、丰肌泽肤等功效。由于其含有维生素P等成分，常食有防治高血压及动脉硬化之功效；鹌鹑蛋对贫血、营养不良、神经衰弱、月经不调、支气管炎、血管硬化等病人具有调补作用；对有贫血、月经不调的女性，其调补、养颜、美肤功用尤为显著。

【用法指要】除去毛和内脏，将肉洗净备用。适用于炸、炒、烤、焖、煎汤等烹调方法，如"香酥鹌鹑"、"芙蓉鹑丁"、"烤鹌鹑"等；也可配冬笋炒成冬笋鹌鹑片，配韭菜炒成韭菜鹌鹑肉丁等。也可做补益药膳主料。

【健康妙用】鹌鹑肉与赤豆同食有健脾、除湿、利水的作用，适用于痢疾、腹泻等症；与生姜搭配食用有祛风定喘的作用，适用于风寒哮喘；与大米同煮粥食有益气健脾、补气血、消湿积的作用，可治小儿疳积、肚腹胀满、食欲不振、脾虚便溏、身体虚弱等症。以鹌鹑蛋与韭菜共炒，油盐调味，可治肾虚腰痛，阳痿；用沸水和冰糖适量，冲鹌鹑蛋花食用，可治肺结核或肺虚久咳。

【食用宜忌】适宜营养不良、体虚乏力、贫血头晕之人食用；也适合高血压、血管硬化、结核病、胃病、神经衰弱、支气管哮喘、皮肤过敏、小儿疳积、肾炎浮肿、泻痢等患者食用，也适宜胃病、神经衰弱和支气管哮喘之人食用。其所含芦丁，对心血管疾病患者也有益处。根据经验，鹌鹑不宜与猪肝、菌类食物一同食用，否则易令人面生黑子或发生痔疮。鹌鹑蛋尤其是老幼病弱者的上佳补品。老年人，尤其是患有脑血管疾病的人，不宜多食鹌鹑蛋。

【温馨提示】鹌鹑肉每次半只（80~100克）即可。鹌鹑蛋每天3~5个。

【药典精论】《本草衍义》："小儿患疳及下痢五色，旦旦食之。"《食疗本草》："补五脏，益中续气，实筋骨，耐寒暑，消结热。"《食经》："主赤白下痢，漏下血暴，风湿痹，养肝肺气，利九窍。"

3. 怎样鉴别与选购鸽肉

【本品概述】

鸽子俗称家鸽、肉鸽，又名白凤，肉味鲜美，营养丰富，还有一定的辅助治疗作用。著名的中成药乌鸡白凤丸，就是用乌骨鸡和白凤为原料制成的。古语说"一鸽胜九鸡"，可见鸽肉具有相当高的营养价值。鸽蛋又称鸽卵，也有很高的食用价值。

【选购指要】

鸽子一般以羽毛干净洁白、胸脯平厚、肉质结实的为佳。鸽蛋以新鲜无异味的为佳。

食品健康知识链接

【天然药理】乳鸽的骨内含有丰富的软骨素，可与鹿茸中的软骨素相媲美，经常食用，可以改善皮肤细胞活力、增强皮肤弹性、改善血液循环，使面色红润。鸽子肝脏存有最佳的胆素，可协助人体利用胆固醇，且鸽肉胆固醇含量很低，可降低动脉硬化症的得病几率。鸽肉的蛋白质含量高，消化率也高，而脂肪含量较低，在兽禽动物肉食中最宜人类食用。常吃鸽肉能治神经衰弱、记忆力减退，消除眼眉骨和后脑两侧疼痛。乳鸽含有较多的支链氨基酸和精氨酸，可促进体内蛋白质的合成，加快创伤愈合。鸽也是补血动物，因此适宜贫血者食用，有助于恢复健康。鸽肉还有延缓细胞代谢的特殊物质，对于防止细胞衰老、毛发脱落、中年秃顶、头发变白、未老先衰等有一定的疗效。鸽蛋能补肾益气。

【用法指要】鸽肉已被称为餐桌上的营养新秀，多用于炸整鸽、炖煮鸽肉汤和炒鸽肉片等。炒鸽肉片宜配精猪肉；油炸鸽子的配料也不能少了蜂蜜、甜面酱、五香粉和熟花生油。鸽蛋也可炖、煮、炸。民间多以鸽蛋加桂圆肉、枸杞子、冰糖蒸食，以消痘毒。

【健康妙用】治久病体虚、头晕目花：鸽子1只（去毛和内脏），杞子15克，黄芪30克，党参30克，首乌15克水煎，去药渣取汁，饮汁吃肉，每日1次。

治老人体虚、腰膝酸软：鸽1只（去毛和内脏），枸杞子25克，黄精30克，食盐适量，隔水蒸熟食用。

治妇女闭经：鸽1只（去内脏和毛），将血竭30克焙干研粉，装入鸽腹内，用针线缝合，以黄酒清水各半煮熟，连汤服食。

治中气不足：鸽1只（去毛和内脏），黄芪、党参各15克，淮山30克，煮汤饮用，气短，乏力，饮食减少。

【食用宜忌】适宜身体虚弱、腰酸肢软、毛发稀疏、头发早白、未老先衰、妇女血虚闭经之人食用；也适合于高血压、高血脂、冠心病、动脉硬化、男性不育、睾丸萎缩、阴囊湿疹瘙痒、神经衰弱、习惯性流产、孕妇胎漏、贫血等患者食用。

有湿热内蕴、皮肤疮毒者忌食。

【温馨提示】鸽子每次半只（约80~100克）。鸽蛋每天2个。鸽肉四季均可入馔，但以春天、夏初时最为肥美。

【药典精论】《本经逢原》：“久患虚羸者，食之有益。”《四川中药志》：“治妇女干血劳，月经闭止。”《随息居饮食谱》：“孕妇忌食。”清•王孟英：“卵能稀痘，食品珍之。”

4. 怎样鉴别与选购鸡肉

【本品概述】

鸡古称为烛夜、角鸡、家鸡，为食疗上品，尤以母鸡和童子鸡为佳。

【选购指要】

鸡肉可通过看其新鲜度来鉴定质量的好坏。主要看嘴部、眼部、皮肤、脂肪、肌肉及肉汤。

新鲜的鸡，嘴部有光泽、干燥，有弹性，无异味；不新鲜的家禽，嘴部无光泽，部分失去弹性，稍有腐败味；腐败的鸡，嘴部暗淡，角质部软化，口角有黏液，有腐败味。

新鲜鸡的眼部，眼球充满整个眼窝，角膜有光泽；如眼球部分下陷，角膜无光为不太新鲜；眼球下陷大，同时有黏液、角膜暗淡的，说明已腐败。

新鲜的鸡皮肤呈淡黄色或淡白色，表面干燥，具有特有的气味；不新鲜的鸡皮肤呈淡灰色或淡黄色，表面发潮，有轻微腐败味；腐败的家禽，皮肤灰黄，有的地方呈淡绿色，表面湿润，有霉味或腐败味。

新鲜的鸡脂肪色白，稍带淡黄色，有光泽，无异味；不新鲜的鸡脂肪色泽变化不太明显，但稍带异味；腐败鸡脂肪呈淡灰或淡绿色，有酸臭味。

新鲜鸡的肌肉，结实而有弹性。鸡的肌肉为玫瑰色，有光泽，胸肌为白色或带淡玫瑰色。稍温不黏，有特有的香味；不新鲜鸡的肌肉弹性变小，用手指压时，留有明显的指痕，带酸味及腐败味；腐败的鸡，肌肉为暗红色、暗绿色或灰色，有重腐败味。

新鲜鸡烧成的肉汤透明芳香，表面有大的脂肪油滴；不新鲜鸡的肉汤不太透明，脂肪滴小，有腥臭气味；腐败鸡的肉汤混浊，有腐败气味，几乎无脂肪油滴。

食品健康知识链接

【天然药理】中医认为鸡肉可温中益气，补精添髓，常用于治疗虚劳瘦弱、中虚食少、泄泻、头晕心悸、月经不调、产后乳少、消渴、水肿、小便数频、遗精、耳聋耳鸣等症状的调治。鸡肉蛋白质的含量比较高，种类多，而且消化率高，很容易被人体吸收利用，有增强体力、强壮身体的作用，尤以体质虚弱、病后或产后者更为适宜。鸡肉的脂类物质和牛肉、猪肉比较，含有较多的不饱和脂肪酸——油酸（单不饱和脂肪酸）和亚油酸（多不饱和脂肪酸），能够降低对人体健康不利的低密度脂蛋白胆固醇。鸡胸脯肉中含有较多的B族维生素，具有恢复体力、保护皮肤的作用；大腿肉含有较多的铁质，可改善缺铁性贫血；翅膀肉中含有丰富的骨胶原蛋白，具有强化血管、肌肉、肌腱的功能；鸡皮含有胶原蛋白，具有滋补养颜的功效。

【用法指要】鸡肉味纯美，烹调方法也多种多样，既可单独烹饪，又可与菜、瓜、笋、蘑菇类相配；既可做菜，又可做汤；既可整只烹饪，又可分部位制作，还可将各部位剁碎后一锅焖、炒、爆、炖、扒、焖、烧、煮、蒸、酱、卤等。烹调翅膀肉时，应以慢火烧煮，才能发出香浓的味道，而成胶原等有效的成分，也必须以长时间烧煮才可溶化。

【健康妙用】从祛风补气补血的功效来看，母鸡愈老，功效越好。因为老母鸡肉多，钙质多，用文火熬汤，最适宜贫血患者及孕妇、产妇和消化力弱的人补养。常吃鸡肉炒菜花可增强肝脏的解毒功能，提高免疫力，防止感冒和坏血病；茉莉花与温中益气、补髓填精的鸡肉相配，有助于人体防病健身，适合于五脏虚损而具有虚火之人食用，对于贫血、疲倦乏力者尤其适用；将鸡翅膀与香菇一起烹煮，可使纤维效果加倍，对预防脑中风及大肠癌的效果提高。

【食用宜忌】适宜于虚劳瘦弱、营养不良、气血不足、面色萎黄之人食用；也适合于孕妇、产后体质虚弱、乳汁缺乏之人食用；妇女体虚浮肿、白带清稀、神疲无力等也宜食用。

有感冒发热等外感未愈时，热毒疮疖患者，内热偏旺、痰湿偏重者应忌食；肥胖症、高血压、高血脂、冠心病、胆石症、胆囊炎患者忌食。鸡肫（鸡屁股）是淋巴最为集中的地方，也是储存病菌、病毒和致癌物的仓库，应弃掉不要。因此不宜过食鸡肉。能啼的阉鸡和抱窝鸡不宜食用。据经验，鸡肉应忌与野鸡肉、甲鱼、鲤鱼、鲫鱼、兔肉、虾子、葱、蒜等同食。

【温馨提示】每餐约100克。由于鸡肉的水分较多，且容易变质，因此，生的鸡肉最好是在两天以内吃完。而其脂肪的含量较少，只要把鸡皮剥掉，即可冷冻保存。

【药典精论】《日华子本草》："黄雌鸡：添髓补精，助阳气，暖小肠，止泄精。黑雌鸡：安心定志，补心血，补产后虚羸，益色助气。"

5. 怎样鉴别与选购鸡蛋

【本品概述】

鸡蛋为雉科动物鸡的卵，又名鸡卵、鸡子。它是一种全球性普及的食品，用途广泛，被认为是营养丰富的食品，营养学家称之为"完全蛋白质模式"，又被人们誉为"理想的营养库"，是不少长寿者的延年食物之一。

【选购指要】

新鲜的鸡蛋蛋壳完整，无光泽，表面有一层白色粉末，手摸蛋壳有粗糙感，轻摇鸡蛋没有声音；对鸡蛋哈一口热气，用鼻子凑近蛋壳可闻到淡淡的生石灰味；将鸡蛋放入水中，蛋会下沉。

食品健康知识链接

【天然药理】中医认为，鸡蛋能滋阴润燥，治阴血不足之失眠烦躁、心悸等；养血安神；健脾和胃；安胎。现代营养学认为，鸡蛋含有丰富的蛋白质、脂肪、维生素和铁、钙、钾等人体所需要的矿物质，蛋白质为优质蛋白，对肝脏组织损伤有修复作用。蛋黄中富含DHA、卵磷脂、维生素和矿物质等，这些营养素有助于增进神经系统的功能，所以，蛋黄是较好的健脑益智食物。经常食用，可增强记忆，防止老年人记忆力衰退。鸡蛋中含有较多的维生素B和其他微量元素，可以分解和氧化人体内的致癌物质，具有防癌作用。

【用法指要】鸡蛋宜与大豆、蔬菜同食，与饮牛奶配合也很好，这样可以大大提高蛋白质的营养价值。鸡蛋的烹调方法有很多，如炒、煮、煎、蒸等。

【健康妙用】鸡蛋与黑木耳同炒，食用后对身体大有好处；与黄花菜同煮可给人体提供丰富的营养成分，治疗多种疾病；与苋菜搭配同食，具有滋阴润燥、清热解毒的功效，对人体生长发育有益，还能提高人体防病抗病的能力，适合于肝虚头昏、目花、夜盲、贫血等病症；与西红柿同吃可以满足人体对各种维生素的最大需要，具有一定的健美和抗衰老作用；与丝瓜煮汤食可滋肺阴、补肾、润泽肌肤，常吃对人体健康极为有利；与洋葱同吃可为人体提供丰富的营养成分，对于预防高血压、高血脂、脑出血非常有效；与菠菜同吃能为人体补充丰富的矿物质、维生素、优质蛋白质等多种营养素，常吃可预防贫血；与红枣同煮汤食有补气养血、收敛固摄的功效，可用于防治产后气虚、恶露不尽；与猪肝同煮粥食可补肝明目，适用于夜盲症、视物不清等症。

【食用宜忌】适宜于体质虚弱、营养不良、贫血、产后、病后及婴幼儿发育期的补养。但有高血压、高血脂、冠心病的老年患者，每日吃鸡蛋不宜超过1只，这样既可补充优质蛋白质，又可不影响血脂水平。

婴幼儿吃蛋也须适量，一般来说，幼儿每日吃蛋黄不超过1只。高热期间或患肝炎、肾炎、胆囊炎、腹泻的患者忌食。据经验，鸡蛋忌与甲鱼、兔肉、鲤鱼、糯米同食。忌食裂纹蛋、粘壳蛋、臭鸡蛋、散黄蛋、死胎蛋、发霉蛋、泻黄蛋、血筋蛋。

【温馨提示】一般人每天不超过2个。婴幼儿、老人、病人吃鸡蛋应以煮、卧、蒸、甩为好。

【药典精论】明朝的李时珍认为："鸡子黄，气味俱厚，故能补形，昔人谓其与阿胶同功，正此意也。"《随息居饮食谱》："多食动风阻气，诸外感及疟、疸、痞满、肝郁、痰饮、脚气、痘疮，皆不可食。"

6. 怎样鉴别与选购乌骨鸡

【本品概述】

乌骨鸡又名乌鸡、药鸡、泰和鸡、黑脚鸡。它的眼、脚、喙、皮肤、肌肉、骨头和大部分内脏都是乌黑的，营养比普通鸡肉高，口感也更细嫩，有很大的药用价值和食疗作用，因此又被人们称为"名贵食疗珍禽"。

【选购指要】

新鲜的乌骨鸡眼球饱满，皮肤有光泽，如果是已宰杀好的，肌肉的切面有光泽，具有新鲜鸡肉的正常气味，表面微干或微湿润，不黏手，指压后的凹陷能立即恢复。购买时可观察鸡肉下方有无渗出血水，应以血水较少的为佳，新鲜度较好。挑选时也可观察同样大小鸡肉的毛孔，粗大些的为佳，代表鸡肉成熟度足，运动量够。如果鸡胸部越平，代表整鸡厚度够、肉质多；鸡胸成突出状则肉较少。

食品健康知识链接

【天然药理】乌骨鸡肉能养阴退热、补肝益肾、延缓衰老、强健筋骨，可用于虚劳引起的筋骨酸痛、瘦弱、消渴、脾虚滑泻、下痢、崩漏、带下、遗精、月经不调等症状的治疗，对骨质疏松、佝偻病、女性缺铁性贫血等症状也有明显的改善作用。

【用法指要】乌骨鸡用法与普遍鸡大致相同，但熬汤的居多，将其骨头砸碎，与肉、杂碎一起在沙锅里熬炖，味道别具一格。最好不要用高压锅，而用耐用砂锅熬炖，炖煮时宜用文火慢炖。

【健康妙用】用乌骨鸡制作的乌鸡白凤丸，是大家所熟知的良药。乌骨鸡用于食疗，多与银耳、黑木耳、茯苓、山药、红枣、冬虫夏草、莲子、天麻、芡实、糯米或枸杞子配伍。将天麻温水浸泡一天后与乌骨鸡猛火烧开，文火慢炖，可治神经衰弱症。用陈年老醋炖乌骨鸡对糖尿病有改善作用；乌骨鸡与板栗同食能健脾益胃、补肾壮阳；与冬虫夏草同食能补肝肾、益气血、退虚热、调经止带；与北芪同食能补脾益气、滋阴养血；与当归同食能温中益气、补髓填精。

【食用宜忌】病后产后体质虚、气血不足、妇女羸弱、崩中带下、月经不调、腰酸腿软、脾虚滑泄者宜食；老年人、少年儿童、妇女，特别是产妇体虚血亏、肝肾不足、脾胃不健的人宜食；癌症患者常吃乌骨鸡，有提高免疫功能，控制肿瘤生长的功效。患有急性菌痢肠炎、感冒发热、咳嗽多痰时忌食。乌骨鸡不宜与野鸡、甲鱼、鲤鱼、鲫鱼、兔肉、虾子、葱、蒜一同食用。不宜与芝麻、菊花同食，否则易中毒。不宜与李子同食，否则会导致腹泻。不宜与芥末同食，否则会上火。

【温馨提示】每次50~100克即可。

【药典精论】《本草纲目》："乌骨鸡，有白毛乌骨者，黑毛乌骨者，斑毛乌骨者，有骨肉俱乌者，肉白骨乌者。但观鸡舌黑者，则肉骨俱乌，入药更良。……肝肾血分之病宜用之。男用雌，女用雄。妇人方科有乌鸡丸，治妇人百病。煮鸡至烂和药，或并骨研用之。"

7. 怎样鉴别与选购鸭肉

【本品概述】

鸭俗称鹜、白鸭。鸭属脊椎动物门，鸟纲雁形目，鸭科动物，由野生绿头鸭和斑嘴鸭驯化而来。鸭肉是一种美味佳肴，适于滋补，是各种美味名菜的主要原料。鸭肉蛋白质含量比畜肉含量高得多，可食部分鸭肉中的蛋白质含量约16%～25%，而且脂肪含量适中且分布较均匀。

【选购指要】

新鲜鸭的肌肉，结实而有弹性。肌肉为红色，幼禽肉有光亮的玫瑰色，稍温不黏，有特有的香味；不新鲜鸭的肌肉弹性变小，用手指压时，留有明显的指痕，带酸味及腐败味；腐败的家禽，肌肉为暗红色、暗绿色或灰色，有重腐败味。

其他选购鸭肉的方法可参照上例选购鸡肉的方法，也可通过看其嘴部、眼部、皮肤、脂肪及肉汤的新鲜度来鉴定质量的好坏。

食品健康知识链接

【天然药理】鸭肉可滋阴，补虚，养胃，利水。鸭肉的脂肪含量适中且分布较均匀，而且它的脂肪类似于橄榄油，熔点低，易于消化，常食对心血管有保护作用。鸭肉是含B族维生素和维生素E比较多的肉类。B族维生素能有效抵抗脚气病、神经炎和多种炎症；而维生素E是抗氧化剂，是人体多余自由基的清除剂，在抗衰老过程中起着重要的作用。鸭肉中含有较为丰富的烟酸，它是构成人体内两种重要辅酶的成分之一，对心肌梗死等心脏疾病患者有保护作用。

【用法指要】鸭肉的烹调方法，有些与鸡肉相同，但不如鸡肉用途广泛。用鸭子可制成烤鸭、板鸭、香酥鸭、鸭骨汤、熘鸭片、熘干鸭条、炒鸭心花、香菜鸭肝、扒鸭掌等上乘佳肴。鸭肉、鸭血、鸭内金全都可药用。鸭肉腥味重，烹调时加点醋可去腥。

【健康妙用】公鸭肉性微寒，母鸭肉性微温。入药以老而白、白而骨乌者为佳。用老而肥大之鸭同海参炖食，具有很大的滋补功效，炖出的鸭汁，善补五脏之阴和虚痨之热。鸭肉与海带共炖食，可软化血管，降低血压，对老年性动脉硬化和高血压、心脏病有较好的疗效；与竹笋共炖食，可治疗老年人痔疮下血，因此，民间认为鸭是“补虚劳的圣药”。肥鸭还治老年性肺结核、糖尿病、脾虚水肿、慢性支气管炎、大便燥结、慢性肾炎、浮肿；雄鸭治肺结核、糖尿病。

【食用宜忌】鸭肉适宜夏秋季节食用，既能补充过度消耗的营养，又可祛除暑热给人体带来的不适。

适宜于营养不良，水肿，产后病后体虚，特别是有内热之人食用；有低热、便干、盗汗、遗精、月经量少、咽干口渴者及肿瘤患者化疗、放疗后也适合食用。外邪未净或脾胃呆滞便溏者不宜食用；素体虚寒、寒性痛经或受凉后引起的不思饮食、胃痛腹泻者忌食。鸭肉忌与兔肉、杨梅、核桃、鳖、木耳、胡桃、大蒜、荞麦同食。经烟熏和烘烤过的鸭肉不应久食，因其加工后可产生苯并芘物质，此物有致癌作用。

【温馨提示】烹调时加入少量盐，肉汤会更鲜美。每次80克即可。

【药典精论】《本草纲目》：“治水，利小便，宜用青头雄鸭，治虚劳热毒，宜用乌骨白鸭。”《饮食须知》：“鸭肉味甘性寒，滑中发冷气，患脚气人忌食之。”

8. 怎样鉴别与选购鸭蛋

【本品概述】

鸭蛋俗称鸭卵，同样富有营养，完全可以和鸡蛋媲美。人们通常将其制成咸蛋或皮蛋来食用。皮蛋又叫松花蛋，是用石灰等原料腌制后的蛋类食品，因开蛋壳后胶冻状的蛋白中常有松针状的结晶或花纹而得名。

【选购指要】

品质好的咸鸭蛋外壳干净，没有裂缝，蛋壳呈青色，质量较差的咸鸭蛋外壳灰暗，有白色或黑色的斑点，这种咸鸭蛋容易被碰碎，保质期也相对较短。轻摇蛋体，质量好的咸鸭蛋应该有轻微的颤动感，如果感觉不对并带有异响，说明鸭蛋已经变质了。煮熟后剥开蛋壳，质量上乘的咸鸭蛋黄白分明，蛋白洁白凝练，油多味美。

食品健康知识链接

【天然药理】中医认为，鸭蛋有大补虚劳、滋阴养血、润肺美肤的功效。松花蛋的无机盐含量较鸭蛋明显增加，脂肪含量有所降低，总热量也稍有下降，蛋白质分解的最终产物氨和硫化氢松花蛋有独特风味，能刺激消化器官，增进食欲，使营养易于消化吸收，并有中和胃酸、清凉、降压的作用。

【用法指要】鸭蛋主供腌制成咸蛋或制成皮蛋食用，也可像鸡蛋一样用于炒、煮、煎、蒸等。食用松花蛋时还应配些姜末和醋，以解其毒。

【健康妙用】银耳与鸭蛋同食，可治阴虚肺燥、咳嗽痰少、咽干口渴等症；青壳鸭蛋与马兰头同煮汤食用，可治头胀头痛、鼻衄；猪肉切片煮汤，然后打入鸭蛋两个，加食盐调味食用，有补气阴、治虚损的作用，可治头晕、体弱；取生地30~50克，鸭蛋两个，同煮熟，剥去蛋壳，再放入汤中煮片刻，加少许冰糖调味食用，有清热、滋阴、养血、生津的作用，适用于阴虚火旺牙痛、手足心发烧等症。

【食用宜忌】适宜于肺热咳嗽、咽喉痛、泻痢患者食用。最适宜阴虚火旺者作为食疗补品。用盐腌渍透后食用，因食性寒凉，脾胃虚寒、腹泻便溏、下痢之人忌食；患病期间一般不宜吃鸭蛋；癌症患者应忌食；高血压、高血脂、动脉硬化、脂肪肝患者忌食；肾炎患者应忌食皮蛋。据经验，鸭蛋忌与甲鱼、李子同食。

【温馨提示】鸭蛋腥气较重，不宜吃得过多，每天1个即可。

【药典精论】《医林纂要》："补心清肺，止热嗽，治喉痛。百沸汤冲食，清肺火，解阳明结热。"《食性本草》："生疮毒者食之，令恶肉突出。"《日华子本草》："治心腹胸膈热。"《本草备要》："能滋阴。"《本草求原》："止泄痢。"

9. 怎样鉴别与选购鸭血

【本品概述】

鸭血即脊椎动物门，鸟纲雁形目，鸭科动物鸭的血，其营养丰富，美味可口，也适合制作各种滋补菜肴，因此深受人们的喜爱。

【选购指要】

与猪血相同。

食品健康知识链接

【天然药理】鸭血有补血和清热解毒作用。用于失血虚劳或妇女行经潮热、白痢等症；又用于血热上冲、中风眩晕或药物中毒；并能解金、银、砒霜、鸦片、虫咬诸毒；也可用于防治消化道肿瘤。

【用法指要】烹调时应配有葱、姜、辣椒等作料用以去味，不宜单独烹饪。

【健康妙用】红糖鸭血饮：白鸭1只，红糖适量。把白鸭取血，加入红糖，每次饮10毫升，可行气活血。对血淤型胃癌有疗效。

生鸭血：宰鸭取血，每天早晚饭前1小时饮用，每次1小盅。对中风有疗效。

鸭血酒：白鸭血适量，用滚酒泡服，每天2次。对小儿白痢有疗效。

鸭头血酒：白鸭血头上取之，用酒调饮。每天2次，视病情适量用。可治行经潮热、胃气不振。

【食用宜忌】一般人均可食用。贫血患者、老人、妇女和从事粉尘、纺织、环卫、采掘等工作的人尤其应该常吃。因劳呕血、患痢疾者宜食。用热饮或兑酒冲服效果更佳。不宜食用过多，以免增加体内的胆固醇。高胆固醇血症、肝病、高血压和冠心病患者应少食；平素脾阳不振，寒湿泻痢之人忌食。

【温馨提示】每次50克左右即可。烹饪时间不宜过久。

【药典精论】《别录》："鸭血解诸毒。"《本草正》："盐卤毒，宜服此解之。"

10. 怎样鉴别与选购鹅肉

【本品概述】

鹅是鸟纲雁形目鸭科动物的一种，属于食草动物，有苍鹅与白鹅之分，鹅肉以白鹅者品质更佳。鹅肉由于营养价值高而颇受人们喜爱，其蛋白质含量比鸭肉、猪肉、牛肉、羊肉都高，而且脂肪含量较低，含有人体生长发育所必需的各种氨基酸。所以鹅肉是理想的高蛋白、低脂肪、低胆固醇的营养健康食品，也是中医食疗的上品。

【选购指要】

选购鹅肉的方法可参照上例选购鸭肉的方法，也可通过看其嘴部、眼部、皮肤、脂肪及肌肉肉汤的新鲜度来鉴定质量的好坏。

食品健康知识链接

【天然药理】我国传统医学认为，鹅肉具有益气补虚、和胃止渴、止咳化痰等作用。它不仅可补充老年糖尿病患者营养，控制病情发展，还可治疗和预防咳嗽病症，尤其对治疗感冒和急慢性气管炎有良效。据现代药理研究证明，鹅血中含有较高浓度的免疫球蛋白，对艾氏腹水癌的抑制率达40%以上，可增强机体的免疫功能，升高白细胞，促进淋巴细胞的吞噬功能。鹅血中含有免疫球蛋白、抗癌因子等活性物质，能够强化人体的免疫系统，达到治疗癌症的目的。

【用法指要】鹅肉以煨汤为多见，也可熏、烤、酱、糟、蒸、烧等，如江南以糟鹅为贵，潮州人则重视盐水鹅，福建人喜欢蒸鹅，广东人喜欢的是脆皮烧鹅。

【健康妙用】鹅肉与萝卜同炖食可以补肺气、化痰，对老年慢性气管炎、肺气肿有疗效；与淡菜同炖煮食可补益气血、填精补脑；与冬虫夏草同炖食可益气补虚、和胃止渴，对虚羸、消渴、须发早白、阳痿、早泄、腰腿酸痛有疗效；与竹笋同煮粥食有益气和胃、生津止渴、滋阴补肾等功效，特别适合糖尿病患者食用；与大米同煮粥食可益气补虚，适用于脾胃虚弱所致的消瘦乏力。

【食用宜忌】鹅肉特别适宜于气津不足之人，凡经常口渴、乏力、气短、食欲不振者，可常喝鹅汤，吃鹅肉。

鹅肉忌与柿子、鸭梨、鸡蛋同食。鹅肉、鹅血、鹅蛋均为发物，患皮肤疮毒瘙痒者，如顽固性皮肤疾患、淋巴结核、痈肿疔毒等忌食；高血压、高血脂、动脉硬化等也应忌食。

【温馨提示】一般人都可以食用鹅肉，但不宜多食，食用量为每次80克。

【药典精论】《本草纲目》：“鹅，气味俱厚；发风发疮，莫此为甚。火熏者尤毒，曾目击其害。”《本草求真》：“鹅肉，究之味甘不补，味辛不散，体润而滞，性平而凉，人服之而可以解五脏之热及于服丹之人最宜者，因其病属体实气燥，得此甘平以解之也。”

第三章
水产类食品鉴别与选购

1. 怎样鉴别与选购淡菜

【本品概述】

淡菜是贻贝科动物厚壳贻贝或其他贻贝类的贝肉，又称壳菜、红蛤、珠菜。鲜活贻贝是大众化的海鲜品，收获后不易保存，历来将其煮熟后加工成干品，因煮制时没有加盐，故称淡菜。在我国主要分布于黄海、渤海及东海、南海等区域，全年可采。它的营养价值很高，并有一定的药用价值，所以有人称淡菜为“海中鸡蛋”。取肉红紫色，味美，为营养食品。

【选购指要】

干制品淡菜的品质特征是，形体扁圆，中间有条缝，外皮生小毛，色泽黑黄。选购时，以体大肉肥，色泽棕红，富有光泽，大小均匀，质地干燥，口味鲜淡，没有破碎和杂质的为上品。

食品健康知识链接

【天然药理】淡菜中含一种具有降低血清胆固醇作用的代尔太7–胆固醇和24–亚甲基胆固醇，它们兼有抑制胆固醇在肝脏合成和加速排泄胆固醇的独特作用，从而使体内胆固醇下降。它们的功效比常用的降胆固醇的药物谷固醇更强。淡菜所含的脂肪主要是不饱和脂肪酸，这些成分对改善人体的血液循环功能有重要的作用。淡菜所含的微量元素锰、钴、碘等，对调节机体正常代谢、防治疾病等均有十分重要的作用。此外，淡菜还能补肾益精、调肝养血、解热除烦。

【用法指要】淡菜可用来煮汤、烩、炖或制馅。用前要先用水浸泡去杂，煮1小时后再去毛，加入萝卜或紫菜、冬瓜同煮更妙。

【健康妙用】淡菜与芹菜同煮汤喝可作为高血压、动脉硬化、冠心病者的辅助治疗；与韭菜、黄酒泡过的淡菜炒食或煮食可补肾助阳，可治阳痿、腰痛等症；与皮蛋同煮粥食有除烦、降火、补虚的作用，适用于中老年人高血压、耳鸣、头晕等症；与猪肉同煮汤食可调经养血、滋阴去火；与荠菜同煮汤食可降血压；与葫芦同煮汤食可清心解毒，夏季食用对口角炎等也有一定的治疗作用；与黄瓜同煮食可利水消肿，降低血压，特别适合高血压肝肾阴虚患者食用。

【食用宜忌】适宜于体质虚弱、气血不足、营养不良者食用；也适合中老年肾虚、阳痿、盗汗、小便余沥、白带多、耳鸣、耳聋等人食用；高血压、动脉硬化、甲状腺瘤等患者也宜食用。据经验，多食淡菜易致脱发，因此不宜过量食用。淡菜可浓缩金属铬、铅等有害物质，故被污染了的淡菜不能食用。

阳虚、急性肝炎、小儿痴呆症等疾病患者应忌食用。

【温馨提示】每次15克左右（干品）即可。另外，淡菜在食用前一定要清洗干净。

【药典精论】《医学入门》："淡菜，治虚劳骨蒸，须多食乃见功。"《本草汇言》："淡菜，补虚养肾之药也。"唐•陈藏器："淡菜久食脱人发。"唐•孟诜："治崩中带下，烧食一顿令饱，入萝卜或紫苏或冬瓜同煮更妙。"《随息居饮食谱》："补肾，益血，填精，治遗、带、崩、淋，阳痿阴冷，消渴，瘿瘤。"

2. 怎样鉴别与选购干贝

【本品概述】

干贝俗称马甲柱、角带子、江珧柱，是江瑶科扇贝的闭壳肌，略成圆柱形，它不仅味道鲜美，而且具有很好的营养保健功效。它是我国著名的海产"八珍"之一，是名贵的水产食品。古人云："食后三日，犹觉鸡虾乏味。"可见干贝之鲜美非同一般。

【选购指要】

品质好的干贝干燥，颗粒完整、大小均匀、色淡黄而略有光泽。色泽老黄、粒小或残缺者次之；颜色深暗或黄黑、肉质老韧者品质更次；如果表面有点点白霜，表示干贝发霉或咸的成分过高。通常干贝颗粒越大风味越好，当然价格也高。

食品健康知识链接

【天然药理】食用干贝有助于降血脂，降胆固醇，还具有破坏癌细胞生长的作用，是一种优良的抗癌食品。干贝含有丰富的蛋白质、碳水化合物、维生素B_2、钙、磷、铁等多种营养成分，其中蛋白质含量高达61.8%，比鸡肉、牛肉、鲜虾都多，矿物质的含量也在鱼翅和燕窝之上，具有滋阴功能，常食有助于降血压。干贝还能健脾、和胃、调中。

【用法指要】干贝主要是干品，也有鲜品上市。鲜干贝肉嫩，有弹性，可用于红烧、白汁。干贝肉质紧缩，滋味鲜洁，适宜于清蒸或与火腿、鸡肉等相配蒸制为汤菜。干贝虽可作主料做菜做汤，但更多的时候是作为赋鲜增味的辅料或调料入馔的。炒、烩、炖、煮、蒸均可。

干贝的泡发方法：先将干贝上的老筋剥去，洗去泥沙，放入容器中，加料酒、姜片、葱段、高汤，上屉蒸2～3小时，能展成丝状即为发好，并用原汤浸泡待用。

【健康妙用】体弱者宜常用干贝煮粥，不用再加调味品，又富营养，病后精神不振、胃口差者最宜。干贝与萝卜同炖食味道特别鲜美，还可以助消化、醒酒；与竹笋同煮特别鲜香，食之可清热滋阴，健脾和胃；与虾仁同炒食可滋补肝肾；与猪肉同煲汤食可滋补肾阴、滋养肝血；与冬瓜同煮汤食可健脾，利水消肿；与芥菜同煮汤食可开胃消积，生津降压；与菠菜同煮汤食可补血润燥，滋阴；与大白菜同食可清热利水，滋阴补肾；与芦笋同煮或炒食可促进消化、促进人体新陈代谢。

【食用宜忌】干贝属于清补食物，一般人都能食用。适宜于阴虚体质及脾胃虚弱、气血不足、营养不良、久病体虚之人食用；老人夜尿频多、消化不良、高脂血症、动脉硬化、冠心病、糖尿病、红斑狼疮、干燥综合征、癌症及放疗、化疗后食用。儿童和痛风患者忌食。不宜过量食用，否则会影响肠胃的运动消化功能，导致食物积滞，难以消化吸收。且干贝蛋白质含量高，多食可能会引发皮疹。

【温馨提示】涨发品每次50～100克。干贝买回家后应该存放在阴凉的角落或者冰箱中。如果存放妥当，干贝在冰箱中可保质半年。

【药典精论】《随息居饮食谱》：“江珧柱，甘温，补肾，与淡菜同，鲜脆胜之，为海味冠。”“补肾，与淡菜同。”《本草求原》：“滋真阴，止小便。”

3. 怎样鉴别与选购虾

【本品概述】

虾主要分淡水虾和海水虾。淡水虾常见的有青虾、河虾、草虾、小龙虾，其中青虾是我国产量最大的淡水虾。常见的海虾有500多种，海虾的不同品种各地的称呼有所不同，常见的有龙虾、对虾、褐虾、竹节虾、白虾、基围虾等。无论何种虾，肉质都肥嫩鲜美，食之既无鱼腥味，又没有骨刺，老幼皆宜，备受青睐。

【选购指要】

一般来说，虾壳坚硬，头部完整，体部硬朗、弯曲，个头大的虾味道比较鲜美。劣质虾的外壳无光泽，甲壳黑变较多，体色变红，甲壳与虾体分离，虾肉组织松软，有氨臭味。

食品健康知识链接

【天然药理】虾中含有丰富的镁，镁对心

脏活动具有重要的调节作用，能很好地保护心血管系统，它可减少血液中胆固醇含量，防止动脉硬化，同时还能扩张冠状动脉，有利于预防高血压及心肌梗死。虾中含的牛磺酸能够降低人体血压和胆固醇，所以在预防代谢综合征方面有一定疗效。虾中含有丰富的微量元素锌，它可改善人因缺锌所引起的味觉障碍、生长障碍、皮肤不适以及精子畸形等病症。虾皮含钙丰富，老年人常食虾皮，可预防自身因缺钙所致的骨质疏松症；儿童食虾皮，可促进身体发育。此外，虾还能补肾壮阳、养血通乳、化瘀解毒、开胃化痰。

【用法指要】虾米可供炒、炸、蒸、煎、煮、腌渍和制馅，如制成盐水虾、清炒虾仁、生煎虾饼、杨梅虾球、红烧明炒、炸烹明虾、鲜奶虾仁、熟炝虾仁、白汁虾卷、油爆虾、三虾豆腐、虾馅馄饨、虾馅水饺、虾仁汤和麻辣龙虾虾球等。在用滚水汤煮虾仁时，在水中放一根肉桂棒，既可以去虾仁腥味，又不影响虾仁的鲜味。

【健康妙用】虾仁配以笋尖、黄瓜，营养更丰富，有健脑、养胃、润肠的功效，适宜于儿童食用；虾仁以酒浸炒，可治肾虚下寒、阳痿不起、遗精早泄等症；生虾仁捣烂外敷，可治脓疮；虾仁与豆腐同煮汤食可补肾壮阳，适用于肾阳虚弱引起的阳痿不举，面色无华，腰膝酸软，浑身无力者；与白菜同炒食可清热解毒、养胃生津；与冬虫夏草同煲汤食能补肾兴阳，填精益髓，可治肾阳虚衰，阳痿，性欲减退；与菠菜同煮汤或粥食可补血润燥、补肾壮阳。

【食用宜忌】适宜腰腿软弱无力、中老年人缺钙所致小腿抽筋、孕妇、心血管病患者、肾虚阳痿、男性不育症等食用。

虾为发物，急性炎症、支气管哮喘、疥疮、风疹、瘙痒等症患者忌食。对虾子过敏者忌食；高血脂、动脉硬化等患者忌食。据经验，虾子忌与獐肉、鹿肉、狗肉、鸡肉、南瓜一同食用。食虾严禁同时服用大量维生素C，否则，可生成三价砷，能致死。虾不宜与猪肉同食，否则损精。虾忌糖；果汁与虾相克，同食会腹泻。色发红、身软、掉拖的虾不新鲜尽量不吃，变质的虾不可食。食用海虾时，最好不要饮用大量啤酒，否则会产生过多的尿酸，从而引发痛风；应配以干白葡萄酒，因为其中的果酸具有杀菌和去腥的作用。

【温馨提示】每次约50克即可。虾背上的虾线有泥腥味，影响食欲，所以应去掉。

【药典精论】《纲目拾遗》："虾生淡水者色青，生咸水者色白，溪涧中出者壳厚气腥，湖泽池沼中者壳薄肉满，气不腥，味佳，海中者色白肉粗，味殊劣。入药以湖泽中者为第一。"《食疗本草》："动风、发疮疥。"

4. 怎样鉴别与选购蟹

【本品概述】

蟹俗称毛蟹、螃蟹、大闸蟹等，是洄游性甲壳类水生动物。螃蟹盛产在8—9月，有"七尖八圆"之说。螃蟹作为美味佳肴，自古以来备受人们的青睐，素有"螃蟹上席百味淡"之说。清朝李渔称赞螃蟹为："已造色、香、味三者之极，更无一物可以上之。"

【选购指要】

先要分辨螃蟹的雌雄，蟹肚呈三角形的为雄，呈圆形的为雌。第一，要挑好蟹，首先上手要有坠手的感觉，这表示饱满肥美，用指头按蟹肚位置，够实代表膏多，再细看蟹尾部分，圆润饱满，一定就是好蟹。第二，选蟹要选青壳白肚的，蟹壳呈墨绿色兼带光泽，肚子的颜色带灰暗就不要买。第三，选蟹还要留意蟹身是否身圆爪短，是否有黄毛金爪，如在关节透出黄色，必定膏多。另外可轻按眼部上方，会眨眼的就是好蟹。第四，将螃蟹翻转身来，腹部朝天，能迅速用螯足弹转翻回的，活力强，可保存；不能翻回的，活力差，存放的时间不能长。第五，农历八九月份雌蟹成熟，较为肥美，到十月则雄蟹成熟，肥美有油。不过挑剔者钟爱雄蟹，因为雄蟹的膏虽不及雌蟹多，但入口幼滑香口，多油滑溜。

食品健康知识链接

【天然药理】现代研究发现，蟹壳含有一种物质——甲壳质，甲壳质中可提炼出一种称为ACOS-6的物质，它具有低毒性免疫激活性质，动物实验已证实，该物质可抑制癌细胞的增殖和转移。螃蟹含有丰富的钙，对儿童的佝偻病、老年人的骨质疏松能起到补充钙质的作用。吃蟹对结核病的康复大有补益，还预防心脑血管疾病，治疗高血压，清热解毒、养筋健骨、活血祛瘀。

【用法指要】蟹的吃法很有讲究。除了要学会挑选鲜蟹外，还要对它进行反复冲洗，然后放在蒸笼中或水锅中蒸透煮熟，但以蒸为最好。而且要强调现蒸现吃，不要超过4小时，更不能隔夜。必须隔夜时，再吃前还要继续蒸透才能食用。吃蟹时蘸食醋、姜末调味，有黄酒更好。一般在煮食螃蟹时，调料中加醋、鲜生姜，以减寒性；也可用紫苏叶加适量甘草煎浓汁服用，以解蟹毒。

【健康妙用】用紫苏叶蒸螃蟹，可解蟹毒，减其寒性。螃蟹与生姜同煮或炒食不仅可以减少螃蟹的寒性，而且味浓鲜香、营养丰富；与生地同煲汤食可清热凉血，解热散结，可用于辅助治疗急性咽喉炎；与芥蓝同煮汤食可清热明目，补精添髓；与豆腐同煮食可清热解毒，健骨强身。

【食用宜忌】适宜于跌打损伤、筋断骨碎、瘀血肿痛者食用；也适合于产妇胎盘残留或临产阵缩无力、胎儿迟迟不下者食用，尤以蟹爪为好。寒体、寒邪未净、咳嗽、腹泻或脾胃虚寒者忌食。螃蟹易动风，素有风疾（曾有卒中、面瘫等）者不宜食用。月经过多、痛经、孕妇忌食螃蟹，尤其是忌食蟹爪。患有冠心病、高血压、动脉硬化、高血脂的人应忌食蟹中的蟹黄。螃蟹不可与红薯、南瓜、蜂蜜、橙子、梨、石榴、西红柿、香瓜、花生、蜗牛、芹菜、柿子、兔肉、荆芥同食。吃螃蟹不可饮用冷饮，否则会导致腹泻。死蟹、存放过久的熟蟹不要食用。

【温馨提示】每次80克左右即可。吃螃蟹应注意“四清除”：一要清除蟹胃，二要清除蟹肠，三要清除蟹心，四要清除蟹鳃。

【药典精论】《随息居饮食谱》：“蟹，甘咸寒，补骨髓，利肢节，续绝伤，滋肝阴，充胃液，养筋活血。爪可催产，堕胎。”《本草经疏》：“跌打损伤，血热瘀滞者宜之。”《本草纲目》：“蟹不可同柿及荆芥食，发霍乱，动风。”

5. 怎样鉴别与选购海马

【本品概述】

海马俗称水马、马头鱼、龙落子鱼，为海龙科动物线纹海马、三斑海马、刺海马、大海马等，是同科多种海马除去内脏的全体。四季均可捕捉，捕后除去内脏，洗净，晒干。因其生海中，头形似马，故得名海马。

【选购指要】

按其来源和形状分海马、刺海马、海蛆三种，又按色泽分申海马（白色）、潮海马（黑色）、汉海马（褐色）。海马以体弯曲，头尾齐全，体长16～30厘米为大条（一等）；以黄白色，头尾齐全，体长8～15厘米为中条（二等）；以黄白色或暗褐色，头尾齐全，体长8厘米以下为小条（三等）。以上均以体大、坚实、头尾齐全、色白、尾卷者为佳。

食品健康知识链接

【天然药理】海马具有温肾壮阳，散结消肿的功效，主治精神衰惫、阳痿遗精、宫冷不孕、遗尿尿频、肾虚喘逆、积聚、跌打损伤、痈肿疔疮。

【用法指要】在捕得海马时，可除去内脏，洗净即可鲜用，也可晒干酒制入药。海马也可煎炸、焙食或做汤饮用，但疗效远不如酒制入药。

【健康妙用】中医治疗男性不育症，多选用海狗肾。事实上，海马壮阳的作用也非常显著。神疲衰惫、阳痿不育、宫冷不孕、腰膝酸软者，可与菟丝子、枸杞子、巴戟天、肉苁蓉等配伍，以增温肾壮阳之功。气血凝结积聚痞块者，可与木香、牵牛子、大黄、陈皮等配伍，以增行气散结之功。

【食用宜忌】肾阳不足、年老体虚、虚喘哮喘、阳痿不育、孕妇难产及跌打损伤后内伤疼痛者宜食。

阴虚火旺者忌食；男子性欲过旺、性功能亢进、怀孕妇女忌食。

【温馨提示】根据炮制方法的不同分为海马、制海马、酒海马。炮制后贮干燥容器内，密闭，置阴凉干燥处，防蛀。

【药典精论】《本草纲目》：“海马，雌雄成对，其性温暖，故难产及阳虚多用之。”《海南介语》：“主夜遗。”

6. 怎样鉴别与选购龟肉

【本品概述】

龟俗称乌龟、水龟、金龟、草龟、泥龟和山龟等。在中国古代，龟龙麟凤，谓之四灵，人们视龟为神物。我国各地几乎均有乌龟分布，但以长江中下游各省的产量较高。人类食用龟已有悠久的历史，我国战国时代的《山海经》中就有吃龟的记载。乌龟肉、汤和蛋都是传统美食，一向被人们当作美味佳肴。

【选购指要】

健康的乌龟龟甲壳绝大多数未受伤，也就是说甲壳形状均匀正常，不缺环节。若触摸时感觉到龟甲是软的，则患有软骨症。游泳或潜水有困难的龟，鼻孔堵塞或眼睛肿胀、张不开的乌龟都已将死，尽量不要买。

食品健康知识链接

【天然药理】乌龟蛋白有一定的抗癌作用，能抑制肿瘤细胞，并可增强机体免疫功能。此外，龟肉具有养阴补血、益肾填精、止血之功效，可用于血虚体弱、阴虚骨蒸潮热、久咳咯血、久疟、肠风下血等症。龟板即乌龟的腹甲，也是传统的名贵药材，对肿瘤也有一定的作用。龟血可用于治疗跌打损伤，与白糖冲酒服能治气管炎、干咳和哮喘。龟胆汁味苦、性寒，主治痘后目肿。龟骨主治久咳。龟皮主治血疾及解药毒等，古时还用于治疗刀箭毒。

【用法指要】龟肉一般供煨汤煮食，如龟羊汤、百合乌龟汤、百合乌龟红枣汤、龟鹿大补汤、龟肉炖虫草、沙参虫草炖龟肉、乌龟汤和乌龟粥等。当然也有红烧龟肉等非汤类的菜肴。

【健康妙用】龟肉与灵芝同煲食可补中益气，滋阴养血。与猪肚同煲汤食可健脾益胃，滋补肝肾，对脾胃虚弱、肝肾不足、胃溃疡及十二指肠溃疡有疗效。与羊肉同煮汤食可滋阴补血、补益肝肾，对血虚体弱、咳嗽咯痰、阴虚盗汗有疗效。青少年不宜食。与冬瓜同煮汤食可滋阴清热、利水消肿，对糖尿病、痔疮出血、肾炎、水肿有疗效。与韭菜同煲食用可双补阴阳，补肾强体，适用于肾阴阳两虚头晕，疲乏，性功能减退者。与茯苓同煮汤食可滋阴解毒，利湿止带，健脾益肾。

【食用宜忌】适宜于气血不足、营养不良、劳瘵骨蒸、肺结核久嗽咯血之人食用；也适合妇女产后体虚不复、脱肛或子宫脱垂者，煮食龟肉，有促进恢复之效；适宜多尿之人、虚弱小儿遗尿、糖尿病人、久疟不愈者食用。适合癌症患者及放疗化疗后，出现气阴两伤、低烧潮热、心烦失眠、掌心热、口干咽干、舌红苔少之人食用。冬月宜少食龟肉。龟肉不宜与猪肉、薏米、瓜果、苋菜同食。

【温馨提示】每次约50克即可。

【药典精论】《食物中药与便方》："慢性三日疟，旷日持久，荏苒不愈，或时愈时发，尤其在劳动后疟疾复发者，煮食乌龟肉，有良好效果。"《日用本草》："大补阴虚，作羹臛，截久疟不愈。"唐•孙思邈："六甲日，十二月，俱不可食，损人神。不可合猪肉、菰米、瓜、苋食，害。"《本草纲目》："介虫三百六十，而龟为之长。龟，介虫之灵长老也。""龟能通任脉，故取其甲以补心、补肾、补血，皆以养阴也"。《神农本草经》：

"主漏下赤白，久服轻身不饥。"

7. 怎样鉴别与选购鳖

【本品概述】

鳖俗称甲鱼、团鱼、元鱼，一种卵生两栖爬行动物，其头像龟，但背甲没有乌龟般的条纹，边缘呈柔软状裙边，颜色墨绿。江西各地的江河湖泊中都有甲鱼的踪迹，其中以全国第一大淡水湖的鄱阳湖为最多，品质也最佳。甲鱼肉具有鸡、鹿、牛、羊、猪5种肉的美味，故素有"美食五味肉"的美称。在它的身上，找不到丝毫的致癌因素，因此其身价大增。

【选购指要】

好的甲鱼动作敏捷，腹部有光泽，肌肉肥厚，裙边厚而向上翘，体外无伤病痕迹；把甲鱼翻转，头腿活动灵活，很快能翻回来，即为质量较优的甲鱼；需格外注意的是，买甲鱼必须买活的，千万不能图便宜买死甲鱼，甲鱼死后体内会分解大量毒物，容易引起食物中毒，即使冷藏也不可食用。母鳖体厚尾巴短，甲裙厚，肉肥，味最美，公鳖则体薄尾巴长。

食品健康知识链接

【天然药理】现代科学认为，甲鱼富含维生素A、维生素E、胶原蛋白和多种氨基酸、不饱和脂肪酸、微量元素，能提高人体免疫功能，促进新陈代谢，还有养颜美容和延缓衰老的作用。甲鱼肉及其提取物能有效地预防和抑制肝癌、胃癌、急性淋巴性白血病，并用于防治因放疗、化疗引起的虚弱、贫血、白细胞减少等症。甲鱼还有滋阴潜阳、补肾健骨、清热散结的作用，吃甲鱼可降低异常体温升高，消散体内肿块等。甲鱼的腹板是名贵的中药，有滋阴降火之功效。用于治疗头晕、目眩、虚热、盗汗等疾患。还对头颅外伤（例如新生儿头颅血肿等）遗留下来的顽固性头痛有很好的疗效。

【用法指要】甲鱼无论蒸煮、清炖，还是烧卤、煎炸，都风味香浓，营养丰富。

【健康妙用】甲鱼与冬虫夏草同炖食可滋阳益气，补肾固精，抗疲劳。适用于腰膝酸软、月经不调、遗精、阳痿、早泄、乏力等症。健康人常食，可增强体力，防病延年，消除疲劳；与大蒜同蒸食可滋养肝肾，破瘀消食，利水解毒。肝硬化患者常食可预防肝癌的发生；与枸杞同煲汤食可滋阴清热，提高人体免疫力；与薏米同炖食可滋阴补肾，补脾去湿；与山楂同煮汤食可行气活血，保肝消癥，适用于慢性肝炎、早期肝硬化症见胁肋刺痛，腹胀食少，浮肿乏力者；与莲子同煲食可治疗肝肾阴虚型子宫颈癌、形体虚弱、气短乏力、面色苍白、腰痛腿软、带下脓血恶臭、舌质淡、苔白、脉细弱；与山药同炖食可滋阴补血；与香菇同炖食可滋阴补血，清热益胃。

【食用宜忌】适宜于体质衰弱、营养不良、肝肾阴虚、骨蒸劳热之人食用。肺结核低热不退、慢性肝炎、肝硬化、糖尿病、肾炎水肿、干燥综合征、高血压、高血脂、动脉硬化、冠心病、低蛋白血症及癌症患者化疗、放疗也均适合食用。因蛋白质含量高，较为滋腻，故不宜多食，否则易引起消化不良、食欲不振。脾胃虚弱腹泻便溏者、孕妇或产后虚寒均应忌食。据经验，鳖肉应忌与桃子、苋菜、马齿苋、白芥子、鸡蛋、猪肉、兔肉、鸭子、薄荷同食。

【温馨提示】每次约30克即可。

【药典精论】《随息居饮食谱》："鳖甘平，滋肝肾之阴，清虚劳之热，宜蒸煮食之。"《本草从新》："脾虚者大忌。"唐·孟诜："妇人漏下五色，羸瘦，宜常食之。"

8. 怎样鉴别与选购海参

【本品概述】

海参俗称海鼠、刺参、木肉，海产八珍之一。因为早在数百年前就被认为是仅亚于人参的滋补强身海产珍品，故取名为海参。

【选购指要】

海参的品种很多，大体可分为有刺和无刺两类，有刺的为刺参，无刺的为“光参”或“秃参”。优质海参参体为黑褐色、鲜亮、呈半透明状，参体内外膨胀均匀呈圆形，肌肉薄厚均匀，内部无硬心，手持参的一头颤动有弹性，肉刺完整。劣质海参参体发红，体软且发黏，参体枯瘦、肉薄、坑陷大，肉刺倒伏，尖而不直。

市场上有个体小、肉质薄、质量差的当成好海参卖。中间还有一个处理步骤，叫做“缸”，所谓的“缸”就是拿盐来腌或拿糖来浸，让它的重量增重。“缸”一次就能够增重一两左右，“缸”得越多重量就越重。“缸”过的海参，看起来个大饱满，但营养成分早就破坏掉了。“缸”过的海参用水泡也不能现原形，手摸上去会发黏，手上有灰，拿舌头舔起来会有甜味和涩味，因为有的是加糖，有的是加明矾，味道也不一样。

食品健康知识链接

【天然药理】海参含有硫酸软骨素，有助于人体生长发育，能够延缓肌肉衰老，增强机体的免疫力。海参微量元素钒的含量居各种食物之首，可以参与血液中铁的输送，增强造血功能。海参含有的酸性黏多糖和软骨素具有延缓衰老的特效。它可以明显地降低心脏组织中脂褐素和皮肤羟脯氨酸的数量，起到延缓衰老的目的。海参含有的“海参毒素”，能抑制癌细胞，抑制蛋白质、核糖核甘酸的合成，有提高人体免疫力和抗癌杀菌作用。海参所含的锌、酸性黏多糖、海参素等活性物质，具有提高勃起力的作用，有抑制排卵和刺激宫缩作用，能改善脑、性腺神经功能传导作用，延缓性腺衰老，增加性欲要求。

【用法指要】市场上的海参多为干品，食用前的涨发方法是：将海参先放入锅内，加冷水浸泡2小时后再点火将水烧开。先用小火煮3小时以上，待涨大时取出剖肚，剔除腔肠，洗净后再浸入热水中，用小火再煮1小时，漂洗干净后，取出理整即可待用。海参可供红烧、扒、拌制成凉菜，也可烩制。

【健康妙用】将水发海参切成小块与粳米煮粥，早晚服用，有补肾、益精、养血之功用；海参加蘑菇、玉兰片、虾皮煮汤，为老年人理想的滋补品。

【食用宜忌】气血不足、营养不良及产后、病后精血亏损、肾阳不足、阳痿遗精、高血压、高血脂、冠心病、动脉硬化、手术后、肝炎、肾炎、糖尿病、癌症等患者宜食。近年研究还发现海参中所含黏多糖能够显著提高机体的免疫力，抑制癌细胞的生长，故对癌症病人也宜食。急性肠炎、腹泻、感冒、咳嗽痰多者忌食。海参不宜与甘草、醋同食。

【温馨提示】涨发品每次50～100克即可。涨发好的海参应反复冲洗以除残留化学成分。发好的海参不能久存，最好不超过3天，存放期间用凉水浸泡上，每天换水2~3次，不要沾油，或放入不结冰的冰箱中；如是干货保存，最好放在密封的木箱中，防潮。

【药典精论】《五杂俎》："其性温补，足敌人参，故曰海参。"《本草求真》："泻痢遗滑之人忌之。"《饮食须知》："海参味甘咸，性寒滑，患泄泻痢下者勿食。"《本草从新》："补肾益精，壮阳疗萎。"

9. 怎样鉴别与选购海蜇

【本品概述】

海蜇俗称水母、白皮子和石镜等，犹如一顶降落伞，也像一个白蘑菇。形如蘑菇头的部分就是"海蜇皮"；伞盖下像蘑菇柄一样的口腔与触须便是"海蜇头"。海蜇是巨型食用水母，自古以来被列为"海产八珍"之一，营养价值极高。

【选购指要】

优质海蜇皮呈自然圆形，形状完整，中间无破洞，边缘整齐。有时，海蜇皮的颜色也会因产地不同分别呈现白色、乳白色、黄色、淡黄色等，但都应该表面湿润有光泽，无明显红点。肉质平展磁实，厚薄均匀，坚韧有弹力，口咬时有响声。

应注意蜇头有酱油样暗褐色、软而皱缩、腥臭异味较重的，可能是铁矾腌渍品，这种蜇头不仅质差味劣，而且还有引起食物中毒的危险。如果海蜇在腌渍过程中用矾过量，或者受热、受晒，蜇体就会发生酥碎崩裂，这种现象俗称"酥矾"。鉴别的方法是：提起海蜇，用力抖动几下，会自动碎裂的海蜇就是"酥矾"变质品。

食品健康知识链接

【天然药理】海蜇含有人体需要的多种营养成分，尤其含有人们饮食中所缺的碘，是一种重要的营养食品；含有类似于乙酰胆碱的物质，能扩张血管，降低血压；所含的甘露多糖胶质对防治动脉粥样硬化有一定功效。海蜇能软坚散结、行瘀化积、清热化痰，对气管炎、哮喘、胃溃疡、风湿性关节炎等疾病有益，并有防治肿瘤的作用；从事理发、纺织、粮食加工等与尘埃接触较多的工作人员常吃海蜇，可以去尘积、清肠胃，保障身体健康。

【用法指要】海蜇在食用前要洗去盐粒和灰尘，用刀切成丝，放入冷水中浸泡一天以上，捞出来烫一下，凉后泡入冷水中再过一昼夜方可食用。海蜇皮含有丰富的胶原纤维，遇热会迅速收缩，因此不能放入滚水中烫，否则会卷成一团，失去脆嫩的口感。海蜇皮入馔，最宜凉拌，也可做汤或炒食等。海蜇头在焯水时，水温不宜过高，五六成热即可。

【健康妙用】海蜇配木耳可润肠，美肤嫩白，并能降压，长期食用，有益健康；与猪腰同炒食可益气补肾；与金针菇同拌食可健脾养肝，化痰消积，祛风除湿；与荸荠同煮汤食可清热生津，散结化痰，对热病伤胃阴或肺热咳嗽有较好疗效；与山药同煮汤食可健脾益肾，滋阴泻火；与黄瓜一起凉拌食用可清热利水、化痰消积；与萝卜一起凉拌食用可清热生津、软坚散结。

【食用宜忌】适宜于中老年人支气管炎咳嗽痰多黏稠、高血压、头昏脑涨、烦热口渴、大便秘结、酒醉后烦渴等食用，也适合甲状腺腺瘤患者食用。脾胃虚寒者忌食。海蜇忌与白糖同腌，否则不能久藏。有异味者为腐烂变质之品，不可食用；新鲜海蜇不宜食用，因为新鲜的海蜇含水多，皮体较厚，还含有毒素。

【温馨提示】每餐约40克即可。食用凉拌海蜇时应适当放些醋，否则会使海蜇“走味”。

【药典精论】《医林纂要》：“补心益肺，滋阴化痰；去结核，行邪湿，解渴醒酒，止嗽除烦。”《本草求原》：“脾胃寒弱，勿食。”《归砚录》：“海蛇，妙药也；宣气化瘀，消痰行食而不伤正气，故哮喘、胸痞、腹痛、症瘕、胀满、便秘、滞下、疳、疸等病，皆可量用。”

10. 怎样鉴别与选购蛙肉

【本品概述】

蛙又称田鸡、水鸡、坐鱼，包括普通青蛙、牛蛙等。因其肉质细嫩胜似鸡肉，故而称田鸡。田鸡含有丰富的蛋白质、糖类、水分和少量脂肪，肉味鲜美，春天鲜、秋天香，是餐桌上的佳肴。它既是名贵山珍，又是高级滋补品。

【选购指要】

要挑选肚瘦而腿肥壮的，肚大而腿瘦则属次品。若论食疗与食味，均以雄性田鸡为佳。分辨田鸡雌雄的方法是：身形狭长、颌下有两小点的为公；颌下无小点而身形短阔的为母。

食品健康知识链接

【天然药理】田鸡含有丰富的蛋白质、钙和磷，有助于青少年的生长发育和缓解更年期骨质疏松。田鸡所含的维生素E和锌、硒等微量元素，能延缓机体衰老，润泽肌肤，防癌抗癌。田鸡肉还是大补元气、治脾虚的营养食品，可以治阴虚牙痛、腰痛及久痢，适宜低蛋白血症、精力不足、产生缺乳、肝硬化腹水和神经衰弱者食用。

【用法指要】蛙肉可供煎汤，煮食，炒食，或入丸散，或捣烂外敷，尤以腿肉最为肥嫩。

【健康妙用】滋阴补肾的雪蛤膏，就是用产于东北雪地的雌性青蛙——蛤士蟆的输卵管附着的油脂物经加工而成；雪蛤又称蛤士蟆，故又叫蛤士蟆油。用青蛙2只，党参10克，白术10克，煮汤，食肉喝汤。可补虚益胃，用于病后体质虚弱、虚劳烦热、小儿疳积等症。用青蛙7只泥封，火烧存性，研末，1次顿服，连服3日，可治噎膈反胃。取青蛙去内脏，煮熟，加白糖，每次1只，日服1次，连续服用。可利水消肿，用于全身浮肿或水肿等症。

【食用宜忌】一般人均宜，身体虚弱、低蛋白血症者、虚劳咳嗽、高血压病、产后无乳及神经衰弱者、肝硬化腹水、脚气病浮肿、体虚水肿者尤其宜食用。

脾虚、腹泻、咳嗽者忌食。田鸡的皮肤里有一种毒素，毒性非常强，不可食用。野生田鸡有益于生态平衡，不吃为好。

【温馨提示】每次40克左右。田鸡肉中易有寄生虫卵，因此加热一定要使肉熟透。

【药典精论】《本草蒙筌》：“田鸡，馔食调疳瘦，补虚损，尤宜产妇。”《名医别录》：“主小儿赤气肌疮，脐伤，止痛，气不足。”《本草纲目》：“利水消肿、烧灰、涂月蚀疮。”《日用本草》：“治小儿赤毒热疮，脐肠腹痛，疳瘦肚大，虚劳烦热，胃气虚弱。”

11. 怎样鉴别与选购鳗鲡

【本品概述】

鳗鲡俗称白鳝、鳗鱼，其因食用价值高而享有“水中人参”之美称，被誉为水中的软黄金，是一种备受食客青睐的名贵鱼类。它肉质细嫩、肥润、味道鲜美，在中国以及世界很多地方从古至今均被视为滋补、美容的佳品。

【选购指要】

鳗鲡以鱼身上部深棕色，下部银白色的最美味名贵。但有时亦因生活习性不同，鱼身颜色亦有变化，同时也会影响肉味。

食品健康知识链接

【天然药理】中医认为鳗鲡能补虚强身，养血，祛风湿，抗结核。鳗鲡体内含有一种很稀有的西河洛克蛋白，具有良好的强精壮肾功效，是年轻夫妇、中老年人的保健食品。鳗鲡是富含钙质的水产品，经常食用，能使血钙值有所增加，使身体强壮。鳗鲡含有极丰富的维生素A和维生素E，对维持人体正常视觉机能及上皮组织形态，维持人体正常性机能有重要作用。鳗鲡是含EPA和DHA最高的鱼类之一，不仅可以降低血脂，抗动脉硬化，抗血栓，还能为大脑补充必要的营养素，促进儿童及青少年大脑发育，增强记忆力，也有助于老年人预防大脑功能衰退与老年痴呆症。鳗鲡中的锌、多种不饱和脂肪酸和维生素E的含量都很高，可防衰老和动脉硬化，从而具有护肤美容功效，是女士们的天然高效美容佳肴。

【用法指要】鳗鲡肉肥味美，煎炸、红烧、炒、蒸、炖、熬汤，无所不可。晒干后的鳗肉称为鳗鲞，食用时可用水发之，切丝入汤，味道也很好。杀洗鳗鲡的窍门：用左手中指关节用力勾住白鳝，然后右手拿刀先在鳗鲡的喉部和肛门处各割一刀，再用方竹筷插入喉部刀口内，用力卷出内脏；用手挖出鱼鳃，将白鳝放入大盆内，倒入沸水浸泡，待黏液凝固，即用干揩布或小刀将鳗鲡的银鳞除净，最后用清水反复冲洗几次。

【健康妙用】鳗鲡与荸荠同煮汤食可养肝明目，清热解毒；与西洋参同蒸食可补气健脾，养阴生津；与丹参同煲汤食可滋补肝肾，活血祛瘀；与剑花同煮汤食可清痰热，润肺燥；与黄酒同炖食可清热养阴，特别适合阴虚体质的人食用；与枸杞同蒸或煮粥食可滋阴养血，补虚强身；与山药同煮粥食具有气血双补，强筋壮骨的功效，如果经常服用该粥，可消除疲劳；与芦笋同焖食可养阴润肺，祛湿化痰，杀虫，适用于肺结核、淋巴结核、肛门结核、肺热咳嗽、小儿疳痨、疮毒、风湿痹痛、抗肺癌等症。

【食用宜忌】一般成年人均可食用，特别适合于年老、体弱者及年轻夫妇食用，也适宜体虚衰弱、贫血、夜盲症、肺结核、淋巴结核、小儿疳积、痔疮痔漏、男子阳痿、女子体弱带下、神经衰弱、维生素A缺乏者食用。感冒发热、病后脾胃虚弱、痰多、泄泻者忌食；鳗鲡也属发物，故支气管哮喘、皮肤瘙痒、癌症、红斑狼疮或有痼疾宿病之人也应忌食。孕妇、肥胖、高脂血症者均应忌食。据经验，鳗鲡忌与白果同食。

【温馨提示】每次宜食用约30～50克。

【药典精论】唐•孟诜："以五味煮食，甚补益，患诸疮瘘疬疡风人宜长食之，湿脚气人服之良。"《本草经疏》："五痔疮瘘人常食之，大有益也。"《本草求原》："脾肾虚滑及多痰人勿食。"《随息居饮食谱》："多食助热发病，孕妇及时病忌之。"

12. 怎样鉴别与选购牡蛎肉

【本品概述】

牡蛎俗称蛎黄、蚝、海蛎子，属于软体动物，我国沿海均产，约有20种，常见的经济品种有近江牡蛎、褶牡蛎、大连湾牡蛎、长牡蛎等。牡蛎肉在古代曾被认为是"海族中之最贵者"。作为天然食品，它素有"海洋之奶"之美誉。在西方，牡蛎被誉为"神赐魔食"，日本人则誉之为"根之源"。在我国则有"南方之牡蛎，北方之熊掌"之说。

【选购指要】

买牡蛎时，要购买外壳完全封闭的牡蛎，不要挑选外壳已经张开的；在蒸煮过程中无法张开的牡蛎，不要食用。优质牡蛎完整结实，表面无沙和碎壳，肉质饱满呈金黄色，光滑肥壮，干度足；体形基本完整，比较瘦小，色赤黄略带黑色的次之。

食品健康知识链接

【天然药理】牡蛎中所含丰富的牛磺酸有明显的保肝利胆作用，这也是防治孕期肝内胆汁淤积症的良药。牡蛎又是补钙的最好食品，它含磷很丰富，由于钙被体内吸收时需要磷的帮助，所以有利于钙的吸收。牡蛎含有维生素B_{12}，具有增强造血功能的作用。牡蛎中所含的蛋白质中有多种优良的氨基酸，这些氨基酸有解毒作用，可以除去体内的有毒物质，预防动脉硬化。牡蛎中的肝糖原在被人体吸收后能迅速转化为能量，能有效地改善疲劳症状。牡蛎入胃后，与胃酸作用，形成可溶性钙盐而被吸收入体内，起到调节体内电解质平衡、抑制神经肌肉兴奋的作用。中医认为，牡蛎肉可滋阴潜阳、养血强身、软坚散结、收敛固涩、安神定惊。

【用法指要】牡蛎的清洗方法类似于蚶、蛏和蛤蜊等，可生食，也可蒸煮熬汤或制羹，还可炒、炸、烩等。通常有清蒸、鲜炸、生炒、炒蛋、煎蚝饼、串鲜蚝肉和煮汤等多种食用方法。如果选择煮着吃，要将牡蛎的外壳完全煮开，外壳张开以后再煮3~5分钟最佳；如果要蒸着吃，等水完全沸腾后再放入牡蛎，待外壳完全张开后，再蒸4~9分钟即可；同时要注意，在蒸煮牡蛎的过程中，尽量用小锅，避免用太大的锅一次做太多，否则可能造成牡蛎受热不均，使一部分牡蛎无法熟透。

【健康妙用】牡蛎肉与丝瓜同煮汤食可清热解毒、凉血和血、止渴降糖。对糖尿病、前列腺炎、尿道炎有疗效；与小米同煮粥食可滋阴补肾、养心安神。对胃炎、消化性溃疡、糖尿病、前列腺炎、阳痿有疗效；与皮蛋同煮粥食可滋阴、降火、美容。适用于操劳、熬夜过度之阴虚燥热、神疲、面色无华者；与紫菜同煮汤食可清热、养肝、明目。

【食用宜忌】一般人群均可食用，尤其适宜体质虚弱儿童、肺门淋巴结核、颈淋巴结核、瘰疬、阴虚烦热失眠、心神不安、癌症及放疗、化疗后食用；牡蛎肉是一种不可多得的抗癌海产品，适宜作为美容食品食用；适宜糖尿病人、干燥综合征、高血压、动脉硬化、高脂血症之人食用；妇女更年期综合征和怀孕期间皆宜食用。患有急慢性皮肤病者忌食；脾胃虚寒、滑精、慢性腹泻、便溏者不宜多吃。牡蛎肉不宜与糖同食。

【温馨提示】每次约50克即可。从冬至到次年清明，牡蛎肉最肥美，特别是春节前后的繁殖期，是吃蛎黄的最佳时节。

【药典精论】《图经本草》："炙食甚美，令人细肌肤，美颜色。"崔禹锡《食经》："治夜不眠，志意不定。"《医林纂要》："清肺补心，滋阴养血。"《本草求真》："脾虚精滑者忌。"《本草纲目》："牡蛎炙食甚美，令人细润肌肤，美颜色。"

13. 怎样鉴别与选购泥鳅

【本品概述】

泥鳅俗称鳛、鳅鱼，属鲤形目，鳅

科，体细长。泥鳅个体虽小，但其分布甚广，任何水域中都有，一年四季均可捕捞。它是一种营养丰富的小水产品，肉质鲜美，被人们誉为“水中人参”。

【选购指要】

优质泥鳅一般眼睛凸起、澄清有光泽，活泥鳅且活动能力强的最好；口鳃紧闭，鳃片呈鲜红色或红色，鱼皮上有透明黏液，且呈现出光泽。死泥鳅最好不要买。死因不明，可能为农药毒死的。眼睛凹陷，鱼皮黏液干涩无光泽的，可能死亡时间较长了。过于肥胖的泥鳅可能使用了激素。

食品健康知识链接

【天然药理】中医认为，泥鳅有补中气、止虚汗、祛湿邪、暖脾、止泄泻及治黄疸、阳痿的功效。现代营养学认为，泥鳅所含脂肪中有不饱和脂肪酸，其抗氧能力强，有助于人体抗衰老。泥鳅能降低转氨酶，对防治肝炎有一定疗效。泥鳅皮肤中分泌的黏液即所谓“泥鳅滑液”，有较好的抗菌消炎作用，以之和水饮用可治小便不通和热淋，以之拌糖抹患处可治痈肿，以之滴耳可治中耳炎。泥鳅含有可以强精的西河洛克蛋白质，经常食用具有强肾壮阳的功效。

【用法指要】泥鳅买回后放在清水盆中，放入少量盐，过一段时间，便可自行吐出泥沙。宜现杀现烹。泥鳅体表的黏性物质是一种胶质营养素，过度冲洗，会造成营养损失。泥鳅同鳝鱼的用法相近，但以煨汤和红烧为最佳。刚捕起的泥鳅体表和腮上都有泥垢，需要除泥去腥，做法是：把鳅鱼放在池或盆、缸中，多倒水，且要勤换，不喂食。买来的泥鳅，可用清水漂一下，放在装有少量水的塑料袋中，扎紧袋口，放在冰箱中冷冻，烧制时取出泥鳅，倒在冷水盆内，待冰块化冻时泥鳅就会复活。

【健康妙用】泥鳅与大蒜猛火煮熟可治营养不良之水肿；泥鳅用油煎至焦黄后加水煮汤，食用后可治小儿盗汗；泥鳅炖豆腐可治湿热黄疸；泥鳅与虾黄同煮服，可治阳痿不举；将泥鳅用醋煮熟服用，可治痔疮下坠；与黄豆同炖烂食用，对营养不良性水肿有较好疗效；与荷叶煮汤饮服，可治疗糖尿病消渴时饮水无度；与酸枣仁同煮食可补益心脾；与芋头同炖汤食可健胃补脾、添精益髓；与红枣同煮汤食，可补血滋养，护肝强身，提高免疫能力，减少流虚汗。

【食用宜忌】适宜身体虚弱、营养不良、脾胃虚寒、小儿体虚盗汗、老年人食用；也适合心血管疾病，急、慢性肝炎黄疸，痔疮，阳痿，皮肤疥癣瘙痒等患者食用。不宜多食，否则会引起腹胀痛。肝病、有肝性脑病倾向者忌食。忌食死泥鳅，否则可引起中毒、过敏，甚至出现昏迷、死亡。泥鳅不宜与狗肉、狗血、螃蟹同吃。阴虚火盛者忌食。

【温馨提示】每次约80克。夏末初秋的天热时节，泥鳅肉质最为肥美。

【药典精论】《潮湖简易方》：“治阳事不起，泥鳅煮食之。”《四川中药志》：“利小便，治皮肤疮癣，疥疮发痒。”

14. 怎样鉴别与选购蚬肉

【本品概述】

蚬俗称河蚬、蚬子。蚬肉是蚬科动物河蚬的肉。蚬子是一种水产软体动物，多生活在淡水湖泊、河流的泥底中或入海处。河蚬分布全国大部分地区。

【选购指要】

挑选蚬子看是否新鲜是一方面，蚬肉的肥瘦也很关键。一看，先看蚬子的外壳，壳面是否有光泽，如果色泽正，有光泽，说明新鲜，如果颜色偏暗就不要购买了。二碰，轻轻触碰张口的蚬子，如果能迅速闭口，说明蚬子新鲜，如果蚬子反应较慢，说明不太新鲜。另外，蚬子通常大都是闭口的，如果在蚬子摊位前看大量蚬子都是张着口的，也可能说明不太新鲜。三掂，捞几个蚬子掂一掂，如果拿在手里有重量，说明蚬子肉质肥厚，如果掂起来轻飘飘的，说明蚬肉偏瘦，吃起来口感不好，就不要买了。四闻，闻一闻蚬子的鲜味是否自然，如果有腥臭味，即使很淡也说明蚬子不是太新鲜，起码其中有很大一部分已经不新鲜，这样的一定不要购买。

食品健康知识链接

【天然药理】蚬肉可清热、利湿、解毒、治消渴、黄疸、湿毒脚气、疔疮痈肿、饮食中毒等。

【用法指要】蚬子泥沙较多，如果处理不当，吃起来就很“牙碜”。赵利仁建议，买回的蚬子先用流水彻底清洗，然后用盐水浸泡，盐和水的比例大约在1∶100，浸泡的时间没有限定，见水变脏就要再换一盆水，直到水变清为止，在水中放入铁钉或铁制品也有一定效果。

【健康妙用】蚬肉含钙量由于其部位不同而不同，尤其是以内外鳃板含钙量最高，因此食用时最好根据情况来选用。

【食用宜忌】适宜夏秋大热季节食用；有黄疸、维生素B_1缺乏症（脚气病）、疔疮痈肿等患者食用。

因食性寒凉，寒体体质、平素脾胃虚寒、慢性支气管炎、风寒感冒、月经期间、痛经、产后恢复期均应忌食。

【温馨提示】每次50克即可。

【药典精论】《日华子本草》：“去暴热，明目，利小便，下热气，脚气湿毒，解酒毒目黄，主消渴。”《本草求原》：“饮食中毒，黄蚬汤可解。”《本草拾遗》：“多食发嗽及冷气。”

15. 怎样鉴别与选购蚌肉

【本品概述】

河蚌又名河歪、河蛤蜊、乌贝等，属于软体动物门瓣鳃纲蚌科，是一种普通的贝壳类水生动物。常见的有角背无齿蚌、褶纹冠蚌、三角帆蚌等数种，广泛分布于江河、湖泊、水库、池塘和稻田等水体中，通常生活于水底泥沙中。河蚌浑身是宝，不仅可以形成天然珍珠，也可人工养育珍珠。除育珠外，蚌壳可提制珍珠层粉和珍珠核。此外，河蚌的肉质特别脆嫩可口，是筵席佳肴。

【选购指要】

新鲜的河蚌，蚌壳盖是紧密关闭，用手不易掰开，闻之无异臭的腥味，用刀打开蚌壳，内部颜色光亮，肉呈白色；如蚌壳关闭不紧，用手一掰就开，有一股腥臭味，肉色灰暗，则是死河蚌，细菌最易繁殖，肉质容易分解产生腐败物，这种河蚌不能食用。

食品健康知识链接

【天然药理】蚌肉能清热滋阴，可治烦热、消渴、目赤、血崩、带下；化湿利水，治诸淋小便不利、湿热黄疸；散结软坚，治瘿瘤癖块；托斑疹，解痘毒、疔毒。

【用法指要】蚌肉入馔，用法与螺类相同，一定要多次冲洗、漂洗。蚌肉可供炒、炖、蒸、煮汤等，如灵芝河蚌汤和蚌肉粥等。贝类本身极富鲜味，所以烹制蚌肉时千万不要再加味精，也不宜多放盐，以免鲜味反失。剖取河蚌肉的窍门：先用左手握紧河蚌，使蚌口朝上，再用右手持小刀由河蚌的出水口处，紧贴一侧的肉壳壁刺入体内，刺进深度约为1/3，用力刮断河蚌的吸壳肌，然后抽出小刀，再用同样方法刮断另一端的吸壳肌，打开蚌壳，蚌肉即可完整无损地取出来。

【健康妙用】蚌肉与猪肉同炖食不仅营养丰富，而且口味独特鲜美；与洋葱同炒食可滋阴清热、降压降脂；对高血压病、高脂血症有疗效；与蒜苗同食可清热解毒、滋阴益气、防癌抗癌；对贫血、厌食症、疲劳综合征有疗效；与灵芝同煮汤食可壮体防病。适用于慢性肝炎、支气管炎、哮喘、白细胞减少症、冠心病、高血脂、心律失常、神经衰弱、失眠等症；与玉米须同煲食可泄热通淋，平肝利胆；对胆石症、胆囊炎、泌尿结石有一定疗效；与苦瓜同煮汤食可清热解毒，除烦止渴；与海带同煮汤食对糖尿病有一定疗效；与冬瓜同煮汤食有清热祛湿、利尿的功效。

【食用宜忌】适宜阴虚内热之人食用，如消渴、烦热口干、目赤者；适宜妇女虚劳、血崩、带下以及痔疮之人食用；适宜甲状腺功能亢进、高血压病、高脂血症、红斑性狼疮者食用；适宜胆囊炎、胆石症、泌尿系结石、尿路感染、癌症患者及糖尿病患者食用；适宜小儿水痘者食用；适宜炎夏季节烦热口渴时食用。寒体或有脾胃虚寒、腹泻便溏之人忌食。未熟透的蚌肉不宜食用，以免传染上肝炎等疾病。

【温馨提示】每次3～10个（约50克左右）。

【药典精论】《本草再新》：“治肝热，肾衰，托斑疹，解痘毒，清凉止渴。”《本草衍义》：“多食发风动冷气。”《随息居饮食谱》：“多食寒中，外感未清，脾虚便滑者皆忌。”

16. 怎样鉴别与选购田螺

【本品概述】

田螺又称黄螺、田中螺，属于软体动物门腹足纲田螺科，在江河、湖泊、沟壑、沼泽、池塘等地方均有分布。常见的有中国圆田螺、方形环棱螺等。田螺肉质丰腴细腻，味道鲜美，素有“盘中明珠”的美誉。

【选购指要】

购买田螺时，要挑选个大、体圆、壳薄的；掩片完整收缩，螺壳呈淡青色，壳无破损，无肉溢出，拿在手里有重量的。如果发现螺蛳紧缩在壳内上部，即为死螺无疑，不可购买，也不可食用。

食品健康知识链接

【天然药理】田螺具有清热、解暑、利尿、止渴、醒酒的功效，可治热结小便不利、黄疸、脚气、水肿、消渴、痔疮、便血、目赤肿痛、疔疮肿毒。

【用法指要】食用前必须用竹把在水中反复搅洗，除去壳外污物，然后再放入清水盆中养起来，加入菜油数滴，使壳内污涎流出后再漂洗。此时可用小尖刀把螺肉从壳中挑出备用。螺蛳既可连壳烹制，也可将螺肉单独剔出来烹制。为便于入味，可用剪刀斩去壳尾，然后再烹制成各种菜肴，一般以炝、炒为多。

【健康妙用】螺肉与枸杞同煲汤食可大补肝肾，滋阴潜阳，益目除眩晕；与胡萝卜同煲汤具有清热解毒、消肿止痛作用，常用于急性黄疸型肝炎患者；与鸡骨草同煮汤或粥食可清热利湿、舒肝退黄，适用于急性肝炎，一般2～3次显效；与葱白同煮汤食可解湿热所致小便不通、腹胀，尤利于老人小便不畅；与葡萄酒或黄酒同炒能除湿解毒、清热利水，可治疗痔疮、脱肛、子宫脱垂、胃酸过多等症；与苋菜同炒食可清热解毒，适用于急性黄疸型肝炎患者。

【食用宜忌】黄疸、水肿、小便不通、痔疮便血、脚气、消渴、风热目赤肿痛以及醉酒之人宜食；糖尿病、癌症、干燥综合征、肥胖症、高脂血症、冠心病、动脉硬化、脂肪肝者宜食。

脾胃虚寒、风寒感冒患者、女子月经来潮期间、妇人产后忌食。

不宜与牛肉、羊肉、蚕豆、猪肉、蛤、面、玉米、冬瓜、香瓜、木耳以及糖类同食。服中药时忌与蛤蚧同服；服西药时忌与土霉素同服。吃螺肉不能饮用冰水，否则会导致腹泻。

【温馨提示】每次8个（约40克）即可。每年10月前后，田螺壳薄肉厚，螺身浑圆，肉质嫩滑甘美，螺掩宽大，且极易吮吸离壳，吃起来特别美味爽口，是一年中最佳的品尝季节。

【药典精论】《本草汇言》：“螺蛳，解酒热，消黄疸，清火眼，利大小肠之药也。此物体性大寒，善解一切热瘴，因风因燥因火者，服用见效甚速。”《本草纲目》：“螺蛳，于清明后，其中有虫，不宜食用。”《本草经疏》：“目病非关风热者不宜用。”《本经逢原》：“多食令人腹痛泄泻。”《本草拾遗》：“煮食之，利大小便，去腹中结热，目下黄，脚气冲上，小腹结硬，小便赤涩，脚手浮肿。”

17. 怎样鉴别与选购蚶子

【本品概述】

蚶子俗称毛蛤、血蚶。蚶肉产我国沿海各地，肉味极鲜美。蚶子在古代被列为“珍稀贵品”。

【选购指要】

新鲜的蚶子，外壳亮洁，两片贝壳紧闭严密，不易打开，闻之无异味。如果壳体皮毛脱落，外壳变黑，两片贝壳开启，闻之有异臭味的，说明是死蚶子，不能食之。目前，有些商贩，将死蚶子已开口的贝壳，用大量泥浆抹上，使购买者误认为是活蚶子，为避免受害，以逐只检查为妥。

食品健康知识链接

【天然药理】温中健胃，治心腹冷气、胃痛、泻痢；补心血、散瘀血，治血虚痿痹便血。

【用法指要】同蚬肉。

【健康妙用】用蚶子12克，玄胡索10克，当归10克，红花3克，加水煎加酒服，可治瘀血腹痛，血积症块。蚶子加炒茅术各30克，或加乌贼骨20克，炒广皮10克，共研极细末，每次服6克，一日两三次，饭前用温开水送服，可治胃痛，吐酸水，嗳气。蚶子（煅红色，醋淬七次）30克，香附12克，当归10克，川芎6克，大黄6克，桃仁3克，红花3克，共研末，酒糊为丸，每次服6克，一日两次，治妇女经前实热，腹痛有块，经血不行。煅蚶子与煅石膏各等分，研末混合，撒患处，或用麻油调敷，治小儿头疮、久年烂腿、湿疹。

【食用宜忌】适宜于虚寒性胃痛、消化不良之人食用，也适合于气血不足、营养不良、贫血及体虚之人食用。发热患者及肝炎、痢疾等传染病患者忌食。

【温馨提示】刷洗蚶子动作要连续不断，防止蚶子吸入泥水。烫蚶时时间不要过长，肉色变紫时，鲜味尽失。每次食用10～30克为佳。

【药典精论】《本草经疏》：“蚶，味甘气温，性亦无毒，甘温能益气而补中，则脏安。胃气健，心腹腰脊风冷俱瘳，胃健则食自消，脏暖则阳自起、气充则血自华。”《随息居饮食谱》：“多食壅气，湿热盛者忌之。”《医林纂要》：“蚶，补心血，散瘀血，除烦醒酒，破结消痰。”

18. 怎样鉴别与选购蛤蜊

【本品概述】

蛤蜊又名海蛤或文蛤，为蛤蜊科动物四角蛤蜊或其他各种蛤蜊的肉。其肉质鲜美无比，被称为“天下第一鲜”、“百味之冠”，江苏民间还有“吃了蛤蜊肉，百味都失灵”之说。

【选购指要】

蛤蜊宜选择壳光滑、有光泽的，外形相对扁一点的。一定要买活的，用手触碰外壳，能马上紧闭的，就是新鲜的、活的。不会闭壳，或壳一直打开的，都是死蛤。还有一种挑选蛤蜊的方法，在购买

时，可拿两个蛤蜊相互敲击外壳，声音比较坚实的，比较新鲜，有空空声音的，则多是死蛤。

食品健康知识链接

【天然药理】中医认为，蛤蜊肉能滋阴、化痰、软坚、利水，有滋阴明目、软坚、化痰的功效。此外，蛤蜊肉含一种具有降低血清胆固醇作用的代尔太7-胆固醇和24-亚甲基胆固醇，它们兼有抑制胆固醇在肝脏合成和加速排泄胆固醇的独特作用，从而使体内胆固醇下降。

【用法指要】蛤蜊等贝类本身极富鲜味，烹制时千万不要再加味精，也不宜多放盐，以免鲜味反失。蛤蜊最好提前一天用水浸泡才能吐干净泥土。蛤蜊鲜食，一般以保持其原汁原味为珍，多用蒸、煮、炙、带壳炒或薄汁爆、酒渍等法。鲜蛤蜊经蒸或煮，去壳及杂质后晒干，可制成蛤蜊干，即为“蛤仁”。烹调前，先将“蛤仁”用温水浸泡，使其回软以恢复原形，洗净后便可使用，可用于拌、炝、爆、炒、炸、烧、烩、汆汤、制馅等。

【健康妙用】蛤蜊肉和韭菜同炒，经常食用可治疗阴虚所致的口渴、干咳、心烦、手足心热等症；与黑豆同烩食可消肿下气，补肾益阴；与丝瓜同煮汤食可清热化痰、祛风凉血；与青木瓜同煮汤食不仅对促进胸部发育有益之外，还有清凉退火的功效；与鲫鱼同煮汤食可滋阴去火；与冬瓜同煮汤食不仅味道鲜美，还可生津解渴，是夏令汤中佳品；与萝卜同煮汤食有通便清肠的功效。

【食用宜忌】适宜肺结核咳嗽咯血，阴虚盗汗之人和体质虚弱，营养不良者食用；适宜瘿瘤瘰疬，淋巴结肿大，甲状腺肿大之人食用；适宜癌症患者及放疗、化疗后食用；适宜痔疮患者食用；适宜高脂血症，冠心病，动脉硬化者食用；适宜糖尿病，红斑性狼疮，干燥综合征患者食用；适宜黄疸之人，尿路感染者食用；适宜醉酒之人食用。蛤蜊性寒，平素脾胃虚寒、腹泻便溏之人忌食；寒性胃痛、腹痛之人忌食；女子月经来潮期间及产后忌食；受凉感冒者忌食。蛤蜊忌与田螺、橙子、芹菜同食。

【温馨提示】每次约50克即可。蛤蜊中的泥肠不宜食用，一定要去除掉。

【药典精论】《医林纂要》：“功同蚌蚬，滋阴明目。”《本草会编》：“蛤蜊其性滋润而助津液，故能润五脏，止消渴，开胃。”

第四章 鱼类食品鉴别与选购

1. 怎样鉴别与选购黄颡鱼

【本品概述】

黄颡鱼俗称江颡、鸽鱼、嘎芽子、盎斯鱼、黄刺鱼。黄颡鱼分为两种：黄色的叫黄嘎鱼，黑色的叫黑嘎鱼。黄颡鱼肉质细嫩、味道鲜美，不但有滋补作用，而且还有一定的药用价值。

【选购指要】

黄颡鱼体短粗壮，体长通常为体高的4.2倍以下，背鳍前距大于体长的1/3；长须黄颡鱼体较长略细，体长通常为体高的4.6倍以上，背鳍前距小于体长的1/3；而瓦氏黄颡鱼、光泽黄颡鱼胸鳍硬刺前缘光滑，后缘有强锯齿；瓦氏黄颡鱼的头顶披皮膜，须较长，上颌须末端后伸可达胸鳍起点，光泽黄颡鱼头顶大部裸露，须较短，上颌须末端超过眼后缘。

食品健康知识链接

【天然药理】利小便，消水肿，发痘疹，醒酒，益体强身，发奶。

【用法指要】黄颡鱼脂肪丰富，味美鲜香，可烧、炖，也可去大骨剁碎汆鱼丸。黄颡鱼肉嫩，烧熟即可，切忌煮烂。

【健康妙用】将黄颡鱼与绿豆、大蒜头加水煮烂，去鱼，食豆，并喝其汤，不用盐，可治水气浮肿（急性肾炎、肾病综合征等）；黄颡鱼剖去肠杂，纳入蓖麻子，用黄泥封固，放炭火中煅存性，去泥，研细末，以菜油调涂，一日2次，用前先以食盐水洗涤擦拭患处，可治瘰疬溃烂或下肢溃烂。黄颡鱼与笋同煮汤食不仅味道鲜美，还具有清热益气、利尿通便的功效；与豆腐同食可健脾利湿、清热解毒；与绿豆同煮汤，不加盐食，可治疗水气浮肿。

【食用宜忌】肾炎水肿、脚气水肿、营养不良性水肿、肝硬化腹水以及小儿痘疹初期宜食。

黄颡鱼是“发物”，因此有痼疾宿病之人，如有支气管哮喘，淋巴结核，癌肿，红斑性狼疮及瘙痒性皮肤病患者忌食。忌与中药荆芥同食。

【温馨提示】4—10月份为旺季，是食用的最佳季节。每次100克即可，过量食用容易导致消化不良。

【药典精论】《食物本草》：“主益脾胃和五脏，发小儿痘疹。”《日用本草》：“发风动气，发疮疥，病人尤忌食之。”《随息居饮食谱》：“甘温微毒，发痘疮。”《本草纲目》：“黄颡鱼反荆芥。”

2. 怎样鉴别与选购鳜鱼

【本品概述】

鳜鱼俗称鳌花鱼、桂鱼，是一种名贵鱼类。其分布很广，全国各江河湖泊中均有。以其肉质细嫩丰满，肥厚鲜美，内部无胆，少刺而著称，故为鱼种之上品。唐代张志和的词说“桃花流水鳜鱼肥”，吴雯的诗提到“万点桃花半尺鱼”，可见古今文人对鳜鱼的赞许。明代医学家李时珍还将鳜鱼誉为“水豚”，意指其味鲜美如河豚。另有人将其比成天上的龙肉，说明鳜鱼的风味的确不凡。

【选购指要】

新鲜的鳜鱼眼球突出，角膜透明，鱼鳃色泽鲜红，鳃丝清晰，鳞片完整有光泽、不易脱落，鱼肉坚实、有弹性。反之，鱼的新鲜度就有所下降，或有所变质，购买时须注意。

食品健康知识链接

【天然药理】鳜鱼含有蛋白质、脂肪、少量维生素、钙、钾、镁、硒等营养元素，肉质细嫩，极易消化，对儿童、老人及体弱、脾胃消化功能不佳的人来说，吃鳜鱼既能补虚，又不必担心消化困难。鳜鱼为补气血的食疗要品，肺结核病人宜多食之。鳜鱼还可补益脾胃。鳜鱼为低脂高蛋白优质水产品，而且富含抗氧化成分，对于贪恋美味、又怕肥胖的女士是极佳的选择。

【用法指要】鳜鱼可供蒸、煮、烩、烧、烤、炸、熘、做汤等，也可以做成各种造型和花色的菜肴，如“乌龙鳜鱼”、“叉烧桂鱼”、“醋溜桂鱼”等，都是宴席上的名菜。将鳜鱼去鳞剖腹洗净后，放入盆中倒一些黄酒，就能除去鱼的腥味，并能使鱼滋味鲜美。此外，将鲜鱼剖开洗净，在牛奶中泡一会儿既可除腥，又能增加鲜味。

【健康妙用】鳜鱼与豆腐共煮食用，对虚劳羸瘦，肠风便血有一定疗效；与菠菜同煮汤食有健脾胃，去痰饮的功效；与茯苓同蒸食具有健脾利湿、益气补血的功效；与葫芦瓜同煮汤食可清热、利水、通淋；与香菇两者同食可降血脂、清热；与白术同蒸食可健脾理湿、开胃。

【食用宜忌】适宜于体质衰弱、虚劳羸瘦、脾胃气虚、饮食不香、营养不良者食用。患有哮喘、咯血的病人不宜食用；寒湿盛者不宜食用。鳜鱼不宜和含鞣酸较多的水果，如柿子、葡萄、橄榄等同时食用。吃鱼前后忌喝茶。

【温馨提示】每次约100克。2—3月产的春天鳜鱼最为肥美。

【药典精论】《开宝本草》：“鳜鱼，益气力；令人肥健。”《随息居饮食谱》：“鳜鱼甘平，益脾胃，养血，补虚劳，远饮食，肥健人。”《品汇精要》：“患寒湿病人不可食。”

3. 怎样鉴别与选购鳝鱼

【本品概述】

鳝鱼俗称黄鳝、长鱼、海蛇等，味鲜肉美，刺少肉厚，在我国各地均有生产，以长江流域、辽宁和天津产量较多。鳝鱼一年四季均产，是最普遍的淡水食用鱼类之一。其体形似蛇，圆筒状，头粗尾细，体表有一层光滑的黏膜保护去，无鳞，色泽黄褐色，体则有不规则的暗黑斑点，各鳍基本消失，全身只有一根三棱刺，肉嫩味美。

【选购指要】

一般来说，健康的黄鳝在水中是不会长时间将头伸出水面，若发现长时间伸头出水的黄鳝则应将其剔除。新鲜的鳝鱼，浑身黏液丰富，色黄褐而发亮，并不停游动。因为附有胆氨酸，当鳝鱼死后，它体内的胆氨酸发生变化，会产生有毒物质（组氨），所以，死鳝鱼不能食用。

食品健康知识链接

【天然药理】鳝鱼中含有丰富的DHA和卵磷脂，它是构成人体各器官组织细胞膜的主要成分，而且是脑细胞不可缺少的营养。鳝鱼所含的特种物质“鳝鱼素”，能降低血糖和调节血糖，对糖尿病有较好的治疗作用，加之所含脂肪极少，因而是糖尿病患者的理想食品。鳝鱼含有的维生素A量高得惊人。维生素A可以增进视力，促进眼膜的新陈代谢，患眼疾的人常吃鳝鱼有好处。中医认为，鳝鱼能补虚损、强筋骨、除风湿、治痨伤、补血益气、宣痹通络。

【用法指要】宰杀时可用南瓜叶或抹布作衬垫物，最好先把头部用刀背拍一下，将鳝鱼牢牢抓住，以防黏液滑手，然后剖腹，取出内脏，洗净去污。鳝鱼肉味鲜美，骨少肉多，可炒、可爆、可炸、可烧，如与鸡、鸭、猪等肉类清炖，其味更加鲜美，还可作为火锅原料之一。

【健康妙用】鳝鱼与小米同煮粥食可益气补虚，适用于气虚所致的子宫脱垂等；与黄芪同煮食可补益气血，用于气血不足，体倦无力，出血等；与苦瓜同煮汤食可清热解毒、增加食欲；与白茅根同煲汤食可凉血清热，利尿；与韭菜同炒食可补肝肾、益气血、强筋骨、祛风湿，适合性欲减退、阳痿早泄、头晕耳鸣、筋骨无力、风湿酸痛者食用；与金针菜同煮汤食可通血脉、利筋骨。

【食用宜忌】鳝鱼是一种高蛋白低脂肪补益食品。适宜于身体虚弱、气血不足、营养不良者食用；也适合脱肛、子宫脱垂、内痔出血、风湿痹痛、虚劳咳喘、化脓性中耳炎患者食用。病属热症或热症初愈者不宜食之。黄鳝为发物，有痼疾宿病或瘙痒性皮肤疾患、支气管哮喘、肾炎、痈疖疔疮、淋巴结核、癌症、红斑性狼疮等应谨慎食用或忌食。鳝鱼不宜与狗肉、狗血、南瓜、菠菜、红枣同食。

【温馨提示】鳝鱼产期在6—10月，以6—8月所产的最肥美，因此民间有"小暑黄鳝赛人参"的说法，此时最宜。每次约50克，不宜过量，否则可能引发旧症。

【药典精论】《本草纲目》："鳝鱼味甘大温无毒，主治补中益血、补虚损、妇女产后恶露淋沥，血气不调，羸瘦，止血，除腹中冷气，肠鸣又湿痹气。"《滇南本草》："鳝鱼添精益髓，壮筋骨。"

4. 怎样鉴别与选购鲮鱼

【本品概述】

鲮鱼又名雪鲮、土鲮鱼，一般体长15～25厘米。体长两侧扁，背部在背鳍前方稍隆起，腹部圆而稍平直。体青白色，有银白色光泽。胸鳍上方、侧线上下有8～12个鳞片的基部有黑斑，堆聚成菱形斑块。背鳍无硬刺，胸鳍尖短，尾鳍宽，深叉形。天然鲮鱼主要产于广东、福建两省各水系。其刺细小且多，肉嫩，略有土腥味。

【选购指要】

新鲜鲮鱼的眼球饱满、突出、清洁、透明、有弹性；鱼鳃鲜红，无臭味；鱼鳞完整，紧贴鱼体，不易脱落；体表有透明黏液，色泽鲜艳，有光泽；肌肉坚实有弹性。

食品健康知识链接

【天然药理】鲮鱼有益气血，健筋骨，通小便之功效，可治小便不利、热淋、膀胱结热、脾胃虚弱等症。

【用法指要】鲮鱼味美，但鱼刺多，通常被制成鱼丸或罐头食品，"豆豉鲮鱼"就是一种常见的鲮鱼罐头食品。

【健康妙用】鲮鱼与粉葛同煲汤食可解肌退热，柔筋止痛，也可用于冠心病心绞痛、高血压、落枕，但胃寒者不宜多饮；与丝瓜同煮汤食可清热生津，健脾益胃；与菠菜同煲汤食可健胃开胃、润燥补血；与生菜同煮汤食可益气养血；与黄豆同煮粥食可补血、利水；与黄瓜同煮粥食可清润补中，调畅经脉；可作热病诸症食疗之用。与赤豆同煲汤食可清热解毒、利水消肿。

【食用宜忌】一般人群均可食用，尤其适宜体质虚弱、气血不足、营养不良之人食用；适宜膀胱热结、小便不利、肝硬化腹水、营养不良性水肿之人食用。痛风、心脏疾病、肾脏病、急慢性肝炎患者不宜食用。阴虚喘嗽者忌之。

【温馨提示】罐头食品开封后最好一次吃完。每次约30克。

【药典精论】《食物本草》："鲮鱼，主滑利肌肉，通小便，治膀胱热结，黄疸，水臌。"《本草纲目拾遗》："健筋骨，活血行气，逐水利湿。"《本草求原》："补中开胃，益气血。"

5. 怎样鉴别与选购鳙鱼

【本品概述】

鳙鱼俗称胖头鱼、镛鱼、松鱼、包头鱼等，是中国著名四大家鱼之一。此鱼鱼头大而肥，肉质雪白细嫩，是鱼头火锅的首选。其头部肌肉、软组织丰满，常用以单纯做菜，故常常有"鳙鱼头，鲩鱼尾"的说法。

【选购指要】

新鲜鳙鱼眼球饱满突出，鳃丝清晰呈鲜红色，黏液透明，鳞片有光泽，肌肉坚实有弹性，具有一定的咸腥味或土腥味，无异臭。那些头大、身瘦、尾小、眼睛浑浊、向外鼓起的鳙鱼不宜购买。

食品健康知识链接

【天然药理】中医认为，鳙鱼能祛风寒，暖胃，健脾补虚，益筋骨。现代营养学认为，鳙鱼属高蛋白、低脂肪、低胆固醇鱼类，对心血管系统有保护作用。鳙鱼鱼脑营养丰富，其中含有一种人体所需的鱼油，而鱼油中富含多不饱和脂肪酸，它的主要成分就是我们所说的"脑黄金"，这是一种人类必需的营养素，主要存在于大脑的磷脂中，可以起到维持、提高、改善大脑机能的作用。鳙鱼富含磷脂，且鱼头富含胶原蛋白，能够对抗人体老化及修补身体细胞组织，常食不仅能滋补身体，还可延缓衰老、润泽皮肤。

【用法指要】鳙鱼可供红烧、干烧、清蒸、炖汤食用，尤以鱼头熬汤味道最佳。也可做成大鱼头粉皮汤，或与豆腐、海带一起做成鱼头火锅食用。要去除鳙鱼的泥土腥味，可在剖杀洗净后，用少许盐或面粉涂抹鱼体，片刻后再洗净；或含一口酒或醋，对准鱼体喷洒一下，再洗净。这样，烹饪后的鱼就再也闻不到泥土腥味了。

【健康妙用】鳙鱼与豆腐同做汤食不仅可以健脑，而且中老年人常吃还可延缓脑力衰退；与银耳同做汤食可补脑益精、安神，对神经衰弱、肺虚久咳、失眠健忘有疗效；天麻与鱼头一起炖食可补益肝肾，祛风通络，适用于颈动脉型颈椎病。用天麻饮片与鱼头做汤食还可健脑醒神，增智安神，主治肝风内动引起的头晕、头痛，心中烦闷，失眠健忘，不耐思考，记忆力减退等症；黄酒与鱼头一起蒸食可祛风、止眩，对头部眩晕有疗效；与绿豆粉皮同煮食有暖脾胃，益脑髓，消虚肿的作用。

【食用宜忌】适宜体质虚弱、脾胃虚寒、记忆力减退、多痰、营养不良之人食用；特别适宜咳嗽、水肿、肝炎、眩晕、肾炎和身体虚弱者食用。鳙鱼性偏温，热病及有内热者、荨麻疹、癣病者、瘙痒性皮肤病应忌食。鱼胆有毒，不可食用。

【温馨提示】鲢之美在腹，鳙之美在头。但是变质鱼以及死了太久的鱼，其鱼头都不能吃。每次100克。

【药典精论】《食物本草》："鳙鱼，暖胃，益人。"《本草求原》："鳙鱼，暖胃，去头眩，益脑髓，老人痰喘宜之。"《随息居饮食谱》："鳙鱼甘温，其头最美，以大而色较白者良。"《本草纲目》："鳙鱼肉，食之已疣，多食动风热，发疮疥。"

6. 怎样鉴别与选购鲻鱼

【本品概述】

鲻鱼俗称马鱼、梭鱼等。鲻鱼体形细长，呈棒槌型，沿海群众又称其为"槌鱼"。鲻鱼肉质细嫩，味道鲜美，营养丰富，早在3000多年前，鲻鱼已成为王公贵族的高级食品之一。

【选购指要】

新鲜鲻鱼眼球饱满突出，鳃丝清晰呈鲜红色，黏液透明，鳞片有光泽，肌肉坚实有弹性。有异味的不要购买。

食品健康知识链接

【天然药理】鲻鱼肉具有补虚弱，健脾胃的作用，对于消化不良、小儿疳积、贫血等病症有一定辅助疗效。

【用法指要】用盐水浸泡后再烹饪，味道更佳。鲻鱼肉细嫩，味鲜美，多供鲜食，食法与梭鱼类似。鱼卵可制成鱼子酱。

【健康妙用】用鲻鱼肉与白术、扁豆、乌贼骨、陈皮煎服，可治贫血；用鲻鱼与黄芪连续煎服，可治脾虚泄泻、消化不良、小儿疳积等症。

【食用宜忌】体质虚弱、营养不良、脾胃气虚、不思饮食、小儿疳积、贫血等病症人群宜食。

鲻鱼性平，诸无所忌。

【温馨提示】每餐约80克。冬至前的鲻鱼，鱼体最为丰满，腹背皆腴，特别肥美，最宜食用。

【药典精论】《本草纲目》中载有："鲻鱼肉，气味甘平无毒，主治开胃，利五脏，令人肥健，与百药无忌。"《开宝本草》："主开胃，通利五脏，久食令人肥健，与百药无忌。"《食物本草》："助脾气，令人能食，益筋骨，益气力。"

7. 怎样鉴别与选购鲍鱼

【本品概述】

鲍鱼又名鳆鱼、明目鱼。它其实不是鱼类，而属贝类，是一种外壳椭圆、爬行在岩礁上的软体动物，因其形如人耳，也称"海耳"。在我国，鲍鱼被列为海中珍品，自古以来就是海产"八珍"之一，且素有"一口鲍鱼一口金"之说。其肉质细嫩，鲜而不腻，营养丰富，清而味浓，烧菜、调汤，美味无穷，绝非其他海味所能比拟。

【选购指要】

优质鲍鱼呈米黄色或浅棕色，质地新鲜有光泽，椭圆形，身体完整，肉厚饱满。以个体均匀、个大、椭圆形、体洁净，背面凸起，肉厚，紫红色或黄色，有光泽，味香鲜，干货表面有白霜为上品。劣质鲍鱼颜色灰暗、褐紫，无光泽，有枯干灰白残肉，鱼体表面附着一层灰白色物质，甚至出现黑绿霉斑。

食品健康知识链接

【天然药理】现代研究表明，鲍鱼肉中能提取一种被称作鲍灵素的生物活性物质，实验表明，它能够提高免疫力，破坏癌细胞代谢过程，能提高抑瘤率，却不损害机体的正常细胞，有保护机体免疫系统的作用。鲍鱼能养阴、平肝、固肾，可调整肾上腺分泌，具有双向性调节血压的作用。中医认为，鲍鱼有调经、润燥利肠、滋阴补肾、养血柔肝、益精明目、滋补养颜的功效。

【用法指要】在食用鲍鱼时，一般须先用60℃左右的热水浸泡4小时，换水后再用文火煮软，才可烹调食用。鲍鱼适合做烧、扒、烩等类菜。

【健康妙用】鲍鱼与萝卜同煮汤食有滋阴清热，宽中止渴作用，可用于糖尿病的辅助治疗；与竹笋同煮汤食可滋阴润燥、补气益肾，能减少腹壁脂肪贮积。特别适合于高血压、高胆固醇患者食用；与石花菜同煲食可清燥润肺，化痰止咳，能辅助治疗咽干鼻燥，心烦口渴，大便干结，舌干无苔等症；与猪肉同煮汤食可补益肝肾、益精明目、清热止渴，还可治阴虚火旺、头晕脑涨、眼睛干涩，适合高血压、肺结核患者食用；与鸡肉同煮汤食可滋阴补虚，润燥养颜。

【食用宜忌】适宜于热体、阴虚内热、久病体虚者食用，也适合肺结核干咳无痰、妇女月经过多、白带多、更年期综合征以及癌症患者、化疗及放疗后的患者食用。高血压、高血脂、甲状腺功能亢进者也可食用。痛风患者及尿酸高者不宜吃鲍肉，只宜少量喝汤；虽然鲍鱼人人爱吃，但感冒发烧或阴虚喉痛的人不宜食用；素有顽癣痼疾之人忌食。鲍鱼忌与鸡肉、野猪肉、牛肝同食。对于年老胃弱、产后病后之人，可在烹调前先用温热水浸泡4小时后，再用文火熬至肉软烂，不能吃其肉，只喝其汤。

【温馨提示】一定要烹透，不能吃半生不熟的，因为它的高蛋白质难以消化。每次1个即可。

【药典精论】《随息居饮食谱》："补肝肾，益精，明目，开胃养营，已带浊崩淋，愈骨蒸劳极。""鳆鱼体坚难化，脾弱者饮汁为宜。"《日用本草》："补中益气。"

8. 怎样鉴别与选购鯮鱼

【本品概述】

鯮鱼俗称尖头鳡、黄钻、猴鱼，身体长而大，呈亚圆筒形，青黄色或青黑色，头尖长，口大而呈喙状，尾鳍分叉。此鱼性情凶猛，专以捕食其他鱼类为生，对淡水养殖业有害，分布于内陆江河湖泊以及池塘中，长的能达1米有余，终年可捕捞上市。此鱼肉质鲜嫩。

【选购指要】

体色微黄，腹银白，背鳍、尾鳍青灰色，其余各鳍黄色为佳。

食品健康知识链接

【天然药理】补虚弱，健脾胃，强筋骨。其肉入药鲜用，具有暖中、益胃、止呕的功效，主治脾胃虚弱、反胃吐食等症。

【用法指要】此鱼由于以捕食其他鱼类为生，因而膘肥体壮，肉质细腻丰腴。可用于红烧、干烧或炒鱼片等。

【食用宜忌】适宜体质虚弱，脾胃气虚，营养不良之人食用。鯮鱼性平补虚，诸无所忌。

【温馨提示】鯮鱼去鳞、鳃以后，从鱼背剖开，剔去中骨和边刺，从尾部下刀去皮，方能取白色鱼肉。剁鱼茸时，砧板上要垫肉皮，上笼蒸时，笼内要垫上厚纱布，红色与白色的茸要严格分开。

【药典精论】《食疗本草》："补五脏，益筋骨，和脾胃，多食益人，作鲙尤佳。曝干甚香美，不毒，亦不发病。"

9. 怎样鉴别与选购鲳鱼

【本品概述】

鲳鱼俗称白鲳、叉片鱼、银鲳等。银鲳分布在中国沿海，以南海及东海为多，黄海、渤海较少。

【选购指要】

一看外形，鲳鱼的鱼身必须扁平，表面有银白色光泽，且鱼鳞非常完整；二用手指去挤压鱼身，若按下部位能马上回弹，说明这鲳鱼新鲜，若缓慢反弹或按处出现凹点，则不新鲜；三看鱼鳃，用手剥开鲳鱼头边上鱼鳃的部位，在光线下看鳃的颜色，鲜红色的，说明这鱼很新鲜，若是暗红或者暗紫色，说明这鱼存放时间过长，不宜购买。

冷冻鲳鱼，市民在选购时须特别谨慎，以免买到"臭鱼"。长时间冷冻的"臭鱼"，肌肉几乎没有弹性，一闻还会有一股发臭味道；贮存过久的冻鲳鱼，头部会出现褐色斑点，鱼腹部位会呈暗黄色。

食品健康知识链接

【天然药理】益气养血，健胃，柔筋利骨。鲳鱼含有丰富的不饱和脂肪酸，又有降低胆固醇的功效。对高血脂、高胆固醇的人来说是一种不错的食品。鲳鱼还含有丰富的微量元素，对冠状动脉硬化等心血管疾病有预防作用，并能延缓机体衰老，预防癌症的发生。其鱼肉中含有的不饱和脂肪酸W-3系列，经医学临床证明它是减少心血管疾病发生的重要物资。

【用法指要】鲳鱼有多种吃法，可红烧，可清蒸，也可腌制。

【健康妙用】鲳鱼和大蒜同烧食不仅味道

鲜美，而且营养丰富，具有健脾暖胃的功效；与黑胡椒同烧食可温中下气，暖脾胃；和黑木耳同煮汤食可益气养血，补益胃气。适用于治疗消化不良，贫血；和大米同煮粥食可健脾益胃，对脾胃虚弱的病症有很好疗效；和扁豆同煮食用可益气补血，健脾益胃，可治疗消化不良、脾虚泄泻、贫血。

【食用宜忌】适宜于体质虚弱、脾胃气虚、营养不良之人食用。鲳鱼也为发物，有瘙痒性皮肤病及过敏性疾病、癌症患者忌食；所含胆固醇较多，高血压、高脂血症、冠心病患者也应少吃。据经验，鲳鱼腹中之子有毒，令人痢下，应引起注意。

【温馨提示】每次100克即可，不宜过量。

【药典精论】《本草拾遗》："肥健，益气力。"《随息居饮食谱》："鲳鱼甘平，补胃，益气，充精。"《随息居饮食谱》："鲳鱼，多食发疥，动风。"

10. 怎样鉴别与选购鲤鱼

【本品概述】

鲤鱼，属鱼纲鲤科，俗称赤鲤、黄鲤、白鲤、鲤拐子，因鱼鳞上有十字纹理而得名。体态肥壮，肉质细嫩，产于我国各地淡水河湖、池塘，一年四季均产。鲤鱼可分为河鲤鱼、江鲤鱼、池鲤鱼。

【选购指要】

河鲤鱼体色金黄，有金属光泽，胸、尾鳍带红色，肉脆嫩，味鲜美，质量最好；江鲤鱼鳞内皆为白色，体肥，尾秃，肉质发面，肉略有酸味；池鲤鱼青黑鳞，刺硬，泥土味较浓，但肉质较为细嫩。

食品健康知识链接

【天然药理】鲤鱼有健脾开胃、利水消肿、止咳平喘、安胎通乳、清热解毒等功能。中医学认为，鲤鱼各部位均可入药。鲤鱼皮可治疗鱼梗；鲤鱼血可治疗口眼歪斜；鲤鱼肠可治疗小儿身疮；用鲤鱼治疗怀孕妇女的浮肿，胎动不安有特别疗效；鲤鱼子补肝，去目中障翳。

【用法指要】鲤鱼的吃法很多，但以红烧和油炸为佳。用鲤鱼来通乳用时应少放盐。鲤鱼鱼腹两侧各有一条同细线一样的白筋，去掉它们可以除去腥味。在靠鲤鱼鳃部的地方切一个小口，白筋就显露出来了，用镊子夹住，轻轻用力，即可抽掉。

【健康妙用】民间有用活鲤鱼、猪蹄煲汤服食治妇女坐月子期间缺乳的食疗。鲤鱼粥或鲤鱼汤、鲤鱼烧大蒜能下水气、利小便，适用于急慢性肾炎水肿和妊娠水肿。黄芪鲤鱼能开胃健脾、消肿胀、增加营养，用于补益脾胃虚弱的消瘦、乏力、营养不良性水肿。鲤鱼红小豆汤对心源性或肾性水肿及肝硬化腹水等有明显的疗效，可长服作为辅助治疗的食谱。大蒜赤小豆焖鲤鱼对维生素B_1缺乏病也有较好的疗效。

【食用宜忌】适宜于妊娠水肿、胎动不安、产后乳汁缺少者食用；也适合咳喘、肾炎水肿、黄疸肝炎、肝硬化腹水、心脏性水肿、营养不良性水肿等患者食用。鲤鱼为发物，鲤鱼两侧各有一条如同细线的筋，剖洗时就应抽去。凡有皮肤湿疹、皮肤过敏性疾病、支气管哮喘、小儿腮腺炎、闭塞性脉管炎、肾炎、痈疖疔疮、淋巴结核、红斑性狼疮、癌症等均应忌食。据经验，鲤鱼不能与绿豆、狗肉同食；在服用中药天门冬、朱砂时也不能吃鲤鱼。鲤鱼与咸菜相克，同吃可引起消化道癌肿。

【温馨提示】二三月的鲤鱼最为肥美。每次约100克。

【药典精论】《本草求真》："凡因水气内停，而见咳气上逆，黄疸，水肿，脚气等症，服此则能以消，治孕妇水肿亦然。"《随息居饮食谱》："多食热中，热则生风，变生诸病，发风动疾，天行病后及有宿症者，均忌。"《日华诸家本草》："鲤鱼，治怀妊身肿，及胎气不安。"南北朝•陶弘景："鲤鱼为诸鱼之长，为食品上味。"

11. 怎样鉴别与选购鲥鱼

【本品概述】

鲥鱼俗称三黎鱼、鳃鱼、瘟鱼、时鱼、三来鱼，属洄游性鱼类，平常分布于东南沿海，每年5—6月间洄游入淡水水域，逆流而上产卵，在此期间我国长江、珠江、钱塘江水系都出产鲥鱼，但以长江中下游产的鲥鱼数量最多，质量最好。7—8月产的鲥鱼鱼体很瘦，因此时正是鲥鱼产卵结束，准备游回大海的时节，因此有"来鲥去鲞之说"。鲥鱼蒜瓣肉厚，肉白细嫩，口味肥腴清新，营养价值较高，被列为江南席珍，人们称之为"鱼中之王"。从明代万历年间起，鲥鱼成为贡品，进入了紫禁皇城。至清代康熙年间，鲥鱼已被列为"满汉全席"中的重要菜肴。

【选购指要】

优质鲥鱼背部蓝绿色，腹部银白色，腹线上有锋利的鱼鳞，鳍齐全且形状典型，鳞片大而薄。

食品健康知识链接

【天然药理】鲥鱼可开胃醒脾，治脾虚纳呆、小儿疳积、产后乳少；补虚损，治劳伤虚；清热解毒，用于烧伤、溃疡久不收敛等。

【用法指要】食用鲥鱼时宜带磷洗净后连鳞一起烹饪，吃法包括蒸、煮和糟藏，也可红烧或用网油裹包后熏烤，但以清蒸为最佳。不论何种吃法，由于鲥鱼本身骨少油多，肉质鲜嫩，做汤汤美，做菜菜香。

【健康妙用】鲥鱼蒸后，以其流下之油，涂火烫伤处，有显著的疗效。

【食用宜忌】适宜于体质虚弱、营养不良者食用；也适合小儿、产妇食用。鲥鱼也属发物，瘙痒性皮肤疾患、支气管哮喘、肾炎、痈疖疔疮、淋巴结核、癌症、红斑性狼疮等忌食。因含脂肪特多，故高血脂、肥胖、动脉硬化、冠心病等患者忌食。吃鱼前后忌喝茶。

【温馨提示】每次约100克。

【药典精论】《日用本草》："凡食鲥鱼，

不可煎熬，宜以五味同竹笋、荻芽带鳞蒸食为佳。”《随息居饮食谱》：“鲥鱼甘温，开胃，润脏，补虚。”《本草求原》：“发疥癞。”《本草纲目》：“肉，甘平无毒，补虚劳。蒸油，以瓶盛埋土中，取涂烫火伤，甚效。”

12. 怎样鉴别与选购鲦鱼

【本品概述】

鲦鱼俗称白条、参鱼、白漂子等。体背部淡青灰色，体侧及腹部银白色，尾鳍边缘灰黑色，其他鳍均为浅黄色。

【选购指要】

优质鲦鱼体背部淡青灰色，体侧及腹部银白色，尾鳍边缘灰黑色，其他鳍均为浅黄色。

食品健康知识链接

【天然药理】暖胃和中，补虚。

【用法指要】可供红烧、清蒸、炖、熏等。用盐腌一天，再煎来吃，味道特别好。

【健康妙用】用鲦鱼1条，党参、黄芪各30克，白术15克，干姜3克。先将4味药水煎取汁，用汁煮鱼，熟后加精盐调味。食鱼饮汤。可益气温阳，可治阳气虚弱、畏寒、疲倦、四肢乏力、便溏等症。

【食用宜忌】体虚胃弱及营养不良者宜食。皮肤感染及各类皮肤病患者忌食。鲦鱼不宜与大枣同食，多食则生痰并患腰痛。

【温馨提示】由于鲦鱼细刺、飞刺很多，在不得法的情况下，幼儿不能自己单独食用，以免鱼刺卡喉。

【药典精论】《本草纲目》：“煮食解忧，暖胃，止冷泻。”《随息居饮食谱》：“鲦鱼，助火发疮，诸病人勿食。”

13. 怎样鉴别与选购鱿鱼

【本品概述】

鱿鱼，也称柔鱼、枪乌贼，属软体动物，是乌贼的一种。目前市场看到的鱿鱼有两种：一种是躯干较肥大的鱿鱼，它的别称叫“枪乌贼”；一种是躯干部细长的鱿鱼，它的别称是“柔鱼”，小的柔鱼俗名叫“小管仔”。鱿鱼的营养价值很高，属于一种名贵的海产品。

【选购指要】

优质鱿鱼体形完整坚实，呈粉红色，有光泽，体表面略现白霜，肉肥厚，半透明，背部不红；劣质鱿鱼体形瘦小残缺，颜色赤黄略带黑，无光泽，表面白霜过厚，背部呈黑红色或霉红色。

食品健康知识链接

【天然药理】鱿鱼富含钙、磷、铁元素，利于骨骼发育和造血，能有效治疗贫血。鱿鱼还含有大量的牛磺酸，可抑制血液中的胆固醇含量，缓解疲劳，恢复视力，改善肝脏功能。其所含多肽和硒则有抗病毒、抗射线作用。中医认为，鱿鱼有滋阴养胃、补虚润肤的功能。

【用法指要】鱿鱼可供清蒸、炒、炸、爆、烧、烩、汆、熏等。泡发鱿鱼干时，可先将鱿鱼干在清水中浸泡回软，然后把回软后的鱿鱼干放入含5%左右浓度的碱溶液中浸泡。鱿鱼干体泡发膨胀后，把鱿鱼干取出，用清水冲洗，以除去残留的碱溶液，再用清水浸泡，以待烹调加工。

【健康妙用】鱿鱼与香菇同煮汤食用，可滋阴养血，润燥生津，适用于阴血不足之人；与马铃薯同炖汤食可补肝益肾，滋补大脑；与花生同煲汤食，具有补血润燥的功效；与茼蒿同炒食可调理脾胃；与丝瓜同炒食，不仅营养丰富，还可清热解毒；与芹菜同炒食可平肝清热、健胃清肠、健脑除烦；与洋葱同炒食不仅可以理气和胃，还可温中通阳。

【食用宜忌】一般人均能食用。脾胃虚寒、高血脂、高胆固醇血症、动脉硬化等心血管病及肝病患者、湿疹、荨麻疹等疾病患者忌食。鱿鱼须煮熟透后再食，皆因鲜鱿鱼中有一种多肽成分，若未煮透就食用，会导致肠运动失调。

【温馨提示】每次食用30～50克即可。

【药典精论】《本草纲目》引宋代苏颂《图经本草》：“一种柔鱼，与乌贼相似，但无骨耳。”

14. 怎样鉴别与选购鲩鱼

【本品概述】

鲩鱼俗称草鱼、混子，与青鱼、鳙鱼、鲢鱼并称中国四大淡水鱼，广泛分布于我国除新疆和青藏高原以外的广东至东北的平原地区，为我国特有鱼类，并以其独特的食性和觅食手段而被当作拓荒者而移植至世界各地。

【选购指要】

鲩鱼与青鱼粗看相同，细看还是有区别的，鲩鱼的身体呈圆桶形，微绿色，头部扁平，尾部侧扁，腹部圆而无鳞，肚为灰白色，肉嫩刺少，肉质结实。

食品健康知识链接

【天然药理】鲩鱼含有丰富的不饱和脂肪酸，对血液循环有利，是心血管病人的良好食物。鲩鱼还含有丰富的硒元素，经常食用有抗衰老、养颜的功效，而且对肿瘤也有一定的防治作用。对于身体瘦弱、食欲不振的人来说，鲩鱼肉嫩而不腻，可以开胃、滋补。中医认为鲩鱼暖胃和中，用于消化不良、伤风感冒、头痛、高血压等症。

【用法指要】鲩鱼可供清蒸、清炖、红烧、油炸、糖醋及煨汤、下火锅等。其肉白嫩，骨刺少，因此也适合切花刀作菊花鱼等造型菜。

【健康妙用】鲩鱼与豆腐同食，具有补中调胃、利水消肿的功效；对心肌及儿童骨骼生长有特殊作用，可作为冠心病、血脂较高、小儿发育不良、水肿、肺结核、产后乳少等患者的食疗菜肴。民间将鲩鱼与油条、蛋、胡椒粉同蒸，可益眼明目，适合老年人温补健身。鲩鱼与冬瓜同做汤可平肝祛风、益气化湿，适合高血压、肝阳上亢引起的头痛，或痰浊眩晕、虚痨浮肿等症者食用，也可作为夏秋季保健食谱；与萝卜同做成汤可健脾消食、利水通便；与苹果同炖成汤食可补肾益气，对四肢冰凉、夜尿频多者甚好，连喝一周的话还能对因肾气不足引起黑眼圈有明显改善；将黄精药汁与鲩鱼同炖，可补气益血、美容延寿，对体虚、气血不足有疗效。

【食用宜忌】一般人群均可食用，尤其适宜虚劳、风虚头痛、肝阳上亢高血压、头痛、久疟、心血管病人。鲩鱼是发物，因此不宜过多食用，否则易诱发各种疮疥。鱼胆有毒，不能食用。

【温馨提示】每次约100克，过多易诱发各种疮疥。鲩鱼要新鲜，煮时火候不能太大，以免把鱼肉煮散。烹调时不用放味精。

【药典精论】《医林纂要》：“鲩鱼平肝，祛风，治虚劳及风虚头痛。其头蒸食尤良。”李延飞：“鲩鱼肉多食，能发诸疮。”

15. 怎样鉴别与选购章鱼

【本品概述】

章鱼俗称八带鱼、小八梢鱼、真蛸、蛸鱼等，它其实并不是鱼，而是软体动物门头足纲的一种动物。它的体形有大有小，小的体长只有几十厘米，最大的体长可达60多米，体重可达7吨。章鱼突出的特点是生有8条很长的脚，这种脚在动物学上叫做腕。腕的底面有许多吸盘，能牢固地吸附在其他物体上。这些腕不仅是章鱼的运动器官，用它在海底爬行和游泳，而且还是取食的工具和进攻其他动物的有力武器。章鱼是一种营养价值非常高的食品，不仅是美味的海鲜菜肴，也是民间食疗补养的佳品。

【选购指要】

挑选章鱼干时以体形完整，色泽鲜明，肥大，爪粗壮，体色柿红带粉白，有香味，足够干且淡口的为上品，而色泽紫红的次之。

食品健康知识链接

【天然药理】章鱼富含牛磺酸，能调节血压，适用于气血虚弱、高血压、低血压、动脉硬化、脑血栓、痈疽肿毒等病症。章鱼还含有一种重要的保健因子——天然牛磺酸，具有抗疲劳、抗衰老，延长人类寿命的功效。中医认为，章鱼有补血益气、收敛生肌、补养虚弱、治痈疽肿毒的作用。

【用法指要】一般的做法是将章鱼水煮后切片，沾上酱油、芥末酱。或者将葱屑、姜末、蒜泥、淡色酱油、西红柿酱、糖及乌醋拌匀后做成五味酱，沾拌着食用也是方法之一。章鱼洗净去肠去杂后，宜与猪蹄、花生一起炖汤，也可煸炒或干制成章鱼片。

【健康妙用】章鱼与猪脚、花生同煮，可促进产后妇女乳汁分泌；与姜同煮有增进食欲、补血气之效；与莲藕同煲汤食用不仅具有补中益气的功效，同时又能补血养血、滋润肌肤，还可辅助治疗产妇缺乳；

与西洋菜同煲汤食可补气血，益精髓，适用于病后体弱，阴血不足之人。

【食用宜忌】体质虚弱、气血不足、营养不良者、产后缺乳者宜食。章鱼属动风类水产品，有荨麻疹、慢性顽固湿疹等瘙痒皮肤病者忌食。燥热者不宜多食。

【温馨提示】每次约50克。章鱼嘴和眼里均是沙子，吃时须挤出。

【药典精论】《泉州本草》："荨麻疹史者不宜服之。""章鱼益气养血、收敛、生肌。主治气血虚弱，痈疽肿毒，久疮溃烂。"《本草纲目》："养血益气。"

16. 怎样鉴别与选购银鱼

【本品概述】

银鱼即海蜒，俗称银条鱼、面条鱼、鲙残鱼，白色稍透明，长3厘米左右，通体无鳞。因其体形小而细长，形如玉簪，头部扁平，通体透明，在阳光下发闪闪的银光，故称银鱼。它与鲚鱼、白虾并称为太湖三宝。银鱼一向作为整体性食物应用，即内脏、头、翅等均不去掉，整体食用，而整体性食物目前作为一种天然的"长寿食品"为国际营养学界所确认。银鱼又是一种名贵的小型经济鱼类，味道鲜美，营养丰富，有鱼类皇后之称，更有"水中软白金"之誉。

【选购指要】

选购新鲜银鱼，以洁白如银且透明为佳，无异味和特别刺激的气味；体长2. 5~4厘米为宜，手从水中捞起银鱼后，将鱼放在手指上，鱼体软且下垂，略显挺拔，鱼体无黏液。

市场上银鱼干有三种：一种是网中暴晒而成的银鱼干，鱼体完整，色泽洁白有光，其肉嫩、味鲜的特色基本不变，吃起来和鲜银鱼无什么差异。第二种是在制作过程中，因有阴雨天不易即时加工，加入少许食盐而成，这类银鱼干色略成淡黄，吃起来仍美味可口。第三种是在制作过程中加入明矾，鱼体呈白色而不透明，吃起来味道较差，有苦涩感，且压秤。

食品健康知识链接

【天然药理】银鱼有润肺止咳、善补脾胃、宜肺、利水的功效，可治脾胃虚弱、肺虚咳嗽、虚劳诸疾。

【用法指要】银鱼肉鲜而不腻，可炒、烧、熘、凉拌，也可做汤或制成鱼干。可配豆腐、白菜、鸡蛋、虾仁、淡菜等烹制成香酥银鱼、糖醋银鱼、芙蓉银鱼、银鱼炖蛋等。烹调之前先准备一小盆清水，把鱼倒进去，然后用手轻轻搅拌让脏东西沉淀，接着用滤网把小鱼捞起，照这个方法冲洗三四次，然后用开水把鱼烫一下，这样就可以放心烹调了。

【健康妙用】银鱼加葱姜可治胃寒，开胃；加淡菜能治咳嗽；配瘦猪肉可补产后虚亏；熬银鱼汤能治小儿疳积并能增加体重；与莼菜同煮汤羹食可健脾益胃，润肺止咳，特别适合脾胃虚弱、肺虚咳嗽者食用；与豆腐同煮汤食益气补虚，清热生津；与苋菜同煮汤食可补充钙质，强筋壮骨；与粉葛同煮汤食可清热气，理肠胃，预防身体燥热不适的症状出现；与鸡蛋同煮食或炒食有滋阴润燥，益气补血的功效；与韭菜同炒食可温肾补阳，益肝健胃。

【食用宜忌】适宜于体质虚弱、营养不足、消化不良之人食用。因是高蛋白低脂肪的食品，高血脂患者也可适量进食。因其性平味美，诸无所忌。

【温馨提示】银鱼在清明节前食用味道更佳，每餐约80克。

【药典精论】《日用本草》：“宽中健胃，合生姜作羹佳。”《医林纂要》：“补肺清金，滋阴，补虚劳。”《随息居饮食谱》：“养胃阴、和经脉，小者胜。”

17. 怎样鉴别与选购白鱼

【本品概述】

白鱼俗称翘嘴红鲌、白鳊鱼、娇鱼、黄白鱼、翘嘴，自然分布很广，是我国南北水域常见的淡水鱼类。白鱼生长快，个体大，最大个体可达10公斤，其肉质白而细嫩，味美而不腥，一贯被视为上等佳肴。它是一种凶猛鱼类，也属太湖主要经济鱼类之一，与“太湖三宝”合称“太湖四珍”，少刺多肉，味道鲜美，营养价值较高。

【选购指要】

白鱼出水后不宜久存，稍久即变质，肉质变软而离刺，质量显著下降，因此宜购买新鲜的。俗话说：“三月桃花开江水，白鱼出水肥且鲜。”因此选用冬眠后的白鱼味道最佳。

食品健康知识链接

【天然药理】白鱼肉有开胃、健脾、利水、消水肿的功效，可治疗消瘦浮肿、产后抽筋等症状。

【用法指要】食用时可清蒸、红烧，代表菜式有清蒸白鱼、三花鱼腹酒锅、糖醋鱼条、白鱼枸杞汤、八仙过海闹罗汉、松子全鱼、生熏白鱼等。蒸制时间不宜过长，断生为度。此外，蒸鱼时，可在鱼身下垫两根葱，使鱼与盘之间有空隙，蒸气能在鱼体周围产生对流作用，加快鱼的成熟度，同时鱼皮不会粘在盛器上，可以保持鱼体的完整、美观。用白鱼制成鱼圆，则味道更佳，历来受到消费者的喜欢。

【健康妙用】白鱼鱼脑是不可多得的强壮滋补品，经常食用，对性功能衰退、失调有特殊疗效。白鱼葱姜煮食，可治血虚心悸症；腌白鱼煮食，可治慢性腹泻；白鱼与鳖煮食，可治体虚浮肿。

【食用宜忌】适宜营养不良，肾炎水肿，病后体虚，消化不良之人食用。

支气管哮喘之人，癌症患者，红斑性狼疮者，荨麻疹，淋巴结核以及患有疮疖者忌食。白鱼不宜和大枣同食。

【温馨提示】每次约100克。

【药典精论】《食疗本草》：“助脾气，能消食。”《开宝本草》：“主胃气，开胃下食，去水气，令人肥健。”《日华子本草》：“患疮疖人不可食，甚发脓。”

《随息居饮食谱》：“白鱼，甘温，行水助脾，发痘排脓。多食发疥，动气，生痰。”唐•孟诜：“经宿者勿食，令人腹冷。多食泥人心，久食令人心腹诸病。”

18. 怎样鉴别与选购鮠鱼（鮰鱼）

【本品概述】

鮠鱼俗称鮰鱼、白戟鱼、阔口鱼、白糞、江团，是长江中一种淡水底层鱼类。鮠鱼肉质白嫩，鱼皮肥美，兼有河豚、鲫鱼之鲜美。鮠鱼鳔，胶质，特别肥厚，为鱼肚中之上品。尤以菜花盛开时为最，称“菜花白吉”，它和鲥鱼、刀鱼、河豚加在一起，被人们誉为“长江四鲜”。

【选购指要】

以全体裸露无鳞，背部稍带灰色，腹部白色，鳍为灰黑色、无异味的为宜。鮠鱼一般为1500~2500克。

食品健康知识链接

【天然药理】补中益气，开胃。

【用法指要】以清蒸为最佳，也可烧、炖或煮食。鮠鱼入烹，视其大小，既可整条烹调，又可加工成块条片丁等烹用。整条烹饪最宜清蒸，与鲥鱼刀鱼一样做法，味道也不失其色。鮠鱼的鳔也特别肥厚，可以鲜用，干制后即为名贵的鮠鱼肚，名菜“蟹黄烩鱼肚”中的鱼肚就是用鮠鱼肚做成的。

【健康妙用】用鮠鱼加党参、黄芪、白术一起炖汤，喝汤可开胃、益气、强身。

【食用宜忌】适宜于体弱气虚、营养不良、食欲缺乏者食用。素有顽癣痼疾之人忌食。据经验，鮠鱼忌与鸡肉、野猪肉同食。

【温馨提示】春冬两季，长江江口鮠鱼体状膘肥、肉质鲜嫩，正是品尝的最佳时令。

【药典精论】《日用本草》：“补中益气。”《本草拾遗》：“味甘，平，无毒。”《本经逢原》：“阔口鱼，能开胃进食，病人食之，无发毒之虑，食品中之有益者也。”宋•苏颂：“鮠鱼能动痼疾，不可合野猪肉、鸡肉同食，令人生癞。”《随息居饮食谱》：“鮠鱼，甘温。行水，调中。多食能动痼疾。”

19. 怎样鉴别与选购鲚鱼

【本品概述】

鲚鱼俗称刀鱼、凤尾鱼，为名贵的经济鱼类，世界上约有20种，我国有刀鲚、凤鲚、短颌鲚和七丝鲚等4种。因上市的凤尾鱼大都满腹是子，故人们又习惯称之为“子鲚”。其体长而侧扁，前体稍高，向后渐尖细，吻短且略圆突，口大；体披薄而圆的细鳞，无侧线；臀鳍长度超过体长一半，腹鳍、尾鳍短小；体背为淡绿色，侧部和腹部为银白色。我国沿海各大江河口附近均有分布，以天津海河、长江中下、珠江口为最多。产期为4～8月，长江中下游清明前的品质最好。其肉质细嫩、酥软，味道鲜美。

【选购指要】

质量好的鲚鱼，鳞片紧贴鱼体，有光泽；揭开鳃盖，鳃丝呈枯黄色，并清晰明亮；眼球饱满，清晰透明；无异味。

食品健康知识链接

【天然药理】中医认为，鲚鱼具有强心补肾、舒筋活血、消炎化痰、清脑止泻、消除疲劳、提精养神的功效，可预防和治疗多种疾病。现代药理研究发现，鲚鱼所含之锌，能使血中抗感染淋巴细胞增加，临床也证实鲚鱼有益于人体对化疗的耐受力。鲚鱼对慢性胃肠功能紊乱、消化不良者有一定疗效。由于鲚鱼的营养成分与一般鱼类不同，富含矿物质特别是微量元素，近年来专家们在对此鱼进行广泛研究中，发现此鱼有促进人体抗感染的能力，有益于提高人体对化疗的耐受力。因此，专家们特别推崇患有癌症并进行化疗的病人，应多食一些鲚鱼。

【用法指要】鲚鱼宜骨肉同食，因其肉细皮薄不可剖腹取脏，可用筷子从鱼嘴中伸入腹中挖胆去脏即可。其食法简便，可以油炸、红烧，也可焙成鱼干，吃起来均鲜美可口，凤尾鱼罐头更是深受欢迎。《调鼎集》便载有鲚鱼圆、炸鲚鱼、炙鲚鱼、鲚鱼汤、鲚鱼豆腐等10多种做法，《随园食单》里也录有相关内容，袁枚认为清蒸法最宜，“刀鱼用蜜酒酿、清酱放盘中，如鲥鱼法蒸之最佳”。

【健康妙用】鲚鱼与扁豆同煮汤食可健脾开胃，对消化不良者有较好疗效。鲚鱼与生姜、胡椒、豆豉同煮汤食用可治脾胃虚寒所致食欲不振。

【食用宜忌】适宜于因慢性肠功能紊乱、消化不良等体虚、营养不良者食用。尤其适合病后恢复期及女性产后食用，也适合青少年食用。所含脂肪较多，高血脂、肥胖、动脉硬化、冠心病患者等忌食；湿体或湿热内盛、患有疥疮瘙痒之患者也应忌食。吃鱼前后忌喝茶。

【温馨提示】每餐约80克，不可多食，否则易助火发疥。

【药典精论】《食鉴本草》：“鲚鱼肉助火动痰。”《食物本草》：“有湿病疮疥勿食。”《随息居饮食谱》：“多食发疮、助火。”唐•孟诜：“鲚鱼肉发疥，不可多食。”

20. 怎样鉴别与选购鲶鱼

【本品概述】

鲶鱼俗称鲇鱼、胡子鲢、黏鱼、塘虱鱼、生仔鱼、粘鱼等，是一种可四季捕获、常年鲜食的淡水鱼，其最显著的特点是周身无鳞，身体表面多黏液，头扁口阔，上下颌有四根胡须。鲶鱼个体大，肉多刺少，味似河鳗，故有“八须鲶鳗”之称。但它的缺点是耐寒性差，当水温降至7℃以下时容易冻死，因此生长期很短，全年仅5~6个月时间。鲶鱼不仅像其他鱼一样含有丰富的营养，而且肉质细嫩、美味浓郁、刺少、易消化。

【选购指要】

选购时，应挑选肉质有弹性、鱼鳃呈淡红色或鲜红色、眼球微凸且黑白清晰、外观完整、鳞片无脱落、无腥臭味的鲶鱼。

食品健康知识链接

【天然药理】鲶鱼具有补中气、滋阴、开胃、催乳、利尿的功效，也是妇女产后食疗滋补的必选食物。

【用法指要】鲶鱼可用于清蒸、清炖、煮汤、红烧，做肉丸子等，可配茄子、豆腐、大蒜、鸡蛋、火腿、香菇同煮，药食具佳。鲇鱼体表黏液丰富，宰杀后放入沸水中烫一下，再用清水洗净，即可去掉黏液。清洗鲶鱼时，一定要将鱼卵清除掉，因为鲶鱼卵有毒，不能食用。

【健康妙用】鲶鱼与豆腐同煮汤食，不加盐可消水肿，通乳，还可提高人体对营养成分的吸收率；与大蒜同烧食不仅味美，而且营养丰富；与鸡蛋同做汤羹食用可补脾益胃，催乳，适合产后气血不足、乳汁稀少，或脾虚水肿、小便不利者食用，但感冒发热及湿热内蕴者不宜；与黑豆同煮汤食有补肾虚，辅治耳聋及止鼻出血的功效；与糯米同蒸食可补气养血；与茄子同炖食，营养丰富；与木瓜同炖食，有滋阴补虚、利尿消肿、清热解渴的作用。将香菜塞入鱼腹炖食，可利水消肿，适用于脾虚水肿、小便不利。

【食用宜忌】体弱虚损、营养不良、乳汁不足、小便不利、水气浮肿者宜食。老、幼、产后妇女及消化功能不佳的人最为适用。鲶鱼为发物，痼疾、疮疡患者慎食。鲶鱼忌与鹿肉、牛油、羊油、牛肝、野猪肉、野鸡肉、荆芥一同食用。

【温馨提示】鲶鱼的最佳食用季节在仲春和仲夏之间。每次约100克。

【药典精论】《食经》：“主虚损不足，令人皮肤肥美。”《本草纲目》：“鲶鱼反荆芥。”《随息居饮食谱》：“鲇鱼，甘温，微毒。痔血、肛痛，不宜多食。余病悉忌。”南北朝•陶弘景：“鲇鱼肉不可合鹿肉食，令人筋甲缩。”宋•苏颂：“鲇鱼肉不可合牛肝食，令人患风，噎涎，不可合野猪肉食，令人吐泻。”

21. 怎样鉴别与选购鲈鱼

【本品概述】

鲈鱼又称花鲈、四鳃鱼、寨花、鲈板、四肋鱼等，分布在中国沿海一带及河口和江河中，江南水乡各地均产。它与长江鲥鱼、太湖银鱼齐名。每年的10—11月份为盛渔期。其肉质坚实呈蒜瓣状，刺少，味鲜美，也是西餐常用鱼之一。

【选购指要】

鲈鱼颜色以鱼身偏青色、鱼鳞有光泽、透亮为好，翻开鳃呈鲜红者、表皮及鱼鳞无脱落才是新鲜的，鱼眼要清澈透明不混浊，无损伤痕迹；用手指按一下鱼身，富有弹性就表示鱼体较新鲜；不要买尾巴呈红色的鲈鱼，因为这表明鱼身体有损伤，买回家后很快就会死掉。

食品健康知识链接

【天然药理】中医认为鲈鱼有健脾益气、补肝肾、安胎、止咳化痰的功效。现代营养学认为，孕妇和产妇吃鲈鱼既能补身体，又不会造成营养过剩而导致肥胖的营养食物，是健身补血、健脾益气和益体安康的佳品。鲈鱼血中还有较多的铜元素，铜能维持神经系统的正常功能，并参与数种物质代谢的关键酶的功能发挥，铜元素缺乏的人可食用鲈鱼来补充。日本学者研究发现，吃鲈鱼利于伤口愈合，其效果远远高于其他鱼类。

【用法指要】一般用于红烧、清蒸、汆汤、清烩和制成鱼羹，但尤以加鸡汤烹煮味道最佳。为了保证鲈鱼的肉质洁白，宰杀时应把鲈鱼的鳃夹骨斩断，倒吊放血，待血污流尽后，放在砧板上，从鱼尾部跟着脊骨逆刀上，剖断胸骨，将鲈鱼分成软、硬两边，取出内脏，洗净血污即可（起鲈鱼球用）。

【健康妙用】民间验方有用鲈鱼与葱、生姜煎汤，可治小儿消化不良；将鳃研末或煮汤，可用于治疗小儿百日咳，也可治疗妇女妊娠水肿、胎动不安。鲈鱼与五味子同煮汤食可益脾胃、补肝肾、利气行水、益气生津，对心悸心慌、失眠多梦、慢性腹泻有疗效；与黄芪同炖食，适用于手术后调理，可促进伤口愈合；与北芪同炖食，对消化不良有疗效；与米酒同炖食，可健脾益气、除湿止带，对带下有疗效；与当归同蒸食，可养血调经，补肝益肾，强筋丰乳，特别适合孕妇食用；与豆腐同煮汤食可利水除湿；与木瓜同煮汤食，既有健脾开胃之功，又有润肺化痰之效；与丝瓜同煮汤食可清热凉血，化痰；与莼菜同煮食不仅味道鲜美无比，还可润肺健脾、补肝肾。

【食用宜忌】适宜于妇女贫血头晕、妊娠水肿、胎动不安者食用。凡有皮肤病、疮疡之人忌食。据经验，鲈鱼忌与牛羊油、奶酪和中药荆芥同食。

【温馨提示】每次100克。秋末冬初，成熟的鲈鱼特别肥美，鱼体内积累的营养物质也最丰富，是吃鲈鱼的最好时令。

【药典精论】《食疗本草》：“安胎、补中，作烩尤佳。”《随息居饮食谱》：“鲈鱼，多食发疮患癖，其肝尤毒。中其毒者，芦根汁解之。”《嘉祐本草》：“鲈鱼，多食宜人……暴干甚香美，虽有小毒，不至发病。”《本草经疏》：“鲈鱼，味甘淡气平与脾胃相宜。肾主骨，肝主筋，滋味属阴，总归于脏，益二脏之阴气，故能益筋骨。”

22. 怎样鉴别与选购鲂鱼

【本品概述】

鲂鱼又称鳊鱼。此鱼刺粗而少，肉薄而嫩，肉质鲜美。自古以来，颇受人民大众欢迎，视其为上等食用鱼类。早在两千多年前，我们的祖先就很喜爱吃这种鱼，如《诗经》中便有“岂其食鱼，必河之鲂”的诗句。

【选购指要】

鲂鱼有燕子鲂、牛粪鲂等80多种，其中最好的是黄鲂。辨别黄鲂的方法很简单。真黄鲂的黄色带是自然黄，很平均，用指头摩擦不会褪色。用黄芪水染的黄带不平均，颜色不自然，有的地方色重有的地方色淡，用指头擦几下，手指头就会染上黄色。

食品健康知识链接

【天然药理】补虚养血，益脾助肺，利五脏，调胃气，利小便。主治消化不良、胸腹胀满等症。

【用法指要】可供红烧、油炸、清蒸、做汤，但以清蒸为最佳。

【健康妙用】用鲂鱼1条，与白芥子一起炖汤，饮汤能助肺气，消食，去胃中之风。

【食用宜忌】贫血、体虚、营养不良、无食欲者宜食。患有痔积、慢性痢疾者忌食。

【温馨提示】武昌鱼、鳊鱼、鲂鱼这三种鱼虽然都属鱼纲鲤科，且其体态相似，食性相同，但是它们还是有区别的。体形：鳊鱼侧扁而较高略呈菱形、武昌鱼侧扁而高呈菱形、三角鲂侧扁而高呈三角菱形。口：鳊鱼端位，略呈平弧形；武昌鱼较宽，呈平弧形；三角鲂较窄，呈马蹄形。

【药典精论】《食疗本草》：“鲂鱼，调胃气，利五脏，和芥子酱食之，能助肺气，去胃风，消谷。作烩食之，助脾气，令人能食，作羹臛食宜人，功与鲫同。”《食疗本草》：“患痔痢者不得食。”

23. 怎样鉴别与选购墨鱼

【本品概述】

墨鱼又称乌贼、墨斗鱼、目鱼等，干者叫明鱼。墨鱼属软体动物中的头足类，产地分布很广，中国、朝鲜、日本及欧洲各沿海均有出产，我国舟山群岛出产最多。墨鱼肉、蛋、脊骨（中药名为海螵蛸）均可入药。李时珍称墨鱼为“血分药”，是妇女贫血、血虚经闭的佳珍。

【选购指要】

宜选色泽鲜亮洁白、无黏液、无异味、肉质有弹性的，外膜有粉红色斑点，并有两条长触须的墨鱼。一般来说，新鲜的墨鱼，会有蓝黑色的闪光光泽。但一经久放，就会变白，最后变红，这是由于一种虾红素分解出来的现象。因此如果墨鱼身硬有光泽，眼睛澄亮而突出者便是新鲜的。至于剖开的墨鱼肉，有透明感觉的则是新鲜，不透明者则是放得久了。

食品健康知识链接

【天然药理】中医认为墨鱼有健脾利水、养血止血、滋阴补血、调经止带、催乳的功效。墨鱼的墨液，含有许多种有益的成分，有助于促进胃液的分泌。墨鱼的背部有一块石灰质的骨头，医书上称为海螵蛸。该骨含有碳酸钙、磷酸钙胶质、有机质及氯化钠等，有止血、止滞、涩精止遗、制酸止痛的功效，适用于胃酸过多引起的胃及十二指肠溃疡等病。墨鱼肉还含有多肽，其有抗病毒、抗射线作用。

【用法指要】用墨鱼做菜肴时，应把头身分开，撕去皮，把眼、墨袋、骨等杂物去掉、洗净。然后将墨鱼头和皮放入开水锅中煮约1分钟断火，捞出后用刀切丝凉拌食用。墨鱼肉可待油锅内油八成热时放入，几秒钟后见肉片卷起时即出锅。然后将葱、姜炝炒，放入蔬菜、调料，加少量的水，改旺火加入墨鱼肉片，翻锅后再用少许淀粉勾芡，淋上香油、味精即可。墨鱼肉色白嫩，还可切成丁、条、块及各种花刀，爆、炒、炸、烤、汆、煨，无所不可。

【健康妙用】墨鱼与猪肉同炖食，每日一次，5天为一疗程，可治妇女带下；与生姜同炒食可补血通经，治血虚经闭；与淡菜同煮汤食可滋阴清热，调经止血；与甘草同煮汤食可清热解毒，滋阴养血；与节瓜同煲汤食有解暑、益气血的功效；与黄精同煮汤食可补益肝肾，适用于肝肾阴虚之腰膝酸痛、眩晕、尿频、遗精、早泄等症；与木瓜同煲汤食可养血明目，特别适合女性食用；与韭菜同炒食可养血益气、补虚强身、温补肝肾，对肾虚、阳痿、遗精、经闭、胃出血有疗效；与桃仁同煮汤食可治疗闭经或月经过少。

【食用宜忌】适宜于热体体质、贫血、妇女血虚经闭、带下、崩漏者食用。

脾胃虚寒的人应少吃；高血脂、高胆固醇血症、动脉硬化等心血管病及肝病患者应慎食；患有湿疹、荨麻疹、痛风、肾脏病、糖尿病、易过敏者等疾病的人忌食；墨鱼属动风发物，故有病之人酌情忌食。墨鱼与茄子相忌，同食易引起霍乱。

【温馨提示】每次约50克即可。每年广东2—3月，福建4—5月，浙江5—6月，山东6—7月，渤海10—11月为出产旺季，是最佳的食用季节。

【药典精论】《医林纂要》："作脍食，大能养血滋阴，明目去热。"《随息居饮食谱》："滋脾肾，补血脉，理奇经，愈崩淋，利胎产，调经带，疗疝瘕，最益妇人。"《本草求真》："其味珍美，食则动风与气。"《大明本草》："益人，通月经。"《本草纲目》："益气强志。"

24. 怎样鉴别与选购黄花鱼

【本品概述】

黄花鱼又名黄鱼、江鱼。因鱼头中有两颗坚硬的石头，叫鱼脑石，故又名"石首鱼"。其有大小之分，大黄鱼又称大鲜、大黄花、桂花黄鱼；小黄鱼又称小鲜、小黄花、小黄瓜鱼，二者和带鱼一起被称为中国三大海产。黄花鱼是一种高蛋白低脂肪的食品，为病人食养之珍。

【选购指要】

优质黄鱼体表呈金黄色、有光泽，鳞片完整，不易脱落；肉质坚实，富有弹性；眼球饱满凸出，角膜透明；鱼鳃色泽鲜红或紫红，无异臭或鱼腥臭，鳃丝清晰。

食品健康知识链接

【天然药理】中医认为，黄花鱼有益气开胃、滋阴填精、明目安神、益肾补虚、止痢的功效。现代医学认为，黄花鱼含有丰富的微量元素硒，能清除人体代谢产生的自由基，能延缓衰老，并对各种癌症有防治功效。黄花鱼含有丰富的蛋白质、微量元素和维生素，对人体有很好的补益作用，对体质虚弱者和中老年人来说，食用黄鱼会收到很好的食疗效果。

【用法指要】大黄鱼可红烧、干煎、清蒸和煮汤，小黄鱼的最佳吃法是红烧和氽汤。如果用油煎的话，油量需多一些，以免将黄鱼肉煎散，煎的时间也不宜过长。

【健康妙用】黄鱼与莼菜同炖食可健脾开胃，对食欲不振有很好疗效；与大蒜同炖食可补中益气、温胃止呕，对妊娠中毒症有疗效；与黑木耳同煮汤食可益气强体、清热解毒，对慢性胃炎、贫血、月经不调、前列腺炎有疗效；与海参同烧食可益气养血、养肝明目、补肾填精；与九制陈皮同蒸食可疏肝理气，健脾止泻；与鱼肚同做汤食可填精、大补元气、调理气血、熄风、止血、抗癌；与荷叶同煮鱼头汤食具有通窍，清火之功效，对鼻塞头痛、声音沙哑、心烦厌食者疗效明显。

【食用宜忌】适宜于久病胃虚食减之人及头晕、失眠、贫血患者进食。多食助湿生痰，因此胃呆痰多者宜慎用。鲜黄鱼为大发之物（经腌、腊后则与病无忌），故急慢性皮肤病、支气管哮喘、红斑性狼疮、肾炎、痈疖疔毒、血栓闭塞性脉管炎、癌症、淋巴结核患者忌食。黄花鱼忌与荞麦同食，否则会令人失声。黄鱼不能与中药荆芥同食。

【温馨提示】端午节前后是大黄鱼的主要汛期，清明至谷雨则是小黄鱼的主要汛期，此时的黄鱼身体肥美，鳞色金黄，最具食用价值。每次约100克。

【药典精论】《开宝本草》："和莼菜作羹，开胃益气。"《本草汇言》："动风发气，起痰助毒。"《随息居饮食谱》："多食发疮助热，病人忌之。"

25. 怎样鉴别与选购青鱼

【本品概述】

青鱼又名黑鲩、青鲩、黑青、乌鲭、青皮鱼、青鳞鱼、螺蛳青等。主要产于长江流域地区，也可人工养殖。青鱼四季均产，以秋季产的最多，品质最好。青鱼肉厚且嫩，味鲜美，富含脂肪，刺大而少，是淡水鱼中的上品。

【选购指要】

优质青鱼略呈圆筒形，体形较大，头顶圆宽，腹部圆而无棱，尾部扁侧，上颌稍长于下颌，侧线弧形，体背大圆鳞，鳍齐全且典型，背部青黑色，腹部为白色，各鳍均为灰黑色。

眼球饱满凸出，角膜透明；鱼鳃色泽鲜红或紫红，无异臭或鱼腥臭，鳃丝清晰。

食品健康知识链接

【天然药理】青鱼具有益气、补虚、健脾、养胃、化湿、祛风、利水的功效，还可预防妊娠水肿。由于青鱼含丰富的核酸以及硒、碘等微量元素，因此也有抗衰老、抗癌的作用。

【用法指要】青鱼可供清蒸、清炖、红烧、油炸、糖醋及煨汤、下火锅等。杀洗青鱼的窍门：右手握刀，左手按住鱼的头部，刀从尾部向头部用力刮去鳞片，然后用右手大拇指和食指将鱼鳃挖出，用剪刀从青鱼的口部至脐眼处剖开腹部，挖出内脏，用水冲洗干净，腹部的黑膜用刀刮一刮，再冲洗干净。

【健康妙用】青鱼胆可治咽痛目赤，湿疹恶疮，耳内流脓。将黄柏研成粉末，用青鱼胆汁拌和后，晒干研末，用干粉搽患处，可治皮肤湿诊、疮毒。将青鱼、鲤鱼、鲫鱼等大鳞鱼刮下的鱼鳞，洗干净后投入开水中煮2~4小时，过滤去渣，略加黄酒、生姜、食盐、味精等作调味，放置一夜后，冻如肉胶样，切成小块，即成鱼鳞胶。用麻油、酱油拌食，每日100~150克，治齿龈出血，鼻出血，紫癜。

【食用宜忌】适宜于脾胃虚弱、气血不足、营养不良者食用；也适合高血脂、动脉硬化、肝炎、肾炎、各种水肿患者食用。一般鲜鱼无所忌讳；但民间喜欢将青鱼做成糟鱼醉鲞，这类青鱼即成发物，瘙痒性皮肤疾患、支气管哮喘、肾炎、痈疖疔疮、红斑性狼疮、淋巴结核、癌症等均应忌食。烹制青鱼时忌用牛、羊油煎炸，也忌与荆芥、白术、苍术、李子同食。

【温馨提示】秋季是最佳食用季节。每餐约100克。

【药典精论】《随息居饮食谱》：“青鱼，甘平，补气，养胃，除烦满，化湿，祛风，治脚气、脚弱。”《本草经集注》：“服术勿食青鱼鲊。”南北朝陶弘景：“青鱼鲊，不可合生胡荽及生葵并麦酱同食。”《增补食疗本草》：“青鱼同韭白煮，治脚气脚弱，烦闷，益气力。”

26. 怎样鉴别与选购带鱼

【本品概述】

带鱼又称海刀鱼、裙带鱼、牙带鱼，是鱼纲鲈形目带鱼科动物。带鱼的体形正如其名，侧扁如带，呈银灰色，背鳍及胸鳍浅灰色，带有很细小的斑点，尾巴为黑色，带鱼头尖口大，到尾部逐渐变细，好像一根细鞭，头长为身高的2倍，全长1米左右。带鱼广泛分布于世界各地的温、热带海域。我国沿海均产之，以东海产量最大，南海产量较少，11—12月是盛产带鱼的季节。其肉嫩体肥、味道鲜美，刺少、食用方便，营养丰富。

【选购指要】

新鲜带鱼为银灰色，且有光泽。尽量不要买带黄色的带鱼，因为这样的带鱼会很快腐烂发臭。

食品健康知识链接

【天然药理】中医认为，带鱼有和中温胃、益气养血、补五脏、泽肌肤的功效，可治劳伤虚羸、产后乳少、小儿疳积等。现代医学发现，带鱼的银白色油脂层中，含有一种抗癌成分，作为抗癌物，应用于白血病、胃癌、淋巴肿瘤的病人，有很好的效果。带鱼的脂肪含量高于一般鱼类，且多为不饱和脂肪酸，这种脂肪酸的碳链较长，具有降低胆固醇的作用。带鱼含有丰富的镁元素，对心血管系统有很好的保护作用，有利于预防高血压、心肌梗死等心血管疾病。带鱼体表的“银脂”含有丰富的卵磷脂，可减少细胞的死亡率，能使大脑延缓衰老，被誉为能使人返老还童的魔力食品。

【用法指要】烹调带鱼时最好采用清蒸、水煮或炖熬的方法，吃时连汤汁一起食用。如需煎炸，最好进行着衣处理，挂糊最宜，拍粉也可，但切忌清炸，否则其银脂会损失殆尽。

【健康妙用】带鱼同木瓜煮汤食，有养阴、补虚、通乳的功效，对产后少乳、外伤出血等症具有一定疗效；与黄芪同炖食可以补中益气，温养脾胃，外达肌表，固护卫阴；与南瓜同煮汤食可补中益气、补虚养颜；与番茄同焖食可以健胃消食、清热解毒，还有促进食欲的作用；与豆豉同煮食可以治疗消化不良、脾胃虚寒；与萝卜同炖或烧食可清热生津、健脾开胃。

【食用宜忌】体虚头晕、气短乏力、营养不良、食少瘦弱之人宜食；皮肤干燥之人也宜食。

为动风发物，麻疹、风疹及原因不明的皮肤瘙痒、皮肤过敏者、疥疮、支气管哮喘、淋巴结核、痈疖疔毒、红斑性狼疮、癌症患者忌食。带鱼忌用牛油、羊油煎炸；也不可与甘草、荆芥同食。

【温馨提示】每次约100克即可。此外，带鱼身体表面覆盖着一层银白色的油脂，这种油脂所含的不饱和脂肪酸比鱼肉还高，因此食用时不宜将这层油脂刮掉。

【药典精论】《食物中药与便方》：“带鱼，滋阴、养肝、止血。急慢性肠炎蒸食，能改善症状。”《药性考》：“带鱼，多食发疥。”《随息居饮食谱》：“带鱼，发疥动风，病人忌食。”

27. 怎样鉴别与选购鲫鱼

【本品概述】

鲫鱼又名鲋鱼、喜头，俗称鲫瓜子，为鲤科动物，产于全国各地，为我国重要食用鱼类之一。其四季均产，以2—4月和8—12月产的最肥。鲫鱼肉嫩味美，营养价值较高，但刺细小而多。

【选购指要】

鲫鱼有活水（江、湖或江湖支流）、死水（不通江湖的潭子、小河）之分，前者身略长，色白中带黄；生者背宽身略圆，肚白背乌，近年来还有养殖鲫鱼，形似河产鲫鱼，但周身银白。比较而言，三者以河产者为好，肉厚味鲜，湖产者次之，养殖的因生长周期短，肉质嫩有余而鲜不足。另外，一年四季鲫鱼处于不同的生长周期，质量也有差异。一年中以秋、冬季最好，夏天鲫鱼较瘦。

食品健康知识链接

【天然药理】鲫鱼所含的蛋白质质优、齐全、易于消化吸收，是肝肾疾病，心脑血管疾病患者的良好蛋白质来源，常食可增强抗病能力。产后妇女炖食鲫鱼汤，可补虚通乳。中医认为食用鲫鱼能益气健脾、开胃调气、利水消肿、清热解毒。

【用法指要】鲫鱼可供红烧、炸、蒸、炖，但以炖汤为最佳。鲫鱼的大小当根据成菜要求而定，红烧、做汤一般每条以150克左右为宜；做酥鲫鱼每条50克左右；250克左右一条的可在肚中塞肉再红烧或清蒸；250克以上的鲫鱼肉质趋老，质量反而下降。

【健康妙用】腹水患者用鲜鲫鱼与赤小豆共煮汤服食有疗效。用鲜活鲫鱼与猪蹄同煨，连汤食用，可治产妇少乳。鲫鱼油有利于心血管功能，还可降低血液黏度，促进血液循环。用陈皮和鲫鱼煮汤，有温中散寒、补脾开胃的功效，适宜胃寒腹痛、食欲不振、消化不良、虚弱无力等。用鲫鱼炖鸡蛋，再加通草一起炖煮，有很好的催乳作用。患有慢性支气管炎，长期咳嗽不愈，而且咯痰不爽者，可经常吃鲫鱼加红糖炖服，能滋阴补肺，益气化痰。用活鲫鱼1条，洗净，加小茴香6克，以及适量的生姜、黄酒、葱、盐，一起煮食，可治小肠疝气。

【食用宜忌】适宜脾胃虚弱、饮食不香、产后乳汁缺乏、小儿麻疹初期食用；也适合慢性肾炎水肿、肝硬化腹水、营养不良性水肿、痔疮出血、慢性久痢患者食用。因鲫鱼有降低胆固醇及防治动脉硬化作用，故肥胖、冠心病患者均可适当进食。感冒发热期间不宜多吃。据经验，鲫鱼不宜和大蒜、砂糖、芥菜、猪肝、鸡肉、野鸡肉、鹿肉同食。在服中药麦冬、厚朴期间，不宜吃鲫鱼。

【温馨提示】每次约50克。每年2—4月和8—12月是最佳的食用季节。

【药典精论】《本草图经》：“鲫鱼，性温无毒，诸鱼中最可食。”《医林纂要》：“鲫鱼性和缓，能行水而不燥，能补脾而不濡，所以可贵耳。”《本经逢原》：“鲫鱼，有反厚朴之戒，以厚朴泄胃气，鲫鱼益胃气。”《唐本草》：“合莼作羹，主胃弱不下食。”《本草经疏》：“鲫鱼调味充肠，与病无碍，诸鱼中惟此可常食。”《随息居饮食谱》：“外感邪盛时勿食，嫌其补也，余无所忌。”

28. 怎样鉴别与选购乌鱼

【本品概述】

乌鱼又名黑鱼、生鱼、鳢鱼、才鱼、蠡鱼等，属鲈形目，鳢科，为一种凶猛的肉食性鱼类。幼鱼以桡足类和枝角类为食，栖息淡水底层。小鱼以水生昆虫和小虾及其他小鱼为食。待长到8厘米以上则捕食其他鱼类，故为淡水养殖业的害鱼之一。乌鱼多分布于长江以南各水系，包括台湾、海南岛。以6月份产量较多。其肉质细嫩，口味鲜美，且营养价值颇高，因而在国内外市场深受欢迎，是人们喜爱的上乘菜肴。

【选购指要】

挑选体表无出血发红现象，鳞片无脱落或极少脱落，黏膜无损伤（鱼体表的一层保护膜，用手拿鱼时感到黏滑的物质，无黏膜时手感是糙涩的；有黏膜显光亮，无黏膜则暗淡），体色青亮，游动状态正常等为佳。

食品健康知识链接

【天然药理】中医认为：乌鱼归脾、胃经；可疗五痔，治湿痹，面目浮肿，能够“补心养阴，澄清肾水，行水渗湿，解毒去热”；具有补脾利水，去瘀生新，清热等功效，主治水肿、湿痹、脚气、痔疮、疥癣等症。

【用法指要】乌鱼可供红烧、清蒸、炒鱼片、鱼丁和汆汤等，以烧烤味道较佳。乌鱼入药，主供煮汤或烧干研末内服。

【健康妙用】乌鱼与生姜红枣煮食对治疗肺结核有辅助作用；乌鱼与红糖炖服可治肾炎。产妇食清蒸乌鱼可催乳补血。用乌鱼1条，去肠杂，将苍耳叶填入腹内，另在锅内放入苍耳，将乌鱼放在苍耳叶上，放入适量的水，文火煨熟，淡食，有祛风解毒、补虚扶正的疗效。用500克以上乌鱼1条，剖后洗净，将大蒜、赤小豆填满鱼腹，用厚纸裹数层，用水浸透，置灰火中煨熟，淡食或蘸糖、醋吃，在一天内分几次食完，连服数天，可治慢性肾病综合征，浮肿不退。

【食用宜忌】湿体及有浮肿、湿痹、小便不利、痔疮、疥癣等患者宜食；因黑鱼蛋白质含量甚高，食性偏寒，所以不少癌症患者，尤其在化疗、放疗时作为补充营养的常选食品。

寒体及有腹泻便溏者忌食。有疮者不可食。

【温馨提示】每年6月是最佳的食用季节。每次100克。

【药典精论】《随息居饮食谱》：“蠡鱼，甘寒。行水，化湿，祛风，稀痘，愈疮，下大腹水肿，脚气，通肠，疗痔。主妊娠有水肤浮。病后可食之。”《饮食须知》：“有疮人不可食，令瘢白。食之无益，能发痼疾。”《本草经疏》：“蠡鱼，乃益脾除水之要药也。补其不足，补泻兼施。故主下大水及湿痹，面目浮肿。”

29. 怎样鉴别与选购鲢鱼

【本品概述】

鲢鱼又叫白鲢，属于鲤形目，为鲤科动物，产于长江、黑龙江、珠江流域，是著名的四大家鱼之一。形态和鳙鱼相似，但体色较淡，银灰色，无斑纹，鳞片细小，银白色。以湖南、湖北产的最好，四季均产，以冬季产的最好。鲢鱼肉软嫩且细腻，刺细小而多。

【选购指要】

选购鲢鱼时，如果鱼眼呈透明无混浊状态、鱼鳃紧贴表示鱼比较新鲜。以鲜活、鱼体光滑、整洁、无病斑、无鱼鳞脱落的为佳。死的或有异味的不要买。

食品健康知识链接

【天然药理】鲢鱼有健脾补气、温中暖胃、散热的功效，可治疗脾胃虚弱、食欲减退、瘦弱乏力、腹泻等症状；还具有暖胃、补气、泽肤、乌发、养颜等功效。此外，鲢鱼能提供丰富的胶质蛋白，是女性滋养肌肤的理想食品。它对皮肤粗糙、脱屑、头发干脆易脱落等症均有疗效，是女性美容不可忽视的佳肴。

【用法指要】鲢鱼的食用方法很多，可红烧、清蒸、熏炸及制成鱼肉丸子等，但以炖汤为最佳。清洗鲢鱼的时候，要将鱼肝清除掉，因为其中含有毒质。

【健康妙用】鲢鱼与丝瓜同煮汤，可补中益气，生血通乳，对产后气血不足所致的乳汁少、乳行不畅者最为适宜；与冬瓜同吃能提高利水消肿的功效，是因脾肾虚弱而引起的浮肿病或糖尿病患者的很好的食疗菜肴；与豆腐同炖，可清热、健脾暖胃，多用于老年体弱、脾胃虚寒以及催乳。健康体质的人常吃也很有益处；与赤小豆煮汤食可利水消肿；与生葛根同煲汤食用，可解肌清热，利水降压。

【食用宜忌】适宜于脾胃气虚、营养不良者食用；也适合肾炎、肝炎、水肿、小便不利等患者食用。

热体或有阴虚内热之人忌食；凡有痈疽疔疮、无名肿毒、目赤肿痛、瘙痒性皮肤病患者忌食；红斑性狼疮患者慎重选食。鲢鱼不宜在一个时期内或一次食得太多，否则令人热中发渴或生疮疥。

【温馨提示】其中最为肥美的部分在腹部，鱼越肥大味越鲜美；冬季是最佳的食用季节。每次约100克。

【药典精论】《本草纲目》：“鲢鱼，温中益气。”清•王孟英：“多食令人热中，动风，发疥。痘疹，疟痢，目疾，疮家，皆忌之。”

第五章
蔬菜类食品鉴别与选购

1. 怎样鉴别与选购黄豆芽

【本品概述】

黄豆芽，主要是将黄豆加水润湿，在室内保持一定温度，使之发芽成菜。这种菜脆嫩、味鲜、营养丰富，是人们喜食的蔬菜。明•陈嶷称赞道："有彼物兮，冰肌玉质，子不入污泥，根不资于扶植。"这就是对黄豆芽的最好的评价。

【选购指要】

一般情况下，豆芽长到3厘米左右时，营养价值最高，超过3厘米后，长度越长，维生素的含量反而越低，超过9厘米时，含量就更少了。

选购黄豆芽时以茎部短而肥胖、直稍细，芽脚不软，脆而容易折断，茎部洁白，芽部淡黄者为佳。最好是即买即食。现在市面上有不少含非法添加物的劣质豆芽，烂根烂尖，有刺鼻味道的豆芽也不要购买。

食品健康知识链接

【天然药理】多吃黄豆芽可以有效地防治维生素B_2缺乏症。黄豆芽能减少体内乳酸堆积，治疗神经衰弱，消除疲劳；还能保护皮肤和毛细血管，防止小动脉硬化，防治老年高血压。黄豆芽也是美容食品，常吃能营养毛发，使头发保持乌黑光亮，对面部雀斑有较好的淡化效果。它对青少年生长发育、预防贫血等也大有好处。豆芽中新产生的叶绿素成分能防止直肠癌和其他癌变的发生，豆芽中富含维生素E，对防癌也有好处。此外，黄豆芽在维护人体正常代谢，预防皮炎、口腔炎及治疗贫血症等诸多方面都具有重要作用。此外，黄豆芽还有利尿解毒之效。

【用法指要】食用前要放在水龙头下充分冲洗，以防有化肥的污染。豆芽的吃法有炒、拌、炝、制汤等。烹调黄豆芽切记不可加碱，要加少量醋，才能保持维生素B_2不减少。烹调过程要迅速，或用油急速快炒，或用沸水略烫后立即取出调味食用。

【健康妙用】取黄豆芽与旧陈皮加水猛火煎4~5小时后饮用，能起到清肺热、除黄痰、利小便、滋润内脏之功；黄豆芽与海带、黑木耳煮熟食用，可治疗痔疮便血。

【食用宜忌】胃热者、女性妊娠高血压者、硅肺患者、肥胖症患者、便秘、痔疮患者、癌症病人及癫痫患者宜食。慢性痢疾及脾胃虚寒者忌食。猪肝忌与豆芽同吃，因为猪肝中的铜会加速豆芽中的维生素C氧化，失去其营养价值。

【温馨提示】市场上选购的黄豆芽，买回后要放在低温处，如冰箱的冷藏室内，以免其继续生长。每次50克。

【药典精论】《本草纲目》：“唯此豆芽白美独异，食后清心养身，具有‘解酒毒、热毒，利三焦’之功。”

2. 怎样鉴别与选购平菇

【本品概述】

平菇，别名糙皮侧耳、冻菌、北风菌、秀珍菇，是人们喜爱食用的大型真菌之一。我国食用平菇已历史悠久，远在我国金朝时代朱弁的《谢崔致君响天花》一诗里，就赞美了天花蕈（平菇）的美味。它质地肥厚，嫩滑可口，有类似牡蛎的香味，无论素炒还是制成荤菜，都十分鲜嫩诱人。

【选购指要】

平菇挑菌盖小的。挑选平菇时，要注意菌盖形态。新鲜平菇的菌盖水灵，边缘向内卷，菌褶紧实，排列整齐，没有开裂。不新鲜的平菇菌盖的边缘呈平散状，而且边缘不整齐、有开裂。此外，挑选平菇不能一味讲究个头大，直径在5厘米左右、菌盖大小长得均匀的平菇风味和质地为最佳。

食品健康知识链接

【天然药理】现代医学认为，平菇含有抗肿瘤细胞的多糖体，对肿瘤细胞有很强的抑制作用，而且具有免疫特性。平菇还含有侧耳毒素和蘑菇核糖核酸，经药理证明有抗病毒的作用，能抑制病毒素的合成和增殖。平菇含有多种养分和菌糖、甘露醇糖、激素等，可以改善人体新陈代谢、增强体质、调节植物神经功能等作用，因此可作为体弱病人的营养品。平菇对肝炎、慢性胃炎、胃和十二指肠溃疡、软骨病、高血压等都有疗效；对降低血胆固醇和防治尿道结石也有一定效果；对妇女更年期的综合征也可起调理作用；平菇还有追风散寒、舒筋活络的作用，可治腰腿疼痛、手足麻木、经络不适等。

【用法指要】平菇可以炒、烩、烧。平菇口感好、营养高、不抢味，但鲜品出水较多，易被炒老，因此须掌握好火候。鲜平菇含水量高，组织脆嫩，极易损伤，应采用科学的方法进行保鲜。冷冻保鲜方法是将新鲜的平菇放在沸水中煮4～8分钟，然后放到1%柠檬酸溶液中迅速冷却，沥干水分后用塑料袋分装好，放入冷库中贮藏，量少时可放冰箱中贮藏，能保鲜3～5天。

【健康妙用】将平菇与鲜牛奶入锅同煮，熟时加少许白糖，长期食用可治疗贫血。取平菇洗净，去根蒂，切成丝，放入沸水锅中汆透捞出，用冷水过凉，挤干水分，用盐、味精、香油拌食，每天吃1~2次，每次吃平菇300~500克，久食可治疗高血压病。

【食用宜忌】一般人均可食用。消化系统疾病、心血管疾病患者及癌症患者尤其适宜。身体虚弱者和更年期妇女也适合食用。

过敏体质者不能食用平菇。

【温馨提示】每次约80克即可。

3. 怎样鉴别与选购草菇

【本品概述】

草菇又名兰花菇、美味草菇、美味包脚菇、麻菇、南华菇、贡菇、家生菇等，肉质脆嫩，味道鲜美，是著名的栽培食用蘑菇之一，在我国已有300余年的栽培历史。它曾经被进贡给皇家，充作御膳，现在它的出口量也较大，故国际上称之为“中国蘑菇”。

【选购指要】

无论是罐头制品还是干制品，都应以菇身粗壮均匀、质嫩、菇伞未开或开展小的质量为好。干制品还应菇身干燥，色泽淡黄艳明，无霉变和杂质。

食品健康知识链接

【天然药理】草菇具有较高的营养价值和药用价值，人们常将草菇与其他食品或中药配伍食用，以防治或辅助治疗多种疾病。草菇能消食去热、防暑解毒、滋阴壮阳、增强人体免疫力，多食用草菇可提高机体对传染病的抵抗力，加速伤口和创伤的愈合，防止坏血病的发生。草菇还有降低胆固醇、提高人体抗癌能力的功效，是优良的营养保健食品。

【用法指要】草菇的食用方法很多，煎炒烹炸均可，冷热荤素皆宜，近年各城市兴起的涮火锅配菜中，相当部分的酒店均将草菇列为必不可少的配菜之一。此外，草菇也同其他青叶蔬菜一样，在生长过程中，特别在人工栽培的生长过程中，经常被喷洒农药，因此要先清除残毒，或作稍长时间的浸泡，或用食用碱水浸泡。

【健康妙用】取水发草菇500克用植物油炒熟，调味后食用有降低胆固醇的功效。将鲜草菇用适量清水加食油、少许盐煮汤食用，能促进新陈代谢，辅助治疗坏血病。草菇和番薯嫩叶、熟火腿同吃，可降低胆固醇，适用于心脑血管疾病患者；和羊肉同吃，适用于贫血患者；和鸡肉同吃，可强体补虚，平喘止咳，润喉化痰。

【食用宜忌】一般人群均可食用，糖尿病患者更宜。

因为草菇含有多种氨基酸，能降低胆固醇，所以凡肠胃寒者不宜多食。

【温馨提示】每餐约50克。由于草菇中含有大量能促进人体新陈代谢的氨基酸，容易使人产生饥饿感，所以烹调草菇时可适量多放一点油。

4. 怎样鉴别与选购金针菇

【本品概述】

金针菇又称冬菇、朴菇、毛柄金钱菌、构菌等，因其菌柄和色泽极似金针菜，故名为金针菇，是秋末春初寒冷季节发生的一种木质腐生菌，生长在榆、桑、枸、椴、槭、枫杨、桂花等树的枯株上，秋、冬、春为其生长季节，肉质软嫩，色美味鲜。

【选购指要】

金针菇选菌盖半球形的。买金针菇首先看颜色。金针菇一般为黄色，香味浓、口感嫩；其他地方的多为白色，韧性较大。不管哪种颜色，新鲜的金针菇颜色均匀，无杂色，如果颜色灰白则说明已经老了或保存时间过长。其次要看形状和大小，长约12~15厘米、菌盖呈半球形的金针菇最新鲜，若菌盖长开，则说明是老金针菇。

食品健康知识链接

【天然药理】中医认为，金针菇可解毒、抗癌，预防治疗肝炎、溃疡。现代营养学认为，金针菇含有比蘑菇还高的赖氨酸，它有促进儿童智力发育和健脑的作用，被誉为“增智菇”、“益智菇”。经常食用金针菇，不仅可以预防肝脏疾病及胃、肠道溃疡，而且对高血压、肥胖症有一定疗效；还可以降低胆固醇，防治心脑血管疾病，抵抗疲劳，抗菌消炎，消除重金属盐类物质，预防肿瘤的滋生。

【用法指要】金针菇的食法有拌、炝、炒、扒、熘、烧、炖、煮、蒸、做汤等。做菜时首先将鲜品水分挤干，放入沸水锅内汆一下捞起，凉拌、炒、炝、熘、烧、炖、煮、蒸、做汤均可，也可作为荤素菜的配料使用。

【健康妙用】金针菇与生菜同吃具有补脾益气、润燥化痰及较强的滋补功效，可用于治疗热咳、痰多、胸闷、吐泻等症状；与猪瘦肉同煮汤具有补益肠胃的功效，适用于虚弱之人食之；与土子鸡同吃具有补益气血的功效，适用于体虚气血不足之人；与豆腐同吃具有健脾开胃、促进食欲的功效，适用于脘腹胀满、饮食减少、体倦肢弱等病症；与猪肝同煮汤具有补肝利胆、益气明目的功效，可作为肝病患者的辅助食疗菜肴。

【食用宜忌】体质虚弱、营养不良、气血不足、肥胖、习惯性便秘或大便干结之人宜食；也适合于高血脂、动脉硬化、高血压、糖尿病、癌症患者；少年儿童也适宜食用。

因其食性寒凉，故脾胃虚寒、便溏腹泻者忌食。金针菇宜熟吃，不宜生吃；

变质的金针菇不能吃。金针菇忌与驴肉同食，否则会引起心痛，严重的时候甚至会致命。

【温馨提示】每次20~30克。

5. 怎样鉴别与选购猴头菇

【本品概述】

猴头菇俗称猴头蘑、羊毛菌、猴菇菌、刺猬菌、阴阳蘑、对脸蘑。形圆，似拳头大小，菌盖有圆筒须刺，刺如猴毛，根部略圆尖如嘴，总体似猴头形状，故得名。野生猴头蘑菇多生长在深山老林的柞树、胡桃树、桦树等干枯部位及腐木上，多对生，喜低温。主要产区分布在大小兴安岭一带，华北、西北等地山区也有出产。猴头菇是中国传统珍贵食用菌，与熊掌、海参、鱼翅并称“四大名菜”，并有“山珍猴头、海味燕窝”之说。

【选购指要】

质量好的猴头菇呈金黄色或黄里带白；菇体完整，无伤痕、残缺，菇体干燥；菇体形如猴头，呈椭圆形或圆形，大小均匀，毛多且细长，茸毛齐全；菇不烂、不霉、不蛀。质量差的菇体色泽黑而软；大小不均匀，形状不规整，菇体残缺不全或有伤痕，水分含量高，毛粗而长。有的伪劣产品为了增白，用硫黄或化学药剂处理成不正常的白色，食用这种菇对人体有害无益，不可选购。凡有烂、霉、蛀者，也不宜选购。

食品健康知识链接

【天然药理】中医认为，猴头菇有利五脏、助消化、滋补身体等功效，可抑制癌细胞，滋补强身。多食猴头，可返老还童。现代医学认为，猴头菇营养价值较高，不但能烹制美味佳肴，具有滋补作用，而且还是能辅助治疗消化系统疾病的食物。猴头菇含不饱和脂肪酸，利于血液循环，能降低血胆固醇含量，具有提高人体免疫力的功能，可延缓衰老，能抑制癌细胞中遗传物质的合成，从而预防和治疗消化道癌症和其他恶性肿瘤。猴头菇具有助消化、利五脏的功能，对慢性胃炎、十二指肠溃疡等多种消化道疾病均有较好的疗效。

【用法指要】猴头菇食法有熘、扒、烧、炸、氽、酿等，尤以“红烧猴头”为佳。猴头菇珍贵，其泡发和烹调技术也细致复杂。猴头菇药用时，一般都是先将猴头菇水发洗净，剪去老根，放入沸水中氽一下，捞出挤干水分，顺毛批成片，或清炖，或加入其他需用材料，炖、煮、炒、做汤以佐膳食之用。食用猴头菇要经过洗涤、涨发、漂洗和烹制四个阶段，直至软烂如豆腐时，其营养成分才完全析出。

【健康妙用】猴头菇与猪肚同吃可助消化，补虚损，健脾胃；与青菜心同吃能开胃健脾；与猪肋条肉同吃适用于贫血；与蹄筋同吃可助消化，强筋骨；与冬笋片同吃适用于失眠；与冬菇同吃适用于慢性支气管炎；与鸡脯肉同吃适用于胃溃疡、胃炎。

【食用宜忌】适宜于体质虚弱、营养不良、神经衰弱之用；也适合胃病患者，包括胃、十二指肠溃疡患者食用。常食猴头菇，能升高人体免疫球蛋白和白细胞，增强人体免疫功能，故对癌症患者颇有益处。猴头所含不饱和脂肪酸，有利于血液循环，能降低血液中的胆固醇含量，因此高血压及心血管疾病者也宜食用。

霉烂变质的猴头菇不可食用，以防中毒。猴头菇忌与腌制或带有醋、咸、腥味的食物同放。

【温馨提示】干猴头菇每次约20克。

6. 怎样鉴别与选购蘑菇

【本品概述】

鲜蘑菇俗称肉蕈、羊肚菜。大部分是采食野生，现有人工培植。蘑菇由菌伞、菌柄、菌褶和菌环组成。菌伞有白色、褐色；菌柄白或灰色，生于菌伞的中央；菌环是一层薄膜，生长于菌柄的上端，与柄伞的边缘连接；菌褶生长在伞的下面，呈片状。鲜蘑是筵席上高级食用菌菜之一。

【选购指要】

蘑菇中不应该含有太多的水分，特别沉的往往被不良商贩注了水，这样的蘑菇不仅营养流失严重，还特别不容易保存。要仔细观察蘑菇的表面，要结构完整，闻起来没有发酸的味道。

一些商贩为了卖相好看、延长保质期，非法使用荧光增白漂白剂对鲜蘑菇进行漂白处理，它一旦被人体吸收后，就会影响神经系统，大大削弱人体的免疫力，加重肝脏负担，过量接触，还会成为潜在的致癌因素。一般荧光增白剂主要会残留在菌盖边缘和菌柄根部。

鉴别蘑菇是否含增白剂要先看蘑菇颜色，含增白剂的食用菌，表面看起来很湿很亮，有水洗的感觉，在阳光下可产生紫色荧光，也可以摸蘑菇表面，含有增白剂的，表面滑爽、手感好，有湿润感；不含增白剂的菇面发涩，表面沾有泥巴，摸上去比较粗糙、干燥。还有就是闻蘑菇气味：购买时，要选择气味纯正清香，没有发酸发臭发霉味的蘑菇。

食品健康知识链接

【天然药理】中医认为，鲜蘑有益胃气、悦神、化痰、止吐泻、抗菌的作用。据有关资料显示，常食蘑菇还有利于防癌抗癌。鲜蘑中含有多种抗病毒成分，这对辅助治疗由病毒引起的疾病有很好效果。鲜蘑富含微量元素硒，能防止过氧化物损害机体，降低因缺硒引起的血压升高和血黏度增加，调节甲状腺的工作，提高免疫力。鲜蘑含有大量植物纤维，具有防止便秘、促进排毒、预防糖尿病及大肠癌、降低胆固醇含量的作用。它也是低热量食品，可以防止发胖，因此也是一种较好的减肥美容食品。

【用法指要】最好吃鲜品，市场上买回来的泡在液体中的袋装鲜蘑在食用前一定要多漂洗几遍，以去除某些化学物质。新鲜的蘑菇含水量可达90%，因此保存期不长。在常温下只能保存1周左右，草菇等的时间大约只有1天。要想在家储存时间长一些，买回来后一定要摊放在报纸上，放在阴凉处晾干。水分少了，微生物自生的可能性就会降低，保存期也得以延长。鲜蘑的食法有炒、熘、烧、烩、炸、拌、做汤等，还可做各种荤素菜肴的需用材料。

【健康妙用】食鲜蘑菇水煎浸膏片，可治疗急、慢性肝炎。将土鸡肉脯、猪肺各200克切成花生米大小的块，入锅小炒；生姜切丁，香葱切段。鸡脯、蘑菇先烧熟，再入花生米（100克）、精盐、姜丁、葱段焖烧熟食，能润肺补脾。鲜蘑与豆腐同吃，不仅是营养丰富的佳肴，而且是抗癌、降血脂、降血压的良药。鲜蘑与鸡肉两者都营养丰富，同吃更可互为补充，为人体提供大量营养素。

【食用宜忌】人人都可以食用。禁食有毒野生蘑菇。蘑菇不宜与驴肉同吃，否则会对身体产生危害。烹制蘑菇时不用放味精或鸡精。

【温馨提示】每次30克。

【药典精论】《日用本草》云："味甘，平，无毒，河南所产者佳，余俱有毒，损多益少。"

7. 怎样鉴别与选购香菇

【本品概述】

香菇俗称香菇、春菇、厚菇、花菇、红菇、冬菇等。花菇最佳，红菇最次。冬天所采质优者称冬菇，菇面有裂纹。主要产区在安徽屯溪、江西龙泉及湖南、湖北、四川等省山区。市场上常见的香菇为干制品，须经发制才能烹调使用。香菇肉质肥厚，香味纯正，是席上珍品。色香味俱佳者为花菇。香菇自古以来被认为是益寿延年的上品，深受人们喜爱，有"蘑菇皇后"、"干菜之王"的美称。

【选购指要】

香菇以菌盖厚实为佳。选鲜香菇首先看外表，新鲜的菌盖比较水灵，菌褶一片一片立着，不会倒塌，菌盖以厚实为佳。鲜香菇的菌盖是褐色的，颜色过白或如墨般过于浓重，都可能是次品。

食品健康知识链接

【天然药理】香菇中含有一种核酸类物质，能抑制血清和肝脏中胆固醇的上升，并可防止动脉硬化和血管变脆，因此香菇还是干扰素的诱发剂，能增加对病毒的抗体，有抗癌作用。香菇是一种高蛋白、低脂肪的食用菌，含有7种人体必需的氨基酸，大量的亚麻油酸和大量的钙、铁、锰等造血物质，还含有一般蔬菜所缺乏的维生素D原（麦甾醇），它被人体吸收后，受阳光照射，能转变为维生素D，可增强人体的抵抗能力，并能帮助儿童的骨骼和牙齿的生长。香菇还含有抑制肿瘤的香菇多糖，降血压及胆固醇的腺嘌呤衍生物，抗病毒的干扰素诱导剂等，是世人公认的保健食品。

【用法指要】香菇入撰，荤素咸宜，主辅皆可。无论是炒、熘、烩、烧、酿、蒸，都可以。发香菇时不要用热水，而要先用冷水浸泡。大香菇泡两小时，小香菇泡一小时即可。然后洗时用手将香菇一捏一松，使香菇中的泥沙沉入水中，再将洗净的香菇用温水浸泡半小时左右。

【健康妙用】香菇与母鸡肉同食可调治气血两亏、神疲乏力、面色苍白等症状；与木瓜同食能健胃消食、调理脾胃、提高机体免疫力；与冬瓜同食能补气养胃、清热解毒、通利胃肠；与淡菜同食能益气健脾、活血化瘀、补虚降脂；与虾皮同食能平肝清火、补钙降压；与猪蹄同食能润肤美容、通络下乳、壮骨养血。

【食用宜忌】适宜于气虚头晕、贫血、白细胞减少、抵抗力低下及年老体弱者食用；也适合于高血脂、高血压、动脉硬化、糖尿病、肥胖、癌症及癌症患者化疗后食用。急、慢性肝炎，脂肪肝，胆石症，小儿维生素D缺乏症（佝偻病），肾炎，小儿麻疹透发不快等也可使用。古人经验认为香菇为动风食品，痘疹后、产后、病后均应忌食；对于顽固性皮肤瘙痒症者也应忌食。没有经验的人，最好不要随便采摘香菇，更不要轻易食用，误吃毒菇有生命危险。

【温馨提示】每次4~8朵即可。此外，浸泡香菇的水有鲜味，不要扔掉，可留作汤汁用。

【药典精论】《本草求真》："香蕈，食中佳品，大能益胃助食。中虚服之有益。"《随息居饮食谱》："痘瘀后，产后，病后忌之，性能动风故也。"

8. 怎样鉴别与选购地耳

【本品概述】

地耳也称地踏菜、天仙菜、地木耳、地皮菜、葛仙米。地耳为石耳之属，是念珠藻科植物葛仙米的藻体。生于地，状如木耳，春夏生雨中，雨后即采之，江南农村常作野菜炒食。

【选购指要】

新鲜地耳呈墨绿或褐色，片状松软，风干后呈乌黑色、卷状。黏软有异味的不要买。

食品健康知识链接

【天然药理】清热，明目益气，补肾。

【用法指要】地耳入菜，炒、拌、羹、汤、溜、烩均有山野清鲜风味，烹饪中可代木耳上席。

【健康妙用】用于夜盲症：地耳10～15克（或鲜地耳60克）用水煎服，每日1次。

用于久痢脱肛：鲜地耳250克洗净，加白糖50克拌渍，取汁内服。

用于烧烫伤：地耳焙干研末，加菜油调成糊状，擦患处。

用于皮疹、丹毒：鲜地耳捣汁频搽患处，保持湿润，溃烂疮口勿用。

【食用宜忌】适宜夜盲症及目赤红肿之人食用；适宜丹毒，流火，或皮肤红斑赤热之人食用；适宜高血压病人，头痛头昏者食用。地耳性寒，平素脾胃虚寒，腹泻便溏之人忌食；妇人产后、寒性痛经以及女子月经来潮期间忌食。

【温馨提示】地耳分为有沙和无沙两种，有沙的一定要洗干净才能用。

【药典精论】《药性考》："清神解热，痰火能疗。"《江西草药手册》："治目赤红肿。”《本草纲目拾遗》：“葛仙米，性寒不宜多食。”

9. 怎样鉴别与选购石耳

【本品概述】

石耳又称石壁花，为地衣门石耳科植物。生于岩石上，体扁平，呈不规则圆形，上面褐色，背面被黑色绒毛。

【选购指要】

干品的石耳呈不规则的圆形片状，多皱缩。外表灰褐色或褐僵内面灰色，折断面可看到明显的黑、白二层。气微，味淡。以片大而完整者为佳。

食品健康知识链接

【天然药理】石耳具有清肺热、养胃阴、滋肾水、益气活血、补脑强心的功效，对肺热咳嗽、肺燥干咳、胃肠有热、便秘下血、头晕耳鸣、月经不调、冠心病、高血压等症均有良好的食疗效果。

【用法指要】用石耳干制品时需先用沸水，加少许盐泡发，泡软后轻轻揉搓，将细沙除净。然后磨去背面毛刺，以免口感糙涩。因其自身无显味，制作菜肴须与鲜味原料相配，或用上汤赋味。

石耳食用方法大致可分为甜咸两种。甜食是用冰糖或白糖清蒸，也可加入红枣、莲子、桂圆肉之类；咸食是用母鸡或瘦肉（猪肉）炖、蒸或烧。

【健康妙用】治鼻衄、吐血：石耳15克，鸭蛋一个同煮，喝汤吃蛋及药。

治肠炎、痢疾：石耳焙燥研末，每服3克，米粥汤调服。

【食用宜忌】一般人群均可食用。尤适宜肺热咳嗽、肺燥干咳、胃肠有热、便秘下血、头晕耳鸣、月经不调、冠心病、高血压等人；但石耳性凉而滑，胃寒脾虚泄泻者慎食。

【温馨提示】需要注意的是，石耳入馔容易有异味，烹调时要注意。

【药典精论】《本草纲目》：“明目益精。”《粤志》：“石耳善发冷气，多和生姜食乃良。惟石耳味甘腴性平无毒，多食能润肌童颜。”《药性考》：“石崖悬珥，气并灵芝，久食色美，益精悦神，至老不毁。”

10. 怎样鉴别与选购黑木耳

【本品概述】

黑木耳俗称云耳、树耳、木蛾。为木耳科植物木耳的子实体，属于野生食用菌，常生于桑、槐、柳、榆、楮等朽树上，因整个外部形态颇似人耳，且颜色深褐，故名。供做菜食用或药用。它的味道非常鲜美，食用价值也很高，是传统的保健食品，营养价值与动物性食物相当。

【选购指要】

凡朵大适度，耳瓣略展，朵面乌黑有光泽，朵背略呈灰白色的为上品；通常黑木耳含水量要求保持在11%以下，取小量样品，手捏易碎，放开后朵片能很好伸展，有弹性，说明含水量少，反之则过多。纯净的木耳，口感纯正无异味，有清香气，反之多为变质或掺假品。常见掺假品用明矾水、碱水浸泡或用食糖水拌和，可用口尝有无涩味、碱味、甜味加以鉴别。

水泡：朵体质轻，水泡后胀发性大的属优质；体稍重，吸水膨胀性一般的为中等；体重，水泡胀发性差的为劣质。手拿一捧木耳，贴近闻，未经化学处理的真木耳闻起来没有任何气味，有气味的不要购买。

食品健康知识链接

【天然药理】木耳有滋养、益胃、活血、润燥的功效，适用于痔疮出血、便血、痢疾、贫血、高血压、便秘等症，也可治疗腰腿麻木、疼痛等症。国外科学家发现，木耳能减低血液凝块，有防止冠心病的作用。木耳中还含有对人体有益的植物胶质，这是一种天然的滋补剂。木耳中含有一种叫做“多糖体”的物质，对肿瘤能发生中解作用，并有免疫特性。癌症病人在使用了这种多糖体后，体内球蛋白的组成成分显著增加，从而增强了抗体。它能滋阴润肺，治虚劳咳嗽、痰中带血；养胃润肠，治胃肠燥热所致口干、便秘；和血止血，治血瘀积聚、月经不调、崩漏便血；防止血液凝固，预防脑出血等。

【用法指要】将干品黑木耳用开水泡发后，掐去根部异物和硬块，洗净后即可炒、拌、制馅、做汤，亦可作各种荤素菜肴的配菜。

【健康妙用】黑木耳与猪腰同食对久病体虚、肾虚等症状有很好的食疗作用；与鲫鱼同食能起到很好的补益作用，还能美容养颜；与豆腐同食能预防和治疗心脑血管疾病；与黄瓜同食能减肥瘦身、滋补养颜、活血顺气。

【食用宜忌】适宜于中老年原发性高血压、动脉硬化、癌症患者；也适合于各种出血患者，如妇女月经过多，崩漏，咯血，眼底出血，大便、小便出血等。黑木耳营养丰富，享有长寿补品之称，是纺织工人、理发员和一部分矿业工人的最佳保健食品。由于黑木耳有活血抗凝的作用，所以有出血性疾病的人不宜食用，孕妇则不宜多吃。性冷淡、阳痿患者不宜食用黑木耳。新鲜木耳中含有光感物质，食用后经日晒后可能引起日光性皮炎，最好不要食用。泡发后仍然紧缩在一起的部分不宜吃。

【温馨提示】干品每餐15克。

【药典精论】《药性切用》：“黑木耳润燥利肠，大便不实者忌。”《药性论》：“蕈耳，古槐、桑树上者良，能治风，破血，益力。其余树上多动风气，发痼疾。”《本草纲目》：“木耳各木皆生，其良、毒亦必随木性，不可不审。”

11. 怎样鉴别与选购银耳

【本品概述】

银耳俗称白木耳、雪耳。为银耳科植物银耳的子实体。原是一种野生菌类，现已成为人工栽培的食用菌类。银耳是由薄而皱褶的瓣片组成的，有的呈菊花状，有的呈鸡冠状，颜色洁白半透明，质地光滑弹韧。它既是名贵的滋补佳品，又是扶正强壮的补药，被历代皇家贵族认为是“延年益寿之品”、“长生不老的良药”。

【选购指要】

质量好的银耳呈白色而微黄；质量不好的银耳呈黄色；若呈暗黄色则质量更差。耳朵大而松散、耳肉厚、耳朵形完整，蒂头无杂质的质量好；肉薄，朵形不全、蒂又不干净的质量较差。质量好的银耳摸起来干硬。质量好的银耳气味清香；差的有酸味、霉味，如果使用硫黄熏过则有刺鼻感，不要购买。

食品健康知识链接

【天然药理】银耳能滋阴润肺，养胃生津，益气，补脑，强心，嫩肤美容。它是著名的珍贵营养品，能促进机体淋巴细胞的转化，提高免疫功能，对多种肿瘤有抑制作用，成为癌症患者的保健食品。银耳富有天然植物性胶质，长期服用可以润肤，并有去除脸部黄褐斑、雀斑的功效。

【用法指要】银耳的食法有炒、拌、酿、做汤等，还可做其他菜肴的需用材料。食用银耳来滋养调补宜煮食，作药治病宜蒸食，冬令进补应炖食。

【健康妙用】银耳与樱桃、冰糖同煮熟后食用，可滋阴润肺；与黑芝麻、生姜、蜂蜜同制羹，食用后能润肺养胃、补益肝肾；与鸡蛋同吃能滋阴补肾、润肺养胃；与海参同吃能补虚滋阴、润肺养胃；与糯米、冰糖同煮粥，食用后能滋阴生津、益气活血。

【食用宜忌】适宜于热体（阴虚内热）体质、身体虚弱、营养不良、病后产后虚弱、虚劳咳嗽，包括慢性支气管炎、肺心病、咽喉炎、声音嘶哑或癌肿患者化疗或放疗后食用；原发性高血压、动脉硬化、眼底出血等也很适宜。风寒咳嗽之人忌食。冰糖银耳含糖量高，睡前不宜食用，以免血黏度增高。变质银耳食用后会发生中毒反应，严重者甚至会有生命危险，因此禁食。

【温馨提示】每次15克。食用前可以先将银耳泡3～4小时，此间每隔1小时换一次水，一般而言，这样可以大大减少甚至完全消除银耳中残留的二氧化硫。

【药典精论】曹炳章：“凡痨瘵质，阴虚火旺之体，烦热干咳，或痰血等证，以作滋养调补之品，为最宜。”《增订伪药条辨》：“治肺热肺燥，干咳痰嗽，衄血，咯血，痰中带血。”《饮片新参》：“风寒咳嗽者忌用。”

12. 怎样鉴别与选购裙带菜

【本品概述】

裙带菜俗称昆布、海芥菜、海芹菜。属褐藻类翅昆布科植物，一年生，色黄褐，叶绿呈羽状裂片，叶片较海带薄，外形像大葵扇，也像裙带，故名。分淡干、咸干两种，是一种美味适口、营养丰富的海藻，被称为“海中蔬菜”。主要产于辽宁的吕达、金县，山东青岛、烟台、威海等地区，浙江舟山群岛也产。

【选购指要】

以身干盐轻，颜色全青碧绿，少黄叶和深红色，味清香者为佳。如果裙带菜呈现部分红色或者部分黄色就不要选择了，这样的海带有可能是被污染的，质量和营养价值会差一些。

另外，裙带菜也有浓厚的海鲜味，如果出现了其他异味，不宜购买。

食品健康知识链接

【天然药理】裙带菜能清热，生津，通便。它是一种碱性很高的海产植物，食后能中和人体因疲劳和新陈代谢而发生的酸，有利于身体健康。裙带菜还含有丰富的碘，对防治甲状腺肿大有特效。此外对儿童骨骼、牙齿的生长和强健身体有益处。

【用法指要】裙带菜食法有拌、炝、腌、炒、烧、炖、做汤等。在做裙带菜料理时需要注意的是，裙带菜黏液中的成分具有溶解于水的性质，在洗涤时如果不注意的话，这些成分将会流失。因此，在洗涤时如果是盐渍裙带菜和灰干裙带菜的话需要轻轻地洗掉盐分和杂物即可；如果是干燥裙带菜的话，则最好是连浸泡过的水也一起使用，但如果需要调味要注意盐的使用量。

【健康妙用】一些体色青蓝色鱼类的体内，含有预防血栓病的不饱和脂肪酸，海水中的鱼贝类体中含有大量的矿物质和降低血压的有效物质。如果将这些鱼贝类与裙带菜一起食用的话，可以大大地提高裙带菜的药效。

【食用宜忌】适宜高血压病、冠心病、动脉硬化者食用；适宜肥胖之人、甲状腺肿大者食用；适宜大便秘结之人食用；适宜少年儿童生长发育和怀孕妇女以及哺乳期食用。

裙带菜性寒凉，因此平素脾胃虚寒、腹泻便溏之人忌食。

【温馨提示】每次50左右。

13. 怎样鉴别与选购紫菜

【本品概述】

紫菜俗称紫英、索菜、灯塔菜，为红藻门红菜科甘紫菜的叶状体，生于海湾内较平静的中潮带岩石上。幼时淡粉红色，渐变为深紫色，老时淡黄色。常见品种有长紫菜、圆紫菜、甘紫菜、条斑紫菜和坛紫菜等。紫菜味道芳香，主要用作汤菜料，且药食兼优，素有“长寿菜”之称，自汉代以前我国就有食用紫菜的记载，它一直被视为珍贵海味之一。

【选购指要】

选购紫菜，一要注意其色泽以紫红色为好，如色泽发黑可能是隔年陈紫菜，如色泽发红则是菜质较嫩。二要注意厚薄均匀，无明显的小洞与缺角，如有小洞，可能是在储存运输过程中保管不妥，遭遇损坏，这会影响质量。三要注意陈紫菜，现在市场上有一些不法商贩将隔年陈紫菜用食用油涂抹后冒充新紫菜销售，可用手绢纸擦上去，纸上就会有油迹，且陈紫菜无香味，入口有一股腥味。在此基础上，在选购时可从感官上进行观察，注意是否有霉变，包装是否结实、整齐美观，包装上是否标明厂名、厂址、产品名称、生产日期、保质期、配料等内容。

食品健康知识链接

【天然药理】紫菜含碘量很高，可用于治疗因缺碘引起的“甲状腺肿大”，有软坚散结功能，对其他郁结积块也有用途。紫菜的有效成分对艾氏癌的抑制率达53.2%，有助于脑肿瘤、乳腺癌、甲状腺癌、恶性淋巴瘤等肿瘤的防治。紫菜所含的多糖具有明显增强细胞免疫和体液免疫功能，可促进淋巴细胞转化，提高机体的免疫力，还可显著降低进血清胆固醇的总含量。紫菜还可以预防人体衰老。它含有大量可以降低有害胆固醇的牛磺酸，有利于保护肝脏；含有一定量的甘露醇，可作为治疗水肿的辅助食品。

【用法指要】紫菜的吃法有很多，如凉拌，炒食，制馅，炸丸子，脆爆；作为配菜或主菜与鸡蛋、肉类、冬菇、豌豆尖和胡萝卜等搭配做菜等。食用前用清水泡发，并换1～2次水以清除污染、毒素。

【健康妙用】紫菜与虾皮同煮汤食既补碘又补钙，对缺铁性贫血、骨质疏松症有确切的疗效，对动脉粥样硬化和高血压病均有辅助治疗作用，对于因缺锰引起的皮肤瘙痒有时可奏奇效，还可减轻妇女更年期综合征病症，并对男性阳痿也有一定的疗效；与猪瘦肉同煮汤食可清热、化痰、软坚。对甲状腺肿大、颈淋巴结核、脚气病有较好疗效；与猪心同煮汤食可清热除烦、利水养心。适用于暑热引起的烦躁、失眠者；与豆腐同煮汤食可清热利尿、养心保肝；与香油同煮汤食可清肠通便，对便秘有较好疗效，特别适合老人和孩子食用。

【食用宜忌】适宜于甲状腺腺瘤、淋巴结核、睾丸肿痛、乳腺小叶增生等患者食用；也适合高血压、动脉硬化、各类恶性肿瘤、肺脓肿、支气管扩张吐黄臭痰时食用。白发、脱发患者及盛夏季节消暑等也可食用。消化功能不好、素体脾虚者需少食，否则可致腹泻；腹痛便溏者禁食。紫菜不宜与柿子同食；不宜与酸涩的水果共同食用，否则易造成胃肠不适。

【温馨提示】每次约15克。此外，紫菜购回后即要注意储存好，因为紫菜容易发霉，产生毒素，危害健康。

【药典精论】《本草纲目》：“病瘿瘤脚气者宜食之。”《随息居饮食谱》：“和血养心，清烦涤热，治不寐，利咽喉，除脚气瘿瘤，主时行泻痢；析酲开胃。”《食疗本草》：“多食胀人。”

14. 怎样鉴别与选购海带

【本品概述】

海带俗称海草、海带菜、江白菜，为褐藻类水生植物，生长在水温较低的海中，我国北部沿海及东南部沿海有大量养殖。海带夏季繁殖，秋季成熟，干制品常年在市场上出售。它因为营养丰富，含有较多的碘质、钙质，所以素有“长寿菜”、“海上之蔬”、“含碘冠军”的美誉。又因为海带价格便宜，因此受到人们的青睐。

【选购指要】

看颜色，褐绿色或者土黄色的海带是比较正常的颜色；墨绿色的海带是鲜海带经过烫煮后颜色变绿，再经过冷却、盐渍、脱水等工序加工而成，一般用作凉拌菜；而翠绿色的海带可能是经过添加色素浸泡而成，消费者在选择时要特别注意。

干海带选带白霜的。海带含碘高并含有一种叫做甘露醇的物质，这两种物质会呈白色粉末状附着在干海带表面，因此，挑选表面有白霜的深褐色干海带是比较好的。如果干海带呈现部分红色或者部分黄色就不要选择了，这样的海带有可能是被污染的，质量和营养价值会差一些。另外，干海带也有浓厚的海鲜味，如果出现了其他异味，不宜购买。

食品健康知识链接

【天然药理】海带含碘量极高，是甲状腺机能低下者的最佳食品，常食还可令秀发润泽乌黑。海带中含有大量的甘露醇，而甘露醇具有利尿消肿的作用，可防治肾衰竭、老年性水肿、药物中毒等。海带胶质能促使体内的放射性物质排出体外，从而减少放射性物质在人体内的积聚，减少放射性疾病的发生几率。海带是碱性食品，含钙量较高，钙是防止血液酸化的重要物质，有助于防癌。海带中含有纤维素，纤维素可以和胆汁酸结合而排出体外，从而减少胆固醇的合成，防止动脉粥样硬化的发生。

【用法指要】可将海带先蒸半小时，然后再用清水浸泡，既容易洗，也易煮烂。海带主要的吃法是与猪肉、猪排骨等一起炖熬，也可与豆腐共炖熬，还可以单独切丝凉拌。海带比较薄，适合凉拌菜。海带厚实一些，炖菜、炖汤比较好吃。

【健康妙用】海带与绿豆同煮汤或粥食可清热解毒，利水泄热；与豆腐同炖食或煮汤食可补中益气，软坚散结，清热利水，降压平喘。日常食用，可以减肥，并可用于甲状腺功能亢进症、颈淋巴结核、高血压、高血脂等症的辅助食疗；与山药同煮粥食可降压降脂，减肥健美；与猪肉同炖或煮汤食可软坚化痰、利水泄热，对水肿、脚气有疗效；与猪腰同煮汤食可清热祛毒，活血降压，适用于孕妇水肿；与胡萝卜同煮汤食可理气化痰，降脂减肥；与冬瓜同煮汤食可清热利水，适用于暑热烦渴、夏季出汗过多等症。

【食用宜忌】适宜于甲状腺腺瘤、甲状腺肿、肥胖之人食用；也适合于高血压、高血脂、冠心病、动脉硬化、糖尿病、淋巴结核、睾丸肿痛、便秘、慢性支气管炎、夜盲症、癌症等患者食用；头发稀疏、营养不良性贫血、骨质疏松、软骨病、维生素D缺乏症（佝偻病）等也可食用。

孕妇及哺乳期不宜多食。素有胃虚、胃寒的患者忌食。海带忌与猪血、柿子一起食用。

【温馨提示】干品每次约15克。海带属干菜类，需要浸泡清洗后才能食用，但不能久泡，即不能超过半小时的浸泡，否则其中的碘、甘露醇等成分会大量损失掉。

【药典精论】《玉楸药解》："清热软坚，化痰利水。"《嘉祐本草》："海带催生。"《食疗本草》："下气，久服瘦人。"《品汇精要》："妊娠亦不可服。"《医学入门》："胃虚者慎服。"

15. 怎样鉴别与选购海藻

【本品概述】

海藻又称海带花、乌菜、海萝、海蒿子。

【选购指要】

挑选海藻时，可选全体皱缩卷曲，黑褐色，被有白霜，呈分枝状，质柔韧，水浸后膨胀，肉质黏滑，气微腥，味咸。

食品健康知识链接

【天然药理】软坚散结，消痰利水。

【用法指要】通过浸漂可以减少咸味和腥气。

【健康妙用】将猪瘦肉与海藻、夏枯草共煮汤，调味即可服食，能清热解毒，软坚散结，可辅助治疗淋巴结核，淋巴结肿大等病症；将海藻用水煎服，一日两次，或用海藻晒干研末为丸，每次服5克，一日两次，可治瘰疬瘿瘤、肝脾肿大、水肿、睾丸肿痛、小儿腹痛、咳嗽多痰；将海藻、海带、小茴香用水煎服，可治疝气；将海藻、生牡蛎、玄参、夏枯草用水煎服，可治淋巴结肿大。

【食用宜忌】适宜瘰疬，瘿瘤，淋巴结核，甲状腺肿大，睾丸肿痛之人食用；适宜高血压病，高脂血症，动脉硬化，以及肥胖之人食用；适宜癌症患者食用。平素脾胃虚寒，慢性腹泻者忌食；服用甘草之时忌食。

【温馨提示】保存海藻时，一般装蒲内或竹篓内，置干燥处。

【药典精论】《本草经集注》："海藻反甘草。"《本草经疏》："脾家有湿者勿服。"《本草汇言》："如脾虚胃弱，血气两亏者勿用之。"

16. 怎样鉴别与选购羊栖菜

【本品概述】

羊栖菜俗称鹿尾菜，又叫大麦菜、山大麦、虎酋菜、鹿角尖、海菜芽、羊奶子、海大麦、海栖、虎栖等，被公认为当今最有食用价值的海洋藻类，是婴幼儿和老年人理想的天然佳品。日本人称其为"长寿菜"。

【选购指要】

以藻体黄褐色，肥厚多汁的为佳。

食品健康知识链接

【天然药理】中医认为，羊栖菜能补血，降血压，通便秘，软坚化痰。现代医学研究表明：羊栖菜对预防甲状腺肿大，降低血液中胆固醇，治疗高血压和大肠癌、胃癌，均有一定的功效；并对促进儿童骨骼生长，保持皮肤润滑，恢复大脑疲劳，防止衰老等，也有显著的作用。由于羊栖菜所含的热量较低，因此它也是一种极好的低热减肥食品。

【用法指要】羊栖菜不仅可供凉拌、炒烧、蒸煮，还可作海鲜火锅作料。

【健康妙用】羊栖菜药用可作为治疗风湿病用的含脂多糖药物；制成逆转录酶抑制剂；治疗消化道溃疡用的植物和微生物脂多糖；抗疱疹药；胆固醇下降剂；抗糖尿病剂以及治疗弓形体感染用的脂多糖。化工上可作为香皂原料的添加剂和家具板的黏合剂。

【食用宜忌】适宜高血压病，动脉硬化，肥胖症，糖尿病之人服食；适宜甲状腺肿大，贫血，骨质疏松症患者服食；适宜慢性习惯性便秘之人食用；适宜癌症患者食用。

脾胃虚寒者忌食用。服用中药甘草之人，忌食羊栖菜。

【温馨提示】不可过量食用。市售的熟羊栖菜味道会稍重，应先用热水烫过再使用。

【药典精论】《本草纲目》：“味苦、寒，主瘿瘤气、颈下核，破散结气、痈肿症下坚气、腹中上下鸣、下十二指水肿。”

17. 怎样鉴别与选购番薯

【本品概述】

番薯俗称山芋、红薯、地瓜。原产于南美洲，我国很早就有栽培。番薯以块根供食，光滑、鲜脆，有圆、长、锤等形状。皮色有淡红、浅黄、白。其品种较多，优良品种有白皮红心、红皮红心、南京红皮、青岛紫皮、浙江紫红等。它富含蛋白质、淀粉、果胶、纤维素、氨基酸、维生素及多种矿物质，有“长寿食品”之美誉。

【选购指要】

优先挑选纺锤形状，表面看起来光滑，闻起来没有霉味的番薯；不要买表皮呈黑色或褐色斑点的番薯。

食品健康知识链接

【天然药理】番薯块根可补脾益胃，生津止渴，通利大便，益气生津，润肺滑肠；茎叶入肺、大肠、膀胱经，具有润肺、和胃、利小便、排肠脓去腐的作用。

【用法指要】番薯入馔，以下粳米、小米共煮蒸，或与米、豆结合起来煮后制馅为最常用。其次是将番薯煮熟去皮制成番薯丸子食用。也可以单独烤、蒸、煮或炒薯丝。

【健康妙用】用番薯煮汤食，可治湿热黄疸、习惯性便秘。将番薯削皮后切成小块，加水煮熟，加适量生姜、红糖再煮片刻即可食用，有宽肠通便、益气生津、补中和血的作用，可治老年人肠燥便秘、妇女产后血虚便秘。将番薯去皮切片，与大米同煮粥食用，有健脾胃、补虚乏、益气力、强肾阴、通大便的作用，适用于老年人便秘。

【食用宜忌】适合于夜盲症、中老年夜尿频多、习惯性便秘患者，常用有利于预防动脉硬化、高血压、过度肥胖等。平时吃肉颇多、时常大便秘结者，吃些番薯煮菜，可使大便畅通。因含较多量的淀粉，故糖尿病患者忌食。番薯易在胃中产生酸，所以胃溃疡及胃酸过多的患者不宜食用。

番薯宜趁热食用，冷食易导致胃部不适。烂番薯（带有黑斑）和发芽的番薯可使人中毒，不可食用。

【温馨提示】每次1个（约150克）。番薯的各种营养都丰富，只是缺少蛋白质，所以在吃番薯的同时，吃些鱼类（鲫鱼、生鱼），补中调虚的功用就更好了。鲜薯贮存期长，淀粉能分解为麦芽糖，吃时更香甜可口。

【药典精论】《金薯传习录》：“治湿热黄疸：番薯煮食，其黄自退。”《本草求原》：“番薯，产妇最宜，和鲫鱼，鳢鱼食，调中补虚。”《随息居饮食谱》：“性惟大补，凡时疫、疟疾、肿胀等证，忌食之。”

18. 怎样鉴别与选购蒜薹

【本品概述】

蒜薹俗称蒜苗，是抽薹大蒜所抽出的花苔。在长度为60~70厘米的花茎上端长有花苞，是留蒜头大蒜的副产品。绿色的蒜薹又嫩又脆，味道鲜美，属高档蔬菜。南北均产，四季都有供应。

【选购指要】

选购蒜薹时，应挑选条长翠嫩，枝条浓绿，茎部白嫩的蒜薹。若蒜薹的尾部发黄，顶端开花，纤维粗老，则这样的蒜薹已经变老，不宜购买。用指甲掐一下，如果蒜薹非常容易掐断，并且会冒出大量的水分，则为娇嫩的蒜薹。

食品健康知识链接

【天然药理】蒜薹含有辣素，其杀菌能力可达到青霉素的1/10，对病原菌和寄生虫都有良好的杀灭作用，可以起到预防流感、防止伤口感染、治疗感染性疾病和驱虫的功效。蒜薹具有明显的降血脂及预防冠心病和动脉硬化的作用，并可防止血栓的形成。它能保护肝脏，诱导肝细胞脱毒酶的活性，可以阻断亚硝胺致癌物质的合成，从而预防癌症的发生。

【用法指要】蒜薹的食法有泡、腌、炒等，多用于做其他菜肴的辅助材料。

【健康妙用】莴笋有利五脏、顺气通经脉、健筋骨、洁齿明目、清热解毒等功效，蒜薹有解毒杀菌的作用；两者合用可防治高血压。蒜薹与猪肉搭配不仅味道鲜美，而且营养更加丰富。

【食用宜忌】一般人都能食用。消化功能不佳的人宜少吃。不宜过量食用，否则会影响视力。蒜薹的刺激作用虽然比大蒜轻，但仍然不宜空腹食用，尤其是胃炎及胃溃疡患者。

【温馨提示】每餐60克。蒜薹的盛产期为每年四五月间，此时最宜食用。不宜烹制得过烂，以免辣素被破坏，杀菌作用降低。

19. 怎样鉴别与选购黄瓜

【本品概述】

黄瓜俗称刺瓜、胡瓜、王瓜、青瓜，是张骞出使西域时得到的优良品种引种而来，故开始时称为胡瓜。在瓜类中，黄瓜为食用价值较大的品种之一。

【选购指要】

蔬菜市场上的黄瓜品种很多，但基本上是三大类型：

一是无刺种。皮光无刺，色淡绿，吃口脆，水分多，系从国外引进的黄瓜品种。

二是少刺种。果面光滑少刺（刺多为黑色），皮薄肉厚，水分多。味鲜，带甜味。

三是密刺种。果面瘤密刺多（刺多为白色），绿色，皮厚，吃口脆，香味浓。

上面所说三类黄瓜，生食时口感不同。简单地说，无刺品种淡，少刺品种鲜，密刺品种香。不管什么品种，无疑都要选嫩的，最好是带花的（花冠残存于脐部）。同时，任何品种都要挑硬邦邦的。因为黄瓜含水量高达96.2%，刚收下来，瓜条总是硬的，失水后才会变软。所以软黄瓜必定失鲜。但硬邦邦的不一定都是新鲜。因为，把变软的黄瓜浸在水里就会复水变硬。只是瓜的脐部还有些软，且瓜面无光泽，残留的花冠多已不复存在。消费者购买时很易识别。

食品健康知识链接

【天然药理】黄瓜能清热利水，治烦渴、咽喉肿痛、目赤、小便不利。它还含有丰富的钾盐，钾具有加速血液新陈代谢、排泄体内多余盐分的作用。幼儿吃后能促进肌肉组织的生长发育，成人常食对保持肌肉弹性和防止血管硬化有一定的作用。黄瓜中的细微纤维素还能促进胃肠蠕动，加速体内腐败物质的排泄，并能降低胆固醇。黄瓜中还含有一种丙醇二酸的物质，它能抑制体内糖类物质转变为脂肪，有减肥之效。黄瓜不仅食用价值大，而且还是天然的美容佳品，常用黄瓜洗脸或将黄瓜切成薄片敷脸，能使皮肤柔嫩润滑。

【用法指要】黄瓜的食法包括炒、熘、酿、拌、炝、腌、酱、氽汤以及做各种荤素菜肴的需用材料。

【健康妙用】将老黄瓜挖去籽，将芒硝填入，阴干，一同研为细末，每日数次，涂于患处，可治疗咽喉肿痛。取鲜黄瓜500克切片擦于患处，可治痱子。被蜂蜇伤时，可取老黄瓜汁涂于患处，1日数次，可止痛消肿。小儿发热腹泻时，用嫩黄瓜加蜂蜜同食。有黄疸时，可取黄瓜皮水煎服，1日3次；或黄瓜根、柄捣烂取汁，每日温服一杯。患痢疾时，用黄瓜藤、叶水煎服。

【食用宜忌】黄瓜适合在夏天酷暑或发热时食用，适宜肥胖、高血脂、糖尿病、水肿、癌症等患者食用。平素脾胃虚寒，腹泻或胃寒病患者忌食生冷黄瓜。女子月经来潮期间忌食生冷黄瓜，寒性痛经者尤忌。

黄瓜不宜与芹菜、菠菜等富含维生素C的食物同食，也不宜与花生同食，否则易导致腹泻。

【温馨提示】每天1条（约100克）。在凉拌黄瓜时，适量添加一些大蒜和醋，既可杀菌，又可增味。黄瓜尾部含有较多的苦味素，不要把“黄瓜头儿”全部丢掉。

【药典精论】《本草求真》：“黄瓜，气味甘寒，服此能利热利水。”《日用本草》：“除胸中热，解烦渴，利水道。”《滇南本草》：“黄瓜，动寒痰，胃冷者食之，腹痛吐泻。”

20. 怎样鉴别与选购菜瓜

【本品概述】

菜瓜别名生瓜、越瓜、稍瓜、白瓜，为葫芦科植物越瓜的果实，为一年生攀缘或匍匐状草本。茎有棱角，被有多数刺毛，叶互生，叶片为卵圆形或肾形，宽与长略相等。果肉白色或淡绿色，汁多、质脆。生于温热带，我国各地多有栽培，为一般大众蔬菜瓜果，可生食。

【选购指要】

以长圆筒形、外皮光滑、有纵长线条、绿白色或淡绿色、质地鲜嫩的为佳品。

食品健康知识链接

【天然药理】菜瓜具有清热、利尿、解渴、除烦、涤胃、清暑、益气等功效，主治烦热口渴、小便不利，还可解酒毒、敷疮疔。

【用法指要】菜瓜质脆肉厚、口味清爽，适食嫩瓜、腌制、凉拌、炒食。可做菜，烹、炒、酱、腌均可，风味独特，极为爽口。在炎夏酷暑之季，最适宜用菜瓜凉拌食用。

【健康妙用】可把菜瓜用醋、糖等调味料腌制而成茶瓜，味道甜而带微酸，可佐餐放汤。俗话说：“茶瓜送饭，好人有限”，指的是茶瓜的性质平和，连病人也可食用。

【食用宜忌】一般人都可食用。尤其适宜夏天气候炎热、心烦气躁、闷热不舒、热病口干作渴、小便不利之人食用。

菜瓜性寒，平素脾胃气虚、腹泻便溏、胃寒疼痛之人忌食生冷菜瓜；女子月经来潮期间和有寒性痛经者都忌食生菜瓜。

【温馨提示】每餐约100克。

【药典精论】《随息居饮食谱》：“菜瓜，病目者忌。”

21. 怎样鉴别与选购丝瓜

【本品概述】

丝瓜俗称水瓜、菜瓜、天罗絮、布瓜、天吊瓜、元罗。为葫芦科丝瓜属植物丝瓜，原产印度尼西亚，现我国南北方均有种植，以华南、西南为多。品种分普通丝瓜（圆长）、棱角丝瓜（较短）两类。我国著名的丝瓜品种有：南京长丝瓜、上海香丝瓜、武汉白玉霜、浙江青柄白肚、驯马尾丝瓜、合川丝瓜、北京棒丝瓜等。丝瓜以嫩果供食，有清香气。

【选购指要】

丝瓜品质以棱角丝瓜为优，其余品种稍次。质量以果形端正、皮色青绿、有光泽、新鲜柔嫩、无折断、无损伤、无病虫害者为优。看丝瓜的瓜蔓处，瓜蔓新鲜的水分大，是刚摘不久的新鲜丝瓜。如果瓜蔓蔫吧，干扁，就是放了一段时间的丝瓜，已经不太新鲜了。用手捏一下，很结实，是新鲜的；如果软塌塌，就是放久的丝瓜或者变老的丝瓜。

食品健康知识链接

【天然药理】丝瓜络：清热解毒，活血通络，利尿消肿。叶：止血，清热解毒，化痰止咳。子：清热化痰，润腺，驱虫。藤：通经活络，止咳化痰。根：清热解毒。丝瓜幼嫩时供食用，老后干品入药。具有祛风化痰、凉血解毒之功效。

【用法指要】丝瓜的食用法有炒、炖、煮以及做汤等。与其他的瓜类相比，丝瓜不宜生吃，但用开水焯一下，拌以香油及醋单独食用也可以。丝瓜的味道清甜，烹煮时不宜加酱油和豆瓣酱等口味较重的酱料，以免抢味。

【健康妙用】丝瓜与黑木耳同吃能增强人体免疫力；与虾仁同吃有很好的滋补强壮作用，尤其适合遗精、早泄者食用；与牡蛎肉同吃能滋阴补肾，对慢性前列腺炎也有很好的食疗效果；与香菇两者同吃有很好的催乳作用；与鲢鱼同食能补中益气、生血通乳，适合产后因气血不足而导致乳汁量少或不通的女性食用；与猪蹄炖汤同吃能养血、通络、下乳，适用于产后体质虚弱、乳汁不足者；与羊肉同食能通经行血，对月经不顺及经量过多等症状都有效。

【食用宜忌】月经不调者，身体疲乏、痰喘咳嗽、产后乳汁不通的妇女适宜多吃丝瓜。

体虚内寒、腹泻者不宜多食。丝瓜不宜长时间吃，否则会引起阳痿。

【温馨提示】每餐60克。丝瓜除了食疗功用外，也可用作防止皮肤粗糙的化妆水，而“丝瓜络”又可作为沐浴擦身之用。

【药典精论】《本草纲目》：“丝瓜煮食除热利肠。”《陆川本草》：“生津止渴，解暑除烦。”《本草求真》：“过服亦能滑肠作泄。”《滇南本草》：“丝瓜不宜多食，损命门相火，令人倒阳不举。”

22. 怎样鉴别与选购节瓜

【本品概述】

节瓜也叫毛瓜，为葫芦科冬瓜属，一年生攀藤植物，是冬瓜的变种。因皮上附生有白色之毛而得名。在节瓜产地的四乡，瓜棚多架在鱼塘边，故有“水影瓜”之称。节瓜的吃法颇多样化，煲、煮、酿、红烧等，均是可口的菜肴。节瓜瓜味微甜而带梨花香，无论是用作煲汤做菜都清香美味。

【选购指要】

选购时应以色泽光亮，颜色嫩绿、毛茸密、肉丰而瓤少最为上乘。

食品健康知识链接

【天然药理】节瓜能生津解暑，止渴利尿，对暑热烦渴、水肿、小便不利等有疗效。它含有丰富的水分、矿物质和维生素，所含热量低，又不含脂肪，味道清淡甘润。一般用于炒食或煮汤，可补充人体水分、维生素和矿物质。经常多量食用，可清暑利尿和降低血脂或胆固醇。

【用法指要】其食法与冬瓜相似，以烧、烩、蒸和做汤为宜，既可单独成菜，又可与芦笋、西红柿、蘑菇等做成素席名菜，也可与鱼、虾、火腿、排骨等相配，做成荤肴。民间常用的菜肴中，用少许大头菜加入节瓜汤里头，对解暑止渴有很大功效。

【健康妙用】节瓜益胃，长于下气消水，眉豆有健脾祛湿之功，节瓜眉豆煲鸡脚，清润可口，能消暑热、解疲乏、健筋骨。将鲮鱼肉与节瓜、花生一起煲汤，有祛暑湿、健脾胃之功；因为鲮鱼纤维多而幼嫩，有利湿补益之功效，节瓜有消暑湿、养胃液、涤秽等功能，且入汤做菜十分鲜甜，花生能醒脾开胃、健脑抗衰。

【食用宜忌】可作为糖尿病患者的辅助食品。节瓜是炎热夏季的佳蔬，宜夏季吃。虚寒腹泻者慎食。

【温馨提示】每餐100克。

【药典精论】《本草纲目拾遗》：“节瓜止渴生津，驱暑，健脾，利大小肠。”《本草求原》：“功同冬瓜，而无冷利之患，益胃，长于下气消水。”

23. 怎样鉴别与选购冬瓜

【本品概述】

冬瓜俗称枕瓜、东瓜、寒瓜、白瓜。属葫芦科一年生蔓性植物，是传统的秋令蔬菜之一。冬瓜原产于我国南部及印度，现我国各地均有栽培。其果实一般个体硕大，幼果长茸毛。成熟时茸毛消退，果皮呈绿色，果皮外表有白色脂粉。形状因品种不同而异，有筒形、圆形、扁形之分。是夏秋上市的蔬菜之一。

【选购指要】

市场上的冬瓜有青皮、黑皮和白皮（粉皮）三类。黑皮冬瓜肉厚、肉质致密，食用品质最好。整个的成熟冬瓜应该是表皮带白霜，无绒毛，敲打时声音厚实。冬瓜体形较大，一般切块购买，宜挑选肉质厚实的，如果切面已变色就不要买了。

食品健康知识链接

【天然药理】冬瓜能清热、利水、消肿。它含钠量较低，对动脉硬化、肝硬化腹水、冠心病、高血压、肾炎、水肿膨胀等疾病，有良好的辅助治疗作用。冬瓜还有解鱼毒、酒毒的功能。经常食用冬瓜，有利于去除体内多余的脂肪。

【用法指要】冬瓜的食用方法很多，以烧、烩、蒸和做汤为宜。既可单独切片或剁块烧、烩成汤清味美的佳蔬，也可与芦笋、西红柿、丝瓜片、蘑菇等做成素席名菜，更可与鱼、虾、鳝、火腿、排骨、燕窝相配，做成荤食，还可以做蜜饯等。

【健康妙用】冬瓜与蒜苗同吃能化痰利肺；与鸭肉同吃能益阴清热、健脾消肿、降脂减肥；与大米同吃能清热利尿、减肥；与薏苡仁同吃能清热解毒、健脾祛湿；与银耳同吃能清热生津、利尿消肿；与乌鱼、赤豆同吃能消肿、利水、化瘀、降脂；与猪肉同吃能利水消脂、清热解毒；与鲤鱼煮汤食可治疗慢性肾炎。冬瓜熬汤热食可治疗痔疮肿痛。冬瓜子配桃仁、苡米、鱼腥草等同煎可治肺脓疡。经霜冬瓜皮与蜂蜜用水煎服可治咳嗽。

【食用宜忌】适合糖尿病人、肥胖者食用。夏季中暑烦渴时也适合食用。鲫鱼与冬瓜相克，同食会使身体脱水。身体虚寒、胃弱易泻者须慎用。

【温馨提示】每天60克。最佳食用期为每年的7、8月。吃冬瓜时不要扔掉皮，瓜皮利水消肿的作用更好。

【药典精论】《随息居饮食谱》："若孕妇常食。泽胎儿毒，令儿无病。"《食经》："冷人勿食。"《本草经疏》："若虚寒肾冷，久病滑泄者，不得食。"《医林纂要》："癞者忌食，善溃也。"《本草再新》："清心火，泻脾火，利湿去风，消肿止渴，解暑化热。"《本草衍义》："患发背及一切痈疽，削一大块置疮上，热则易之，分散热毒气。"

24. 怎样鉴别与选购西葫芦

【本品概述】

西葫芦俗称美洲南瓜、葫芦、茭瓜，为葫芦科一年生蔓性草本，原产拉丁美洲，19世纪中叶才引进中国。我国以西北地区栽培较多，东北、华北、华东、西南等地均有栽培。西葫芦多为长圆形，颜色深绿、黄白或绿白。嫩果和老果均可供食，其皮薄、肉厚、籽少、汁多，非常可口，而且营养丰富，是公认的保健食品。著名品种有一窝猴、一窝鸡、长西葫芦等。

【选购指要】

西葫芦应选择新鲜，瓜体周正，表面光滑无疙瘩，不伤不烂者。个头应大小适中，每个大约重1000克为佳。西葫芦的瓜皮和瓜子有很多用途，但发育到硬皮阶段的西葫芦通常有坚硬或半坚硬的瓜子，这种瓜皮硬、瓜子成熟的西葫芦一般不太理想，而且，硬瓜皮的西葫芦果肉常是多纤维的。因此，西葫芦要选择色鲜质嫩者。可捏一捏，如果发空、发软，说明已经老了；也可用手指甲掐一掐，指甲印掐过的地方为绿色、并好像有水要流出的较嫩，若指甲掐过的地方为黄色，发干的，就是老的。

食品健康知识链接

【天然药理】西葫芦有清热利尿、除烦止渴、润肺止咳、消肿散结的作用，可用于辅助治疗水肿腹胀、烦渴、疮毒以及肾炎、肝硬化腹水等症。西葫芦富含水分，有润泽肌肤的作用。西葫芦能消除皱纹，防止衰老，尤其是中老年人的保健食品。西葫芦中含有一种干扰素的诱生剂，可刺激机体产生干扰素，提高免疫力，达到抗病毒和肿瘤的作用。它还能预防肝、肾病变，有助于肝、肾功能衰弱者增强肝、肾细胞的再生能力。

【用法指要】西葫芦的食法有拌、炝、炒、扒、烧、炖、焖、做汤、制馅、做罐头等，是瓜类蔬菜中食用较广泛的一种。烹调时不宜煮得太烂，以免营养损失。做炒食时，买一般的嫩西葫芦便可（千万不要买种子已开始变硬的瓜），素或荤，做沙拉、炒食，味道都是上乘。制作沙拉时，可以根据自己的喜好，配上各种颜色的新鲜蔬菜，加上沙拉酱或其他调料拌匀。西葫芦中的水分也比较多，因此一般应等其熟后再用盐调味，以免营养随水分的析出而大量流失。

【健康妙用】西葫芦与牛肉同炒食，能益气补血，尤其适合气血虚弱的人食用。嫩西葫芦与绿豆芽、鸡丝、玉兰片同食，具有清热利尿、除烦止渴、润肺补虚的功效。西葫芦与瓜子仁、松子仁同炒食，不仅可以清热利尿、除烦止渴、润肺止咳、消肿散结，还可美容。

【食用宜忌】一般人群均可食用，脾胃虚寒的人应少吃。烹调食用，不宜生吃。

【温馨提示】每次80克。西葫芦的盛产期为每年的6—8月，这段时间内的西葫芦味道最好。

25. 怎样鉴别与选购瓠瓜

【本品概述】

瓠瓜俗称长瓠、瓠子、葫芦、扁蒲、蒲瓜、扁蒲、葫芦瓜、夜开花、长瓜、付子瓜等。属葫芦科，一年生草本。原产印度和非洲热带地区。我国普遍种植，但以江南生产为多，是南方夏季主要蔬菜之一。瓠瓜以幼嫩果供食，果色绿白，味淡如冬瓜，肉质柔嫩多汁，清鲜而美。老熟后，皮壳坚硬，肉略有苦味，不能食用。

【选购指要】

以果肉多，皮薄，多汁，色泽鲜艳，果形端正，无损伤者为佳。

食品健康知识链接

【天然药理】瓠瓜入肺、脾、肾经，具有利水消肿、止渴除烦、通淋散结的功效，主治水肿腹水、烦热口渴、疮毒、黄疸、淋病、痈肿等病症。瓠瓜对机体的生长发育和维持机体的生理功能有一定的作用，它含有一种干扰素的诱生剂，可刺激机体产生干扰素，提高机体的免疫能力，发挥抗病毒和肿瘤的作用。

【用法指要】瓠瓜的食法有炒、烩、做汤、制馅等，如瓠子饼、瓠子塞肉、瓠瓜炖脚爪、瓠瓜炖肥鸭、瓠瓜淡菜汤和焦炸嫩瓠子块等。

【健康妙用】水肿：单用瓠瓜煎汤食之。烦热口渴，高血压，黄疸型肝炎，尿路结石等：鲜瓠瓜500克捣汁，蜂蜜（瓠瓜汁与蜂蜜用量比为10：1）调匀。每次饮50毫升，每日2次。功能清热利湿，降血压。

热毒疮疡：瓠瓜烧炭存性，研末，麻油调匀后外敷。

【食用宜忌】水肿腹胀、烦热口渴、黄疸和

疮毒等症患者都宜食用。瓠子肉白，柔嫩多汁，嫩果味美，但老熟后最好不要吃。瓠瓜只能熟吃而不能生吃。

【温馨提示】瓠瓜多在夏季食用。每餐100～200克。

【药典精论】《群芳谱》：“瓠子，味淡，可煮食，不可生吃，夏日为日常食用。”《食物本草》：“主利大肠，润泽肌肤。”《千金食治》：“扁鹊云，患脚气虚胀者，不得食之。”

26. 怎样鉴别与选购藕

【本品概述】

莲藕俗称藕丝菜、光旁莲藕。为睡莲科草本植物莲的肥大根茎。原产于印度，我国很早就开始栽培，主要供食部分为地下茎及其果实莲子。莲藕脆嫩多汁，为我国水生蔬菜作物中经济价值最高的一种。生食脆甜，熟食香糯，是春、夏蔬菜淡季时的重要蔬菜品种。

【选购指要】

藕节数目不会影响品质，选购时要挑较粗短的藕节，成熟度足，口感较佳。藕节与藕节之间的间距愈长，表示莲藕的成熟度愈高，口感较松软。莲藕要外形饱满，不要选择外形凹凸不完整的莲藕。没有湿泥的莲藕通常已经过处理，不耐保存，有湿泥的莲藕较好保存，可置于阴凉处约1周。购买莲藕时，要注意有无明显外伤。如果有湿泥裹着，选购时可将湿泥稍微剥开看清楚。市面上已洗好、卖相佳的莲藕可能经化学制剂柠檬酸浸泡，颜色较白，不建议购买。

食品健康知识链接

【天然药理】中医认为，莲藕有生津止渴、清热除烦、养胃消食、养心生血、调气舒郁、止泻充饥、补心补虚的功效。在根茎类食物中，莲藕含铁量较高，对缺铁性贫血有食疗作用，对慢性出血性疾病有治疗作用。莲藕还可以消暑清热，健脾开胃，是夏季良好的祛暑食物。老年人常吃藕可以调中开胃，益血补髓，安神健脑，具延年益寿之功；妇女产后吃莲藕能消瘀。肺结核病人吃藕有清肺止血的功效。

【用法指要】莲藕入馔，可煮、炒、熘，亦可凉拌或生食，老藕可制成藕粉，对老年人及体质虚弱之人来说，消化吸收更好。莲藕的藕节可煮食。莲子可生食，也可煮食，还可入药。

【健康妙用】莲藕与木瓜同吃能帮助消化及清理肠胃，还可以抗癌、防衰老和降血压；与猪肚同煮适用于气血虚弱的身体瘦弱者。治肺结核咯血：鲜莲藕节60克，鲜白茅根60克，水煎服用；或鲜莲藕250克，洗净切片，加适量的糖拌食。

治气血虚弱：莲藕250克，猪脊骨300克，炖熟食，隔3天1次，2～4次可见效。

防暑：鲜莲藕250克洗净切片，加糖适量，水煎代茶饮。

【食用宜忌】脾胃气虚、食欲不振、缺铁性贫血、高热病人烦热口渴、吐血、口鼻出血、咯血、尿血；高血压病、糖尿病、肝病、便秘者宜食。妇女产后应忌食莲藕，否则可引起不良的破血作用。另外莲藕性偏凉，脾胃虚寒之人忌食。女子月经来潮期间和素有寒性痛经者也忌食。糖尿病患者不适宜食用熟藕及藕粉。煮藕时忌用铁锅铁器。莲藕纤维粗糙，婴儿及胃肠功能较弱的人不宜多食。

【温馨提示】每餐200克。莲藕受到高温干燥之后易发生萎缩和腐烂，肉质发黏，因而应将其放于低温湿润处或水中存放，也可经常洒一些水。

【药典精论】《本草经疏》："藕，生者甘寒，能凉血止血，除热清胃；做主消散瘀血，吐血，口鼻出血，产后血闷，及止热渴，烦闷，解酒等。熟者甘温，能健脾开胃，益血补心，故主补五脏，实下焦，消食，止泄，生肌。"《纲目拾遗》："藕粉，大能和营卫生津，凡一切症皆不忌，可服。"

27. 怎样鉴别与选购慈姑

【本品概述】

慈姑别名茨菰、乌芋、白地果、茨菇、燕尾菇，属泽泻科植物慈姑的球茎，是多年生水生草本植物，叶子像箭头，开白花。地下有球茎，黄白色或青白色。李时珍说："慈姑一根岁产十二子，如慈姑之乳诸手，故以名之。燕尾，其时之像燕尾分叉，故有此名也。"它曾是清朝皇帝御膳每餐不可少的食谱原料，是经久不衰广受人们欢迎的食物。

【选购指要】

挑选慈姑的时候，应注意一定要选择那些形状完整、有光泽有重量感、结实无裂开或缺损、纹路明显、无皱缩纹或变色、不腐烂的块根。

食品健康知识链接

【天然药理】慈姑入肺、心经，具有敛肺、止咳、止血的功效，主治痰核瘰疬、肿块疮疖、肺热咳嗽、喘促气憋、心悸心慌、水肿、小便不利等病症。

【用法指要】慈姑熟、生、炒、烩、荤、素皆宜，烹调菜肴丰富多样，风味各异。也可当水果食用，别有一种风味，吃起来甘甜酸软并带清淡、苦香、麻涩味。

【健康妙用】无名肿毒，红肿热痛：鲜慈姑捣烂加入生姜汁少许搅和，敷于患部，一日更换2次。

瘫疹搔痒：鲜慈姑全草捣烂榨汁，以蛤粉调涂。

难产及产后胞衣不下：鲜慈姑或茎叶洗净、切碎，绞汁一小杯，以温黄酒半杯和服。

毒蛇咬伤：鲜慈姑捣烂敷于伤口，两小时更换1次，并用全草捣汁服。

【食用宜忌】一般人群均可食用。尤其适宜咳嗽痰中带血、贫血、营养不良性水肿、脚气病、神经炎患者。

孕妇，便秘者不宜多吃。一般人也不宜多食，否则易发肠风痔漏，崩中带下，使人干呕、损牙齿、失颜色、皮肉干燥等。

【温馨提示】每次10个左右。

【药典精论】《千金方》："下石淋。"《唐本草》："主百毒，产后血闷，攻心欲死，产难衣不出，捣汁服一升。"《滇南本草》："厚肠胃，止咳嗽，痰中带血或咳血。"《岭南采药录》："以盐渍之，治癫犬咬伤，并治牛程（即石硬）。"

28. 怎样鉴别与选购南瓜

【本品概述】

南瓜俗称北瓜、饭瓜、倭瓜、番瓜。属葫芦科一年生蔓生草本。它原产亚洲南部，我国各地普遍栽培。南瓜外形有长圆、扁圆及瓢形等，既可作蔬菜，又可充作杂粮，瓜子可作炒货。南瓜夏秋季节上市，有"素火腿"之美誉。南瓜的营养价值甚高，尤以胡萝卜素的含量居瓜类之冠，南瓜子还是种常用的祛虫药。

【选购指要】

选购时以新鲜、外皮红色为主。外形完整、梗部新鲜坚硬且具有重量感为佳。最好挑选瓜梗仍在的南瓜，因其保存期限较长。

食品健康知识链接

【天然药理】南瓜内含有维生素和果胶，果胶有很好的吸附性，能黏结和消除体内细菌毒素和其他有害物质，如重金属中的铅、汞和放射性元素，起到解毒作用；还可以保护胃肠道黏膜，免受粗糙食品刺激，促进溃疡面愈合，适宜于胃病患者。南瓜所含成分能促进胆汁分泌，加强胃肠蠕动，帮助食物消化。南瓜含有丰富的钴，能活跃人体的新陈代谢，促进造血功能，并参与人体内维生素B_{12}的合成，对防治糖尿病、降低血糖有特殊的疗效。南瓜能消除致癌物质亚硝胺的突变作用，有防癌功效，并能帮助肝、肾功能的恢复，增强肝、肾细胞的再生能力。

【用法指要】南瓜富含淀粉、糖类，既可作为蔬菜，又可作为糖食来食用，民间称为"饭瓜"。除此之外，还可以将南瓜制馅、煮饭、拔丝、炸、熘等，如煎南瓜粑、糖醋南瓜丸、南瓜蒸肉等。糖尿病患者可把南瓜制成南瓜粉，以便长期少量食用。

【健康妙用】南瓜与面粉共吃能补中益气，温中止泻，适用于脾胃虚弱之泄泻，体倦等病症；与紫菜共煮汤能护肝补肾强体，适宜于肝肾功能不全患者食用；与猪肝共煮汤能健脾养肝明目，长期食之，对夜盲症有一定治疗效果；与蜂蜜共吃能调治哮喘；与粳米同吃能调治习惯性流产、安胎；与母鸡同吃能调治子宫脱垂；与薏苡仁同吃能调治脱肛。

【食用宜忌】用南瓜和大米熬粥，对体弱气虚的中老年人大有裨益。胃热、脚气病、黄疸、下痢、胀痛、气滞、产后痧痘等病者应忌食。南瓜与富含维生素C（如菠菜、油菜、西红柿、圆辣椒、小白菜、花菜等）的食物相克。南瓜宜煮食，不宜炒食，更不宜与西红柿、辣椒等同炒。南瓜多食则易生湿发黄，因此不宜多吃。素有胃热的孕妇要少吃，已经有便秘的孕妇更需慎食。南瓜不宜与羊肉、虾或鲣鱼、螃蟹、鳝鱼、带鱼同食。

【温馨提示】每次100克。此外，腌肉、腌鱼吃得太多时，可以吃南瓜来中和。

【药典精论】《本草求真》：“凡人素患脚气，于此最属不宜，食则湿气生壅。黄疸湿痹，用此与羊肉同食，则病尤见剧迫。”《随息居饮食谱》：“凡时病疳疟，疸痢胀满，脚气痞闷，产后痧痘，皆忌之。”《本草再新》：“平肝和胃，通经络，利血脉，滋阴水，治肝风，和血养血，调经理气，兼去诸风。”《本草纲目》：“甘温，无毒，补中益气。”《滇南本草》：“横行经络，利小便。”

29. 怎样鉴别与选购芋头

【本品概述】

芋头俗称芋奶、芋魁、香芋、毛芋、芋艿。芋头的种植起源于印度和马来西亚，而中国是种植芋头最多的国家。其口感细软，绵甜香糯，营养价值近似于马铃薯，又不含龙葵素，易于消化而不会引起中毒，既是食疗又是菜肴的原料。荔浦芋头曾作为广西的首选贡品在岁末进贡皇家大典。尤其是在清朝乾隆年间达到了极盛。在广东等地方，中秋节吃芋头是源远流长的一项习俗。

【选购指要】

体形匀称，拿起来重量轻，就表示水分少；切开来肉质细白的，就表示质地松，这就是上品。并注意外形不要有烂点，否则切开一定有腐败处，此外也可以观察芋头的切口，切口汁液如果呈现粉质，那么肉质就会香嫩可口；如果呈现液态状，肉质就没有那么蓬松。

食品健康知识链接

【天然药理】中医认为芋头可益胃、宽肠、通便，治食滞便秘，解毒散结，治瘰疬、肿毒、癖块。现代医学发现，芋头所含的矿物质中，氟的含量较高，具有洁齿防龋、保护牙齿的作用。芋头含有一种黏液蛋白，被人体吸收后能产生免疫球蛋白，或称抗体球蛋白，可提高机体的抵抗力。芋头为碱性食品，能中和体内积存的酸性物质，调整人体的酸碱平衡，产生美容养颜、乌黑头发的作用，还可用来防治胃酸过多症。芋头中有一种天然的多糖类高分子植物胶体，有很好的止泻作用，并能增强人体的免疫功能。芋头可作为防治癌瘤的常用药膳主食，在癌症手术或术后放疗、化疗及其康复过程中，发挥其辅助治疗作用。

【用法指要】芋头可粮可菜，亦可磨粉入药。食用时可蒸、煨、烤、烧、烩、炒。单独煮食，甜香可口；与禽肉、畜肉同烹，其味更美。把它切成薄片，油炸后夹猪肉做成“红烧扣肉”，风味独特，肉不腻口，是宴会上的一道美肴。将它煮熟剥皮，放在热锅中，加上猪油、白糖、少量奶粉，压成奶芋，味道甘香软甜；掺和鱼、肉、鸡、冬笋、香菇等，用油轻炸，香酥爽口。

【健康妙用】芋头与粳米同煮粥，煮熟后用油、盐调味食用，有散结、宽肠、下气的作用，适用于大便干燥便结、妇女产后恶露排出不畅等症；与海带同煮粥食可健脾消积，适用于青春期甲状腺肿大者；与糯米同煮食可除烦安胎，治疗妊娠心烦，胎动不安；与排骨同煮汤食可增加食欲、提高抵抗力；与牛肉搭配食用，对脾胃虚弱、食欲不振及便秘有防治作用，还有防止皮肤老化的功效。

【食用宜忌】尤其适宜于淋巴结肿大、瘰疬、良性肿瘤、妇女乳腺增生之人食用；也适合于癌症患者、慢性习惯性便秘、咳嗽痰多者食用。生品有毒，不可大量生食。有痰、敏性体质（荨麻疹、湿疹、哮喘、过敏性鼻炎）者、小儿食滞、胃纳欠佳以及糖尿病患者应少食；同时食滞胃痛、肠胃湿热者、糖尿病患者忌食。芋头忌与香蕉同食。

【温馨提示】每次80克左右即可。烹调时一定要烹熟，否则其中的黏液会刺激咽喉。

【药典精论】唐•孟诜：“十月后晒干收之，冬月食不发病。和鲫鱼鲤鱼作臛，良。久食治人虚劳无力。”《大明诸家本草》：“和鱼煮食，甚下气，调中补虚。”《千金•食治》：“不可多食，动宿冷。”

30. 怎样鉴别与选购马铃薯

【本品概述】

马铃薯俗称洋芋、山药蛋、地蛋。为世界五大食物之一，营养丰富。按种植期分，有春种马铃薯和秋种马铃薯。春种马铃薯肉质细嫩，秋种马铃薯含淀粉量较高。按地区分，南方产的质细有韧性，适宜做菜，北方产的个大质松，适宜加工淀粉。

【选购指要】

马铃薯要选没有破皮的，尽量选圆的，越圆的越好削。起皮的马铃薯又面又甜，适合蒸着、炖着吃；表皮光滑的马铃薯比较紧实、脆，适合炒马铃薯丝。黄肉的马铃薯比较粉面，白肉的比较甜。过大的马铃薯可能是生长过时的，纤维会比较粗。选马铃薯一定要选皮干的，不要有水泡的，不然保存时间短，口感也不好。凡长出嫩芽的马铃薯已含毒素，不宜食用。如果发现马铃薯外皮变绿，哪怕是很浅的绿色都不要食用。因为马铃薯变绿是有毒生物碱存在的标志，如果食用会中毒。有损伤或虫蛀孔洞、有腐烂气味的马铃薯，颜色有黑色类似瘀青的、冻伤或腐烂的马铃薯，肉色变成灰色或呈黑斑的马铃薯不能食用。

食品健康知识链接

【天然药理】马铃薯能健脾益气、和胃调中，主治胃火牙痛、脾虚纳少、大便干结、高血压、高血脂等病症；还可辅助治疗消化不良、习惯性便秘、神疲乏力、慢性胃痛、关节疼痛、皮肤湿疹等症。其含有大量淀粉以及蛋白质、维生素B、C等，能促进脾胃的运化功能，能减少胃液分泌，缓解痉挛，对胃痛有一定的治疗作用；还能宽肠通便，帮助机体及时排泄代谢毒素，防止便秘，预防肠道疾病的发生；保持消化道、呼吸道以及关节腔、浆膜腔的润滑，预防心血管系统的脂肪沉积，保持血管的弹性，有利于预防动脉粥样硬化的发生。马铃薯也是一种碱性蔬菜，有利于体内酸碱平衡，从而有一定的美容颜、抗衰老作用。其含有丰富的维生素及钙、钾等微量元素，所含的钾能取代体内的钾，而使钠排出体外，有利于高血压和肾炎水肿患者的康复。

【用法指要】马铃薯有炒、炖、炸等食法。马铃薯中的龙葵素可溶解在水中，炒时再加点醋，煮熟、烩烂就可去掉毒素。马铃薯去皮不宜厚，越薄越好，因为马铃薯皮中含有较丰富的营养物质。马铃薯去皮以后，如果一时不用，可以放入冷水中，再向水中滴几滴醋，可以使马铃薯洁白。

【健康妙用】马铃薯与猪肉同吃具有和中健脾、养胃除湿的功效，适用于胃寒喜暖，消化不良，腹部隐痛等病症；与牛肉同吃酸、甜香适口，含有较高的优质蛋白质、较多的维生素C，适用于妊娠体虚者；与鸡蛋同吃能健脾开胃，利尿消肿，适用于脾胃呆滞，体虚浮肿诸病症；与荠菜同吃能和中健脾，营养丰富，可作为胃及十二指肠溃疡病人的食疗佳蔬，饮食不振及水肿患者可常食。

【食用宜忌】适宜于脾胃虚寒、营养不良、习惯性便秘者，也适合胃、十二指肠溃疡、癌症（尤其是乳腺癌、直肠癌）、高血压、高血脂、动脉硬化、肾炎、维生素C缺乏症、维生素B_1缺乏症患者食用。禁食发芽的马铃薯。孕妇慎食，以免增加妊娠风险。马铃薯与香雀相克，同食脸上容易生雀斑。

【温馨提示】一个人吃200～300克鲜马铃薯，就可补偿一昼夜里维生素C的消耗。

【药典精论】《中国中草药汇编》："补气健脾，益体。"

31. 怎样鉴别与选购豆豉

【本品概述】

豆豉别名大苦、香豉、康伯，源于我国，是一种以大豆为原料经微生物发酵而制成的传统发酵食品，既可用于烹饪，也可代菜佐餐。按制曲时参与的微生物不同，豆豉可分为毛霉型、曲霉型、根霉型和细菌型等。重庆出产的有名的"永川豆豉"就属于毛霉型豆豉，人们平时称的"水豆豉"、"姜豆豉"及日本人喜食的"细豆"则属细菌型豆豉。

【选购指要】

良质酱类呈红褐色或棕红色或黄色，油润发亮，鲜艳而有光泽；次质酱类色泽较深或较浅；劣质酱类色泽灰暗，无光泽；可在光线明亮处观察其黏稠度，有无霉花、杂质和异物等；良质酱类黏稠适度，无霉花，无杂质；次质酱类过干或过稀；劣质酱类有霉花、杂质和蛆虫等；取少量样品直接嗅其气味，或稍加热后再行嗅闻，良质酱类具有酱香和酯香气味，无其他异味；次质酱类的固有香气不浓，平淡；劣质酱类有酸败味或霉味等不良气味；进行酱类滋味的感官鉴别时，可取少量样品置于口中用舌头细细品尝：良质酱类滋味鲜美，入口酥软，咸淡适口，有豆酱或面酱独特的滋味，豆瓣辣酱可有锈味，无其他不良滋味；次质酱类有苦味、涩味、焦煳味、酸味及其他异味。

食品健康知识链接

【天然药理】豆豉有帮助消化、增强脑力、提高肝脏解毒功能等效用。经常食用豆豉还能促进体内新陈代谢，清除血中毒素、净化血液，对减少血中胆固醇、降低血压有一定帮助，可降低患心血管疾病的危险。此外，豆豉还有美容的作用，可以增强肌肤的新陈代谢功能，促进机体排毒，维护皮肤和头发的健康。

【用法指要】豆豉用于烹饪各种风味菜肴，可蒸、炒、炖等。能增加菜肴的鲜味，如“潮州豆豉鸡”、“豆豉鱼”、“豆豉牛肉”等。

【健康妙用】豆豉有淡豆豉、炒豆豉、清豆豉等，因炮制不同，性质也不同。用青蒿、桑叶同制的则药性偏寒；用藿香、佩兰、苏叶、麻黄同制的，则药性偏温；未用其他药物同制者，其透发力很弱，若要发挥作用还需依靠麻黄、苏叶。通常入药治病使用的是淡豆豉。

豆豉与苦瓜同食能健脾开胃、清暑消食；与排骨同食能健脾开胃、滋补肝肾；与鳊鱼同食能健脾开胃、活血祛瘀；与驴肉同食能解表清热、透疹解毒；与鲫鱼同煮汤，食用后能健脾、益气、利湿。

【食用宜忌】适合更年期妇女、糖尿病患者和心血管病患者食用。肾结石患者不宜食用豆豉；心血管系统疾病患者则不宜多食。

【温馨提示】每天40克左右，不要多食。

【药典精论】《肘后方》：“今江南人凡得时气，必先用此汤服之，往往便瘥。”南北朝•陶弘景：“豉，食中之常用，春夏天气不和，蒸炒以酒渍服之，至佳。”《随息居饮食谱》：“豉，咸平，和胃，解鱼腥毒，不仅为素肴佳味也。金华造者佳。”

32. 怎样鉴别与选购豆腐

【本品概述】

豆腐是用大豆的加工制品，在古代时被人们称为“黎福”、“小宰羊”。它不仅是味美的食品，而且具有丰富的营养，与大豆相当，而又比大豆更容易消化吸收，是延年益寿的保健佳品，因此大受人们的青睐。

【选购指要】

豆腐本身的颜色是微黄色，如果色泽过白，有可能添加漂白剂，则不宜选购。豆腐是高蛋白质的食品，很容易腐败，尤其是自由市场卖的板豆腐较盒装豆腐易遭到污染，应多加留意。盒装豆腐较易保存，但仍须放入冰箱冷藏，以确保在保存期限内不会腐败。

食品健康知识链接

【天然药理】现代医学证实，豆腐除有增加营养、帮助消化、增进食欲的功能外，对牙齿、骨骼的生长发育也颇为有益，在造血功能中可增加血液中铁的含量；豆腐不含胆固醇，为高血压、高血脂、高胆固醇症及动脉硬化、冠心病患者的药膳佳肴。也是儿童、病弱者及老年人补充营养的食疗佳品。豆腐含有丰富的植物雌激素，对防治骨质疏松症有良好的作用。还有抑制乳腺癌、前列腺癌及血癌的功能，豆腐中的甾固醇、豆甾醇，均是抑癌的有效成分。

【用法指要】豆腐不足之处是它所含的大豆蛋白缺少一种必需氨基酸——蛋氨酸，若单独食用，蛋白质利用率低，如搭配一些别的食物，使大豆蛋白中所缺的蛋氨基酸得到补充，使整个氨基酸的配比趋于平衡，人体就能充分吸收利用豆腐中的蛋白质。蛋类、肉类蛋白质中的蛋氨酸含量较高，豆腐应与此类食物混合食用，如豆腐炒鸡蛋、肉末豆腐、肉片烧豆腐等。

【健康妙用】豆腐与鲫鱼煮汤食用，小儿麻疹出齐时食用可以清热；豆腐与炒王不留行煮汤，喝汤食豆腐，可治产后乳少；豆腐与麦芽糖、生萝卜汁混合煮开，一日分两次食用，可治支气管哮喘；豆腐与黄瓜煮汤代茶饮，可治小儿夏季发烧不退，口渴而饮水多；将鲜豆腐用醋煎食，可治久痢不止；豆腐、羊肉、虾、生姜、香葱各适量，同煮熟后加入食盐调味食用，适用于气血不足、脾肾阳虚、阳痿、遗精等症；豆腐适量煮食，可解旅行或迁移新居所引起的水土不服、呕吐症状。

【食用宜忌】一般人都可以食用，尤其适合老人、孕妇、产妇，也是儿童生长发育的重要食物，脑力工作者及经常加夜班者也非常适合。老人、肾脏病人、缺铁性贫血病人、痛风病人要少吃豆腐；胃寒，易腹胀、腹泻者不宜多食；患有严重肾病、痛风、消化性溃疡、动脉硬化、低碘者应禁食。豆腐不可和蜂蜜同吃，否则可能会引起耳聋。

【温馨提示】成年人每天80克。儿童每天50克。孕妇或重体力劳动者每天100克。

【药典精论】《食物本草》：“凡人初到地方，水土不服，先食豆腐，则渐渐调妥。”

33. 怎样鉴别与选购腐竹

【本品概述】

腐竹，又称腐皮或豆腐皮，腐竹是中国人很喜爱的一种传统食品，是煮沸豆浆表面凝固的薄膜，可鲜吃或晒干后吃。腐竹具有浓郁的豆香味，同时还有着其他豆制品所不具备的独特口感。豆腐皮一词最早出现在李时珍《本草纲目》中，李时珍说，将豆浆加热时，表面出现一层膜，将膜取出，干燥后即得豆腐皮。腐竹色泽黄白，油光透亮，含有丰富的蛋白质及多种营养成分。

【选购指要】

市场上有两种腐竹被查出含甲醛次硫酸氢钠和硼砂，且二氧化硫含量超标。这两种物质摄入过多，会对肾脏等器官产生危害，因此国家严禁将它们添加到食品当中。二氧化硫是合法的食品添加剂，有漂白和防腐作用，但长期过量食用也会对人体造成伤害。

那么怎么才能挑到安全的腐竹呢?除了买正规厂家的产品外，还要做到以下几点：

一看：正常腐竹呈现不鲜艳的黄色，颜色较浅，且有一定的光泽。如果颜色特别鲜亮，要特别注意，有的可能是添加了色素。

二闻：天然腐竹有自然的豆香气。如果闻起来有点奇怪的化学味道，就要小心了。

三泡：将腐竹在温水中浸泡，如果长时间后还能保持很好的韧性和弹性，可能是非法添加的腐竹。

腐竹是一种很容易被非法添加的食品，尽管其营养价值很高，但最好不要大量吃，并且不要只认准一家品牌，这样也能降低食品安全风险。

食品健康知识链接

【天然药理】腐竹含有多种矿物，补充钙质，防止因缺钙导致的骨质疏松，增进骨骼发育，浓缩了黄豆中的精华，是豆制品中的营养冠军。腐竹具有良好的健脑作用，它能预防老年痴呆症的发生。这是因为，腐竹中谷氨酸含量很高，为其他豆类或动物性食物的2~5倍，而谷氨酸在大脑活动中起着重要作用。此外，腐竹中所含有的磷脂还能降低血液中胆固醇含量，有防止高脂血症、动脉硬化的效果。具备清热润肺、止咳消痰的功效，几乎适合一切人食用。

【用法指要】用清水浸泡（夏凉冬温）3～5小时即可发开。可荤、素、烧、炒、凉拌、汤食等，食之清香爽口，荤、素食别有风味。

【健康妙用】在运动前后吃，可以迅速补充能量，并提供肌肉生长所需要的蛋白质。中午吃腐竹健脑抗疲劳 腐竹最适合在中午吃，可以为身体补充足够的能量，以对抗后半天工作的疲劳，还具有良好的健脑作用。中午吃比晚上吃对控制体重更有好处。

【食用宜忌】腐竹的营养价值虽高，但有些人如肾炎、肾功能不全者最好少吃，否则会加重病情。糖尿病，酸中毒病人以及痛风患者或正在服用四环素、优降灵等药的病人也应慎食。减肥者宜少吃。广东人爱吃的枝竹由腐竹再次油炸制成，热量就更高了，达到每百克472千卡，超过了同等重量猪肉的热量。因此，需要控制体重的人最好别经常吃腐竹，或在吃腐竹的时候适当减少主食的摄入。吃腐竹时，注意不要与蜂蜜、橙同吃，因为会影响消化吸收，而豆浆则不宜加红糖，加白糖也要待煮熟离火后才能加。

【温馨提示】腐竹须用凉水泡发，使腐竹整洁雅观，如用热水泡，则腐竹易碎。腐竹适于久放，但应放在干燥通风之处。过伏天的腐竹，要经阳光晒、凉风吹数次即可。

34. 怎样鉴别与选购枸杞头

【本品概述】

枸杞叶又名枸杞苗、地仙苗、枸杞

尖、天精草、地骨、枸杞菜、枸杞头等，为茄科植物枸杞或宁夏枸杞的嫩茎叶。枸杞属灌木或大灌木，叶互生或数片丛生；叶片卵状菱形至卵状披针形，长2～6厘米，宽0.6～2. 5厘米，先端尖或钝，基部狭楔形，全缘，两面均无毛。生于沟岸及山坡或灌溉地埂和水渠边等处。野生和栽培均有，分布于华北、西北等地，其他地区也有栽培。

【选购指要】

购买时以颜色鲜绿、茎叶嫩的为佳。鲜品不宜久存，应立即食用，否则水分流失会很快。

食品健康知识链接

【天然药理】枸杞头入肝、脾、肾经，具有补虚益精、清热止渴、祛风明目、生津补肝的功效，主治虚劳腰痛、发热烦渴、目赤昏痛、障翳夜盲、崩漏带下、热毒疮肿。近代研究认为，枸杞还具有防癌抗癌的功效，枸杞叶的抑癌率高达90%以上。

【用法指要】洗净后可炒、拌、煮汤、煮粥等，如枸杞叶粥、鲫鱼陈皮枸杞菜、枸杞叶猪肝汤、枸杞头拌豆腐、枸杞羊肉粥、枸杞猪肝蛋花汤、枸杞头拌豆腐干、枸杞叶猪腰汤等。

【健康妙用】枸杞叶富含甜菜碱、芦丁以及多种氨基酸和微量元素等。常饮枸杞叶茶具有养肝明目、软化血管等保健功效。枸杞叶和羊肉作羹，能除风，明目；枸杞叶单煮汁饮用，能消热解毒；枸杞叶与猪肝煮汤，加油、盐调味服，可清肝肾、降肺火，应用于视力减退或夜盲症状；患眼风障赤膜昏痛时，取枸杞叶捣汁注入眼中即可；枸杞嫩茎叶与竹笋相配成菜，常食能润肤容颜，延年益寿。枸杞的嫩茎叶也可作甜食，如枸杞头炖银耳，能补虚、滋阴、益气、润肤、明目、益智健脑。

【食用宜忌】体质虚弱、常感冒、抵抗力差的人最宜每天食用。患有高血压、性情太过急躁的人，或平日大量摄取肉类导致面泛红光的人最好不要食用。枸杞叶忌与奶酪同食。

【温馨提示】鲜者每次100~200克。

【药典精论】《药性论》："能补益精诸不足，易颜色，变白，明目，安神。和羊肉作羹，益人，甚除风，明目；若渴可煮作饮，代茶饮之；发热诸毒烦闷，可单煮汁解之，能消热解毒；主患眼风障赤膜昏痛，取叶捣汁注眼中。"《食疗本草》："坚筋耐老，除风，补益筋骨，能益人，去虚劳。"《日华子本草》："除烦益志，补五劳七伤，壮心气，去皮肤骨节间风，消热毒，散疮肿。"《纲目》："去上焦心肺客热。"《生草药性备要》："明目，益肾亏，安胎宽中，退热，治妇人崩漏下血。"《本经逢原》："能降火及清头目。"

35. 怎样鉴别与选购花椰菜

【本品概述】

花椰菜又叫菜花、花甘蓝、洋花菜、球花甘蓝，是由甘蓝演化而来，有白、绿两种，绿色的又叫西兰花、青花菜。它起源于欧洲地中海沿岸，19世纪中叶传入我国南方，以广东、福建、台湾等地栽培为最早，上海的花椰菜历史亦较早，称为花菜。其肉质细嫩，味甘鲜美，食用后很容易消化吸收。

【选购指要】

质量好的花椰菜呈白色或奶白色，干净、坚实、紧密，外层叶子部分紧裹菜花，叶子新鲜、饱满且呈绿色。花序松散、生长过于成熟的花椰菜品质不佳。

食品健康知识链接

【天然药理】中医认为花椰菜有强肾壮骨、补脑填髓、健脾养胃、清肺润喉的作用，适用于先天和后天不足、久病虚损、腰膝酸软、脾胃虚弱、咳嗽失音者。花椰菜含有抗氧化、防癌症的微量元素，长期食用可以减少乳腺癌、直肠癌及胃癌等癌症的发病几率。花椰菜是含有类黄酮最多的食物之一。类黄酮除了可以防止感染，还是最好的血管清理剂，能够阻止胆固醇氧化，防止血小板凝结成块，减少心脏病与中风的危险。有些人的皮肤一旦受到小小的碰撞和伤害就会变得青一块紫一块的，这是因为体内缺乏维生素K的缘故，补充的最佳途径就是多吃花椰菜。花椰菜还含有丰富的维生素C，可增强肝脏的解毒能力，并能提高机体的免疫力，可防止感冒和坏血病的发生。

【用法指要】生的花椰菜可以做成各种风味的菜肴和色拉，也可以浸渍在浓味酱油内调制后食用。煮熟的花椰菜可以与各种各样的调味品、鸡蛋、肉、家禽和其他蔬菜一起配制成菜肴。花椰菜虽然营养丰富，但常有残留的农药，还容易生菜虫，所以在吃之前，可将菜花放在盐水里浸泡几分钟。

【健康妙用】治产后瘀血腹痛：取熟花椰菜籽6克、当归9克、桂皮5克，水煎服。

治小儿丹毒：取花椰菜籽1小杯，研末后调香油涂于患处。

治急性乳痈：取鲜花椰菜叶捣烂敷患处，1日换3次。

治荨麻疹：取花椰菜揉烂，擦患处。

治带状疱疹：取花椰菜叶洗净，揉烂敷患处。也可治各种湿疹。

【食用宜忌】一般人群均可食用，没有特殊禁忌。尤其适宜生长发育期的儿童、生活在污染环境中肝脏易遭到毒害的以及一切想要抵制癌瘤染身的人们食用；对食欲不振、消化不良、大便干结者也有帮助。

花椰菜不宜常吃，也不宜过量食用，否则可能会使人患上皮炎。

【温馨提示】每餐70克即可。烧煮和加盐时间不宜过长，否则会丧失和破坏防癌抗癌的营养成分。

36. 怎样鉴别与选购芦笋

【本品概述】

芦笋别名露笋、石刁柏、芦尖、龙须菜，属百合科，多年生宿根植物，食用部位是其幼嫩茎。它是春季自地下茎抽出的，茎嫩肥大，顶芽圆，鳞片紧密，出土前采收的色白柔嫩，称为白芦笋，一般用来制成罐头食品；幼茎见光后呈绿色，称为绿芦笋，通常作为蔬菜鲜食。它原产于地中海沿岸，据记载，公元前200年时罗马人就已经开始食用，我国最早有相关记载则是在周朝时。它也是宴席上的珍品，在西方被人们称为“菜中之王”、“世界十大名菜之一”，欧美营养学者和素食人士视它为健康食品。

【选购指要】

购买芦笋时注意挑选颜色新鲜、质地脆嫩、顶端紧凑、不空心、无开裂、无泥沙的，因为老芦笋粗纤维较多，口感不佳。可以用指甲在芦笋根部轻轻掐一下，有印痕者为嫩笋。

食品健康知识链接

【天然药理】芦笋可以改变人体内酸性环境，使酸碱度平衡，有利于人体对营养的均衡吸收，避免或减轻酸性物质对人体的危害；能镇定神经，改善烦躁情绪；提高人体免疫力；促进胃肠蠕动、排除毒素、帮助消化、增进食欲；使细胞生长正常化，具有防止癌细胞扩散的功能。用芦笋治淋巴腺癌、膀胱癌、肺癌、肾结石和皮肤癌有极好的疗效，对其他癌症、白血病等的效果也很显著。经常食用芦笋对心脏病、高血压、心率过速等病症也有一定的疗效。

【用法指要】芦笋的食法有炝、拌、炒、扒、烧、做汤、制馅，还可鲜食，也可制罐头等。烹调芦笋前，可先将其切成条，用清水浸泡20～30分钟，以去除苦味。

【健康妙用】芦笋与百合同煮汤食用有降血脂的功效；与香菇、紫菜同煮汤食用有消暑热、补身体、防止动脉硬化和高血压的作用；与猪肉同吃能养阴清热、益气和中、祛烦止呕，尤其适合气阴两虚者；芦笋煎煮取汁，加粳米熬成粥食用，可清热凉血，能消除癌症患者阴虚引起的心烦和失眠。

【食用宜忌】适宜于白内障、高血压、高血脂、动脉硬化、肝功能不全、肾炎水肿、尿路结石患者；也适合于体质虚弱、气血不足、营养不良、贫血、牙龈出血、骨折和癌症患者食用；肥胖、习惯性便秘者宜食。痛风和糖尿病人不宜多食。不宜生吃，也不宜存放1周以上才吃。

【温馨提示】芦笋的抗病能力很强，在生长过程中无需打农药，是真正的绿色无公害蔬菜，可放心食用，但也不宜过量，每餐50克即可。

【药典精论】《中国中草药》：“补气血，益肝，稀便”。《食鉴本草》：“芦笋，忌巴豆”。

37. 怎样鉴别与选购竹笋

【本品概述】

竹笋又名笋，是竹的幼苗，俗称冬笋、春笋、虫笋、毛笋、竹芽、竹胎、鞭笋、笋干。我国长江以南各地普遍栽培。根据出土和采集的季节，可分为春笋、冬笋和鞭笋。3月底至4月初出土的称春笋；

秋末冬初挖出的称冬笋；夏季窜出地面的嫩端为鞭笋。古人有诗云："无肉令人瘦，无竹令人俗；若要不瘦又不俗，日日且食笋炒肉。"笋是八珍之食，我国周期时代就以笋为珍味；故此，诗经有云："维笋及蒲，馈食之笾。"

【选购指要】

鲜嫩的竹笋，颜色稍黄，笋肉柔软，竹皮紧贴，外表平滑，底部切口较洁白。若底部切口呈深黄色，黄中泛青，这样的笋就较老，吃起来口感较差；如壳松、根头发空，根部上一节有疤斑，则是被黄褐虫蛀了的竹笋。

春笋是春季出芽长出地面的笋。应挑选粗短、紫皮带茸，肉为白色，形如鞭子的为好。

购买毛笋时，应选个大粗壮，皮黄灰色，肉为黄白色，单个重量在1千克以上的为佳。

购买冬笋时要挑选枣核形为好，即两头小中间大的笋。这样的笋损失率小，当剥开笋壳后有较多的笋肉，可食率高。冬笋不要过大，也不要过小。冬笋过大往往偏老，不仅根部发达，而且分量也重，吃起来口感很差。冬笋过小发育未成熟，而且过嫩吃起来没有嚼头，口感不好。在选购水发竹笋时，应该先闻一下其有没有硫黄味。

食品健康知识链接

【天然药理】中医学认为，竹笋具有清热化痰、利水消肿、润肠通便、消食等功用，适用于热痰咳嗽、胸膈不利、心胃有热等症状。现代医学认为，竹笋具有低脂肪、低糖、多纤维的特点，本身可以吸附大量的油脂来增加味道，肥胖的人如果经常吃竹笋，每顿进食的油脂就会被它所吸附，降低胃肠黏膜对脂肪的吸收和积蓄，从而达到减肥目的，并能减少与高脂有关的疾病的发生。竹笋对消化道肿瘤也有一定的预防作用。

【用法指要】竹笋的食用方法很多，可以糟、酱、拌、炝、炒、熘、烧、焖、煸等，也可以做需用材料和制馅，更可以加工成制品，是名贵的"素斋"佳品之一。

【健康妙用】竹笋与猪腰同吃具滋补肾脏和利尿的功效；与莴笋同吃能降脂降压、减肥美容；与香菇同吃能补中益气、健脾益胃、防癌抗癌；与佛手同吃能疏肝益脾、解毒通络；与鸡肉同吃能补虚开胃、通便利肠；与猪肉同吃能益气补血、滋阴润燥；与干贝同吃能养阴益肾、防癌抗癌；与鲫鱼同煮汤，食用后能活血通络、健脾化滞、益气透疹。

【食用宜忌】适宜于外感风热、肺热咳嗽黄痰、浮肿、腹水、小儿麻痹、发热口渴、小便不利等患者；也适合于动脉硬化、冠心病、肥胖、便秘之人食用；风疹或水痘初起时也适合食用。竹笋性寒，又含较多的粗纤维和难溶性草酸钙，故消化道溃疡、食道静脉曲张、上消化道出血、尿路结石患者忌食。平素脾胃虚寒、腹泻便溏者忌食。竹笋也为发物，癌肿患者、各种疾病愈后、产后也应忌食。由于竹笋难以消化，因此小儿不宜多食。据经验，竹笋忌与鹧鸪、糖浆、羊肝同食。

【温馨提示】春笋和冬笋鲜、嫩、肥、脆，食味甚佳。每餐25克。

【药典精论】《纲目拾遗》："利九窍，通血脉，化痰涎，消食胀。"《本草求原》："竹笋，甘而微寒，清热除痰，同肉多煮，益阴血。痘疹血热毒盛，不起发者，笋尖煮汤及入药，俱佳。"

38. 怎样鉴别与选购莴笋

【本品概述】

莴笋俗称白苣、莴菜、千金菜、青笋，原产于地中海沿岸，唐代传入我国，现在我国南北均产，是春季及秋冬季的主要蔬菜之一。莴笋以肥大的花茎基部供食，呈长棒形，外有一层纤维层，对嫩茎起着保护作用，茎质脆、嫩，水分大，味鲜美。莴笋的品种较多，依叶形大体分为尖叶类和圆叶类。优良品种有杭州尖叶莴笋、上海尖细叶莴笋、济南白莴笋等。

【选购指要】

优质莴笋一般色泽鲜嫩，不弯曲，大小均匀；皮薄，质脆，水分充足，笋条不蔫萎，不空心，表面无锈斑；不带黄叶、烂叶，不抽薹；没有泥土；没有苦味或其他不良异味。

食品健康知识链接

【天然药理】莴笋可增强胃液和消化液的分泌，增进胆汁的分泌。莴笋中的钾是钠的27倍，有利于促进排尿，维持水平衡，对高血压和心脏病患者有很大的裨益。莴笋中所含的氟元素，可参与牙釉质和牙本质的形成，参与骨骼的生长。莴笋中的含碘量高，这对人体的基础代谢和体格发育，会产生有利影响。中医认为，莴笋可清热利尿，治小便不利、尿血、口臭，通经脉、下乳汁，生食可令牙齿洁白，还能助发育、防癌。

【用法指要】莴笋适用于烧、拌、炝、炒等烹调方法，也可用它做汤和配料等。以它为原料的菜肴有"青笋炒肉片"、"烧笋尖"、"炝辣青笋"等。食用前应将莴苣皮和老根部分去掉，但须注意的是，莴苣怕咸，盐要少放一点，否则味道不佳。

【健康妙用】孕妇乳汁不通时，可用米酒或黄酒（绍酒）煮莴笋服用，疗效显著。莴笋是传统的丰胸蔬菜，与含B族维生素的牛肉合用，具有调养气血的作用，可以促使乳房部位的营养供应。莴笋有利五脏、顺气通经脉、健筋骨、洁齿明目、清热解毒等功效，蒜苗有解毒杀菌的作用，两者合用可防治高血压。莴笋与猪肉同吃能调养气血、滋阴补虚。

【食用宜忌】适宜于儿童生长发育期、产后缺乳、乳汁不通、饮酒之人、小便不通、尿血、水肿、肥胖、糖尿病患者等食用。女性月经期间或寒性痛经者忌食；脾胃虚寒、腹泻便溏之人、眼疾、痛风患者也忌食。莴笋与蜂蜜相克，不宜同食。

【温馨提示】每次60克为宜。莴笋叶虽然有点苦，但它的营养远远高于莴笋茎，所以不要只吃茎而不吃叶。

【药典精论】《千金·食治》："益精力。"唐·孟诜："补筋骨，利五脏，开胸膈壅气，通经脉，止脾气，令人齿白，聪明少睡，可常食之。"《四声本草》："患冷气人食之即腹冷。产后不可食，令人寒中，小肠痛。"

39. 怎样鉴别与选购金针菜

【本品概述】

金针菜又名黄花菜、忘忧草、萱草花，属百合科萱草属的宿根多年生草本植物，每年能生叶两次。当黄花含苞欲放时，就采摘其花蕾经过蒸制晒干，叶干黄花，便于收藏。干品外观呈金黄色针状，故名金针菜。金针菜的可食部分是花蕾。其色金黄，味幽香，口感香甜滑润，含多种营养素，具有很高的营养、药用价值，可食、药两用，是人们喜爱的一种传统名贵蔬菜，被视作"席上珍品"。

【选购指要】

食用金针菜，以加工的干品为好，以干燥、菜色黄亮、条长而粗壮且粗细均匀的为佳品，若是要保存则在蒸好后晒干或烘干。

优质的黄花菜色泽浅黄或金黄，质地新鲜无杂物，条身紧长均匀粗壮。抓一把捏成团，手感柔软且有弹性，松手后每根黄花菜又能很快伸展开，并有爽快的清香气。

劣质的黄花菜色泽深黄略带微红，条身长短不一，粗细不均，混有杂物，甚至色泽带黑，霉烂变质。手摸起来硬且易断，弹性差，含水量大，且有烟味、硫黄味或霉味。

食品健康知识链接

【天然药理】凉血清肝，治头晕耳鸣、鼻出血；利尿通乳，治水肿、小便赤涩不利及乳痈；清热利咽，治咽痛声嘶；补气血。

【用法指要】可炒、煮、熘、烧、做汤，民间多用它作为荤、腥、素汤的需用材料。干品用冷水发制较好；凉拌时应先焯熟；不宜单独炒食，应配以其他食料。

【健康妙用】金针与云耳、红枣、鸡同蒸，可活血补血。以金针菜炖猪瘦肉，饮汤食肉，可以养血平肝，用于肝血亏虚、肝阳上亢的头晕、耳鸣等症。以金针菜与黄芪、党参炖猪瘦肉或老母鸡，食肉饮汤，用于产后虚弱乳汁分泌不足之症，临床上妇产科患者广为用之。金针菜还宜与鸡肉、猪肉、木耳、豆腐、鸡蛋、海米等搭配入菜，如金针菜炒豆腐、肉丝金针菜、木耳海米金针菜汤、鸡蛋金针汤等，不仅色香味俱佳，还使营养价值更高。

【食用宜忌】适宜于气血亏损、体质虚弱、神经衰弱、健忘失眠、心悸气短、阳痿早泄、产后体弱缺乳、妇女月经不调及各种出血患者，如大便带血、痔疮出血、尿血、鼻出血、呕血、溃疡出血等。也适合癌症患者食用。患有皮肤瘙痒症者忌食；金针菜含粗纤维较多，肠胃病患者慎食。新鲜金针菜不能吃，因为它含有秋水仙碱的物质，会变成有毒的氧化二秋水仙碱；不要食用腐烂变质品，也不要单独炒食，以防中毒。

【温馨提示】每次15克。

【药典精论】《本草正义》："萱草花，今为恒食之品，又令人恒以治气火上升，夜少安寐，其效颇着。"《随息居饮食谱》："利膈，清热，养心，解忧释忿，醒酒，除黄。"《日华子本草》："治小便赤涩，身体烦热，除酒疸。"《本草图经》："安五藏，利心志，明目。作葅利胸膈。"《滇南本草》："治妇人虚烧血干。"《岭南采药录》："煎水饮之，治牙痛。"

40. 怎样鉴别与选购蒲菜

【本品概述】

蒲菜又名香蒲、甘蒲、蒲黄草、深蒲、蒲荔久、蒲笋、蒲芽、蒲白、野茭白等。为天南星科多年生植物香蒲的假茎，原产东亚各地，我国多处有生长，尤以南方水乡为多。主要品种有东方香蒲、宽叶香蒲、长苞香蒲、水烛等。

【选购指要】

宜选购品质鲜嫩的，质地老韧的味道不佳。

食品健康知识链接

【天然药理】蒲菜具有清热凉血、利水消肿的功效，可治孕妇劳热、胎动下血、消渴、口疮、热痢、淋病、白带、水肿、瘰疬。久食有轻身耐老、固齿明目聪耳之功；生吃有止消渴、补中气、和血脉之效。

【用法指要】蒲菜可用于炒、炝、烧、扒等，还可做汤、制馅，味道清淡，爽口。代表菜式有蒲菜汤、蒲菜粥、开洋扒蒲菜、冬菇炖蹄筋、蒲菜煮鸡羹、蒲菜鸡粥、虾籽烧蒲菜等。炒蒲菜应旺火速成，以保持脆嫩；做汤则应汤沸后再放蒲菜。

【健康妙用】治热毒下痢：蒲根60克、粟米60克，水煎服，每日两次。

治肺热衄血：蒲黄（系蒲菜上之黄粉）、青黛各3克，调服之。

治吐血唾血：蒲黄末60克，每日温酒或凉开水送服9克。

治小便出血：蒲黄末每服1. 5克，生地黄汁调下。

治关节疼痛：蒲黄250克、熟附子30克研末，每次服3克，凉开水送服，一日一次。

【食用宜忌】适用于孕妇劳热、胎动下血、消渴、口疮、热痢、淋病、白带、水肿等病症。凡湿热内蕴，症见痢疾、淋病、遗精、白带、水肿及瘰疬等病症患者，宜常食之。因其对某些妇科病有辅助疗效，故也适宜经产期妇女食用。脾胃虚寒的人不宜食用过多。

【温馨提示】每餐50～80克。每年春秋时为最佳食用季节。

【药典精论】《随息居饮食谱》："清热，养血，消痢，利咽喉，通二便。"

41. 怎样鉴别与选购蕺菜

【本品概述】

蕺菜又名鱼腥草，古时也叫蕺，其别名很多，如岑草、蕺儿菜、折耳菜、紫蕺、野花麦、九节莲、肺形草、臭菜、臭腥草等，云、贵、川等地称之为侧耳根、猪鼻孔。其为三白草科蕺菜的嫩茎叶，多年生草本植物，全株具鱼腥气。我国民间吃蕺菜，历史悠久，从越王勾践时记起，就有2000多年。蕺菜如今在我国许多地方很受民间欢迎。凉拌蕺菜就是夏季一道很传统的民间佳肴。

【选购指要】

食用嫩叶，以每年的7—9月采摘的味道最佳；食用地下茎，以当年9月至次年3月挖掘的味道最佳，营养价值最高。选购新鲜蕺菜，以叶片茂盛、颜色翠绿、鱼腥气浓者为佳。若是挑选干燥蕺菜，则以无杂质、干燥无潮湿者佳。

食品健康知识链接

【天然药理】蕺菜归肺经，具有清热解毒、消痈排脓、利水消肿、通淋的功效，主治扁桃体炎、肺脓疡、尿路感染、肺热喘咳、疟疾、水肿、痈肿疮毒、热淋、湿疹、脱肛等病症。现代医学研究认为，蕺菜有一定的抗菌作用，因其所含的鱼腥草素、月桂醛等挥发油成分，对金黄色葡萄球菌、白色葡萄球菌、痢疾杆菌等均有一定抑制作用，对金黄色葡萄球菌和白色葡萄球菌作用较强。同时鱼腥草素和鱼腥草煎剂均能明显促进白细胞的吞噬能力，增进机体免疫功能。

另外蕺菜所含的槲甙具有扩张血管的作用，能有效扩张肾血管，所含大量钾盐有增强利尿的作用。蕺菜还能改善毛细血管脆性，促进组织再生，有镇痛、止血、止咳的功效。

【用法指要】可凉拌、炒食或做汤、煮茶，如凉拌侧耳根、蒜泥拌鱼腥草、侧耳根拌鸡丝、侧耳根拌猪手、鱼腥草蒸鸡、鱼腥草茶、竹荪侧耳根炖鳝鱼、鱼腥草炒鸡蛋等。

【健康妙用】生嚼蕺菜根茎能缓解冠心病和心绞痛。据近年研究，蕺菜水煎服、粉剂、注射剂，对肝脏出血有良好的止血作用。农家常以茎叶泡水当茶以防暑。此外，取蕺菜、蜂蜜、姜、红糖煎服，可防治感冒。

【食用宜忌】一般人群均可食用，尤其适宜流行性感冒患者、经常便秘、脾胃湿热、脘腹胀满、恶心呕吐、不思饮食者。也适宜肺部感染，包括肺脓疡、大叶性肺炎、肺痈、肺结核、急性支气管炎咳嗽、气急、吐黄脓痰或痰中带血之人食用；适宜黄疸发热，包括急性胆囊炎之人食用；适宜妇女子宫内膜炎、宫颈炎、附件炎、带下病腥臭，以及急性乳腺炎之人食用；适宜急性感染化脓性疾病，诸如蜂窝组织炎、中耳炎、痈肿疔疮、丹毒之人食用。蕺菜虽是佳肴，但也不能过量吃用，有虚寒症及阴性外疡者应少吃或不吃。

【温馨提示】每餐80克即可。

【药典精论】唐•孟诜："久食之，发虚弱，损阳气，消精髓。”《别录》：“多食令人气喘。”

42. 怎样鉴别与选购莼菜

【本品概述】

莼菜又名水葵、丝莼、尊菜、露葵（《颜之推》）、茆（《诗经》）、马蹄草（《本草纲目》）、锦菜、缺盆草、凫葵（《毛亨传》）、屏风、蘘、淳菜、马粟草、缺盆草，俗称水荷叶、湖菜、水菜。属睡莲科，水生宿根草本植物，原产我国，是我国江南的名菜，也是珍贵的水生蔬菜。

【选购指要】

以叶片椭圆、颜色深绿、嫩茎和叶背有胶状透明物质的为佳品。

食品健康知识链接

【天然药理】莼菜不仅是餐桌上的美肴，而且可以入药，对促进人体生长，增加胃液分泌，滋养血液，安神养心，防止肝脏损坏等，均有一定疗效。中医认为：莼菜具有清热、利水、补血、润肺、健胃、止泻、消肿、解毒等功效，可治热痢、黄疸、痈肿、疔疮等症。莼菜叶背分泌的“琼脂”胶质，含有较多的维生素C和丝氨酸，具有保健美容的功能，可抗皮肤皱纹，增强皮肤弹性，延缓皮肤衰老。药理研究表明，黏质中还含有抗癌、降血压的功效，因为莼菜含有“莼菜多糖”，它不仅能增加免疫器官——脾脏的重量，而且能明显地促进巨噬细胞的吞噬异物的功能。

【用法指要】莼菜的用法有拌、炒、做汤等，与鲫鱼、豆腐等一起做菜、做汤，其色、香、味俱佳。在民间将其未露出水面的嫩叶做出来的汤、羹，特别滑嫩鲜美。

【健康妙用】治心下烦热而渴：莼菜叶500克，淡竹笋200克（去皮，切碎），鸡蛋3个，以豉汁煮作羹，趁热破鸡蛋入羹中食。

治头上恶疮：黄泥包豆豉煨热，取出为末，以莼菜汁调敷。

治胃呆脾滞，不欲饮食：鲜莼菜500克入开水锅中焯熟沥水，放碗内，调精盐、味精，再加姜、葱、蒜末各20克及香油拌食。功能健脾开胃，润肠通便。

【食用宜忌】适宜于痈疽疔疮、丹毒等皮肤感染或黄疸肝炎等患者食用；高血压患者及各种肿瘤患者均可选用。由于莼菜含有较多的单宁物质，遇铁变黑，所以烧菜时忌用铁锅，可以用铜锅、铝锅和不锈钢锅。因食性寒凉，凡属脾胃虚寒、大便溏薄之人均应忌食。妇女月经期间及怀孕、产后也应忌食。

【温馨提示】每次30克左右即可。从5月上旬到7月上旬，是采收的盛期，也是食用的最佳季节。

【药典精论】《新修本草》：“莼，久食大宜人，合鲋鱼作羹食，主胃弱不下食者，至效。又宜老人，应入上品。”《本经逢原》：“莼性味滑，常食发气，令关节急，患痔漏，脚气，积聚，皆不可食，为其寒滑伤津也。”《食疗本草》：“莼菜鲫鱼羹，可以下气止咳，多食解丹毒，补大小肠虚气。治热疸，厚肠胃，安下焦，逐水解百药毒。”《日华子》：“治疸厚肠胃，安下焦逐水。”

43. 怎样鉴别与选购香椿

【本品概述】

香椿俗称椿芽、香椿头、春尖叶。为楝科落叶乔木香椿之嫩叶。原产我国，南北各地均有种植。以其春季嫩芽、嫩梢枝叶作蔬菜用，称椿芽、香椿头、香椿叶等。分为紫椿、油椿两种。紫椿质优。

【选购指要】

最好的香椿头宜在谷雨前采食，自古就有“雨前椿芽雨后笋”之说。谷雨后，其纤维老化，口感乏味，营养价值也会大大降低。新鲜又有味道的香椿应该是深红色的叶子，枝叶比较短粗。如果碰到已经变得有点绿的香椿，那多半就没什么香味了。所以，最好选择枝叶呈红色、短壮肥嫩、香味浓厚、无老枝叶、长度在10厘米以内的最好。另外也可以闻一下香椿根部的位置，有明显香椿特殊香味的最好。

食品健康知识链接

【天然药理】香椿含香椿素等挥发性芳香族有机物，可健脾开胃，增加食欲。香椿中含有维生素E和性激素物质，有抗衰老和滋阴补阳的作用，故有“助孕素”的美称。香椿具有清热利湿、利尿解毒之功效，是辅助治疗肠炎、痢疾、泌尿系统感染的良药；它对金黄色葡萄球菌、痢疾杆菌、伤寒杆菌都有明显的抑制作用和杀灭作用。香椿的挥发气味能透过蛔虫的表皮，使蛔虫不能附着在肠壁上而被排出体外，可用来治蛔虫病。香椿含有丰富的维生素C、胡萝卜素等，有助于增强机体免疫功能，并有润滑肌肤的作用，是保健美容的良好食品。

【用法指要】香椿入馔，食后无渣，香味浓郁，鲜嫩可口。可油炸、凉拌、炒、盐渍等同荤素菜搭配。在做菜前，将洗净的香椿用开水略焯一下，可使其又脆又嫩，用来拌豆腐、抄鸡蛋就会更具特色。

【健康妙用】取鲜香椿嫩叶、大蒜等量，加食盐少许，共捣烂，敷患处，可治疮痈肿毒。取嫩香椿250克去老梗，下沸水锅焯透沥水，切碎，入精盐，淋麻油拌匀食，功能清利湿热，宽肠通便。此外，香椿与豆腐同吃能滋润肌肤、明目、益气和中、生津润燥，尤其适合口舌生疮者食用；与鸡蛋同吃能滋阴润燥、润泽肌肤、健美体形，经常食用可以增强人体免疫力；与竹笋同吃能减肥消脂、清热、润肺止咳。

【食用宜忌】适合于饮食不香及妇女白带频多、慢性肠炎、痢疾等患者食用。香椿为大发之物，故过敏性体质、慢性皮肤病、结核、肿瘤患者忌食。

【温馨提示】每餐30～50克。

【药典精论】《生生编》：“香椿头，嫩芽瀹食，消风祛毒。”《陆川本草》：“香椿头健胃止血，消炎，杀虫，治子宫炎，肠炎，痢疾，尿道炎。”《甘肃中草药》："治赤白久痢，痔疮出血，赤白带下，跌打肿痛，食欲不振等症。"《随息居饮食谱》："多食壅气动风，有宿疾者勿食。"

44. 怎样鉴别与选购西兰花

【本品概述】

西兰花又称青花菜、绿花菜、木立花椰菜、茎椰菜等，属十字花科蔬菜，是一种主要的西洋蔬菜。原产西欧地中海沿岸，为甘蓝的一个变种。西兰花的食用部分是绿色花球，其风味好，营养价值高，蛋白质和矿物质的含量在甘蓝类蔬菜中居首位。

【选购指要】

选购西兰花以菜株亮丽、花蕾紧密结实的为佳；花球表面无凹凸，整体有隆起感，拿起来没有沉重感的为良品；若发现有开黄色花朵者，表示已经不新鲜，味道也不对了，但若上部略带紫色，则不是不新鲜，也不会影响味道。

食品健康知识链接

【天然药理】西兰花最显著的功效就是防癌抗癌，在防治胃癌、乳腺癌、大肠癌方面效果尤佳。此外，研究表明，西兰花中提取的一种酶能预防癌症，有提高致癌物解毒酶活性的作用。因此，它又被誉为"防癌新秀"。西兰花中的维生素C含量极高，不但有利于人的生长发育，更重要的是能提高人体免疫功能，促进肝脏解毒，增强人的体质，增加抗病能力。西兰花中含有一定量的类黄酮物质，对高血压、心脏病有调节和预防的功用，还能有效降低肠胃对葡萄糖的吸收，进而降低血糖，有效控制糖尿病患者的病情。西兰花对保护视力有一定的效用，视力衰弱者可适量食用。它对水肿也很有效。此外，常食西兰花能美化肌肤，消除多种色斑。

【用法指要】西兰花的食用方法有多种，与肉类、蛋、虾搭配炒食，口味十分鲜美。与其他蔬菜凉拌，色泽鲜艳，还可与香肠、火腿片、瓜片做成拼盘，同时也是做汤的好需用材料。西兰花还有一个特点，水煮后仍保持绿色，吃起来口感爽脆，是中西餐的重要配菜。要注意的是，在烫西兰花时，时间不宜太长，否则失去脆感，拌出的菜也会大打折扣。

【健康妙用】西兰花与牛肉、猪肉同吃能提高机体抗病能力，对生长发育及术后、病后调养的人在补充失血、修复组织等方面特别适宜；与百合同吃能抗癌防病、减肥瘦身；与金针菇同吃能补脑益智、美容养颜、减肥瘦身，尤其适合学生食用；与虾仁同吃对身体有很好的补益作用，尤其适合身体虚弱及病后需要调养的人；与西红柿同吃，抗癌力量更显著，宜于预防前列腺癌。

【食用宜忌】糖尿病患者尤其适合食用。西兰花不宜与动物肝脏一同食用。

【温馨提示】每餐约70克即可。

45. 怎样鉴别与选购菠菜

【本品概述】

菠菜又名赤根菜、菠蓤、角菜、红菜、鹦鹉菜、鼠根菜，原产伊朗，唐时由尼泊尔传入我国。它有很高的营养价值，特别是对于儿童的饮食，没有别的东西能代替它。蔬菜为普遍栽培的蔬菜，几乎一年四季上市供应。菠菜主根呈红色，粗而长，味甜，是人们喜食的常用蔬菜。

【选购指要】

菠菜要选用叶嫩棵小的，且要保留菠菜根。在挑选时，不少人喜欢“看根”，认为菠菜根红、短的好，其实，菠菜主要是吃叶子，所以，叶片充分舒展、肥厚、颜色深绿有光泽的菠菜才是好菠菜，也容易清洗。如果叶片变黄、变黑、变软，茎受损，不新鲜，尤其是叶上有黄斑、叶背有灰毛的菠菜，很有可能是感染了霜霉病，最好不要买。

食品健康知识链接

【天然药理】菠菜富含酶，能刺激肠胃、胰腺的分泌，既助消化，又润肠道，有利于大便顺利排出体外，使全身皮肤显得红润有光泽，可防治便秘。菠菜中含有一种类胰岛素样物质，其作用与胰岛素非常相似，能使血糖保持稳定。菠菜中的叶酸也是相当热门的营养素。因为研究发现，缺乏叶酸会使脑中的血清素减少，而导致精神性疾病，因此，含有大量叶酸的菠菜被认为是快乐食物之一。菠菜中还含有大量的抗氧化剂，具有抗衰老、促进细胞增殖、激活大脑功能、增强青春活力的作用。因此，菠菜被推崇为养颜佳品。此外，菠菜还能养血、止血、敛阴、润燥。

【用法指要】买回的菠菜应尽早食用，否则有些营养素会逐渐流失。此外，久放的菠菜中亚硝酸盐的含量也会升高，有致癌的风险。所以，吃不完的菠菜最好用湿纸包好，放在冰箱里，防止变干，储存时间最好不要超过两天。菠菜的食法有炒、拌、做汤，还可做各种荤素菜的需用材料。在食用菠菜之前，一定要用开水将洗好的菠菜烫一下，这样可将其中的草酸大大减少，然后再炒食、拌食或做汤，也可做各种荤素菜的需用材料。食用菠菜时要注意现洗、现切、现吃。食用菠菜时，为了不损失营养，最好带根吃，不要煮烂，以保存更多的维生素C和铁、钙。

【健康妙用】治便秘：鲜菠菜沸水冲烫后，香油拌食，每日250克。

治高血压头痛目眩：鲜菠菜适量，开水烫3分钟，香油拌食，每日2次。

治糖尿病：鲜菠菜根60～120克，干鸡内金15克，水煎饮服，一日2～3次。

治夜盲症：鲜菠菜500克，捣烂榨取汁，1日2次，常用有效。

【食用宜忌】适用于高血压、糖尿病、肺痨、胃肠功能失调、慢性便秘、痔疮患者。电脑工作者及爱美人士也宜常吃菠菜。菠菜宜与碱性食物搭配同食。由于菠菜性滑，因此肠胃虚寒，腹泻患者应少食。菠菜不宜与鳝鱼、韭菜、黄瓜、瘦肉同食。

【温馨提示】每餐80~100克为宜。

【药典精论】《本草求真》："菠菜质滑而利，凡人久病大便不通，及痔漏关塞之人，咸宜用之。菠菜气味既冷，凡因痈肿毒发，并因酒湿成毒者；须宜用此以服，使其热与毒尽从肠胃而出矣。"《随息居饮食谱》："惊蛰后不宜食，病人忌之。"

46. 怎样鉴别与选购油菜

【本品概述】

油菜又名芸薹、薹菜、寒菜、青菜、胡菜、菘、夏菘等，原产于我国，南北广为栽培，冬春上市，品种很多，主要有大油菜、小油菜、油菜心。春天抽的薹叫做油菜薹，滋味更为鲜美，色如翡翠。在烹制菜肴中配些油菜，可使菜肴清雅生辉。油菜是宴会和便餐常用蔬菜之一。

【选购指要】

选购油菜时以挑选新鲜、油亮、无虫、无黄叶的嫩油菜，柄绿色、梆叶较厚、用两指轻轻一掐即断者为佳品，购回后应干燥存放，不应再喷洒水，否则会缩短存放时间，营养价值也会大大降低。

食品健康知识链接

【天然药理】油菜中含有丰富的钙、铁和维生素C、胡萝卜素，这些营养素是人体黏膜及上皮组织维持生长的重要营养源，对于抵御皮肤过度角化相当有效。适量食用油菜还能消除大腿上积聚的不易消耗掉的脂肪，有健美体形的作用。油菜能促进血液循环、散血消肿、增强肝脏的排毒机制，尤其适用于产后瘀血腹痛、丹毒、肿痛脓疮者。油菜中含有能促进眼睛视质合成的物质，能明目。油菜为低脂肪蔬菜，且含有膳食纤维，能减少人体对脂类的吸收，可用来降血脂。油菜中含有大量的植物纤维素，能促进肠道蠕动，缩短粪便在肠腔停留的时间，从而治疗多种便秘，预防肠道肿瘤。油菜中所含的植物激素能够增加酶的形成，对进入人体内的致癌物质有吸附排斥作用，有很强的防癌功能。

【用法指要】油菜同白菜一样，是一种大众化的蔬菜，其食用方法包括炒、烧、炝、扒等，也可作各种荤素菜肴的需用材料。不过食用油菜时要现做现切，并用旺火爆炒，这样可保持鲜脆，又可使其营养成分不被破坏。

【健康妙用】治劳伤吐血：经油菜全株，水煎服。

消肿散结，行气散瘀：油菜、小米或大米各100克，同煮粥食之。

油菜与豆腐同吃对痈肿丹毒、血痢、吐血、蛔虫梗阻有很好的治疗效果；与虾仁同吃对身体有很好的补益作用，能增强人体抗病能力，尤其适用于年纪大而身体虚弱的人；与芦笋同吃能清热消暑，是夏季的时令菜肴；与鹌鹑蛋同吃对女性月经不调有明显的改善作用。

【食用宜忌】特别适宜患口腔溃疡、口角湿白、齿龈出血、牙齿松动、瘀血腹痛、癌症患者。

由于其食性寒凉，脾胃虚寒腹泻腹痛者忌用。麻疹后、疮疥、目疾、腰脚口齿诸病、感冒患者都忌食。吃剩的熟油菜过夜后就不能再吃。油菜不可与南瓜同吃。

【温馨提示】由于油菜中含有丰富的矿物质和维生素，所以成人每天食用500克，则钙、铁、胡萝卜素、维生素C等营养素即绰绰有余。

【药典精论】《本草拾遗》："芸薹破血，产妇煮食之。"《唐本草》："主风游丹肿，乳痈。"《日华子本草》："治产后血风及瘀血。"《中药大辞典》："麻疹后，疮疥，目疾患者不宜食。"

47. 怎样鉴别与选购白菜

【本品概述】

白菜，古名菘，俗称大白菜、黄芽菜、黄矮菜。有大白菜和小白菜之分，为我国原产和特产蔬菜。通常所称的白菜都指大白菜，又称结球白菜、黄芽菜；小白菜又称不结球白菜、青菜、长梗菜、鸡毛菜、油白菜等，为中国江南各省的主要蔬菜。其营养丰富而脆美无渣，且具有一定的疗病价值，有"冬日白菜美如笋"之说。

【选购指要】

优质白菜包得比较紧实，新鲜，没有虫害。如果白菜根部截面已经变色或腐烂，则表明其存放时间过长，营养流失严重，不宜购买。

食品健康知识链接

【天然药理】白菜能通利肠胃、宽胸除烦、消食下气，可用于辅助治疗咳嗽、便秘等症。多食白菜，对预防痔疮及结肠癌有益。此外，白菜还可以清肺热、生津止渴，治热病津伤口渴，食滞胀满。

【用法指要】白菜的食法有熬、炒、烧、熘、做馅、拌、炝、腌等，可素炒，可荤做，可作水饺、包子的馅，也可制成酸菜、腌菜、酱菜、泡菜、风菜及脱水菜等，还可做各种荤素菜肴的需用材料。切大白菜时，宜顺其纹理切，这样白菜易熟，维生素流失少。烹调时不宜用煮、烫后挤汁等方法，以避免营养成分的大量损失。

【健康妙用】大白菜中含有少量的、会引起甲状腺肿大的物质，这种物质干扰了甲状腺对必需矿物质碘的利用，因此，食用白菜时搭配一定量的碘盐、海鱼、海产品和食用海藻，可以补充碘的不足。取大白菜嫩心150克，洗净后用开水烫一下，将其沥干，切成3~4厘米，拌上少量麻油，有醒酒作用。

【食用宜忌】一般人都可以食用。胃寒及肺热咳嗽者、气虚胃冷者不宜多食，有足疾者勿食。忌吃腐烂的大白菜。

【温馨提示】每次100克。

【药典精论】《食物宜忌》："黄芽白菜滑，利窍。"《随息居饮食谱》："甘平养胃，荤素皆宜，雪后更佳，但宜鲜食。"《名医别录》："主通利肠胃，除胸中烦，解酒毒。"《唐本草》："主风消丹毒，乳痈。"《日华子本草》："治产后血风及瘀血。"《滇南本草》："主消痰，止咳嗽，利小便，清肺热。"

48. 怎样鉴别与选购芜菁

【本品概述】

芜菁别称蔓菁、诸葛菜、大头菜、大头芥、香大头、圆菜头、圆根、盘菜。

【选购指要】

新鲜的芜菁以叶为绿色，外形为左右对称的为好。反之，如果叶的颜色为黄色，是萎枯表现，不宜购买。选择时，以外形匀称，球茎光滑有光泽，没有须根的为好。

食品健康知识链接

【天然药理】开胃下气，利湿解毒。治食积不化，黄疸，消渴，热毒风肿，疔疮，乳痈。

【用法指要】肉质根柔嫩、致密，供炒食、煮食或腌渍。一般都腌藏作咸菜食用。

【健康妙用】治卒毒肿起，急痛：芜菁根大者，削去上皮，熟捣，苦酒和如泥，煮三沸，急搅之，出，敷肿，帛裹上，日再三易。（《补缺肘后方》）

治疔肿有根：以蔓菁根、铁生衣等分，捣涂于上，有脓出即易。忌油腻、生冷、五辛、黏滑、陈臭。（《肘后方》）

治乳痈疼痛寒热：蔓菁根叶，净择去土，不用洗，以盐捣敷乳上，热即换，不过三、五度。冬无叶即用根。切须避风。（《兵部手集方》）

治男子阴肿大，核痛：芜菁根捣敷之。（《集疗方》）

治豌豆疮：蔓菁根，捣汁，挑疮破，敷在上。（《肘后方》）

【食用宜忌】适宜食欲不振或食积不化，痞满腹胀和黄疸之人食用。芜菁一次不宜食之过多，以免耗气。

【温馨提示】内服：煮食或捣汁饮。外用：捣敷。

【药典精论】《饮膳正要》：“温中益气，去心腹冷痛。”《医林纂要》：“利水解热，下气宽中，功用略同萝卜。”《千金•食治》：“主消风热毒肿。”

49. 怎样鉴别与选购茼蒿

【本品概述】

茼蒿又名蓬蒿菜、蒿子杆、茼笋、茼莴菜、春菊、打妻菜、艾菜、花冠菊，为菊科植物茼蒿的茎叶。原产我国，是草本植物。它有蒿之清气，菊之甘香。因其花形似菊，又称菊花菜。它营养成分丰富，尤其胡萝卜素的含量比一般蔬菜都高，是蔬菜中著名的苦味菜。

【选购指要】

蔬菜市场上的茼蒿通常有尖叶和圆叶两个类型。尖叶茼蒿又叫小叶茼蒿或花叶茼蒿，叶片小，吃口粳性，但香味浓；圆叶茼蒿又叫大叶茼蒿或板叶茼蒿，叶宽大，吃口软糯。

茼蒿颜色以水嫩、深绿色为佳；不宜选择叶子发黄、叶尖开始枯萎乃至发黑收缩的茼蒿，茎秆或切口变褐色也表明放的时间太久了。

茼蒿挑选茎短，且粗细适中者。通常

茎越短越鲜嫩，而粗茎而又中空的茼蒿大多生长过度，叶子又厚又硬。

另外，茼蒿春季易抽薹，不要买抽薹的，选择没有花蕾的更好。

食品健康知识链接

【天然药理】茼蒿中含有特殊香味的挥发油，有助于宽中理气、消食开胃、增加食欲。其丰富的粗纤维有助于肠道蠕动，能促进排便，达到通腑利肠的目的。茼蒿不仅含有丰富的维生素、胡萝卜素及多种氨基酸，并且气味芳香，可以养心安神、稳定情绪、降压补脑、防止记忆力减退。茼蒿含有多种氨基酸、脂肪、蛋白质及含量较高的钠、钾等矿物盐，能调节体内水液代谢，通利小便，清除水肿。茼蒿中含有丰富的钙、铁，所以茼蒿也被称为铁、钙的补充剂，是儿童和贫血患者的必食佳蔬。茼蒿还可促进鱼类或肉类蛋白质的代谢作用，对营养的摄取很有助益。

【用法指要】茼蒿宜于素炒、凉拌、制馅和煮汤等。素炒茼蒿时一定要用旺火，动作要快，刚熟即可，不可炒老，以防软烂。茼蒿中的芽香精油遇热易挥发，这样会减弱茼蒿的健胃作用，所以烹调时应注意，除汤或凉拌有利于胃肠功能不好的患者，与肉、蛋等荤菜共炒可提高其维生素A的利用率。

【健康妙用】茼蒿与猪肉同吃可以提高维生素A的利用率；与鸡蛋同吃能降压、止咳、安神；与黑豆同食用后对小便不利尤其有效；与豆腐同吃不仅营养丰富，还能润肠通便、清热解毒；与猪心同吃能镇定安神，对心悸、烦躁不安等症状都有明显的改善作用；与大蒜同吃能开胃健脾、降压补脑。

【食用宜忌】适宜夏季酷暑、烦热头昏、睡眠不安之人食用。高血压头昏脑涨、大便干结、咳嗽黄痰、贫血、骨折患者等均宜食用。肠胃功能不好的人最宜将茼蒿做汤或凉拌后食用。

由于茼蒿辛香滑利，因此胃虚腹泻者、大便溏薄者忌食。

【温馨提示】每餐50～100克。

【药典精论】《千金·食治》：“安心气，养脾胃，消痰饮。”《得配本草》：“利肠胃，通血脉，除膈中臭气。”《本经逢原》：“茼蒿气浊，能助相火，禹锡言多食动风气，熏人心，令人气满。”

50. 怎样鉴别与选购菊花脑

【本品概述】

菊花脑即菊花菜，为菊科菊属多年生宿根草本植物，在贵州、江苏、湖南等省有野生种，现我国南北各地均有少量栽培，以南京市人工栽培历史较久，已成为南京具有地方特色的新型蔬菜。以嫩茎叶供食用，具有特殊的浓郁菊花芳香味，风味独特，稍甜，清凉爽口。冬季分根，春季摘其嫩出炒做菜。药效与野菊相似。南京居民将其与枸杞头、马兰头并视为“三宝”。

【选购指要】

购买时以颜色鲜绿、茎叶嫩的为佳，

不要挑选茎叶太厚或者太硬的。

食品健康知识链接

【天然药理】菊花菜有清热解毒、凉血、降血压、调中开胃等功效，可治疗便秘、高血压、头痛、目赤等疾病。

【用法指要】可炒食、做汤或作火锅料。焯一焯来吃的时候，为了减少营养物质的破坏，吃前再焯，然后立即摄取是最好的。当焯的时候，放入少许的盐，盖上盖子继续煮，然后用冷水冲洗，继续开放用于烹调。

【健康妙用】治皮肤病，化脓性炎症：菊花脑全草或花，煮浓汁洗涤或涂布患处，一日2~3次。

治热疖，痱子，疱疹：用全草或花煎汤内服，并将渣捣烂湿敷患处。

治脚湿气，搔养、湿烂或化脓：用花或全草煮汤洗涤患处，2次。

治高血压、头痛、目赤、心烦、口苦：鲜嫩苗煮食，或全草及花煮汤喝，剂量不拘。

治妇女子宫颈糜烂：用菊花脑之流浸膏涂擦患部，其治愈率为84.9%，疗效确比红汞为高，且无毒性。

【食用宜忌】适宜夏季酷暑，或发热性疾病烦热口干、头痛头晕之人食用；适宜高血压病，头痛目赤，口苦心烦，肝阳偏亢之人食用；适宜急性感染化脓性皮肤病人食用；适宜癌症病人食用。由于菊花菜性凉，因此凡脾胃虚寒，腹泻便溏之人忌食。菊花脑有凉血作用，故女子月经来潮期间以及寒性痛经者忌食。

【温馨提示】每餐50～100克。夏季是最佳食用季节。

【药典精论】《随息居饮食谱》：“清利头目、养血熄风、消疔肿。”《本草便谈》：“平肝疏肺、清上焦之邪热，治目祛风，益阴滋肾。”

51. 怎样鉴别与选购苜蓿

【本品概述】

苜蓿俗称草头、黄花菜、母鸡头。为豆科一年生或多年生草本植物，古时专指紫苜蓿的全草。我国种植草头始于西汉，后来分紫苜蓿和南苜蓿，南北各地均有栽培，主要是采其嫩苗做蔬菜。苜蓿的营养价值很高，是我国古老的蔬菜之一。

【选购指要】

以色正、味纯、鲜嫩、无枯叶、无病害者为优。

食品健康知识链接

【天然药理】苜蓿具有清热利尿、舒筋活络、疏利肠道、排石、补血止喘的功效，主治气管炎、贫血、湿热黄疸、尿黄及目赤、肠炎、夜盲、膀胱结石等病症。还可清脾胃、利大小肠、下膀胱结石。苜蓿中含有大量的铁元素，因而可作为治疗贫血的辅助食品，苜蓿中所含的B族维生素成分，可治疗恶性贫血。此外，苜蓿还含具有止血作用的维生素K，民间常用来治疗胃病或痔疮出血，有些验方用它来治胃或痔、肠出血。另外苜蓿中含有粗纤维，可促进大肠蠕动，有助于大便及毒素的排泄，防治大便秘结和肠癌。它所含的苜蓿素能抑制肠道收缩，增加血中甲状腺素的含量，可抗癌。

【用法指要】用开水将菜烫后可用于凉拌、炒食、做汤，或切碎后拌入米粉蒸食均可，也可以腌制和干制。

【健康妙用】苜蓿叶与豆腐炖熟，1次服下，连续服用，可治浮肿；新鲜南苜蓿根50克切碎煎汤，连续服用，每日1次，可治夜盲症。

【食用宜忌】适宜于气管炎、贫血、恶性贫血、支气管炎、湿热、黄疸、尿黄、目赤、肠炎、夜盲、便秘、肠癌、膀胱结石以及胃或痔、肠出血等病症的患者食用。

尿路结石、大便溏薄者慎食。

【温馨提示】每餐50～80克。苜蓿各地均有野生，野生的苜蓿所含的维生素及营养成分更佳。

【药典精论】《现代实用中药》："治尿酸性膀胱结石。"

52. 怎样鉴别与选购木耳菜

【本品概述】

木耳菜又名软浆叶、藤菜、胭脂菜、落葵、豆腐菜，有些地方称其为汤菜，属落葵科，一年生蔓性草本。原产印度、缅甸和我国热带地区，现在我国南北各地均有栽培。以幼苗或采摘叶片供食，是夏季落叶蔬菜之一。一般根据茎叶颜色不同分为紫落葵和绿落葵。因为叶子近似圆形，肥厚而黏滑，感觉像木耳，所以俗称木耳菜。

【选购指要】

以鲜嫩色正、叶片肥厚、无烂叶无杂质、茎叶粗壮的为佳品。萎烂的则不宜选购。

食品健康知识链接

【天然药理】木耳菜归心、肝、脾、大肠、小肠经，有清热、解毒、滑肠、润燥、凉血、生肌的功效，可用于治疗大便秘结、小便短涩、痢疾、便血、斑疹、疔疮等。木耳菜的钙含量很高，且草酸含量极低，是补钙的优选经济菜。其菜叶中富含一种黏液，对抗癌、防癌有很好的作用。此外，木耳菜有清热、解毒、凉血的功效，可用于治疗热毒、火疮、血痛、斑疹等症状。木耳菜中富含维生素A、B、C和蛋白质，而且热量低、脂肪少，经常食用能降血压、降血脂，还能减肥瘦身。

【用法指要】叶与茎俱可食，容易入口，极有嚼头，为夏日特有之叶菜类品种。主要的用法是炒、扒、拌、做馅等，也可作为汤料。可洗净用蒜瓣爆香，以家常炒法烹调后食用，口感嫩滑；也可和上排、大骨熬汤，清香鲜美，是一道上等的汤料。素炒木耳菜时要用旺火快炒，炒的时间长了易出黏液，并且不宜放酱油。

【健康妙用】治发热鼻衄：鲜木耳菜60克，捣汁以棉球浸渍塞于鼻内。

治外伤出血：鲜木耳菜叶和冰糖共捣烂敷患处。

治小便短涩：鲜木耳菜叶60克，煎汤代茶频服。

治热毒疮：鲜木耳菜与瘦猪肉片或鱼片做汤饮服。

木耳菜与猪肉同吃能补气养血、补益精髓；与蜜枣同煮汤，饮用后能清肺、润燥、止咳；与乌鱼同吃能清热生津、滋润肺胃；与生地黄、猪肺同炖汤，饮用后能清热解毒、润肺止咳；与老母鸡肉同吃能滋补身体，对手足关节风湿疼痛有疗效；与芝麻同吃，更能保证钙的吸收率。

【食用宜忌】在暑夏炎热、多汗并缺菜时食用，可补充大量矿物质和维生素，对身体很有益。发热、大便秘结、便血、痔疮、湿热痢疾和疽肿疔毒患者宜食。但其性寒伤脾，故脾胃虚寒、便溏腹泻者及孕妇、经期女性忌食。

【温馨提示】每餐50～70克。

【药典精论】《岭南采药录》："治湿热痢。"《福建民间草药》："泻热，滑肠，消痈，解毒。治阑尾炎。"《本草纲目》："落葵，甘，微寒，冷滑，利大小肠，脾冷人不可食。"《南宁市药物志》："孕妇忌服。"

53. 怎样鉴别与选购空心菜

【本品概述】

空心菜又名蕹菜、藤藤菜、蕻菜、蓊菜，为旋花科番薯属植物蕹菜。由于其菜梗中心是空的，因而人们又称它为"空心菜"。它是夏秋季节的主要绿叶蔬菜之一，我国长江流域，南至广东均有栽培。

【选购指要】

在选购时以叶大、色绿、柔嫩者为佳。应注意不要选购根茎特别肥大的空心菜，因为这可能是用肥料催制出来的，常食对身体不利。萎烂的则不宜选购。

食品健康知识链接

【天然药理】空心菜中粗纤维含量极为丰富，能使体内有毒物质加速排泄，提高巨噬细胞吞食细菌的活力，杀菌消炎，对疮疡、痈疖等症状有很好的食疗作用。空心菜中的大量纤维素可增进肠道蠕动，加速排便，对于防治便秘及减少肠道癌变有很好的作用。空心菜中有丰富的维生素C和胡萝卜素，这些物质有助于增强体质，防病抗病。空心菜中含有大量叶绿素，可洁齿防龋，除口臭，润泽皮肤。部分空心菜中含胰岛素成分，能降低血糖，可作为糖尿病患者的食疗佳蔬。中医认为，空心菜可清热凉血、解毒、利尿，能辅助治疗血热所致的鼻子出血、咯血、吐血、便血或热淋、小便不利以及疮肿、湿疹、毒蛇咬伤等症。

【用法指要】生熟皆宜，荤素俱佳。生吃前可用开水先焯一下，然后加入香油、醋、酱油、味精、食盐凉拌，亦可做泡菜。熟吃时可与猪肉丝同炒味道较好；与猪肉同煮时可使肉质鲜嫩；也可做汤或下面条食用。空心菜遇热容易变黄，烹调时要充分热锅，大火快炒，不等叶片变软即可熄火盛出。

【健康妙用】治食物中毒：空心菜捣汁一大碗，乌韭、甘草各200克，银花50克，煎成浓汁，和蕹菜汁同时服用。

治肺热咯血：带根空心菜和白萝卜一起捣烂，绞汁1杯，用蜂蜜适量调服。

治砒霜中毒：鲜空心菜500克，凉开水洗净，捣烂，绞汁，一次服下。

治毒鱼藤中毒：鲜空心菜捣汁，大量灌服。

治野葛中毒：鲜空心菜水煎，大量服。

治蜈蚣咬伤：鲜空心菜洗净，加盐少许。捣烂敷患处，每日换药一次。

治毒蛇咬伤：鲜空心菜150克，洗净，捣烂，绞汁，以黄酒20～30毫克拌和，一次服下；或鲜蕹菜、三叶鬼针草各等量，捣取汁100毫升，以少许蜂蜜调服，每日3次。

治妇女白带多：鲜空心菜连根500克，鲜白槿花250克（或干品100克），与猪肉或鸡蛋同炖熟，吃肉喝汤。

【食用宜忌】适宜于便血、血尿和鼻衄患者，同时适宜于糖尿病、高胆固醇、高血脂患者、口臭、爱美人士等。寒体，特别是脾胃虚寒、大便稀薄、慢性腹泻者忌食；血压偏低者忌食；女性月经期间应少食或不食。

【温馨提示】每餐50克即可。

【药典精论】《陆川本草》：“治肠胃热，大便结。”

54. 怎样鉴别与选购辣椒

【本品概述】

辣椒俗称朝天椒、棒椒、番椒、辣子、辣茄，属茄科一年生草本。原产于南美洲热带地区，我国各地均有栽培，是夏秋季主要蔬菜品种之一。

【选购指要】

优质辣椒果实新鲜、颜色均匀光亮，有辛辣香气，无虫，无腐。颜色鲜红呈油浸、亮澄澄状态以及很容易掉色的辣椒制品不要购买。染色的干辣椒主要在路边摊，包括他们菜场外面的露天菜场以及一些批发市场有售，购买时要特别小心。

正常的辣椒表面干燥、松散，粉末为油性，颜色自然，呈红色或红黄色，不霉变，不含杂质，无结块，无染手的红色，有强烈的刺鼻刺眼的特点。而经过染色的，颜色会非常鲜艳，红得不自然，但辛辣味却不强烈。正常辣椒表面的红色是一种植物性的色素，存放久了，颜色会慢慢黯淡下来。但染过色的，即使曝晒仍会很鲜红。还有就是在辣椒中加一点食用油搅拌，一段时间后油的颜色很红，就可能是染色辣椒。

食品健康知识链接

【大然约理】辣椒中的辣椒素能刺激口腔中的唾液腺，增加唾液分泌，加快胃肠蠕动，有利于食物的消化和吸收；辣椒中含有大量维生素A、C及胡萝卜素，是营养丰富的蔬菜之一，吃辣椒有祛湿除寒的作用，还可防治冻疮。常吃辣椒还可以预防和治疗感冒、动脉粥样硬化等病症。此外，辣椒还有祛风、行血、散寒、导滞等药效功能。辣椒的有效成分辣椒素是一种抗氧化物质，能阻止有关细胞的新陈代谢，从而终止细胞组织的癌变过程，降低癌症细胞的发生率。辣椒所含的辣椒素，能够促进脂肪的新陈代谢，防止体内脂肪积存，有利于降脂减肥防病。

【用法指要】辣椒的用法多种多样，有拌、炝、泡、腌、酱、炒、酿及做各种荤素菜肴的需用材料。干辣椒还可以制作辣椒粉、辣椒油、辣椒酱等。与荤素搭配相宜，但要因人而异。在烹饪腥、膻味的牛羊肉、鱼类和家禽类肉食食品时，一般都应该加入适量辣椒调味。

【健康妙用】辣椒与空心菜同吃可以降血压、止头疼、解毒消肿，另外还可以防治糖尿病和龋齿痛；与鸡肉同烹，含有丰富的蛋白质、维生素和矿物质，具有补益气血、温中开胃的功效，对儿童的生长发育也很有帮助；与猪肉同吃，具有补血益气的作用；与鸡蛋同炒食，两者所含的营养素能起到营养互补的作用，可使人体吸收营养更为全面；与豆豉同炒食，具有散风寒、开胃的作用；与豆腐同炒或凉拌食用，具有养颜美容、减肥瘦身的作用。

【食用宜忌】一般人都可以食用。不可大量摄取，否则会引起神经系统损伤、消化道溃疡。属阴虚火旺体质者应忌食。患有溃疡病、食道炎、肺结核、气管炎、高血压、牙痛、咽喉炎、眼疾者、痔疾、疖肿者忌食或少食。甲亢患者常常处在高度兴奋状态，故不宜吃辣椒等强烈刺激性食物。要避免使用铜质餐具。

【温馨提示】每次约60克即可。辣椒作为外用药时，应注意不能过多过久，否则局部受刺激过重，容易引起红肿，甚至起泡。

【药典精论】《食物本草》：“消宿食，散结气。开胃口，辟邪恶，杀腥气诸毒。”《食物宜忌》：“辣椒温中下气，散寒除湿，开郁去痰，消食。”《药性考》：“多食眩旋，动火故也。久食发痔，令人齿痛咽肿。”《百草镜》：“熏壁虱，洗冻瘃，浴冷疥，泻大肠经寒僻。”《药检》：“能祛风行血，散寒解郁，导滞，止僻泻，擦癣。”

55. 怎样鉴别与选购甘蓝

【本品概述】

甘蓝俗称包菜、卷心菜、结球甘蓝。

【选购指要】

质量以包心紧实，鲜嫩洁净，无老根，不抽薹，无病虫害，不散棵，无冻害为优。

食品健康知识链接

【天然药理】养胃，壮筋骨。

【用法指要】食用法包括炒、熘、烧、拌、炝、腌、泡、做汤、制馅，还可做各种中西餐荤素菜肴的配料。紫甘蓝食法多样，可煮、炒食、凉拌、腌渍或作泡菜等，因含丰富的色素，是拌色拉或西餐配色的好原料。

【健康妙用】治上腹胀气疼痛：甘蓝和适量盐煮，每天500克，分2次服食。

治嗜睡：甘蓝200克，水煎煮食，每日2次。

治脾胃不和，脘腹拘急疼痛：甘蓝500克，绞汁，加饴糖或蜂蜜烊化服，每日2次。

【食用宜忌】适宜胃及十二指肠溃疡患者食用；适宜糖尿病患者食用；适宜容易骨折的老年人食用。甘蓝性平养胃，诸无所忌。

【温馨提示】在炒或煮紫甘蓝时，要保持其艳丽的紫红色，在操作前，必须加少许白醋，否则，经加热后就会变成黑紫色，影响美观。绞汁或作凉菜食，每次100~500克。

【药典精论】《千金•食治》："久食大益胃，填髓脑，利五脏，调六腑。"《本草拾遗》："补骨髓，利五脏六腑，利关节，通经络结气，明耳目，健人，少睡，益心力，壮筋骨。"

56. 怎样鉴别与选购洋葱

【本品概述】

洋葱俗称葱头、球葱、玉葱，为百合科植物洋葱的鳞茎。原产西南亚，因由国外传入，故我国称之为洋葱。又因只有扁圆形鳞茎一个部位可供食用，所以俗称圆葱、葱头。在国外它却被誉为"菜中皇后"，营养价值很高。

【选购指要】

以葱头肥大，外皮光泽、不烂，无机械伤和泥土，鲜葱头不带叶；经贮藏后，不松软、不抽薹，鳞片紧密，含水量少，辛辣和甜味浓的为佳。根据皮色，洋葱可分为白皮、黄皮和紫皮三种。白皮洋葱肉质柔嫩，水分和甜度皆高，长时间烹煮后有黄金般的色泽及丰富甜味，比较适合鲜食、烘烤或炖煮，产量较低；紫皮洋葱肉质微红，辛辣味强，适合炒烧或生菜沙拉，耐贮藏性差；黄皮洋葱多为出口，肉质微黄，柔嫩细致，味甜，辣味居中，适合生吃或者蘸酱，耐贮藏，常作脱水蔬菜。

食品健康知识链接

【天然药理】中医认为洋葱可润肠，理气和胃，健脾进食，发散风寒，温中通阳，消食化肉，提神健体，散瘀解毒；主治外感风寒无汗、鼻塞、食积纳呆、宿食不消、高血压、高血脂、痢疾等症。现代医学认为，洋葱营养丰富且气味辛辣，能刺激胃、肠及消化腺分泌，增进食欲，促进消化；降低胆固醇的含硫化合物的混合物，可用于治疗消化不良、食欲不振、食积内停等症。洋葱有一定的提神作用，是糖尿病、神志委顿患者的食疗佳蔬。它含有一种叫"栎皮黄素"的物质，能阻止体内的生物化学机制出现变异，控制癌细胞的生长，从而具有防癌、抗癌的作用。洋葱中的半胱氨酸是一种抗衰老物质，有很好的推迟细胞衰老的功效，因而有利于健康长寿。

【用法指要】供爆炒、做汤和腌制食用。可单独烹调成菜，也可与荤菜共食，还可作为调味底料。切洋葱时特别容易刺激眼睛，但只要在切洋葱之前把洋葱放在冷水里浸一会儿，把刀也浸湿，再切就不会流眼泪了。把洋葱先放在冰箱里冷冻一会，然后再拿出来切，也会获得较好的效果。

【健康妙用】将新鲜洋葱捣烂敷患处，对皮肤溃疡有治疗作用，能加速创伤的愈合。将洋葱捣烂后用消毒纱布包好，轻轻揉擦头皮，使葱汁充分渗入发间，24小时后用温水洗头，即可止头痒和除尽头发屑。被烫伤或受刀伤的时候，可以剥下洋葱表面那层半透明的“皮”，粘在伤口处，比任何抗菌剂都好用。将切碎的洋葱放置于枕边，其特有的刺激成分会发挥镇静神经、诱人入眠的神奇功效。

【食用宜忌】特别适宜高血压、高血脂、动脉硬化等心血管疾病、糖尿病、癌症、急慢性肠炎、痢疾患者以及消化不良者。洋葱不宜与蜂蜜、黄鱼同食。有急性眼疾眼部充血红肿、皮肤瘙痒的皮肤病患者以及胃病、肺胃发炎者应忌食。洋葱所含香辣味对眼睛有刺激作用，患有眼疾、眼部充血时，不宜切洋葱。

【温馨提示】每餐1个（约50克）即可。洋葱一般放在干燥、阴凉、通风处储存即可，不要放入冰箱；但如切开未用完的，可装在保鲜袋中密封后放入冰箱内保存。

【药典精论】《药材学》：“新鲜的捣成泥剂，治疗创伤、溃疡及妇女滴虫阴道炎。”

57. 怎样鉴别与选购马齿苋

【本品概述】

马齿苋又名马齿草、马苋、长命菜、马齿龙芽、酱瓣豆草、瓜子菜、五行草、灰苋、马踏草、安乐菜、酸苋、耐旱菜，为马齿苋科植物马齿苋的全草。它叶青、梗赤、花黄、根白、子黑，故又称“五行草”，是古籍上早有记载的对人类有贡献的野菜。民间又称它为“长寿菜”、“长命菜”。

【选购指要】

因其自然生长，农药、化肥、激素等的污染就较少。苋菜叶片厚、皱的口味老，叶片薄、平的口味嫩。选购时手握苋菜，手感软的嫩，手感硬的老。萎烂的则不宜选购。

食品健康知识链接

【天然药理】马齿苋入大肠、肝、脾经，质黏滑利，具有清热祛湿、散血消肿、利尿通淋的功效，主治热毒泻痢、痈肿疮疖、丹毒、瘰疬、目翳、崩漏、便血、痔血、赤白带下、热淋、阴肿、湿癣、白秃等症状。马齿苋中含有丰富的铁、钙和维生素K，可以促进凝血，增加血红蛋白含量并提高携氧能力，促进造血等功能。它还是减肥餐桌上的主角，常食可以减肥轻身，促进排毒，防止便秘。马齿苋菜叶富含易被人体吸收的钙质，对牙齿和骨骼的生长可起到促进作用，并能维持正常的心肌活动，防止肌肉痉挛。

【用法指要】马齿苋的常用烹调方法包括炒、炝、拌、做汤、下面和制馅。但是烹调时间不宜过长。如果想蒜香扑鼻，就要在出锅前再放入蒜末，这样香味最为浓厚。

【健康妙用】治血痢：可取马齿苋适量，切段，加粳米适量共煮粥，不放盐、醋，空腹淡食。凡血热崩漏者，可与茜草、蒲黄等配伍；若尿血、便血、痔血等，则可单味内服；治带下，可配黄柏、椿白皮等；治淋证，可配石韦、车前子等；湿疮，可与白矾、儿茶等同用；急性湿疹，可与苦参、大黄等配伍。

【食用宜忌】一般人都可食用。脾胃虚寒、肠滑腹泻者、便溏及孕妇禁服。马齿苋禁与鳖甲同用。

【温馨提示】每餐80~100克。苋菜一般买回后当天即吃，不宜久放。

【药典精论】《生草药性备要》："治红痢症，清热毒，洗痔疮疳疔。"《滇南本草》："益气，清暑热，宽中下气，润肠，消积滞，杀虫，疔疮红肿疼痛。"《本草纲目》："散血消肿，利肠滑胎，解毒通淋，治产后虚汗。"

58. 怎样鉴别与选购苋菜

【本品概述】

苋菜俗称青香苋、赤苋、小米菜。属苋科植物繁穗苋的种子，一年生草本植物。分野生和栽培，均可供食。其根部发达，叶卵圆形、圆形或披针形，以幼苗和嫩茎叶供食。

【选购指要】

苋菜有红苋、青苋和彩苋三种。红苋叶片紫红色，吃口软糯；青苋叶绿色，吃口硬性；彩苋，又名观音米苋，叶脉附近紫红色，叶片边缘部绿色，吃口软糯，总的说来，叶片厚、皱的吃口老，叶片薄、平的吃口嫩。选购时手握苋菜，手感软的嫩，手感硬的老，5. 6月为最佳消费期。萎烂的苋菜则不宜选购。

食品健康知识链接

【天然药理】苋菜中富含蛋白质、脂肪、糖类及多种维生素和矿物质，其所含的蛋白质比牛奶更能被人体吸收，所含胡萝卜素比茄果类高2倍以上，可为人体提供丰富的营养物质，有利于强身健体，提高机体的免疫力。它能清利湿热、清肝解毒、凉血散瘀，对于湿热所致的赤白痢疾及肝火上炎所致的目赤、目痛、咽喉红肿等症状都有一定的辅助治疗作用。苋菜中铁的含量是菠菜的1倍，钙的含量则是3倍，而且不含草酸，所含钙、铁进入人体后很容易被吸收利用。因此，苋菜能促进儿童的生长发育，还能促进骨折的愈合。常食苋菜还可以减肥轻身，促进排毒，防止便秘，润泽肌肤。

【用法指要】常用法包括炒、拌、炝、做汤、下面和制馅。凉拌时一定要加入蒜泥，味道更鲜；炒食、做汤时加入蒜片更加鲜香可口。在炒苋菜时可能会析出很多水分，所以在炒制过程中最好不要加水。

【健康妙用】苋菜与大蒜同吃能开胃健脾、消食。与虾仁同吃能补充钙质，尤其适合儿童食用，能助长增高；与粳米同煮粥，食用后能清热止痢；与猪瘦肉同煮汤，能清热利尿、解毒透疹、益气养胃；与红豆、大蒜同煮汤，饮用后能利尿消肿。

【食用宜忌】成长发育期的青少年宜多吃。便秘和贫血患者、临产孕妇也宜吃。脾胃虚弱者忌食。龟肉、鳖肉与苋菜相克，不宜同食。烹制苋菜时不能加醋。

【温馨提示】每餐80～100克。

【药典精论】《本草衍义补遗》："苋，下血而又入血分，且善走，与马齿苋同服下胎，妙，临产时者食易产。"《本草纲目》："苋菜味甘，性冷利，令人冷中损腹。"

59. 怎样鉴别与选购雪里蕻

【本品概述】

雪里蕻又名叶用芥菜、辣菜、雪菜，原产于我国，目前我国南北方广为种植，北方作为秋冬菜上市。雪里蕻多作腌制用，腌后碧绿鲜嫩，稍有嫩味。

【选购指要】

雪里蕻一般以颜色鲜嫩，株棵均匀，不抽薹，切去了主根，无病虫害的为佳。

食品健康知识链接

【天然药理】雪里蕻归肺、胃经，有宣肺豁痰、利气温中、解毒消肿、开胃消食、温中利气、明目利膈的功效，主治咳嗽痰滞、胸膈满闷、疮痈肿痛、耳目失聪、牙龈肿烂、寒腹痛、便秘等病症。

【用法指要】雪里蕻的食用方法多种多样，有雪里蕻炖豆腐、雪里蕻氽肉丝、肉末黄豆炒雪里蕻、冬笋炒雪里蕻及雪菜黄鱼汤等。制作梅干菜的工序较复杂。吃梅干菜的方法一般为蒸肉、烧汤、炒食或用来做馅。

【健康妙用】雪里蕻与鲜香菇、肉末、水豆腐同煮汤，具有开胃醒脾，利尿消肿之功效，适宜于体虚浮肿，四肢倦怠等病症，是水肿病人的食疗佳品；与猪肉、小冬笋同炒食，具有明目除烦，解毒清热之功效，眼睛红肿热痛者服食，习惯性便秘、食欲不佳、心情烦躁者尤其宜食；与鲜百合同炒食，具有解毒消肿、清热除烦的功效，适合感染性患者使用大量抗生素后致胃纳呆滞、口味不佳者食用。清炒雪里蕻具有宽肠开胃的功效，适宜于消化不良、纳呆食少、习惯性便秘等病症患者食用。

【食用宜忌】急慢性气管炎痰多者、咳嗽多白黏痰者、胸膈满闷者、眼病患者宜食。

内热偏盛者、瘙痒性皮肤病患者、单纯性甲状腺肿患者、疮疥、目疾、痔疮便血者及各类癌症患者忌食。雪里蕻含大量粗纤维，不易消化，小儿消化功能不全者不宜多食。雪里蕻常被制成腌制品食用，因腌制后含有大量的盐分，故高血压、血管硬化的病人应注意少食以限制盐的摄入。

鲜食每次50～80克；腌制品每次10克左右。

【药典精论】《随息居饮食谱》："将腌透之菜，用时切食，荤素皆宜，以之烧肉，虽盛暑不坏。”《本草纲目》：“久食则积温成热，辛散太甚，耗人真元，肝木受病，昏人眼目，发人痔疮。”《名医别录》：“主除肾邪气，利九窍、，明耳目，安中，久服温中。”《本草经疏》：“其主利九窍，明耳目者，盖言辛散走窜，豁痰引涎，暂用一时，使邪去而正自复，非谓真能利窍明耳目，用者详之。”

60. 怎样鉴别与选购胡萝卜

【本品概述】

胡萝卜俗称黄萝卜、红萝卜、山萝卜、金笋、黄根、卜香菜、丁香萝卜、药萝卜、赤珊瑚，为伞形科植物胡萝卜的全草，原产于中亚西亚一带，元代末传入中国。它是一种难得的“果、蔬、药”兼用品，在西方被视为菜中上品，荷兰人把它列为“国菜”之一。它生吃甜脆可口，熟吃味道鲜美，是一种营养丰富的蔬菜。

【选购指要】

以质细味甜、脆嫩多汁、表皮光滑、形状整齐、心柱小、肉厚、不糠、无裂口和病虫伤害的为佳。

食品健康知识链接

【天然药理】中医认为，胡萝卜能下气补中、健胃消食、养肝明目，可治久痢食积、夜盲，解麻疹痘疹毒，补血，助发育，可辅助治疗营养不良、小儿软骨病和食欲不振等症。据国外研究，胡萝卜中的大量胡萝卜素和木质素，具有治癌症之功能，每天（或经常）服用一定量的胡萝卜对防止肺癌大有好处。长期吸烟的人，每日饮半杯胡萝卜汁，对肺部也有保护作用。胡萝卜中含有大量的果胶物质，它可与汞结合，从而使人体内有害的汞成分得以排除，所以国外有些部门已把胡萝卜作为经常接触汞的人们的保健食品之一。此外，胡萝卜中含有丰富的胡萝卜素，胡萝卜素被人体吸收后能转变成维生素A，可维护眼睛和皮肤的健康。

【用法指要】生食、凉拌、炒、烧、炖、煮食、做馅、炸丸子、和面制饼、荤素皆宜，也可腌制，加工蜜饯、果酱、菜泥与饮料等。其嫩叶可作绿色蔬菜食用。

【健康妙用】胡萝卜搭配油脂或肉类一起烹调炖煮，能使胡萝卜素更好地吸收；胡萝卜与红糖同煎煮，可治婴儿单纯性消化不良；与白糖同蒸煮，可治百日咳和便秘；与马蹄同煎水，能清解麻疹热毒，使之容易透出；与红枣共煮汤，有健脾，生津，解毒，润肺，止咳作用。可治小儿百日咳；与粳米同煮粥，有补脾健胃，养阴润燥，助消化作用。适用于脾胃虚弱或老年人的食欲不振、消化不良、夜盲、皮肤干燥、高血压、糖尿病等症。

【食用宜忌】适宜癌症、高血压、夜盲症、干眼症、营养不良、食欲不振、皮肤粗糙者。

胡萝卜一次不宜进食太多，因为胡萝卜素为脂溶性维生素，会贮藏在人体内，而使皮肤黄色素增加。

胡萝卜不宜与过多的酸醋同食。胡萝

卜不宜生吃。胡萝卜不宜与白萝卜、白酒一起调配食用。

【温馨提示】每餐1根（约70克）即可。吃胡萝卜最好用油烹或与肉炖，因为其中的维生素是脂溶性维生素。

【药典精论】《饮食须知》：“味甘辛，性微温，有宜无损，宜食。”《本草求真》：“胡萝卜，因味辛则散，味甘则和，质重则降，故能宽中下气。而使肠胃之邪，与之俱去也。”《医林纂要》：“胡萝卜，甘补辛润，故壮阳暖下，功用似蛇床子。”《饮食辨》：“熟能下气补中，利胸膈。今惟用盐腌，生食质硬难化，病人不宜。”

61. 怎样鉴别与选购芫荽

【本品概述】

芫荽又名香菜、香荽、胡荽、松须菜，为伞形科芫荽属植物芫荽，原产欧洲地中海沿岸，汉代张骞出使西域时，经“丝绸之路”传入我国，至今已有两千多年历史。以全草与成熟的果实入药。它虽非主菜，却是人们喜食和宴请宾客不可少的调味香料。

【选购指要】

以绿嫩，新鲜，无黄烂叶，不抽薹，根部无泥，干爽无杂质者为佳。

食品健康知识链接

【天然药理】芫荽辛香味浓，能促进胃肠蠕动，具有开胃醒脾、消食下气的作用。芫荽还具有显著的发汗清热、透疹的功能，其特殊香味能刺激汗腺分泌，促使机体发汗，透疹。《日用本草》记载道，芫荽能治头痛和牙齿疼痛，能解鱼肉毒。芫荽中含有许多挥发油，其特殊的香气就是挥发油散发出来的。它能祛除肉类的腥膻味，在一些菜肴中加些芫荽能起到祛腥膻、增味道的独特功效。

【用法指要】芫荽入馔，生熟皆宜，香美可口，既可拌凉菜、炒食、做汤、作火锅需用材料，又可腌渍食用。

【健康妙用】芫荽与板栗同吃能诱发痘疹；与胡萝卜、荸荠同吃能祛风痛疹、清热生津、止咳消胀；与猪肝同吃能促进食欲、补肝和胃；与乌鸡同吃对反胃呕吐等症状有效；与辣椒、生姜同吃能开胃健脾，对食欲不振、体倦乏力有效；与豆腐同吃可以促进麻疹透发，也可健胃、驱风寒，除尿臭、阴臭；与羊肉同吃适宜于身体虚弱、阳气不足、性冷淡、阳痿等症患者；与白萝卜同吃能降血脂、益心气，对冠心病、动脉硬化、高脂血症、糖尿病等患者有益处。

【食用宜忌】食积气滞、脘腹冷痛者宜食之。不宜多食，否则会昏目耗气。芫荽为发物，癌症患者忌食。气虚体弱、胃溃疡、慢性皮肤疾病、眼病患者均应忌食。麻疹透发后也应忌食。患脚气、狐臭、严重口臭、龋齿及生疮者不宜食用。凡服一切补药，或者补药中有白术、牡丹者，均不宜食用芫荽。吃猪肉不可加芫荽，否则助热生痰。芫荽不能与黄瓜、动物肝脏同时食用。

【温馨提示】每次3～10克即可。

【药典精论】《本草纲目》："胡荽，辛温香窜，内通心脾，外达四肢，能辟一切不正之气，故痘疮出不爽快者，能发之。"《日用本草》："消谷化气，通大小肠结气。治头疼齿病，解鱼肉毒。"《千金•食治》："不可多食，令人多忘。食之发宿病，金疮尤忌。"《食疗本草》："久冷人食之脚弱。根发痼疾。"

62. 怎样鉴别与选购茭白

【本品概述】

茭白俗称茭瓜、茭笋、蒿巴、茭白子。属禾本科多年生宿根沼泽草本植物，是我国特产的水生蔬菜，盛产于江南水乡。食用部分是肥大的肉质茭，颜色乳白，肉质柔软，纤维少，味清香。诗人杜甫对它作过这样的赞颂："秋菰为黑穗，精凿成白粲。""滑忆雕胡饭，香闻锦带羹。"茭白肉质茎肥大柔嫩，味鲜美，营养丰富，所以，很受我国人民喜爱。长期以来，它和莼菜、鲈鱼齐名，成为江南三大名菜之一。

【选购指要】

选购茭白时以粗壮、白嫩的为佳。

食品健康知识链接

【天然药理】中医认为茭白有解热毒、除烦渴、利便、催乳汁等功效。它既能利尿祛水，辅助治疗四肢浮肿、小便不利等症，又能清暑解烦而止渴，还能解除酒毒，治酒醉不醒。

【用法指要】可用于炒食、炖汤，做馅或作色拉的需用材料（拌料），也可以焖、炝、烧以及作各种菜肴的需用材料使用。茭白应尽快食用完，不宜久存。

【健康妙用】治食欲不振，口淡乏味：炒锅放旺火上，入猪油烧至油锅边冒泡时，把茭白250克（切滚刀状）入炸约1分钟沥油，然后倒出锅中余油。锅置旺火上，投茭白，入红辣椒少许、芝麻酱、酱油、精盐、白糖、味精和高汤，在小火上烧约1分钟，淋水淀粉，再入麻油可食。功能开胃和中。

治烦热口渴，或饮酒过度：茭白生食。

治暑热腹痛：鲜茭白根100~150克，水煎服。

茭白与鸡蛋同吃能清热生津、利尿除湿、润肠通便；与猪蹄同吃能通经发乳；与白菜同吃能清热化痰、降压催乳。

【食用宜忌】适合于高血压患者，若与芹菜同食，降压作用更明显。妇女产后乳汁缺少时，可与通草、猪蹄同食，可使乳汁明显增加。也适合于黄疸型肝炎患者及酒醉后食用。茭白中含难溶性草酸钙较多，故尿中草酸盐结晶较多或尿路结石者应忌食。脾胃虚寒腹泻者应忌食。阳痿滑精者应少吃或不吃。茭白忌与蜂蜜同食。服中药汤剂中含有巴豆时也应忌食。

【温馨提示】每次1根（约50克）。春夏季是食用的最佳季节。

【药典精论】《本草拾遗》："去烦热，

止渴，除目黄，利大小便，止热痢，解酒毒。”《本草汇言》：“脾胃虚冷作泻者勿食。”《随息居饮食谱》：“精滑便泻者勿食。”《食疗本草》：“行五脏邪气，酒皶面赤，自癞，疬疡，目赤，热毒风气，卒心痛，可盐、醋煮食之。”《本草纲目》：“去烦热，止渴，除目黄，利大小便，止热痢。”

63. 怎样鉴别与选购荠菜

【本品概述】

荠菜俗称地菜、菱角菜、护生草、鸡心菜、雀雀菜、枕头草、清明菜等。为十字花科一年生或二年生草本。冬末春初时生长于田野、路边、庭院，二三月间长出嫩茎叶可采摘食用。荠菜自古就被誉为“灵丹草”，是“天然之珍”。近来有学者将荠菜列入癌症患者食谱。

【选购指要】

以绿嫩、新鲜、无黄烂叶、不抽薹、根部无泥、干爽无杂质者为佳。

食品健康知识链接

【天然药理】现代研究发现，荠菜具有防癌功效，因为荠菜中含有吲哚类化合物和芳香异硫氰酸等癌细胞抑制剂。荠菜中含有胆碱、乙酰胆碱、芳香甙、大犀草素等，有利于止血、降压。荠菜中含维生素A较多，可用于治疗夜盲症、白内障等眼疾。荠菜中的纤维素含量亦较丰富，这对脂肪代谢和排便有积极的作用。清肝调脾、止血、利水明目，可治痢疾、诸淋、吐血、便血、血崩、目赤肿痛等。

【用法指要】鲜品以沸水浸烫后可凉拌食。荠菜食法有拌、炝、炒、烧、煎、扒、煮、炖、做汤、制馅等。

【健康妙用】黄鱼富含碘、磷、铁、钙、脂肪、维生素B_1、维生素B_2、维生素C、尼克酸及蛋白质等，荠菜有利肝明目、利尿止血作用。两者同烹是孕妇防治缺铁性贫血的保健菜肴。

【食用宜忌】适宜胃溃疡、肠炎、泌尿系结石、肾炎、水肿、高血压患者食用；适宜于各种内出血之人，如内伤吐血、咯血、产后子宫出血、月经过多、便血、尿血、消化道溃疡出血、视网膜出血者均宜食用；又适宜眼病之人，如目赤肿痛、结膜炎、夜盲、青光眼、眼底出血、目生翳障者食用；还适宜小儿麻疹、流行性感冒在流行传染期间食用，可起到预防效果。

荠菜可宽肠通便，因此便溏者慎食。

【温馨提示】每餐约100～200克。阳春三月甚至更早一些时间食用味道最佳。

【药典精论】《现代实用中药》：“止血，治肺出血，子宫出血，流产出血，月经过多，头痛，目痛或视网膜出血。”名医别录》：“主利肝气，和中。”《日用本草》：“凉肝明目。”《本草纲目》：“明目，益胃。”

64. 怎样鉴别与选购蕨菜

【本品概述】

蕨菜又名龙头菜、乌糯、拳头菜、鹿蕨菜、蕨儿菜、假拳菜、如意菜等。属凤尾蕨科野生草本植物，多生长在山区湿润、肥沃、土层较深的向阳坡上。是我国主要的野生蔬菜，被称为“山菜之王”。它的根茎粗壮、肥大，叶柄挺直，常常高达50～60厘米。春天，当它的嫩叶刚刚长出，还处于卷曲未展时采摘下来供人食用，便是有名的蕨菜。

【选购指要】

我国有蕨菜15个品种，分布于全国各地，商品蕨菜分为两大类。第一类是红茎蕨菜，叶柄、嫩茎为紫红色，比较粗大，产量高，采下来黏液较多，分布较广；第二类是绿茎蕨菜，叶柄、嫩茎为浓绿色，嫩茎比较细长柔软，拳叶呈钩状，品质好，脆爽滑嫩，口感颇佳。农历五月上旬，是采蕨菜的时期。这一时期的蕨菜叶小花淡，梗嫩肉细，营养价值很高。

食品健康知识链接

【天然药理】中医认为，蕨菜具有清热解毒、滑肠降气、祛风除湿、化痰、利尿消肿、安神降压、强胃健脾等功效，可治食膈、气膈、肠风热毒等症。现代医学研究发现，蕨菜对细菌有一定的抑制作用，可用于发热不退、肠风热毒、湿疹、疮疡等病症，具有良好的清热解毒、杀菌消炎之功效。蕨菜的某些有效成分能扩张血管，降低血压；其所含粗纤维能促进胃肠蠕动，具有下气通便的作用。近年来科学研究表明蕨菜还具有一定的抗癌功效。

【用法指要】蕨菜可鲜食或晒干菜，制作时用沸水烫后晒干即成。吃时用温水泡发，再烹制各种美味菜肴。其食法有拌、炝、腌、炒、烧、炖、炸、做汤等。鲜嫩叶可蘸酱、凉拌、炒或做汤食。炒食时适合与鸡蛋、肉类搭配。

【健康妙用】蕨菜与鸡肉同炒食具有益气安神的功效；与猪肉同炒食具有滋阴补虚、强身健体的作用；与大蒜同凉拌食具有顺气化痰，清热通便作用；与木耳同炒食有开胃、理气、化痰的功效。

【食用宜忌】适用于发热不退、肠炎腹泻、小便疼痛、高血压、湿疹等症患者。蕨菜性寒，脾胃虚寒者应慎用，常人也不宜多食。

【温馨提示】每次30克左右。

【药典精论】《本草纲目》：“甘清无毒，去暴热，利水道，令人睡，补五脏不足。”

65. 怎样鉴别与选购萝卜

【本品概述】

白萝卜又名莱菔、罗服、萝白，人们冬季经常食用的蔬菜，在我国的食用历史悠久。它原产中国，有圆形、棒形。早在《诗经》中就有关于萝卜的记载，中医认为萝卜为食疗佳品，可以治疗或辅助治疗多种疾病，本草纲目称之为“蔬中最有利者”。常吃萝卜对人体有益，也因此有“冬吃萝卜夏吃姜，一年四季保安康”的说法。近年来萝卜被列入抗癌食谱，民间有“多吃萝卜少生癌”、“十月萝卜小人参”的说法。

【选购指要】

一般说来，表皮光滑说明萝卜在生长时吸收的水分较少，往往肉质细腻，所以皮光是首要的选择。为了避免买到空心萝卜（也就是糠心的萝卜，肉质成菊花心状），选购萝卜的时候应该挑选比重大，分量较重，掂在手里有沉甸甸感觉的为佳。另外，皮上有半透明的斑块的萝卜不仅不新鲜，甚至有时可能是受了冻的，这种萝卜基本上失去了食用价值，不要购买。尽量挑选中型偏小的，这种萝卜肉质比较紧密、充实，口感很好。

食品健康知识链接

【天然药理】中医认为，白萝卜能消食、顺气、醒酒、杀虫、化痰、治喘、解毒、散瘀、利尿、止渴和补虚。现代医学认为，白萝卜含有木质素，能提高巨噬细胞的活力，从而吞噬癌细胞。而且还含有一种酶能分解致癌的亚硝胺，所以有抗癌作用。白萝卜是人体补充钙的最佳来源之一，这种钙在萝卜皮中含量最多。萝卜和萝卜子有止咳化痰的作用，对百日咳，咳嗽和急、慢性呼吸道疾患等疗效也很好。此外，白萝卜含芥子油、淀粉酶和粗纤维，能促进消化，增强食欲，加快胃肠蠕动。白萝卜能使头发有光泽，防治头屑过多、头皮发痒。

【用法指要】食法可荤、可素，可生吃，可熟吃，可腌制，可干制，凉拌食用也清香可口。它还被当作水果生吃，营养也十分丰富。

【健康妙用】治咳嗽痰多：霜后白萝卜洗净，捣碎挤汁，炖后温服，每日2次。每日饮汁60毫升，服时加适量蜂蜜；或萝卜、生姜、梨各适量，均切片，水煎代茶饮。

治恶心呕吐：萝卜一个切成片，用蜂蜜浸煎，随意嚼食。

治痢疾：白萝卜250克，白糖30克，萝卜挤汁，加糖开水冲服，日服2次。

治煤气中毒：鲜萝卜捣汁服，生萝卜汁1杯，白糖6克，搅匀灌服。

治冻疮：白萝卜切片，烘热，睡前涂擦患部，至皮肤发红为止，连续至愈。

【食用宜忌】患有消化不良、胃脘胀满、咳嗽痰多、胸闷气喘、伤风感冒等症者食之有益治疗。萝卜为凉性蔬菜，阴盛偏寒体质者、脾胃虚寒者等不宜多吃；胃及十二指肠溃疡、慢性胃炎、单纯甲状腺肿、先兆流产、子宫脱垂等患者忌吃。在服人参、西洋参或中药汤剂内有地黄、首乌等成分时也应忌食萝卜。

【温馨提示】每次50~100克。在服人参或西洋参时，如出现腹胀不适，可食用萝卜消胀。

【药典精论】《日用本草》：“宽胸膈，利大小便。熟食之，化痰消谷；生啖之。止渴宽中。”《随息居饮食谱》：“熟者甘温，补脾进食，生津液，肥健人，泽胎养血，百病皆宜，蔬中圣品。”《饮食须知》："多食动气，服何首乌诸补药忌食。"

66. 怎样鉴别与选购苤蓝

【本品概述】

苤蓝俗称大头菜、结头菜、芥蓝、擘蓝（《农政全书》）及茄连、撇蓝、玉蔓青（《植物名实图考》）等，为十字花科植物球茎甘蓝的球状茎。它原产地中海沿岸，直根肥大，较萝卜致密，有甜味，呈球形或扁圆形；主要为白色，也有上部丝或紫而下部白色者，更有紫、黄等色。叶片全绿或有深绿色或微带紫色，有光泽，花黄色，性喜冷凉。

【选购指要】

苤蓝依球茎的色泽可分为绿白色、绿色及紫色三种，以绿白色的品质较好。

食品健康知识链接

【天然药理】苤蓝维生素含量十分丰富，尤其是鲜品绞汁服用，对胃病有治疗作用。其所含的维生素C等营养成分有止痛生肌的功效，能促进胃与十二指肠溃疡的愈合。它含有大量水分和植物纤维，有宽肠通便的作用，可增加胃肠消化功能，促进肠蠕动，防治便秘，排除毒素。苤蓝所含维生素C每100克高达76毫克，还含有丰富的维生素E，二者都有增强人体免疫功能的作用。其还可在消化道中诱导出某种代谢酶，从而使致癌原灭活，所含微量元素钼，能抑制酸胺的合成，因而具有一定的防癌作用。中医认为它还有止咳化痰、清神明目、醒酒降火的作用。

【用法指要】苤蓝食法有拌、炝、腌、炸、扒、熘、煮汤或做凉拌小菜。苤蓝不宜炒得过熟，以生拌吃为好或绞汁服用。

【健康妙用】治乳痈寒热：用苤蓝根叶，去土、不用水洗，以盐共捣涂之，热即更换，3～5次，即可奏效。

治小儿头秃：将苤蓝叶烧灰，用猪油调和，在患处用浓茶汁洗净后再涂敷，每日1次。

治骨髓炎：苤蓝子研末，敷患处，纱布包裹，每日更换1次。

治肝虚目暗、虚劳眼障：苤蓝子1000克，用烧酒浸一夜，取出蒸20分钟，晒干研细末，做成小豆般大丸粒，每日服10克，每日2次，米汤送下。

治眉毛脱落：苤蓝根捣汁，挑疮破，敷其上。

治鼻中衄血：苤蓝生捣汁饮。

【食用宜忌】适宜小便淋浊、大便下血之人食用；适宜患有十二指肠溃疡者、糖尿病患者以及容易骨折的老人食用；适宜饮酒之人食用。病后及患疮者忌食。

【温馨提示】每次50～80克即可。

【药典精论】《本草求原》："宽胸，解酒。""苤蓝耗气损血，病后及患疮忌之。"《滇南本草》："生食止渴化痰，煎服治大肠下血。"《中国高等植物图鉴》："治疗十二指肠溃疡。"

67. 怎样鉴别与选购茄子

【本品概述】

茄子俗称茄果、矮瓜、昆仑瓜、东风菜、落苏、白茄、紫茄，属茄科植物茄的果实，为一年生草本，叶、花、蒂及根均可入药。茄子原产于印度，我国各地均有栽培。它是夏季盛产的蔬菜之一，秋季也有生产。按颜色分，有紫皮、青皮茄两种；按形状分，有大圆形、灯泡形、长条形。

【选购指要】

以果形均匀周正，老嫩适度，无裂口、腐烂、锈皮、斑点，皮薄、籽少、肉厚、细嫩的为佳品。嫩茄子颜色发乌暗，皮薄肉松，重量少，子嫩味甜，子肉不易分离，花萼下部有一片绿白色的皮。老茄子颜色光亮发光滑，皮厚而紧，肉坚子实，肉子容易分离，子黄硬，重量大，有的带苦味。

食品健康知识链接

【天然药理】茄子含丰富的维生素P，这种物质能增强人体细胞间的黏着力，增强毛细血管的弹性，减低毛细血管的脆性及渗透性，防止微血管破裂出血，使心血管保持正常的功能。此外，茄子还有防治坏血病及促进伤口愈合的功效。茄子含有龙葵碱，能抑制消化系统肿瘤的增殖，对于防治胃癌有一定效果。茄子所含的B族维生素对痛经、慢性胃炎及肾炎水肿等也有一定辅助治疗作用。

【用法指要】茄子的吃法很多，可炒、焖、烧、煎、炸、蒸、酿、拌、烧汤、制馅等。如茄拌蒜泥、辣味茄丝、青酱茄子、烧茄子、酱烧茄子和酿茄子等。油炸茄子会造成维生素P大量损失，挂糊上浆后炸制能减少这种损失。

【健康妙用】茄子与粳米煮粥食用，每日1次，连食5日，可治黄疸肝炎；茄子洗净后切开放在碗内，加油盐少许，隔水蒸熟食用，有清热、消肿、止痛的功效，适用于内痔发炎肿痛、内痔便血、高血压、痔疮便秘等症；茄子清蒸后加调味品连服数天，有健脾和胃的功效，适用于脾不健运、胃口不开。

【食用宜忌】茄子适宜高血压、心脏病、动脉硬化、眼底出血、肝炎、痛风、糖尿病、坏血病、热毒、痈疖、癌症等患者以及老年人食用。茄子可清热解暑，对于容易长痱子、生疮疖的人尤为适宜。脾胃虚寒、体弱、消化不良、容易腹泻、便溏、哮喘者不宜多吃；手术前也不宜吃茄子，否则麻醉剂可能无法被正常地分解，会拖延病人苏醒时间，影响病人康复速度。茄科植物都含有一定的茄碱，尤其是生理成熟期的老茄子，含量更多，这种物质对人体有害，所以不能吃。茄子不宜与螃蟹、乌鱼同食。

【温馨提示】每次约85克即可。

【药典精论】《本草求真》："茄味甘气寒，质滑而利，服则多有动气，生疮，损目，腹痛，泄泻之虞，孕妇食之，尤见其害。"《本草纲目》："茄性寒利，多食必腹痛下利。"

68. 怎样鉴别与选购芹菜

【本品概述】

芹菜又名蒲芹、药芹、芹菜、香芹、葫芹，是我国原产，栽培历史悠久，分布很广，适应性较强。常见的芹菜有青芹菜、白芹菜和大棵芹菜，还有一种水芹菜。青芹叶柄细长，浅绿色，香味浓，品质好。白芹叶柄宽厚，白色，香味淡。我国很早就认识芹菜，《尔雅》一书，已有水芹之名。

【选购指要】

优质芹菜叶柄肥大宽厚，没有杂质或斑点，叶片完整不枯萎。青色芹菜适合煮汤，生吃或炒食时应选择白色芹菜。

食品健康知识链接

【天然药理】芹菜有平肝清热、祛风利湿、除烦消肿、凉血止血、解毒宣肺、健胃利血、清肠利便、润肺止咳、降低血压、健脑镇静的作用，主治高血压、头晕、暴热烦渴、黄疸、水肿、小便热涩不利、妇女月经不调、赤白带下、瘰疬、痄腮等病症，对血管硬化、神经衰弱、头痛脑涨、小儿软骨症等也有辅助治疗作用，还可治疗高血压或肝火上攻引起的头胀痛。此外，芹菜还有醒脑、健神、润肺、止咳的功效。

【用法指要】芹菜的吃法有多种多样，如炒、拌、炝、腌、做馅，或做需用材料等。

【健康妙用】芹菜与红枣同煮汤饮用能降压利尿、和中养血；与小米、陈皮同煮粥，食用后能平肝清热、利湿降脂；与鸡蛋同食对人体有很好的补益作用，对胃病和肾病患者的益处尤其大；与豆芽同食可加速体内脂肪的代谢，尤其适合便秘和肥胖者；与豆腐干、韭菜同吃能提高蛋白质的吸收和利用率；与豆腐同吃可治疗便秘。牛肉补脾胃，滋补健身，营养价值高；芹菜清热利尿，有降压、降胆固醇的作用，还含有大量的粗纤维，两者配用既能保证正常的营养供给，又不会增加人的体重。

【食用宜忌】适合于高血脂、动脉硬化、高血压、糖尿病、缺铁性贫血、更年期综合征等患者食用。芹菜能增强性机能，在西方被称为“夫妻菜”，特别是对于女性，常食可以促进荷尔蒙的分泌。芹菜不宜与黄瓜、蚬、蛤、毛蚶、蟹、甲鱼、菊花、兔肉同食。脾胃虚寒、腹泻便溏者忌食。慢性胃炎、肠炎患者应少吃芹菜，因为芹菜属于凉性食物，多吃容易影响脾胃的消化吸收功能。低血压患者也不宜多吃芹菜，否则会加重症状。芹菜也是感光食物，因此食用芹菜后不宜在烈日下曝晒，以免皮肤变黑。

【温馨提示】每餐50克。芹菜应连叶子一起吃，因为芹菜叶中的胡萝卜素要比茎和叶柄的含量高80余倍，维生素C高出17倍，维生素P高出13倍，钙盐高出2倍。

【药典精论】《本草推陈》：“治肝阳头昏，面红目赤，头重脚轻，步行飘摇等症。”《大同药植手册》：“治小便淋痛。”《生草药性备要》：“芹菜，生疥癞人勿服。”《本草汇言》：“脾胃虚弱，中气寒乏者禁食芹菜。”

69. 怎样鉴别与选购西红柿

【本品概述】

西红柿俗称西红柿、洋柿子、红茄、爱情果等，为一年生草本，原产于南美洲，被人们当成有毒的果子，叫“狼桃”。西红柿大约在明代传入中国，由于它的形状酷似柿子，颜色又是红的，并来自西方，所以得名。它以鲜嫩多汁的肉质浆果供食，生熟皆能食用，味微酸适口。是一种深受人们喜爱的蔬菜。

【选购指要】

选购时，应选个肥硕均匀、蒂小、颜色鲜红、硬度适宜、无伤裂畸形者。一般来说，西红柿颜色越红，番茄红素含量越高，未成熟和半成熟的青色西红柿番茄红素含量相对较低。一些商家会对西红柿进行人工催熟，这样西红柿发育不充分。可采用几种方法辨别催熟西红柿，一是外形，催熟西红柿形状不圆，外形多呈棱形。二是内部结构，掰开西红柿察看，催熟西红柿少汁，无籽，或籽是绿色。自然成熟的西红柿多汁，果肉红色，籽呈土黄色。三是口感，催熟的西红柿果肉硬无味，口感发涩，自然成熟的吃起来酸甜适中。

食品健康知识链接

【天然药理】西红柿所含的“番茄红素”具有独特的抗氧化能力，能清除自由基，保护细胞，使脱氧核糖核酸及基因免遭破坏，能阻止癌变进程。西红柿中的柠檬酸、苹果酸和糖类，有促进消化作用；西红柿所含的果胶，有预防便秘的作用。西红柿中含有胡萝卜素，可保持皮肤弹性，促进骨骼钙化，还可以防治小儿佝偻病、夜盲症和眼干燥症。番茄红素对心血管具有保护作用，并能减少心脏病的发作；维生素B还可保护血管，防治高血压；果酸能降低胆固醇的含量，对高脂血症很有益处；谷胱甘肽这种物质可抑制酪氨酸酶的活性，使人沉着的色素减退消失，雀斑淡化减少，起到美容养颜的作用。

【用法指要】西红柿既可以当水果吃，也可以经过烹调，做成各种菜肴，还可以做成汤羹；既可单独成菜、成汤，也可与其他菜、蛋一起烹调；既可加糖做成甜食，也可加盐做成咸食；既可吃是果，也可将其加工成西红柿汁，还可做成西红柿酱及各种荤素菜肴的需用材料。

【健康妙用】西红柿与马铃薯捣烂取汁，混合搅匀，炖熟服用，有健脾养胃、生津止渴的功效，可治慢性胃炎属胃阴亏虚型；与猪肝同煮粥服用，对体弱血虚、营养不良、眩晕等症有治疗功效；与豆腐烹制成西红柿拌豆腐，具有健脾消食、养阴润燥、生津止渴、去脂降压的作用；与芹菜制成西红柿芹菜汁食用，具有清热利湿、平肝降压的作用；与酸奶榨汁搅拌均匀饮用，可补虚降脂、凉血平肝；与鸡蛋同吃，具有健胃消食、生津解渴、止血利尿、养血补血、养心安神、滋阴润燥、润肤养颜的作用。

【食用宜忌】西红柿宜于心脏病、高血压、糖尿病、肾脏病、肝炎、癌症患者食用；

适合发热口干、暑热烦渴、食欲不振时食用；适宜维生素C缺乏症、烟酸缺乏症（糙皮病）患者。脾胃虚寒者不宜多生食。不宜生食青西红柿；不宜空腹大量食用西红柿。女性月经期间，尤其是痛经者忌食生西红柿。

【温馨提示】每天2~3个。生吃或凉拌时最好不放盐。烹煮时不要久煮；可适当加一些醋，则能破坏其中的有害物质番茄碱。

【药典精论】《陆川本草》："生津止渴，健胃消食。治口渴，食欲不振。"《食物中药与便方》："清热解毒，凉血平肝。"

70. 怎样鉴别与选购韭菜

【本品概述】

韭菜又名长生韭、懒人菜、起阳菜、壮阳菜，是百合科草本植物，叶细长而扁，色鲜绿，根茎叶俱可食用，有独特的香味，在医疗上用途也很广。一般可分为宽叶韭与细叶韭两大类。宽叶韭叶宽而柔软，叶色淡绿，纤维少，品质优，北方多见此类。细叶韭叶片窄而长，叶色深绿，富有香味，耐热，南方多见此类。自古以来，我国人民就有在初春之时，食鲜味、尝春盘的风俗，取"迎春"之意。初春的早韭，鲜嫩爽口，正是人们"尝春"的时令鲜菜佳品。

【选购指要】

韭菜可分为叶用、花用和花叶兼用三种。叶用韭菜的叶片较宽而柔软，抽薹少，以食叶为主；花用韭菜的叶片短小而硬，抽薹较多，通常以花茎为食用部分；最后一种则是食用范围最广的食物。初春时节的韭菜品质最佳，晚秋的次之，夏季的最差。

食品健康知识链接

【天然药理】韭菜叶味入肝、胃、肾经，能温中行气，散瘀解毒。韭菜种子入肝、肾经，可补肝肾，暖腰膝，壮阳固精。全韭可补肾益胃，充肺气，散瘀行滞，安五脏，行气血，止汗固涩，止呃逆，主治阳痿、早泄、遗精、多尿、腹中冷痛、胃中虚热、泄泻、白浊、经闭、白带、腰膝痛和产后出血等病症。

【用法指要】韭菜的食用法包括炒、拌、制馅、烧汤，也可作各种荤素菜肴的需用材料。韭菜花经常制成韭菜花酱，别有一番滋味。韭黄宜作菜肴的需用材料，亦可炒食、拌食、衬底、制馅。

【健康妙用】用韭菜炒蛋可加些白酒，有温中养血，温肾暖腰膝的功能，对肾虚腰膝疼痛、寒性哮喘、阳痿遗精等症有辅助治疗的功用。韭菜与桃仁同吃能温阳固涩、强壮身体；与小米煮粥，食用后对胃寒引起的胃部疼痛有效；与生姜同榨汁饮用，对恶心呕吐、食欲不振有效，尤其适合孕妇；与大葱同吃能补阳散瘀、助血行气、益胃助肾；与粳米同煮粥，能补肾壮阳、固精止遗、健脾暖胃。

【食用宜忌】适宜便秘、产后乳汁不足女性、寒性体质等人食用。韭菜虽是佳蔬，但一次不宜食之过多，以免上火。韭菜不宜与蜂蜜、白酒、牛肉、牛奶同食。服用维生素K时不能吃韭菜，否则会降低药效。

隔夜韭菜不宜再食用。

【温馨提示】每次50克。春天是吃韭菜的最佳时节。

【药典精论】《食鉴本草》："煮食归肾壮阳，止泄精，暖腰膝。"《本草求真》："服此气行血散，肝补肾固，而病安有不愈乎？"《本草汇言》："疮毒食之，愈增痛痒，疔肿食之，令人转剧。"

71. 怎样鉴别与选购大葱

【本品概述】

葱又名大葱、小葱、香葱、火葱、青葱、四季葱、和事草、事菜，为百合科植物葱的各部位。葱白：采挖出葱，除去须根、叶及外膜，一般鲜用。葱叶：葱的叶，鲜用或晒干。葱汁：茎或全株捣取之汁，鲜用。葱花：花开时采收，阴干用。葱须：葱的须根，晒干用。葱实：葱的种子。

【选购指要】

以新鲜、气味浓郁、没有黄叶的为佳。

食品健康知识链接

【天然药理】葱能通阳活血，驱虫解毒，发汗解表，主治风寒感冒轻症、痈肿疮毒、痢疾脉微、寒凝腹痛、小便不利等病症，对感冒、风寒、头痛、阴寒腹痛、虫积内阻、痢疾等有较好的治疗作用。

【用法指要】大葱多用于煎炒烹炸；小葱一般都是生食或拌凉菜用。作为调料，多用于荤、腥、膻以及其他有异味的菜肴、汤羹中，对没有异味的菜肴、汤羹（包括面条、饭）也起增味增香作用。根据主料的不同，可切可葱段和葱末掺和使用，均不宜煎、炸过久。葱与维生素B_1含量较多的食品一起摄取。因为具有消除臭味的作用，因此像猪肉或羊肉等带有腥味的菜肴使用葱来调味，味道会更佳。

【健康妙用】葱和兔肉同吃能排毒养颜，而且也容易被人体消化吸收；和海参同吃能润肺益肾、增精壮阳；和大枣、葱白同煮汤，食用后能补益脾胃、散寒通阳，对神经衰弱症状也有很好的改善作用；和猪蹄同吃，能补血虚、治浮肿。

【食用宜忌】一般人都可食用，脑力劳动者更宜。葱不宜与蜂蜜、狗肉、枣同食。葱对汗腺刺激作用较强，有腋臭的人在夏季应慎食；多汗的人应忌食。尤其是患有胃道疾病特别是溃疡病的人，不宜过多食用。

【温馨提示】每次10克。葱叶因富含维生素A原，不应轻易丢弃不用。

【药典精论】《用药心得》："通阳气，发散风邪。"《本草图经》："凡葱皆能杀鱼肉毒，食品所不可缺也。"《千金·食治》："食生葱即吃蜜，变作下痢。"《履岩本草》"葱，久食令人多忘，尤发痼疾，狐臭人不可食。"《本草经疏》："病人表虚易汗者勿食，病已得汗勿再进。"

72. 怎样鉴别与选购苦瓜

【本品概述】

苦瓜俗称凉瓜、癞瓜、苦菩提、癞葡萄、锦荔枝，为葫芦科植物苦瓜的果实。原产于印度尼西亚和欧、美洲，供观赏，我国兼作蔬菜。因其略带苦味，故有“苦瓜”之称。果成熟后赤黄，瓜瓤有甜味，是夏秋上市的蔬菜之一。苦瓜虽然苦，却不会把苦味传给其他菜，因此又有“君子菜”的雅称。

【选购指要】

苦瓜的质量以果形端正、无花斑点、鲜嫩、青边白肉、片薄、子少者为上佳。瓜身上一粒一粒的果瘤，是判断苦瓜好坏的特征。颗粒愈大愈饱满，表示瓜肉愈厚；颗粒愈小，瓜肉相对较薄。选苦瓜除了要挑果瘤大、果行直立的，还要洁白漂亮，因为如果苦瓜出现黄化，就代表已经过熟，果肉柔软不够脆，失去苦瓜应有的口感。

食品健康知识链接

【天然药理】青苦瓜祛暑解热、明目清心；熟苦瓜养血补肝、补益脾肾。苦瓜具有清心明目的功效，可用于热病烦渴、中暑、痢疾、赤眼疼痛、痈痛丹毒、恶疮等症状。根可用于痢疾、便血、疔疮肿毒、风火牙痛。藤可用于痢疾、疮毒、牙痛。叶可用于胃痛、痢疾、疔疮肿毒。花可用于胃气痛、痢疾。现代医学研究还发现，苦瓜蛋白质成分及大量维生素C能提高机体的免疫功能，使免疫细胞具有杀灭癌细胞的作用；从苦瓜籽中提炼出的胰蛋白酶抑制剂，可以抑制癌细胞所分泌出来的蛋白酶，阻止恶性肿瘤生长。苦瓜的新鲜汁液具有良好的降血糖作用，是糖尿病患者的理想食品。

【用法指要】苦瓜主要有炒、凉拌和做汤几种，如肉丝炒苦瓜，干煸苦瓜、酿苦瓜和凉拌苦瓜等。一般在用苦瓜做菜时，要将其先切丝，然后放到开水中稍烫一下再投入到凉水中漂一下再用，这样可减少苦味。

【健康妙用】取苦瓜煮水擦洗皮肤，可清热止痒祛痱。苦瓜、鸡蛋同食能保护骨骼、牙齿及血管，使铁质吸收得更好，有健胃的功效，能治疗胃气痛、眼痛、感冒、伤寒和小儿腹泻呕吐等；与青椒同吃可使营养吸收更全面，还能美容、养颜；与芹菜同吃能凉肝降压；与茶叶同泡茶饮用能清热解暑、利尿除烦；与猪肉同吃对目赤肿痛有显著的食疗作用。

【食用宜忌】青苦瓜夏季可作清暑止渴的果品食用，可预防中暑；适合于疮疖、目赤、咽喉痛、急性痢疾患者食用，也适宜于糖尿病、癌症患者食用，可降血糖及提高体内的抗癌能力。平素脾胃虚寒、腹泻便溏者不宜食用青苦瓜。不要一次吃得过多。

【温馨提示】每次80克即可。

【药典精论】《生生编》：“除邪热，解疲乏，清心明目。”《滇南本草》：“泻六经实火，清暑，益气，止渴。”《随息居饮食谱》：“青则涤热，明目清心。熟则养血滋肝，润脾补肾。”《泉州本草》：

“主治烦热消渴引饮，风热赤跟，中暑下痢。”《滇南本草》：“脾胃虚寒者，食之令人吐泻腹痛。”

73. 怎样鉴别与选购芥蓝

【本品概述】

芥蓝别名芥兰，又名隔蓝、盖蓝，属甘蓝类蔬菜，为一二年生草本植物，原产在我国南方，主要在广东、广西及福建一带。以幼嫩的花苔和嫩叶供食用，其苔质地脆嫩、清甜爽口、风味清香，并且具有丰富的营养。它的品种很多，通常所见的只是白花、黄花两种。它的味甘辛如芥，色蓝，因此而得名。苏轼在《老饕赋》中以“芥蓝如菌蕈，脆美牙颊响”来形容它有香蕈的鲜美味道。此菜通常作为日常佐餐之用，有极高的营养价值。

【选购指要】

选择芥蓝时最好选秆身适中的，过粗即太老，以叶茎鲜嫩，味道清香，无烂叶、泥土者质佳。

食品健康知识链接

【天然药理】芥蓝中含有有机碱，这使它带有一定的苦味，能刺激人的味觉神经，增进食欲，还可加快胃肠蠕动，有助消化。芥蓝中钙含量丰富，适量食用能为人体补充必需的钙。芥蓝中有一种独特的苦味成分——金鸡纳霜，能抑制过度兴奋的体温中枢，起到消暑解热的作用，尤其适合夏季食用。传统中医学认为它有除邪热、解劳乏、清心明目、利水化痰、解毒祛风的功能。

【用法指要】芥蓝的菜薹柔嫩、鲜脆、清甜、味鲜美，可炒食、汤食，或作配菜。芥蓝有苦涩味，炒时加入少量糖和酒，可以改善口感。同时，加入汤水要比一般菜多一些，炒的时间要长些，因为芥蓝梗粗，不易熟透，烹制时水分挥发必然多些。

【健康妙用】经常食用由芥蓝制成的菜肴有降低胆固醇、软化血管、预防心脏病的功能，因其含有“硒”而具有防癌功能，还可补充人体钙质，并具减肥功效。

【食用宜忌】一般人群均可食用，特别适合食欲不振、便秘、高胆固醇患者。芥蓝有耗人真气的副作用，食用芥蓝的时间过长会抑制性激素的分泌，因此孕妇及某些特定人群不宜多吃。

【温馨提示】每餐100克即可。

【药典精论】《中华本草》：“解毒利咽；顺气化痰。”

74. 怎样鉴别与选购西洋菜

【本品概述】

西洋菜又称豆瓣菜、水生菜、水芥菜、水田芥等，是一二年生水生草本植物。食用西洋菜在南方很普遍，北方仅把其作为野菜而偶有食用。其叶片多呈卵圆形，顶端的一片叶片较大，形如豆瓣，因此而得名“豆瓣菜”。此菜口感脆嫩，并含有一种特殊的芳香油和氨基酸，不论是用来煲汤还是生炒，其味道都鲜美可口，还可以制成清凉饮料或干制品，因此很有食用价值。

【选购指要】

在挑选西洋菜时，以嫩的选择西洋菜时最好选叶茎鲜嫩而粗壮，味道清香，无烂叶、泥土者的为上选。如果茎太细太长意味着已经变老，最好不要购买；茎最好是轻轻一掰，就能掰断的那种。由于西洋菜成片生长在田里，有些菜会腐烂，因此不少西洋菜菜身上会有腐烂物等脏东西，挑选的时候尽量挑选干净一些的西洋菜。此外，菜叶枯黄了的不要挑，这种西洋菜不新鲜，而且容易腐烂。

食品健康知识链接

【天然药理】中医认为西洋菜是治疗肺痨的理想食物，具有清心润肺的功能，对肺燥肺热所致的咳嗽、咯血、鼻子出血都有很好的疗效。秋天常吃些西洋菜，对呼吸系统十分有益。故西洋菜有“天然清燥救肺汤”的美誉。西洋菜还有通经的作用，女性在月经前食用一些，就能对痛经、月经过少等症状起到防治作用。同时它能干扰卵子着床，阻止妊娠，可作为避孕及流产的辅助食物使用。西洋菜也能开胃消滞、减除疲劳。罗马人用西洋菜治疗脱发和坏血病；伊朗人则认为西洋菜是一种极好的儿童食品。

【用法指要】西洋菜的食法很多，可作沙拉生吃，也可作火锅和盘菜的配料，作汤粉和面条的菜料、汤料。还可用西洋菜做饺子馅，但必须去除过老的下段，否则吃起来口感会很粗糙。

【健康妙用】西洋菜与猪肺、南杏仁同煮汤，食用后可治肺热咳嗽、痰少口干；西洋菜与蜜枣、生鱼、猪瘦肉同煲汤，调味后食用，每日1次，可治肺燥干咳；西洋菜与蜜枣用清水适量共煮汤，煮熟后加盐调味食用，可治肺燥咳嗽、咽干口燥、肠燥便秘；西洋菜与猪排骨煮汤，食用后可治口干咽痛、烦躁胸闷。

【食用宜忌】一般人群均可食用，但不宜过量食用。孕妇及寒性咳嗽者不宜食用。

【温馨提示】每餐100克即可。

75. 怎样鉴别与选购魔芋

【本品概述】

魔芋古时称蒟蒻，又名蒟头、鬼头、鬼芋、蛇头子、天南星，天南星科多年生草本植物，与芋头属于同一家族，原产于印度、斯里兰卡，大约一千多年前传入中国。李时珍在《本草纲目》中记载：出蜀中，绝州亦有之，呼为鬼头，闽中人亦种之，宜树荫下掘坑种植。食用魔芋制品，是我国一部分地区人民早已有之的习惯，《蜀都赋》中写道：以灰汁煮即成冻，以苦酒淹食，蜀人珍之。此外，魔芋也是功能奇特的药品，被人们称为“胃肠清道夫”、“天赐神药”。

【选购指要】

购买时以有弹性、水分多而不会很

软的魔芋为佳。优质的魔芋饱满、肥厚、圆粗，拿在手中能感到分量。对于凹陷、扁平的魔芋则不提倡购买。断面是否有黏液：优质魔芋的断面多数带有黏液，并且外皮没有其他损伤。若断面干燥，并且其他地方有明显的损伤或伤疤，则是存放时间过长或劣质的魔芋。吃剩的魔芋可以和这种液体一起放进密闭容器中，放入冰箱里冷藏保存。食用前用清水清洗2～3次即可。

食品健康知识链接

【天然药理】魔芋具有优质膳食纤维、低热量、低脂肪、低蛋白质以及吸水性强、膨胀力大等特性，不仅是人体健康所需要的、代表世界新潮流的、味美怡人的各种功能食品、清淡化食品，还具有降血脂、降血糖、解毒消肿、抑菌、抗炎、化痰、散结、行瘀等功能，对肥胖、便秘、饱胀、肺寒、高血脂、高血压、冠心病、动脉硬化、糖尿病等都有较好或特殊疗效。经科研人员研究发现，魔芋对防治结肠癌、乳腺癌有特效，还可防治肠癌、食道癌、脑瘤。

【用法指要】魔芋块茎富含淀粉，有毒，须经石灰水漂煮后才可食用或酿酒，常用以制魔芋豆腐。

【健康妙用】将大米与魔芋混合后制成魔芋豆腐，食用后具有活血化瘀、消肿解毒的作用，可作为肿瘤病人的食疗佳蔬，心脑血管病人服之也有改善症状的效果；魔芋与鲫鱼同食，有补益正气、清热润燥、解毒宽肠的功效，适用于咽喉肿痛、牙龈肿痛、胃热赤眼等病症；魔芋与芹菜、青椒、猪肉同吃有很好的减肥瘦身及延缓皮肤老化的作用。

【食用宜忌】人人都可以食用，尤其是糖尿病患者和肥胖者的理想食品。生魔芋有毒，必须煎煮3小时以上方可食用。

【温馨提示】每次80克左右，不宜过量食用。

【药典精论】《本草纲目》：“主治痈肿风毒，摩傅肿上。捣碎，以灰汁煮成饼，五味调食，主消渴。”《民间常用草药汇编》：“磨醋擦可治风肿、痈毒，做成黑豆腐服能清热，治心烦。”《安徽中草药》：“杀虫，利尿。主治下肢淋巴管炎，跌打扭伤肿痛，颈淋巴结核，脚趾抽痛。”

第六章 果品类食品鉴别与选购

1. 怎样鉴别与选购甜瓜

【本品概述】

甜瓜又称甘瓜或香瓜。甜瓜因味甜而得名，由于清香袭人，故又名香瓜，是夏令消暑佳果，其营养价值可与西瓜媲美。原产于非洲热带沙漠地区，大约在北魏时期随着西瓜一同传到中国，明朝开始广泛种植。现在我国各地普遍栽培。

【选购指要】

每年大量上市的甜瓜分为春秋两季，大致分为黄皮甜瓜、白皮甜瓜、网纹甜瓜三大类，每一类甜瓜的挑选方法大致差不多。黄皮甜瓜主要有大果和小果，一般来讲皮色越黄成熟度越好。白皮甜瓜在挑选时最好问一下，因为白皮甜瓜有白肉和红肉之分，其中红肉的较甜，颜色白里透橙，这种瓜是比较好的。网纹瓜主要看它的纹路是不是清晰，网纹越突出，立体感越强，这个瓜的成熟度就较好。一般熟瓜在大头这里可以闻到比较浓郁的自然的香气，很淡或没味道可能是水瓜。

食品健康知识链接

【天然药理】甜瓜可清暑热，解烦渴，利小便，护肝肾，催吐杀虫，主治暑热烦渴、二便不利、肺热咳嗽、风热痰涎、宿食停滞于胃等病症。

【用法指要】果肉生食，可止渴清燥，消除口臭，也可炒食。其与西瓜等鲜果榨汁同饮，可清热消暑、解渴生津。

【健康妙用】将甜瓜洗净，任意食用，可解暑热。取甜瓜子30克，加白糖适量，捣烂研细，用温开水冲服，治肠痈肺痈。甜瓜子15克，炒全当归30克，蛇蜕3克，晒干研末，每服10克，一日三次，治肠痈（阑尾炎）。将甜瓜叶捣烂敷患处，治头癣。取甜瓜蒂烧存性，研成粉末，也可与细辛粉同用，取少许吹入鼻中，一日三次，治慢性肥厚性鼻炎和鼻中瘜内。

【食用宜忌】夏季烦热口渴者、口鼻生疮者、中暑者尤其适合食用。不宜生食过量，否则会中毒。能帮助肾脏病人吸收营养，适合肾病患者食用。凡脾胃虚寒，腹胀便溏者忌食。有吐血、咯血病史患者，胃溃疡及心脏病者宜慎食。甜瓜不宜与田螺、螃蟹、油饼等共同食用。

【温馨提示】每次100克即可。

【药典精论】《食疗本草》："止渴，益气，除烦热，利小便，通三焦壅塞之气。"《本草纲目》："甜瓜，多食未有不下痢者，为其消损阳气故也。"《滇南本草》："治风湿麻木，四肢疼痛。"《本草图经》："瓜有青白二种，人药多用青瓜蒂，七月采，阴干。方书所用，多人吹鼻及吐隔散中。肉主烦渴，除热，多食则动瘤疾。"

2. 怎样鉴别与选购西瓜

【本品概述】

西瓜又称夏瓜、寒瓜，因在汉代时从西域引入，故称西瓜，属葫芦科一年生草本植物，原产非洲，国内目前除少数边远寒冷地区外，各地均有种植。它是典型的夏季水果，是所有水果中果汁含量最丰富的，堪称"夏季瓜果之王"。

【选购指要】

瓜皮表面光滑、花纹清晰、纹路明显、底面发黄的，是熟瓜；反之是生瓜。用手指弹瓜听到"嘭嘭"声的，是熟瓜；听到"当当"声的，还没有熟；听到"噗噗"声，是过熟的瓜。投入水中向上浮的，是熟瓜；下沉的是生瓜。

有的西瓜是不良种植户用膨大剂催大的，超标使用催熟剂、膨大剂和剧毒农药，这种西瓜皮上的条纹不均匀，切开后瓜瓤新鲜，瓜子呈白色，有异味。

食品健康知识链接

【天然药理】西瓜可消烦止渴、解暑清热、利水下气、利尿、降压、美容、解酒毒，主治口疮喉痹、口干烦躁、暑热、血痢、小便不利、黄疸水肿、酒毒、中暑内热。

【用法指要】生食，绞汁饮，煎汤或熬膏服。

【健康妙用】将西瓜去皮、去子后取汁饮用，可利尿通淋、清暑、除烦、解渴，对感染性发热、口渴、烦躁、神昏、尿少等症状都有效。另外，取西瓜皮、赤豆、茅根各30克，用水煎服，可治黄疸及肾炎水肿。

【食用宜忌】西瓜是清甜生津之品，有清凉解暑之功，尤其适合夏季暑热时食用，可令人感到舒畅。西瓜所含的糖和盐能利尿并消除肾脏炎症，因此肾炎、膀胱炎、黄疸患者适量食用西瓜也是有好处的。中寒湿盛者忌食；体虚胃寒、便溏、消化不良者不宜多食，否则会引起腹泻或腹痛。口腔溃疡者忌食之过多，否则会因西瓜性寒而加重溃疡程度。西瓜是夏令瓜果，冬季不宜多吃，应循季节规律；夏至之前和立秋之后体弱者也不宜食用。西瓜忌与羊肉同食。

【温馨提示】每次200克即可。西瓜皮白色部分的瓤（又叫翠衣）具有比西瓜肉更佳的利尿作用，还能够用于调节肾炎、黄疸性水肿、糖尿病等症。

【药典精论】《随息居饮食谱》：“食瓜腹胀者，以冬腌菜汤饮即消。瓜肉曝干腌之，亦可酱渍，食之已目赤口疮。”《玉楸药解》：“入手太阴肺、足太阳膀胱、足阳明胃经。”

3. 怎样鉴别与选购木瓜

【本品概述】

木瓜俗称乳瓜、文冠果、万寿果，是国家卫生部首批公布的药食两用的“绿色食品”，在台湾颇受消费者青睐。木瓜富含17种以上氨基酸及多种营养元素，木瓜又有“百益之果”的美誉。全世界共有五种，原产地在我国的就有四种，是岭南佳果之一。

【选购指要】

青木瓜很好挑选，皮要光滑，青色要亮，不能有色斑。熟木瓜要挑手感很轻的，这样的木瓜果肉表较甘甜。手感沉的木瓜一般还未完全成熟，口感有些苦。木瓜的果皮一定要亮，橙色要均匀，不能有色斑。买回的木瓜如果当天就要吃的话，就选瓜身全都黄透的，轻轻地按瓜的肚有点软的感觉，就是熟透的了。选木瓜要选瓜肚大的，瓜肚大证明木瓜肉厚，因为木瓜最好吃的就是瓜肚的那一块。还可以看看瓜蒂，如果是新鲜摘下来的木瓜，瓜蒂还会流出像牛奶一样的液汁，你可以看看瓜蒂的情况来推断瓜是否新鲜。如果不新鲜的瓜会发苦。瓜身要光滑，没有摔、碰的痕迹，拿在手里比较坠手，那就是汁水多。

食品健康知识链接

【天然药理】现代医学发现，木瓜中含有一种酵素，能消化蛋白质，有利于人体对食物进行消化和吸收，故有健脾消食之功。番木瓜碱和木瓜蛋白酶具有抗结核杆菌及寄生虫如绦虫、蛔虫、鞭虫、阿米巴原虫等作用，故可用于杀虫抗痨。木瓜中的凝乳酶有通乳作用，番木瓜碱具有抗淋巴性白血病之功，故可用于通乳及治疗淋巴性白血病（血癌）。木瓜中含有大量水分、碳水化合物、蛋白质、脂肪、多种维生素及多种人体必需的氨基酸，可有效补充人体的养分，增强机体的抗病能力。木瓜果肉中含有的番木瓜碱具有缓解痉挛疼痛的作用，对排肠肌痉挛有明显的治疗作用。

【用法指要】炖、炒、烧皆可。把八成以上熟木瓜切开数瓣，去皮，刮瓤，切成鲜果盘。口感软滑，又香又甜。在煲牛肉及老鸡汤时，也可放入几片木瓜，不但可增益鲜味，并会使牛肉及老鸡很快烂熟。

【健康妙用】治风湿痹痛时一般用于腰膝酸痛者居多，常与虎骨等配用。为治吐泻转筋之要药。用于暑湿霍乱，吐泻转筋之症，可配伍薏苡仁、蚕砂、黄连、吴茱萸等药同用。此外，本品又为治脚气肿痛要药，可配伍吴茱萸、紫苏、槟榔同用。

【食用宜忌】木瓜对于消化不良和胃病患者都是很适合的，产妇常吃更可促进乳汁的分泌。患有小便淋涩疼痛之人忌食木瓜。木瓜不宜多食。木瓜不可与鳗鲡同食。忌铁铅器皿。

【温馨提示】每次1/4个左右即可。如果一次吃不完，剩下的部分最好不要去皮，可用保鲜膜包上放入冰箱冷藏，几天内尽快吃完。部分经过冷藏的木瓜可能会略带苦味，是正常现象。

【药典精论】《本草纲目》："木瓜性脆，可密浸为果，去子蒸烂，捣烂入密与姜作煎，冬月饮尤佳。"《海药本草》："主治腰脚不遂，血脉顽痹，腿膝疼痛，赤白泻痢。"《开宝本草》："除疮合疥癣……牙齿虫痛。"《岭南采药录》："果实汁液，用于驱虫剂及防腐剂。"

4. 怎样鉴别与选购甘蔗

【本品概述】

甘蔗又名竹蔗、糖蔗，是禾本科甘蔗属植物，原产于热带、亚热带地区。它是一种高光效的植物，光饱和点高，二氧化碳补偿点低，光呼吸率低，光合强度大，因此甘蔗产量高，收益大。甘蔗是我国制糖的主要原料。

【选购指要】

良质甘蔗茎秆粗硬光滑，端正而挺直，富有光泽；表面呈紫色，挂有白霜，无虫蛀孔洞；汁多而甜，渣少，有清爽气息。劣质或霉变甘蔗常常表面色泽不鲜，外观不佳，节与节之间或小节上可见虫蛀痕迹；往往有酸霉味及酒糟味，无味或略有酸味、霉味、酒糟味。

食品健康知识链接

【天然药理】甘蔗是能清、能润、甘凉滋养的食疗佳品，具有清热解毒、生津止渴、和胃止呕、滋阴润燥的功效，可治疗因热病引起的伤津、心烦口渴、反胃呕吐，肺燥引发的咳嗽气喘。另外，甘蔗还可以通便解结，饮其汁还可缓解酒精中毒。甘蔗纤维多，在反复咀嚼时就像用牙刷刷牙一样，把残留在口腔及牙缝中的垢物一扫而净，从而能提高牙齿的自洁和抗龋能力，因此甘蔗还是口腔的清洁工。同时，咀嚼甘蔗对牙齿和口腔肌肉也是一种很好的锻炼，有美容脸部的作用。

【用法指要】除了作为水果食用外，主要用来制糖。

【健康妙用】取适量甘蔗汁、梨汁混匀饮用，可治肺燥咳嗽；将甘蔗皮和芡实加适量水煎汤饮用，可治酒精中毒。

【食用宜忌】适用于低血糖症、心脏衰弱、

津液不足、咽喉肿痛、大便干结、虚热咳嗽等病症患者。由于甘蔗性寒，脾胃虚寒、胃腹寒疼者不宜食用。凡见甘蔗剖面发黄，有酸味、霉味或酒糟味者千万不能食用。皮色深紫近黑的甘蔗，俗称黑皮蔗，性质较温和滋补，喉痛热盛者不宜。

【温馨提示】每次200克即可。

【药典精论】《本草汇言》："多食久食，善发湿火，为痰、胀、呕、嗽之疾。"

《别录》："主下气和中，助脾胃，利大肠。"《食疗本草》："主补气，兼下气。"《日华子本草》："利大小肠，下气痢，补脾，消痰止渴，除心烦热。"《日用本草》："止虚热烦渴，解酒毒。"

《滇南本草》："治百毒诸疮，痈疽发背，捣烂敷之；汁：治心神恍惚，神魂不定，中风失音，冲开水下。又熬饧食，和胃更佳。"《滇南本草图说》："同姜汁服，可解河豚毒。"《随息居饮食谱》："利咽喉，强筋骨，息风养血，大补脾阴。"《本草经疏》："胃寒呕吐，中满滑泄者忌之。"

5. 怎样鉴别与选购草莓

【本品概述】

草莓又叫红莓，地莓等，它的外形呈心形，鲜美红嫩，果肉多汁，酸甜可口，香味浓郁，不仅有色彩，还有一般水果所没有的宜人的芳香，是水果中难得的色、香、味俱全的水果，因此常被人们誉为"果中皇后"。

【选购指要】

选购草莓，以鲜红色或深红色、色泽鲜亮、颗粒大、清香浓郁者为佳。但是在买草莓的时候也会发现，现在的草莓个头越来越大，颜色越来越艳丽，可是吃起来草莓的香味没有，味道也没有原来的草莓那样酸甜。现在很多草莓都是激素培育的草莓，这个对人体的健康不利。如果表面颗粒过于红的草莓要特别警惕。正常的草莓表面的芝麻粒应该是金黄色的。同时，如果表面有白色物质不能清洗干净的草莓也不要挑选购买，很多草莓往往在病斑部分有灰色或白色霉菌丝，发现这种病果切不要食用。好的草莓比较清香，有草莓特有的清香，而激素草莓的味道就比较奇怪或者草莓的味道特别重。好的草莓甜度高且甜味分布均匀。激素草莓吃起来寡淡无味、闻着不香。特别大的草莓不要买，那样的草莓多为激素草莓。

食品健康知识链接

【天然药理】润肺生津、健脾和胃、补血益气、凉血解毒，对动脉硬化、高血压、冠心病、坏血病、结肠癌等疾病有辅助疗效。

【用法指要】食用前必须洗净、消毒。首先是摘掉叶子，用水冲洗，随后放入清洁的容器内，将高锰酸钾按1：5000的比例稀释，将草莓放入消毒液中浸泡5~10分钟，也可用食盐溶液取代，最后再用凉开水浸泡1~2分钟后即可食用。

【健康妙用】积食腹胀、胃口不佳时，可在饭前吃草莓60克，每日3次。干咳无痰日久不愈时，可用鲜草莓6克与冰糖30克一起隔水炖服，每日3次。遇烦热干咳、咽喉肿痛、声音嘶哑时，可用草莓鲜果洗净榨汁，每天早晚各一杯。酒后头昏不适时，可一次食用鲜草莓100克，洗净后一次服完，有助于醒酒。取500克草莓，加入少许白糖和100毫升冷冻汽水，搅成汁饮用，据说对去除面疱有效。

【食用宜忌】适宜风热咳嗽、咽喉肿痛、声音嘶哑之人食用；适宜夏季烦热口干，或腹泻如水之人食用；适宜癌症患者，尤其是鼻咽癌、肺癌、扁桃体癌、喉癌之人食用。草莓作为夏季浆果，诸无所忌。

【温馨提示】可以在冷库中存放2~3天，浅盘陈列，不能超过一层，以免压伤。

【药典精论】《本草纲目》中载："草莓气味酸平，无毒，安五脏，益精气，长阴，令人强志。倍力有子，久服轻身不老。""补脾气，固元气，制伏亢阳，扶持衰土，壮精神，益气，宽痞，消痰，解酒毒，止酒后发渴，利头目，开心益志。"

6. 怎样鉴别与选购橄榄

【本品概述】

橄榄别名甘榄、白榄、青果、忠果等，是一种硬质肉果。初尝橄榄味道酸涩，久嚼后方觉得满口清香，回味无穷。土耳其人将橄榄、石榴和无花果并称为"天堂之果"。

【选购指要】

选购橄榄时，以果粒小、大小均匀、果皮青绿、新鲜而有光泽的为佳品，这样的橄榄肉质细嫩松脆。色泽变黄且有黑点的橄榄说明已不新鲜，食用前要用水洗净。市场上出售的色泽特别青绿的橄榄果如果没有一点黄色，最好不要购买，因为通常是用矾水浸泡过的。

食品健康知识链接

【天然药理】橄榄有降压、解酒的作用，并可用于治疗风湿症、神经炎、消除面部皱纹、护肤、护发和防治手足皲裂等，还能使人情绪稳定、心态平和、头脑清醒和精力集中。橄榄果肉含有丰富的营养物，鲜食有益人体健康，特别是含钙较多，对儿童骨骼发育有帮助。新鲜橄榄可解煤气中毒、酒精中毒和鱼蟹之毒，食之能清热解毒、化痰、消积。冬季常食橄榄有润喉之功，中医将橄榄称为"肺胃之果"，它对于肺热咳嗽、咯血有很好的食疗作用。

【用法指要】除了鲜吃外，它还可以加工制成各种系列食品，如"五福果"、"桂花榄"、"蜜饯橄榄"以及"天然橄榄汁饮料"等，风味佳美。

【健康妙用】橄榄与猪肉同炖汤，食用后能舒筋活络；与萝卜同煮汁，当茶饮用，能防治心脏病、保护胆囊，近年来也用于配合治疗咽喉癌和其他肿瘤，尤其适用于急、慢性咽喉炎；将橄榄去皮核（10个）切条，煎汤饮汁，食肉，可治酒后昏闷。

【食用宜忌】热性咳嗽者忌食橄榄。橄榄味道酸涩，不可一次大量食用。胃溃疡患者慎食。

【温馨提示】每次三五枚即可。

【药典精论】《日华子本草》："开胃，下气，止泻。"《本草再新》："平肝开胃，润肺滋阴，消痰理气，止咳嗽，治吐血。"《滇南本草》："治一切喉火上炎，大头瘟症。能解湿热、春温，生津止渴，利痰，解鱼毒、酒、积滞。"《随息居饮食谱》："凉胆息惊。"

7. 怎样鉴别与选购芒果

【本品概述】

芒果又名檬果、漭果、闷果、蜜望、望果、庵波罗果等，为著名热带水果之一，因其果肉细腻，风味独特，深受人们喜爱，所以素有"热带果王"之誉。其色、香、味俱佳，营养丰富。

【选购指要】

选择时以硬实程度作为判断的标准，即果熟度在八成或九成以上，如达不到就没有原果的鲜味和香味。通常近蒂头处感觉硬实、富有弹性者为佳；过硬或过软者都不应选择。一般而言，在树上自然成熟再采摘的芒果品质最佳。

千万不要"以貌取果"。不良商家会用生石灰捂黄青芒果，使表皮看起来黄澄澄的，但吃起来却没有芒果味，也存在过量使用防腐剂的问题。

食品健康知识链接

【天然药理】中医认为芒果能益胃生津、止渴、止呕、利尿，适用于口渴咽干、胃气虚弱、眩晕呕逆。而其中的维生素A、维生素C及钾，除了用来预防癌症之外，也可抑制动脉硬化和高血压。此外，芒果还具有很好的清血和退烧效果，也可以消除体臭。芒果中的胡萝卜素含量十分高，有益于视力，能润泽皮肤；其中含有一种加芒果甙的物质，有明显的抗脂质过氧化和保护脑神经元的作用，能延缓细胞衰老、提高脑功能；其维生素C的含量也高于一般水果，可以补充人体内维生素C，有利于预防心血管疾病。芒果含芒果酮酸等化合物，具有抗癌的药理作用，对防治结肠癌也有很好的效果。

【用法指要】芒果除主要作鲜果直接食用外，熟果和未熟果也可加工成罐头、果酱、果汁、饮料、蜜饯、脱水芒果片、话芒、盐渍或酸辣芒果等。过熟的芒果也可以发酵制取酒精或醋酸。

【健康妙用】取鲜芒果叶煎水洗患处，治湿疹瘙痒。取适量芒果核、黄皮核，用水煎服，可治睾丸肿大。芒果生食或煎水饮，可治慢性咽炎，声嘶，晕船呕吐。

【食用宜忌】适合眩晕症、美尼尔症、高血压晕眩、恶心呕吐等患者食用。食用芒果时应避免同时食用大蒜等辛辣食物。芒果性质带湿毒，因此本身患有皮肤病或肿瘤的人应避免食用。芒果含糖量比较高，因此糖尿病患者也不宜食用。平时有风湿病、或内脏溃疡、发炎的人不宜多吃芒果。

【温馨提示】每天100克左右即可，不宜多吃，否则会对肾脏造成损害。此外，成熟的芒果不宜久存，可放冰箱冷藏保存。

【药典精论】《食性本草》：“主妇人经脉不通。”《本草纲目拾遗》：“凡渡海者，食之不呕浪。”“能益胃气，故能止呕晕。”

8. 怎样鉴别与选购猕猴桃

【本品概述】

猕猴桃是猕猴桃科植物猕猴桃的果实，别名毛桃、藤梨、苌楚、羊桃、毛梨、连楚。因猕猴桃是猕猴最爱的一种野生水果，故名猕猴桃。因其维生素C含量在水果中名列前茅，一颗猕猴桃能提供一个人一日维生素C需求量的两倍多，被誉为“维C之王”。

【选购指要】

猕猴桃成熟时没有明显的外观颜色变化，选购时应根据果实的软硬程度和香气判断果实是否成熟可食。充分成熟的猕猴桃，质地较软，并有香气，这是食用的适宜状态。若果实质地硬，无香气，则没有成熟，味酸而涩，不宜食用；如果果实很软，或呈气鼓鼓状态，并有异味，则已过熟或腐烂，这样的果实已丧失食用价值，应弃之。

食品健康知识链接

【天然药理】猕猴桃中的肌醇作为天然糖醇类物质，对调节糖代谢有正效应，可改善神经的传导速度。猕猴桃中含有的血清促进素具有稳定情绪、镇静心情的作用。另外，它所含的天然肌醇有助于脑部活动，对抑郁症有显著的食疗作用。猕猴桃富含植物化学成分叶黄素，叶黄素可在人的视网膜上堆积，防止斑点恶化及其导致的永久性失明，更能预防白内障。猕猴桃中有良好的膳食纤维及维生素，不仅能降低胆固醇，促进心脏健康，而且可以帮助消化，防止便秘，快速清除并预防体内堆积的有害代谢物。

【用法指要】食用时，先用小刀将果实横向切成两半，然后用小勺舀取果肉食用；或削去果皮，将果实横切成片状，用来点缀水果拼盘，会很美观诱人。

【健康妙用】取猕猴桃干果100克，水煎服，可用于胃热所致的食欲不振，消化不良。取猕猴桃鲜果30～60克，去皮吃，每天3次，有生津止渴的作用，可用于鼻咽癌、肺癌、乳腺癌患者放疗后虚热咽干，烦渴欲饮者。

【食用宜忌】适用于消化不良、食欲不振、呕吐及维生素缺乏等症患者；对高血压、高血脂、肝炎、冠心病、尿道结石等症也有预防和辅助治疗作用。航空、高原、矿井等特种工作人员尤其适合食用。情绪低落、常吃烧烤的人应食用猕猴桃。经常便秘者适合吃猕猴桃。脾胃虚寒的人应少食，否则会导致腹痛腹泻。脾虚便溏者、风寒感冒、疟疾、寒湿痢、慢性胃炎、痛经、闭经、小儿腹泻者不宜食用。

食用猕猴桃后一定不要马上喝牛奶或吃其他乳制品。

【温馨提示】成人每天吃1个猕猴桃，就能满足人体每天对纤维素和维生素C的需要了。

【药典精论】《食经》：“和中安肝。主黄疸，消渴。”《食疗本草》：“取瓤和蜜煎，去烦热，止消渴。”《本草拾遗》：“主骨节风，瘫缓不随，长年变白，痔病，调中下气。”《开宝本草》：“止暴渴，解烦热，下石淋。热壅反胃者，取汁和生姜汁服之。”《开宝本草》：“冷脾胃，动泄澼。”

9. 怎样鉴别与选购无花果

【本品概述】

无花果又名“映日果”、“奶浆果”、“隐花果”，因只见果不见花而得名。原产外国，约在唐代传入我国。我国新疆南部栽植较多。无花果形扁圆，果皮黄色，果肉细软，营养丰富，果味甘甜如蜜，堪与兴岭南香蕉和奶油椰丝比美。

【选购指要】

选购无花果时以干燥、青黑色或暗棕色、无霉蛀者为佳。根据节气，无花果分夏季、秋季两种，一般夏季的无花果个头大，质量也比较好，而秋季的个头相对比较小，质量稍差。

一看外表：无花果的外表以丰满的、无瑕疵的为好，个头要尽量大一些。

二闻味：如果无花果发出一股酸酸的气味，一般代表无花果已经坏了，不宜购买。

三是摸：用手摸无花果，要选择柔软，但不是糊状的。

四看裂纹：无花果的含糖量特别高，容易招来一些喜欢甜食的昆虫。所以在选购无花果的时候，不要买前面咧嘴特别大的，而应该挑选那些果实上裂纹多一点，前面的口开得小一点的。

新鲜无花果在储存上比较麻烦，因为储存期很短，当无花果买回来后，一般就只有两天的食用时间了，所以要小心地储存。一般可将其放入用纸巾做的容器里，然后放入冰箱冷藏，并尽快吃完。

食品健康知识链接

【天然药理】无花果含有较高的果糖、果酸、蛋白质、维生素等成分，有滋补、润肠、开胃、催乳等作用。无花果中含有一种叫“基甲隆”的抗癌物质，可以防止癌细胞增殖，并能防治早、中期癌症。其果汁对肉瘤、乳瘤、腺癌、白血病、淋巴肉瘤均有抑制作用。临床用来治各类恶性肿瘤，包括肺癌、腮腺癌、胃癌、肝癌、结肠癌、肾癌等。降低血糖：无花果水提取液，具有降低血糖的作用。健胃消食：无花果酵素与胃液混合，有助消化，但宜生食。对习惯性便秘，痔疮出血，慢性胃炎等疾病，服之也有效。

【用法指要】除了鲜果外，还可做果干和果酱。由于无花果的果实极为鲜嫩，不易保存和运输，多用以晒制果干。

【健康妙用】无花果、猪肉各适量同煮汤，有理肠健胃，解毒消炎的作用，可治痔疮、慢性肠炎；与猪大肠各适量共煮食，可治痔疮、脱肛、大便秘结；与牛肉同煮汤食可安中益气，常食还有美容、保护声带的作用；与香菇同煮汤食具有防治癌症之功效，适用于肺癌、胃癌、肠癌以及白血病的治疗或辅助治疗；与猪肺同炖汤食可清热止咳，润肺生津；与粳米同煮粥食可润肺解毒，可用于防治早期肺癌、咽痛、咳嗽、泻痢等；与猪蹄同炖食可以健胃、通乳，适合产后缺乳、食欲不振者。

【食用宜忌】不要食用发霉、虫蛀的无花果。脂肪肝患者、脑血管患者、腹泻者、正常血钾性周期性麻痹等患者不适宜食用；大便溏薄者不宜生食。

【温馨提示】鲜果每次1个（约50克），干果每次3个（约30克）。此外，无花果易霉蛀，须贮藏在干燥处。

【药典精论】《滇南本草》："敷一切无名肿毒，痈疽疥癞癣疮，黄水疮，鱼口便毒，乳结，痘疮破烂；调芝麻油搽之。"《便民图纂》："治咽喉疾。"《云南中草药》："健胃止泻，祛痰理气。"《江苏植药志》："鲜果的白色乳汁外涂去疣。"

10. 怎样鉴别与选购葡萄

【本品概述】

葡萄别名蒲桃、蒲萄，是一种栽培价值很高的果树，在全世界的果品生产中，其产量和栽培面积一直居于首位。其果实颗颗晶莹玲珑可爱，令人垂涎欲滴。世界名酒大都出于葡萄之造，鲜果美味可口，干果别有风味，果汁清凉宜人，果酱调食最佳。

【选购指要】

选购葡萄时应以果梗青鲜，果面果粉完整，表皮无斑痕，果粒饱满，大小均匀的为好。轻轻提起果梗，微微抖动，凡果粒牢固，掉落少的，说明果实新鲜。

把尚未成熟的青葡萄放入乙烯稀释溶液中浸湿，过一两天青葡萄就变成了紫葡萄。这种葡萄颜色不均，含糖量少，汁少味淡，长期食用对人体有害。购买时要特别注意。

食品健康知识链接

【天然药理】中医认为，葡萄能补气血，强筋骨，益肝阴，利小便，舒筋活血，暖胃健脾，除烦解渴。现代医学则证明，葡萄中所含的多酚类物质是天然的自由基清除剂，具有很强的抗氧化活性，可以有效地调整肝脏细胞的功能，抵御或减少自由基对它们的伤害。此外，它还具有抗炎作用，能与细菌、病毒中的蛋白质结合，使它们失去致病能力。葡萄中的果酸还能帮助消化、增加食欲，防止肝炎后脂肪肝的发生。

【用法指要】葡萄的用途很广，除生食外还可以制干、酿酒、制汁、制罐头与果酱等；作烹饪原料使用的要求粒大、肉脆、无核与风味好。葡萄干可作为点心的辅料。

【健康妙用】葡萄与糯米同煮粥，食用后能除烦消渴、强壮筋骨；葡萄榨汁后与牛奶同饮能健脾开胃、强壮筋骨；取汁与生姜汁混合后服用，可治痢疾。将葡萄干、南瓜蒂加水后放入砂锅，用文火煲约20分钟后服用，可治胎气上逆引起的呕吐。将葡萄榨汁，加入柠檬汁和蜂蜜拌匀后服用，可开胃消食。

【食用宜忌】肾炎、高血压、水肿患者，儿童、孕妇、贫血患者，神经衰弱、过度疲劳、体倦乏力、未老先衰者，肺虚咳嗽、盗汗者，风湿性关节炎、四肢筋骨疼痛者，癌症患者尤其适合食用。葡萄忌与海鲜、萝卜同食，因为其与海鲜同食可能出现腹痛、恶心、呕吐等症状；与萝卜同食可能诱发甲状腺肿。糖尿病、便秘患者忌食葡萄，否则可能加重病情。吃葡萄后不能立刻喝水，否则很容易发生腹泻。脾胃虚寒者不宜多食，多食则令人泄泻。

【温馨提示】鲜果每天100克。吃葡萄应尽量连皮一起吃，因为葡萄的很多营养素都存在于皮中。

【药典精论】《滇南本草》："大补气血，舒筋活络。"《随息居饮食谱》："补气，滋肾液，益肝阴，强筋骨，止渴，安胎。"《陆川本草》："滋养强壮，补血，强心利尿，治腰痛，胃痛，精神疲惫，血虚心跳。"

11. 怎样鉴别与选购杨桃

【本品概述】

杨桃学名五敛子，又名"羊桃"、"阳桃"，因其横切面呈五角星，故在国外又称"星梨"。杨桃属热带、南亚热带水果，它原产印度，我国主要分布东南部及云南。杨桃果外形美观、独特，皮呈蜡质，光滑鲜艳，果肉黄亮，细致脆嫩，酸甜多汁。杨桃含有多种营养素，并带有一股清香。在茶余酒后吃几片杨桃，会感到口爽神怡，另有一番风味。

【选购指要】

选购杨桃时应选择皮薄而透明，呈翠绿鹅黄色的，如果发现表面有斑点或部分变棕黑色则不宜再吃。另外，也不要挑太大的，要小粒饱满、拿在手上有分量、果棱厚的才会好吃。如果果棱出现卷曲，则通常肉质较薄，水分少而味淡。

食品健康知识链接

【天然药理】杨桃果汁中含有大量柠檬酸、苹果酸等，能提高胃液的酸度，促进食物的消化、和中消食。常食杨桃可补充机体营养，增强机体抗病能力。杨桃含有的纤维质及酸素能解内脏积热，清燥润肠通大便，是肺、胃有热者最适宜食用的清热水果。杨桃中还可消除咽喉炎症及口腔溃疡，防治风火牙痛。杨桃里面含有特别多的果酸，能够抑制黑色素的沉淀，能有效地去除或淡化黑斑，并且有保湿的作用，可以让肌肤变得滋润、有光泽，对改善干性或油性肌肤组织也有显著的功效。杨桃能减少机体对脂肪的吸收，有降低血脂、胆固醇的作用，对高血压、动脉硬化等心血管疾病有预防作用，同时还可保护肝脏，降低血糖。

【用法指要】杨桃味酸甜，皮肉脆软，表面色青和青黄，可生吃或作蜜饯食用。吃杨桃时还可以用一些"独特"的方法，比如海南人吃杨桃习惯粘上少许的盐和辣椒，这样吃起来别有一番风味，会越吃越上瘾；三亚人则常用酸杨桃配鲜鱼同煮，其汤既甜中带酸，又可以去除腥味。

【健康妙用】杨桃生食，一日两三次，每次一两个，治咽喉痛。将鲜杨桃切碎捣烂，用凉开水冲服，治小便热涩，痔疮出血。将杨桃5个切碎，和适量蜂蜜煎汤服用，可治石淋、砂淋。取杨桃5个，捣烂绞汁，用温开水冲服，治脾脏肿大。

【食用宜忌】患有心血管疾病或肥胖的人适合食用。风热咳嗽、咽喉疼痛者，小便热涩者，泌尿系统结石患者尤其适合食用。杨桃性寒，凡脾胃虚寒或有腹泻的人宜少食。因含钾量高，肾脏病患者需慎食或不食。

【温馨提示】每次1~2个。杨桃又分为酸杨桃和甜杨挑两大类。酸杨桃果实大而酸，俗称“三稔”，较少生吃，多作烹调配料或加工蜜饯。甜杨桃可分为“大花”、“中花”、“白壳仔”三个品系，其中以广州郊区产的“花红”口味最佳，它清甜无渣，味道特别可口。

【药典精论】《本草纲目》说：“五敛子，甘酢而美，俗以晒干以充果食。”

12. 怎样鉴别与选购橙子

【本品概述】

橙子，又称甜橙、黄果。原产中国南部，主要产于我国江苏、浙江、安徽、江西、湖北、四川等省，每年10月间果实成熟时采收。剥皮取瓤囊鲜用。橙子种类很多，主要有脐橙、冰糖橙、血橙和美国新奇士橙。橙子颜色鲜艳，酸甜可口，含有丰富营养物质，被称为“疗疾佳果”，是深受人们喜爱的水果，也是走亲访友、探望病人的礼品水果之一。

【选购指要】

选购橙子时应留意橙的颜色是否特别鲜艳，最好选购正常成色的。橙子并不是越光滑越好，进口橙子往往表皮破孔较多，比较粗糙，而经过“美容”的橙子非常光滑，几乎没有破孔。另外，可用湿纸巾在水果表面擦一擦，如果上了色素，一般都会在纸巾上留下颜色。

食品健康知识链接

【天然药理】鲜橙果实中含有丰富的维生素C、维生素B及有机酸，能保护细胞、增强白细胞活性、抵抗自由基，对人体新陈代谢有明显的调节作用，能增强机体抵抗力。甜橙果肉及皮能解除鱼、蟹中毒，对酒醉不醒者也有醒酒作用。一个中等大小的橙子可以提供人一天所需的维生素C，提高身体抵挡细菌侵害的能力。橙子能清除体内对健康有害的自由基，抑制肿瘤细胞的生长。黄酮类物质具有抗炎症、强化血管和抑制凝血的作用。类胡萝卜素具有很强的抗氧化功效。这些成分使橙子对多种癌症的发生有抑制作用。橙子果肉滋润健胃，富含的果肉纤维有润肠之效，能改善便秘现象。饭后食用橙子，可除油腻，促进消化，还有利尿、促进新陈代谢、保持正常体温的效果。

【用法指要】橙子不仅是美味的水果，也可

用来制作可口的菜肴，其独特的味道更会让人食欲大增。

【健康妙用】橙子与白糖共煎煮，有宽胸理气、和中开胃、生津止渴等功效，适用于咳嗽咯痰、恶心食少、咽干口燥等病症；与生姜同煮汤，有宽胸快气、醒酒的作用；与米酒同煎煮，能理气消肿，通乳止痛，适用于急性乳腺炎早期，乳房肿痛，乳汁不通者食之；与蜂蜜共煮水，能清暑生津，夏日饮用可以清暑生津、解烦止渴、消除疲劳。

【食用宜忌】胸膈满闷、恶心欲吐者，饮酒过多、宿醉未醒者尤其适合食用橙子。过多食用橙子会出现“橘子病”，医学上称为“胡萝卜素血症”。一般不需治疗，只要停吃这类食物即可好转。饭前或空腹时不宜食用，否则橙子所含的有机酸会刺激胃黏膜，对胃不利。吃橙子前后1小时内不要喝牛奶，否则会影响消化吸收。有口干咽燥、舌红苔少等现象的人应少吃橙子。糖尿病、脾胃虚弱、风寒感冒、贫血等症患者不宜食用。橙子忌和螃蟹、蛤蜊、槟榔同食。

【温馨提示】每天1个即可，最多不超过3个。吃完橙子后要及时漱口或刷牙，以免对口腔、牙齿有害。

【药典精论】《食疗本草》：“橙子去恶心，胃风”。《开宝本草》：“瓤，去恶心，洗去酸汁，细切和盐、蜜煎成，食之，去胃中浮风。”《玉楸本草》：“宽胸利气，解酒。”《本草拾遗》“橙饼，消顽痰，降气，和中，开胃，宽胸，健脾，解鱼、蟹毒，醒酒。”《岭南采药录》“治乳痈初起，以之煎水，大热洗患处。”

13. 怎样鉴别与选购桂圆

【本品概述】

桂圆又称龙眼，泉州人通称桂圆鲜果为龙眼，龙眼焙干后为桂圆。商户常把两者统称为“桂圆”。我国桂圆主产于福建、广东、广西、四川等地，早在汉代就被列为海南贡品。栽培则更早，迄今已有两千多年的历史。李时珍在《本草纲目》中记载：“食品以荔枝为贵，而资益则龙眼为良。”对桂圆倍加推崇。新鲜的桂圆肉质极嫩，汁多甜蜜，美味可口，含有多种营养物质，具有良好的滋养补益作用。

【选购指要】

以果体饱满、圆润，壳面黄褐醒目，肉质厚实，色泽红亮，有细微皱纹，果柄部位有一圈红色肉头的为佳。手捏易碎、壳硬而脆者质优。不同的品种同一分量，粒少颗大为质好，反之质次。质好的桂圆肉核易分离，肉质软润。

有的商家为保桂圆的颜色鲜艳，会喷洒硫酸或用酸性溶液浸泡桂圆。硫酸具有较强的腐蚀性，会灼伤人的消化道。还容易引发感冒、腹泻以及强烈咳嗽。选购时要特别注意。

食品健康知识链接

【天然药理】桂圆含丰富的葡萄糖、蔗糖及蛋白质等，含铁量也较高，在提高热能、补充营养的同时，又能促进血红蛋白再生以补血。桂圆肉除对全身有补益作用外，对脑细胞特别有益，能增强记忆，消除疲劳。桂圆含有大量的铁、钾等元素，能促进血红蛋白的再生以治疗因贫血造成的心悸、心慌、失眠、健忘。桂圆中含的烟酸可防治烟酸缺乏造成的皮炎、腹泻、痴呆，甚至精神失常。桂圆含铁及维生素比较多，可减轻宫缩及下垂感，对于加速代谢的孕妇及胎儿的发育有利，具有安胎作用。桂圆肉可降血脂，增加冠状动脉血流量，能保护心脏，延缓衰老。桂圆含有多种营养物质，有补血安神，健脑益智，补养心脾的功效，对病后需要调养及体质虚弱的人有辅助疗效。桂圆对子宫癌细胞的抑制率超过90%，妇女更年期是妇科肿瘤好发的阶段，适当吃些桂圆有利健康。

【用法指要】鲜桂圆肉多食易生湿热及引起口干，入药治病多用桂圆干。

【健康妙用】桂圆肉与莲子、糯米煮粥，每日早晚食用，可治贫血体弱、心悸失眠、精神不振；桂圆肉与花生米（连红衣）用水煎服，可治贫血体弱；与炒酸枣仁、芡实煮汤，睡前饮，可治失眠、心悸；与大枣同蒸熟食用，可治妇女崩漏，贫血，血小板减少；与大枣、生姜水煎服，治产后浮肿；与鸡蛋蒸熟食用，可治月经不调，产后虚弱；与黑芝麻同吃能健脾益气，补血养肝，适宜于贫血患者常服；与莲子、银耳等同煮粥，也是理想的滋补佳品，能防治贫血、心悸失眠、精神不振。

【食用宜忌】适宜体质虚弱的老年人、记忆力低下者、头晕失眠者、妇女食用。桂圆属温热食物，过量多吃易引起滞气、腹胀、食欲减退等不良症状。有上火发炎症状时不宜食用。心肺火盛、中满呕吐者和有痰火或阴虚火旺者、糖尿病患者和妇女盆腔炎、尿道炎、月经过多者忌食。肠滑腹泻、风寒感冒、消化不良之时忌食。

【温馨提示】每天5颗左右即可，不宜吃得太多。

【药典精论】《神农本草经》：“主五脏邪气，安志，厌食，久服强魂魄，聪明。”《滇南本草》：“养血安神，长智敛汗，开胃益脾。”《泉州本草》：“壮阳益气，补脾胃，治妇人产后浮肿，气虚水肿，脾虚泄泻。”

14. 怎样鉴别与选购菠萝

【本品概述】

菠萝又叫凤梨，是热带和亚热带地区的著名水果。原产于南美洲，后从巴西传入我国，主要产于南方广东、广西、云南、福建等省。它果形美观，外有鱼鳞似的表皮，果肉以黄色居多，柔嫩、脆软、多汁，清香宜人，甜酸爽口，是深受人们喜爱的水果之一。

【选购指要】

选购菠萝时，应选择味香且较重者，用食指弹其皮，以声音清脆坚实为宜。同时要注意果皮的颜色，大部分变黄的才能生吃。捏一捏果实，如果有汁液溢出就说明果实已经变质，不可再食用。

食品健康知识链接

【天然药理】菠萝所含的维生素B_1，能增进人体的新陈代谢，有效地去除疲劳，对美容和健康也很有益。它所含的芳香成分可促进唾液分泌，增加食欲；蛋白质分解酵素可分解蛋白质、脂肪等，能促进消化，在食用肉类食物产生油腻后，吃一些菠萝是十分有益的；所含大量的食物纤维，可促进排便，防止便秘；它还含有一种叫"菠萝朊酶"的物质，能分解蛋白质，溶解阻塞于组织中的膳食纤维和血凝块，改善局部的血液循环，消除炎症和水肿。菠萝还有利尿消肿的功效，对高血压症有益，也可用于肾炎水肿、咳嗽多痰等症。

【用法指要】菠萝的食用方法很多，最佳的食用方法，首推加工后的糖水菠萝罐头，它最大限度地保持了鲜果的特殊风味。菠萝还可与鱼肉同煮以供佐膳，还可制作西餐，如凤梨炖鸡、凤梨布丁、翡翠果浆等等。

【健康妙用】将菠萝榨取果汁后与蜂蜜同煎成膏状，早、晚服用，可健脾益肾。菠萝与鲜茅根同水煎，有清暑生津、祛湿消肿、利尿抗炎的作用；与鸡肉同做成菠萝炒鸡片，具有止渴除烦、健脾和胃、醒酒益气的作用；与鹌鹑同烧成菜，具有消暑生津、利尿抗炎、降压的功效。

【食用宜忌】适宜身热烦躁、肾炎、高血压、支气管炎、消化不良者食用。菠萝生食时最好在饭后食用，以避免引起腹痛。胃溃疡患者、肾脏病患者以及凝血机能不全的人，均不宜过食菠萝，以免加重病情。发烧及患有湿疹疥疮的人不宜多吃。患有溃疡病、肾脏病、凝血功能障碍的人应禁食菠萝，发烧及患有湿疹疥疮的人也不宜多吃。由于菠萝中含有刺激作用的甙类物质和菠萝蛋白酶，因此应将果皮和果刺修净，将果肉切成块状，在稀盐水或糖水中浸渍，再用清水洗净再食用。

【温馨提示】每次60~100克即可。在食肉类或油腻食物后，吃些菠萝对身体大有好处，"菠萝咕老肉"、"菠萝牛肉"都是可以放心吃的菜肴。

【药典精论】《本草纲目》："补脾气，固元气，制伏亢阳，扶持衰土，壮精神，益气，宽痞，消痰，解酒毒，止酒后发渴，利头目，开心益志。"

15. 怎样鉴别与选购樱桃

【本品概述】

樱桃是蔷薇科植物樱桃的果实，因为成熟期早，所以它有"早春第一果"的美誉。樱桃成熟时颜色鲜红，玲珑剔透，味美形娇，营养丰富，医疗保健价值也颇高，全身皆可入药。据说黄莺特别喜好啄食这种果子，因而它又名为"莺桃"。

【选购指要】

看果实光泽度：表皮发亮。

看表皮：大家吃水果的时候最怕就是吃到虫子，樱桃也一样，以外表皮微微硬为好，因为这样的樱桃果蝇钻不进去，不会留下虫卵。给虫子留下生存空间。

看大小形状：在市场上挑选樱桃时经常看到有的樱桃个头大，有的则小得多，应该是品种的问题，但个人认为樱桃个头大的，整个樱桃呈D字扁圆形状，果梗位置蒂的部位凹得越厉害的越甜。

看底部果梗：应挑选绿颜色的，如果有发黑的现象，则表明已不新鲜了。建议不要购买。

看有无褶皱：樱桃果皮表面有褶皱的表示有果实脱水，可能变质或缺失水分。

樱桃购买回来应立即存放在冰箱的零度冷藏柜中。沾上水的樱桃即使在冰箱中也很容易变质，如清洗后保存，切记应将果体上水分充分晾干。在适当的保存条件下，樱桃可保存最多7天时间。

食品健康知识链接

【天然药理】樱桃中富含铁质，其所含的丰富的维生素C能促进身体吸收铁质，防止铁质流失，并改善血液循环，帮助抵抗疲劳。樱桃所含的蛋白质、糖、磷、胡萝卜素、维生素C等均比苹果、梨多，常用樱桃汁涂擦面部及皱纹处，能使面部皮肤红润嫩白，去皱消斑。中医认为，樱桃性温热，兼具补中益气之功，能祛风除湿，对风湿性腰腿疼痛有良效。

【用法指要】樱桃既可鲜食，又可加工成果酱、果汁、蜜饯等，烹饪时还可作为其他菜肴的点缀。

【健康妙用】将樱桃装入坛子内，封闭隔绝空气，埋入地下，一年后取出，即化为汁液。当麻疹流行时，取其汁液给儿童饮用，可预防感染。初发咽喉炎症时，于早晚各嚼服30~60克鲜果可消炎。将鲜果去核煮烂，加白糖拌匀，早晚各服一汤匙，对体虚无力、疲劳无力有明显的改善作用。也可将鲜果泡于酒中，密封贮存至冬季，用以涂擦冻疮有良好的效果。

【食用宜忌】消化不良、瘫痪、风湿腰腿痛、体质虚弱、面色无华者适宜食用。

樱桃含有一定量的氰甙，如果食用过多会引起铁中毒或氰化物中毒。一旦吃多了樱桃发生不适，可饮甘蔗汁来清热解毒。患热性病及虚热咳嗽者要忌食；有溃疡症状者、上火者慎食；糖尿病者忌食。

【温馨提示】每次食用5个（约30克）即可。樱桃经雨淋后会生虫，肉眼很难看见，因此食用前需用水浸泡一段时间才安全。

【药典精论】《本草衍义补遗》载文说："樱桃属火，性大热而发湿。旧有热病及喘嗽者，得之立病，且有死者也。""樱桃味甘、平涩，能调中益气，多食可美颜，美志性。"

16. 怎样鉴别与选购椰子

【本品概述】

椰子又称奶桃、可可椰子，俗称越王头，古称胥邪，棕榈科常绿乔木椰子的果实，形似西瓜，外果皮较薄，呈暗褐绿色；中果皮为厚纤维层；内层果皮呈角质。成熟时，其内贮有椰汁，清如水、甜如蜜，晶莹透亮，是清凉解渴的佳品。原产东南亚地区，我国由越南引入，已有2000多年历史。它是典型的热带水果，其果汁和果肉都含有丰富的营养成分。

【选购指要】

新鲜椰子肉质细嫩，椰子汁比较多；老椰子椰肉清脆可口。有霉点的椰子不宜选购。椰子可以久放。

食品健康知识链接

【天然药理】椰肉含有大量的油类物质，而这些物质的主要成分包括棕榈酸、油酸、月桂酸、脂肪酸、游离脂肪酸等，有补充机体营养、美容、防治皮肤病的作用；椰汁有很好的清凉消暑、生津止咳的功效，还可强心、利尿、驱虫、止呕止泻。中医认为，椰肉具有补益脾胃、杀虫消疳之功效，椰汁有生津、利水等功能。椰子壳可用于治疗心痛、筋骨疼痛。椰子树的根、皮可用于治疗鼻出血、吐逆、霍乱及止血。夏天暑热重的时候，人体容易腹痛泄泻，适量饮用椰子汁，可以调整肠胃，改善这种症状。如果胸膈不舒或积食不消，把椰肉作为水果进食可以消除积滞。

【用法指要】椰肉色白如玉，芳香滑脆；椰汁清凉甘甜。椰肉、椰汁是老少皆宜的美味食品。在海南各地的小吃中，以椰果肉做馅料是最普遍的。在一些节日里，当地人经常以椰果当作糕点招待客人或祭祀祖先。还有，海南的婚丧礼上，招待贵宾用的是“椰子盅”和“椰子船”。“椰子船”即在椰子里加入糯米、糖和调料，重新封口，将其埋入石灰窑里，利用石灰发酵时释放出的上千度的热量煲烧，然后打开，切成一片片如小船样，故名。“椰子船”芳香扑鼻，具祛病滋补功效。此外，还有椰子角、椰子炖、椰叶饭、椰汁鸡这些以椰子为原料的饮食，也都清香芬芳。

【健康妙用】每次取椰子半个至一个，先饮椰汁，后吃椰肉，每日早晨空腹一次食完，三小时方可进食，驱姜片虫、绦虫的效果与槟榔相似，且无副作用。取鲜椰子汁适量饮服，可治充血性心力衰竭及周围水肿。取椰子肉（切碎）、糯米、鸡肉各适量，同煮粥，用油盐调味食用，适用于脾虚倦怠、食欲不振、手足无力、体弱头昏等症。

【食用宜忌】糖尿病患者不宜食用。服用糖皮质素时不宜食用。呼吸系统疾病痰盛者不宜食用。椰肉性温，能补阳火，因此体内热盛的人不宜经常食用椰子。

【温馨提示】椰汁每次1杯（约150毫升），椰肉每次30克。椰子汁在上午饮用时味道较甜，下午味道稍差一些。

【药典精论】《本草纲目》：“椰子瓤，甘，平，无毒，益气，治风，食之不饥，令人面泽。椰子浆，甘，温，无毒，止消渴，涂头，益发令黑，治吐血水肿，去风热。”《全国中草药汇编》：“补虚，生津，利尿，杀虫。主治心脏性水肿，口干烦渴，姜片。”

17. 怎样鉴别与选购石榴

【本品概述】

石榴又名安石榴、金罂、金庞、钟石榴、天浆等，属石榴科植物石榴的果实，有甜石榴和酸石榴之分，原产于西域，汉代传入我国，主要有玛瑙石榴、粉皮石榴、青皮石榴、玉石子等不同品种。石榴由于色彩鲜艳、籽多饱满，所以常被用作喜庆水果，象征多子多福、子孙满堂。而且石榴一般成熟于中秋、国庆两大节日期间，因此又是馈赠亲友的吉祥佳品。

【选购指要】

市面上最常见石榴分三种颜色，红色、黄色和绿色，有人认为越红越好，其实不像苹果和一些水果的一般挑选法，石榴因为品种的关系，一般是黄色的最甜。看光泽亮不亮，如果光滑到发亮那说明石榴是新鲜的，表面如果有黑斑的话，则说明已经是不新鲜了，而石榴上出现一点点的小黑粒，那倒不影响石榴的质量，只有大范围的黑斑才说明石榴不新鲜。如果差不多大的石榴放在手心感觉重一点的，那就是熟透了的，里面水分会比较多。看石榴的皮是不是很饱满，就是皮和里面的肉很紧绷的那样，如果是松弛的，那就代表石榴不新鲜了。

食品健康知识链接

【天然药理】石榴有明显的收敛作用，能够涩肠止血，加之其具有良好的抑菌作用，所以是治疗痢疾、泄泻、便血及遗精、脱肛等病症的良品。石榴皮以及石榴树根皮均含有石榴皮碱，对人体的寄生虫有麻醉作用，是驱虫杀虫的要药，尤其对绦虫的杀灭作用更强，可用于治疗虫积腹痛、疥癣等。石榴花性味酸涩而平，若晒干研末，则具有良好的止血作用，亦能止赤白带下。石榴花泡水洗眼，尚有明目效能。红石榴中含有的钙、镁、锌等矿物质萃取精华，能迅速补充肌肤所失水分，令肤质更为明亮柔润。

【用法指要】石榴生食很方便，鲜果洗净（免削皮）即可食用。有些人喜欢切块置于碟上，加上少许酸梅粉或盐，风味更加独特。如果使用家庭式果汁机，自制原汁、原味石榴果汁，一样是营养而美味。

【健康妙用】将石榴洗净，放在砂锅内，加水适量煎煮沸30分钟，加入适量蜂蜜，煮沸滤汁去渣。此饮具有润燥，止血，涩肠的功效。适用于治疗崩漏带下，还可用作辅助治疗虚劳咳嗽、消渴、久泻、久痢、便血、脱肛、滑精等病症。

【食用宜忌】口臭、发热、腹泻、扁桃体发炎等患者食用石榴可以缓解病症。石榴不宜多食，否则易伤肺损齿，还会助火生痰。感冒及急性盆腔炎、便秘者、尿道炎患者、糖尿病者、实热积滞者忌食。石榴不可与西红柿、螃蟹同食。

【温馨提示】每次1个（约40克）即可。吃石榴时不要把果汁染到衣物上，否则将很难洗掉。

【药典精论】《名医别录》：“榴果味甘酸，无毒。主咽喉燥渴。酸实壳，疗下痢，止漏精。”《本草纲目》：“（酸石榴）气味酸、温、涩、无毒”，“赤白痢腹痛，连子捣汁，顿服一枚，止泻痢崩中带下”。《滇南本草》：“治日久水泻……又治痢脓血，大肠下血。”《南宁市药物志》：“收敛止泻。治泄泻，久痢，湿疹，创伤出血。”

18. 怎样鉴别与选购杨梅

【本品概述】

杨梅，又名龙睛、水杨梅、白蒂梅、朱红，因其形似水杨子、味道似梅子，因而取名杨梅。杨梅是我国特产水果之一，素有“初疑一颗值千金”之美誉。其果实色泽鲜艳，汁液多，甜酸适口，营养价值高，而且还有较高的药用价值，素有“果中玛瑙”之誉。

【选购指要】

看颜色：暗红色，或者过于黑红的杨梅最好不要选购，青色、青红色的杨梅还未成熟，应当挑选果面干燥、颜色鲜红的杨梅。

用手触摸：如果杨梅果肉太酥软，那就是过于成熟了，最好别买。而肉质太硬，则还没有完全成熟，吃起来酸涩，口感不佳。软硬度适中的杨梅，才是最佳选择。

看果肉：看杨梅的果肉，表面一层有很明显的一粒粒的果肉要突起，不能瘪下去的。瘪下去的一般都不新鲜。

品尝杨梅：杨梅汁多，鲜嫩甘甜，吃完嘴里没有余渣。有些质量比较差的外地杨梅比较干涩，入口汁少，吃完还有余渣。

闻杨梅香味：新鲜的杨梅闻起来有股香味，如果长期存放或存放不当则可能有一股淡淡的酒味，这说明杨梅已发酵，已经过了最佳食用期，影响口感。

杨梅买回家后需用清水洗干净，然后再用盐水浸泡5~10分钟，把杨梅里面的白色虫子浸泡出来，处理后再吃，不要买回来后直接放冰箱里，等里面的虫子冻死后再用盐水泡是怎么也泡不出来的。

食品健康知识链接

【天然药理】杨梅含有多种机酸，维生素C的含量也十分丰富，不仅可直接参与体内糖的代谢和氧化还原过程，还能增强毛细血管的通透性。杨梅所含的果酸既能开胃生津、消食解暑，又有阻止体内的糖内脂肪转化的功能，有助于减肥。杨梅对大肠杆菌、痢疾杆菌等细菌有抑制作用，能治痢疾腹痛，对下痢不止者有良效。杨梅中含有维生素C、B族维生素，对防癌抗癌有积极作用；杨梅果仁中所含的氰氨类、脂肪油等也有抑制癌细胞的作用。

【用法指要】杨梅果实外面密布微粒，易藏污纳垢，生食时最好用盐水洗净，吃来既卫生，又别有风味。食用时蘸少许盐则更加鲜美可口。杨梅梅还可能制成蜜饯、果酱、糖水罐头和杨梅干。

【健康妙用】杨梅鲜果30克水煎服，上下午各1次，可预防中暑。杨梅用食盐腌制，时间越久越好，用时取数枚以开水泡服，或杨梅酒30~60克，每天服3次或酒果4~5颗。可治胃肠胀满或急性肠炎引起的腹痛吐泻，痢疾腹泻。用杨梅鲜果50~100克洗净生食，早晚各1次。可治口干舌燥，低热烦渴。

【食用宜忌】一般人群均能食用。杨梅忌与生葱、鸭肉同食。杨梅对胃黏膜有一定的刺激作用，故溃疡病患者要慎食。杨梅性温热，牙痛、胃酸过多、上火的人不要多食。糖尿病患者忌食杨梅，以免使血糖过高。

【温馨提示】每次5个（约40克左右）。食用杨梅后应及时漱口或刷牙，以免损坏牙齿。

【药典精论】《本草纲目》：“杨梅可止渴、和五脏、能涤肠胃、除烦愦恶气。”

19. 怎样鉴别与选购香蕉

【本品概述】

香蕉为芭蕉科植物甘蕉的果实，是食用蕉（甘蕉）的俗称。原产亚洲东南部，我国广东、广西、福建、四川、云南、贵州等省出产较多。它是深受人们喜爱的营养果品，欧洲人因它能解除忧郁而称之为“快乐水果”。香蕉又被称为“智慧之果”，传说是因为佛祖释迦牟尼吃了香蕉而获得智慧。

【选购指要】

选购时应注意，优质香蕉果皮呈鲜黄或青黄色，梳柄完整，无缺只和脱落现象。单只香蕉体弯曲，果实丰满、肥壮，色泽新鲜、光亮，果面光滑，无病斑、无虫疤、无霉菌、无创伤，果实易剥离，果肉稍硬。选购时留意蕉柄不要泛黑，如出现枯干皱缩现象，很可能已开始腐坏，不可购买。

用氨水或二氧化硫催熟的香蕉，这种香蕉表皮嫩黄好看，但果肉口感僵硬，口味也不甜。二氧化硫会对人体神经系统造成损害，还会影响肝肾功能。

食品健康知识链接

【天然药理】香蕉中含有多种营养物质，而且含钠量低，不含胆固醇，常食香蕉有益于大脑，预防神经疲劳。香蕉能缓和胃酸的刺激，增强胃壁的抗酸能力而使其不受胃酸的侵蚀，且能促进胃黏膜的生长，起到修复胃壁的作用。其所含的食物纤维可刺激大肠的蠕动，使大便畅通，因此可防治便秘。钾对人体内的钠具有抑制作用，多吃香蕉可降低血压，预防高血压和心血管疾病。另外香蕉中含有血管紧张素转化酶抑制物质，也可抑制血压升高，对降低血压有辅助作用。香蕉中含有大量的碳水化合物、粗纤维，能将体内致癌物质迅速排出体外，因此香蕉也是一种较好的防癌、抗癌果品。

【用法指要】香蕉果实除鲜食外，还可以制成各种加工食品，如香蕉脆片、香蕉粉、香蕉泥、香蕉果酱、香蕉软糖、香蕉汁、香蕉冰淇淋、香蕉布丁等。

【健康妙用】香蕉与冰糖同蒸熟食用，有清肺、止咳、润肠作用，可治肺燥咳嗽、便秘、痔疮、大便出血等症；与酸奶同做成水果点心，营养丰富，补益作用极佳；与蜂蜜、酸奶、草莓同做成水果奶酪，味道鲜美，滋补养颜，是体虚者和女性朋友的理想食品。

【食用宜忌】尤其适合于老年人食用。也适用于口干烦躁、咽干喉痛者，大便干燥、痔疮、大便带血者，上消化道溃疡者，饮酒过量而宿醉未解者，高血压、冠心病、动脉硬化者。香蕉糖分高，糖尿病患者应少吃。患关节炎、肌肉酸痛、慢性肠炎及拉肚子的人忌食。香蕉不宜和红薯同食。空腹时不宜食用大量香蕉。

【温馨提示】每天1~2根即可。香蕉刚采收时一般没有完全成熟，此时糖分较少，淀粉较多，要等它熟透了，果肉变软，香气变浓，这时吃味道、营养才好，也更利于吸收。

【药典精论】《本草求原》："止渴润肺解酒，清脾滑肠，脾火盛者食之，反能止泻止痢。"《日用本草》："生食破血，合生疮，解毒酒。干者解肌热烦渴。"《本草纲目》："除小儿客热。"

20. 怎样鉴别与选购金橘

【本品概述】

金橘又称夏橘、夏橘、寿星柑，也是柑橘类水果之一。原产我国南部，主要产于浙江、江苏、广东、四川等地。金橘形状小巧如龙眼大，呈卵形或长圆形，因皮黄如金，味酸甘如橘，芳香可爱，故名金橘。其皮色金黄、皮薄肉嫩、汁多香甜，洗净后可连皮带肉一起吃下。金橘含有特殊的挥发油、金橘甙等特殊物质，散发着令人愉悦的香气，是一种颇具特色的营养佳果。

【选购指要】

优质金橘形体小，稍呈椭圆，果实个头与核桃相仿，肉质紧密，与外皮不易剥离，一般都带皮食用；核少或无核，颜色由表到里均为橙黄或金黄色，味酸甜，口感细脆，脉络极少，带有柑橘类特有的清香味。若金橘的表皮过于泛青，则不够成熟；若过于苍黄，则太过成熟，不易选购。

食品健康知识链接

【天然药理】金橘对防止血管破裂，减少毛细血管脆性和通透性，减缓血管硬化有良好的作用，并对血压能产生双向调节。金橘的香气令人愉悦，具有行气解郁、生津消食、化痰利咽、醒酒的作用，为脘腹胀满、咳嗽痰多、烦渴、咽喉肿痛者的食疗佳品。常食金橘还可增强机体的抗寒能力，防治感冒。

【用法指要】因金橘皮薄，有特殊芳香，可连皮生吃，也可酒浸、做蜜饯等，还可作各种保健饮品，如金橘茶、金橘露等。

【健康妙用】肺寒咳嗽，可用本品拍破，同生姜用沸水浸泡饮服；肺热咳嗽，用本品同萝卜绞汁服；单用鲜金橘生食或蜜渍，或与山楂、麦芽煎水服，可用于食积气滞，脘腹痞闷，饮食减少；单用蜜渍金橘，或与佛手、代代花用沸水浸泡，加白糖调味服，用于肝郁气滞，胸胁胀闷或疼痛。

【食用宜忌】高血压、血管硬化及冠心病患者食之非常有益。脘腹胀满、咳嗽痰多、烦渴、咽喉肿痛者尤其适合食用。胸闷郁结、不思饮食者或伤食饱满、醉酒口渴者，急慢性气管炎、肝炎、胆囊炎、高血压、血管硬化者更加适合食用。口舌生疮等病症者不宜食用。糖尿病患者、口舌痛、牙龈肿痛者忌食。

【温馨提示】每次5个左右。金橘的很多营养素集中在皮中，故食用时不要去皮，用糖或蜜腌渍后食疗效果更佳。

【药典精论】《随息居饮食谱》："醒脾、辟秽、化痰、消食。"《中国药用植物图鉴》："治胸脘痞闷作痛，心悸亢进、食欲不佳、百日咳。"

21. 怎样鉴别与选购柠檬

【本品概述】

柠檬又名柠果、洋柠檬等，原产于马来西亚。果实黄色，呈椭圆形，汁多肉脆，芳香浓郁，但味道特酸，故一般不像其他水果一样鲜食。柠檬营养和药用价值颇高，是最有药用价值的水果之一，其维生素和矿物质非常丰富，对人体健康十分有益。因含有丰富的柠檬酸，其还有"柠檬酸仓库"之誉。

【选购指要】

用鼻子仔细闻闻，带有新鲜的柠檬芳香气味的是好柠檬。用眼睛仔细看，优质柠檬个头中等，果形椭圆，两端均突起而稍尖，似橄榄球状，成熟者皮色鲜黄，如果柠檬表面有霉点、洞孔或颜色暗沉呈深黄色，就是时间过长的柠檬，其营养成分会大打折扣，此时请不要购买。将柠檬买回家后，用刀切开，柠檬内部果实坚实、颜色浓厚有光泽的，则是好柠檬。

食品健康知识链接

【天然药理】柠檬热量低，且具有很强的收缩性，因此有利于减少脂肪，是减肥良药。柠檬具有高度碱性，被认为是很好的治疗所有疾病的药，能止咳、化痰、生津健脾。它不但能够预防癌症，降低胆固醇，防止食物中毒，消除疲劳，增加免疫力，延缓机体老化，并且对糖尿病、高血压、贫血、感冒、骨质疏松症等有效。吃柠檬还可以防治心血管疾病，能缓解钙离子促使血液凝固的作用，可预防和治疗高血压和心肌梗死。柠檬含维生素C和维生素E，有助于强化记忆力，是现代人增强记忆力的饮食参考。柠檬中的柠檬酸能使钙易深化并能螯合钙，可大大提高人体对钙的吸收率，增加人体骨密度，进而预防骨质疏松症。鲜柠檬维生素含量极为丰富，是美容的天然佳品，能防止和消除皮肤色素沉着，具有美白作用；柠檬酸能去斑、防止色素沉着。

【用法指要】柠檬并不能鲜食，通常作为上等调味料使用，用来调制饮料、菜肴或其他食品，如柠檬片，柠檬饼，柠檬果酱等。

【健康妙用】柠檬与蜂蜜同吃对治疗支气管炎和鼻咽炎十分有效；与马蹄同水煎，治高血压，咽痛口干；与白糖同煮食，有生津止渴、开胃、安胎的作用，经常食用可治食欲不振、口干消渴，以及妊娠食少、呕恶等症；与盐同煮水，有下气、和胃、消炎的作用，适用于急性胃肠炎、腹泻、呕吐、食后饱胀、呃逆等症；与桃仁共煎水，能治闭经；与生姜共煎水，能调治气逆呕吐。

【食用宜忌】酸度强的柠檬汁15分钟内能杀死海产品中所有细菌，适合与海产品同吃。暑热口干烦躁、消化不良者，维生素C缺乏者，胎动不安的孕妇，肾结石患者，高血压、心肌梗死患者适宜食用。胃寒、胃酸过多者或胃、十二指肠溃疡患者应忌食。低血压、怕冷、女性月经期间及产后均不宜吃柠檬。柠檬含钠量较高，肾脏水肿病人应少吃。胃溃疡、胃酸分泌过多，患有龋齿者和糖尿病患者慎食。

【温馨提示】每次1/6个（1~2瓣）即可。餐后喝点用鲜柠檬泡的水，非常有益于消化。

【药典精论】《食物考》："浆饮渴瘳，能辟暑。孕妇宜食，能安胎。"《岭南随笔》："治哕"。《本草拾遗》："腌食，下气和胃"。《四川中药志》："行气健胃，解暑，用于院腹气滞胀痛。暑天作清凉饮料。"

22. 怎样鉴别与选购荔枝

【本品概述】

荔枝，古称离枝，我国岭南佳果之一，色、香、味皆美，驰名中外，有"果王"之称。其每年5月开始上市，7—8月是最佳的食用时节。它的果实像葡萄一样串串挂在树上，一般是3厘米左右的圆球形状，外边是薄薄的红色硬壳，里面包着白嫩透明的果肉，中心是深棕色的核。荔枝品质以桂味和糯米糍最佳。桂味肉脆清甜诱人，而糯米糍则以核小、肉厚汁多、味浓著称。古代诗人对荔枝更是赞誉有加："日啖荔枝三百颗，不辞长作岭南人。"

【选购指要】

荔枝以颗粒大而均匀，壳色紫红或玫瑰红，清新、醒目的为上品。用硫酸溶液浸泡、或用乙烯利水剂喷洒，使变色的荔枝变得鲜红诱人，但很容易腐坏。这类溶液酸性较强，会使手脱皮、嘴起泡，还会烧伤肠胃。选购时要特别注意。

食品健康知识链接

【天然药理】荔枝含有较多的游离态色氨酸，因此对脑部和中枢神经系统有较好的抑制和调节的作用，有利于脑细胞正常生理功能的发挥，还能明显改善失眠、健忘、疲劳等症。荔枝肉含丰富的维生素C和蛋白质，有助于增强机体免疫功能，提高抗病能力。荔枝富含的维生素可促进微细血管的血液循环，防止雀斑的发生，令皮肤更加光滑。用荔枝叶（晒干）煎的荔枝茶，还可解食荔枝过多而产生的滞和泻。

【用法指要】荔枝是珍贵热带果品，除鲜食外，可制荔枝干和果汁，并可罐藏和用于酿酒。

【健康妙用】把荔枝连皮浸入淡盐水中，再放入冰柜里冰后食用，不仅不会上火，还能解滞，更可增加食欲。如果泡上1杯用荔枝叶（晒干）煎的荔枝茶，还能解食荔枝多而产生的滞和泻。荔枝与红枣同煮成羹，加糖服用，具有甘温养血、益人颜色、健脾养心、安神益智的功效；与糯米、雪耳同蒸煮食用，有养胃生津、健脾消食的效用；与酸奶拌食，有补脾益血、生津解渴、开胃助食等作用；与莲子同煮汤，有温中止泻、益肝去痛、降逆止呃的作用。

【食用宜忌】尤其适合产妇、老人、体质虚弱者、病后调养者食用；贫血、胃寒和口臭者也很适合。食之过多易生热上火，严重的会患上人们所谓的“荔枝病”，因此患有阴虚所致的咽喉干疼、牙龈肿痛、鼻出血等症者忌用。感冒患者、口腔溃疡患者不宜食用。

【温馨提示】成年人每天300克以内，儿童5颗即可。荔枝果实不耐贮藏，未能及时吃完的荔枝应装进保鲜袋或铁皮盒密封，放在室内阴凉干燥处。

【药典精论】《食疗本草》：“益智，健气。”《本草纲目》：“常食荔枝可补脑健身，治瘰疬，疔肿，开胃益脾。”《玉揪药解》：“暖补脾精，温滋肝血。”《本草从新》：“解烦渴，止呃逆。”《泉州本草》：“壮阳益气，补中清肺，生津止渴，利咽喉。治产后水肿，脾虚下血，咽喉肿痛，呕逆等症。”

23. 怎样鉴别与选购柑橘

【本品概述】

柑橘是我国南方主要的水果之一，因色、香、味兼备，甜酸多汁，清香爽口，风味醇厚，维生素C含量高，营养丰富，深受人们喜爱。柑橘类水果属芸香科，我国是柑橘原产地之一，栽培柑橘已有4000多年历史。它的种类很多，如蜜橘、金橘等。柑和橘的分别原是很明显的，不过在俗话中常见混淆，如广柑也说广橘，蜜橘也说蜜柑。

【选购指要】

一般说来，柑以果形正圆、色黄赤、皮紧纹细不易剥、多汁甘香的为佳；橘以果形扁圆、色红或黄、皮薄而光滑易剥、味微甘酸的为佳。

用工业石蜡抛光柑橘类水果储存中超量使用防腐剂，在出售中用着色剂“美容”。工业石蜡的杂质中含有铅、汞、砷等重金属，会渗透到果肉中，使用后会导致记忆力下降、贫血等症状。选购时要特别注意。

食品健康知识链接

【天然药理】柑橘可谓全身是宝，其果肉、皮、核、络均可入药，有通络、化痰、理气、消滞，治疗疝气、腰痛，舒肿、健脑、和胃等功效。柠檬苦素是柑橘果汁饮料的苦味成分，近年研究发现，柠檬苦素也具有抑制肿瘤的功能。柑橘含有丰富的糖类、维生素、苹果酸、柠檬酸、蛋白质、食物纤维以及多种矿物质等，对于坏血病、夜盲症、皮肤角化和发育迟缓，均有一定的辅助治疗作用。柑橘所含的橘皮苷，可以降低血压、扩张心脏的冠状动脉。而橘汁中富含的钾、维生素B和维生素C，也可在一定程度上防治心血管疾病。因此，柑橘是预防冠心病与动脉粥样硬化的理想食品。

【用法指要】可剥皮生食，也可绞汁取液饮。

【健康妙用】用柑皮煎水代茶频饮。此饮具有清咽利喉的功效，可治咽喉疼痛。如有水肿者，则可与冬瓜皮适量配伍煎水代茶饮，其兼具利水的作用。

【食用宜忌】宜常吃但不宜多吃。过食、食用不当对人体反而无益。有泌尿系结石的患者不可多吃柑橘。柑橘不宜与牛奶、萝卜同食。饭前或空腹时不宜吃柑橘，因为柑橘中的有机酸会刺激胃黏膜。在出现口舌生疮、大便秘结时，要少吃为宜。严重失血、失水，或肾功能减退、肾上腺皮质功能减退时，都会引起血钾过高，出现全身无力、肌肉酸痛、心律不齐，甚至心搏骤停。已有这些病的患者要少吃柑橘。

【温馨提示】每天吃2个柑子或橘子，就能满足一个人一天对维生素C的需要量。

【药典精论】《开宝本草》：“利肠胃中热毒，止暴渴，利小便”；“山柑皮，疗咽喉痛效”。《食经》：“食之下气，止胸热烦满。”《随息居饮食谱》：“清热，止渴，析酒。”《本草衍义》：“脾肾冷人食其肉，多致脏寒或泄利。”

24. 怎样鉴别与选购柚子

【本品概述】

柚子又名“文旦”，果实小的如柑或者橘，大的如瓜，黄色的外皮很厚，食用时需去皮吃其瓤，大多在10—11月果实成熟时采摘。柚子在我国南方颇得人们厚爱，是中秋佳节亲人欢聚共赏明月的必备果品，是象征亲人团圆、生活美满幸福的仙果。柚子味道酸甜，略带苦味，含有丰富营养素，是医学界公认的最具食疗效益的水果。

【选购指要】

闻，即闻香气，熟透了的柚子，味道芳香浓郁。叩，即按压叩打果实外皮，看它是否下陷。下陷没弹性的柚子质量较差。此外，挑柚子最好选上尖下宽的标准型，表皮必须薄而光润，色泽呈淡绿或淡黄，看起来柔软、多汁的样子更好。摸，用手摸柚子皮的光滑度，用力按压一下，不容易按下的，说明柚内紧实质量好。看，观察柚子底部的环状斑纹，如果没有环形或环形斑纹较小的建议不要买，打开之后会发现表皮很厚并且不甜，环状斑纹又圆又大的便是成长完好的甜柚子。

食品健康知识链接

【天然药理】柚子性味甘、酸、寒，有消食健胃的功效。用于胃病、消化不良之症。可治寒凝胃痛、腹痛。柚子中含有高血压患者必需的天然微量元素钾，几乎不含钠，含有多种维生素，以维生素C尤为丰富，因此是患有心脑血管病及肾脏病患者最佳的食疗水果。柚中含有大量的维生素C，能降低血液中的胆固醇。柚子还有增强体质的功效，它帮助身体更容易吸收钙及铁质，所含的天然叶酸，对于服用避孕药或怀孕中的妇女们，有预防贫血症状发生和促进胎儿发育的功效。

【用法指要】生食，捣汁或蒸熟食。刚下树的柚子不是很好吃，其下树后有一个糖化的过程，一般下树一个月以上的柚子会更甜，水分更多。一般在阴凉干燥处储存即可；如已剥皮，则宜放入冰箱中保存。

【健康妙用】将适量的柚皮切成丝与水同煮，代茶饮服，能消食、开胃、通气，使人舒畅；将柚子去核，切成小块，用酒浸泡封固一夜，煮烂，用蜜拌匀，随时含咽，对痰阻气逆咳嗽有效；将柚子连皮切成瓣块，与鸡一起蒸熟食用，可改善咳嗽气喘症状；用柚子肉适量蘸白糖吃，可消除口中酒气。

【食用宜忌】患胃病、消化不良者，慢性支气管炎、咳嗽、痰多气喘者，心脑肾病患者尤其适合。柚子能通便，腹泻时忌吃；易腹痛、贫血者不宜多食。太苦的柚子不宜吃。高血压患者、气虚体弱者不宜多食，脾虚便溏者和糖尿病患者忌食。如果一次食柚量过多，不仅会影响肝脏解毒，使肝脏受到损伤，而且还会引起其他不良反应，甚至发生中毒。

【温馨提示】每次宜食1大瓣（约50克）。刚采下来的柚子，味道不是最佳，最好在室内放置几天。一般两周以后，等柚子中的水分逐渐蒸发，味道就会变得越来越甜。柚子切开之后不宜放置过久，否则会造成果肉水分流失，使果肉变干失去原有的滋味。切开柚子，如果没有吃完，最好用柚子皮盖上，或者用保鲜膜包起来。

【药典精论】《日华子本草》："治妊孕人食少并口淡，去胃中恶气。消食，去肠胃气。解酒毒，治饮酒人口气。"《本草纲目》："消食快膈，散愤懑之气，化痰。"《增补食物秘书》："皮化痰，消食快膈，白皮良。烧灰调粥食，治气膨胀。"

25. 怎样鉴别与选购苹果

【本品概述】

苹果，为蔷薇科苹果的果实，古称柰，又叫滔婆，原产于欧洲、中亚西亚和土耳其一带，19世纪传入我国，现在我国华北、东北、华中等地区广为栽培。它是世界上栽种最多、产量最高的水果之一，味道酸甜可口、营养丰富，是老幼皆宜的水果，它的医疗价值也很高，被越来越多的人称为"大夫第一药"。

【选购指要】

新鲜苹果应该结实、松脆、色泽美观；成熟苹果有一定的香味、质地紧密、易于储存；未成熟的苹果颜色不好，也没有香味，储藏后可能外形皱缩；过熟的苹果在表面轻轻加点压力很易凹陷。

有的苹果用膨大素催个，催红素增色，防腐剂保鲜。过量使用膨大素、催红素、防腐剂会伤害肝脏。零售果贩还会给苹果打上工业石蜡，目的是保持水分，是果体鲜亮有卖相。

食品健康知识链接

【天然药理】苹果不仅含有丰富的糖、维生素、矿物质等大脑所必需的营养素，而且更重要的是它富含锌元素。据研究，锌是人体内许多重要酶的组成部分，是促进生长发育的关键元素，人体缺锌对记忆力将产生不良影响。其中的果胶和纤维素又有吸收细菌和毒素的作用，所以能利肠止泻。苹果中的有机酸和纤维素可促进肠蠕动，能使大便松软，便于排泄，因此食用苹果能促进通便，治疗大便干燥。苹果含有较多的钾，较少的钠，钾能与体内过剩的钠结合，使之排出体外，从而起到降压作用。苹果所含的果胶，能防止胆固醇增高，减少血糖的含量，所以适量食用苹果对防治糖尿病有一定的作用。

【用法指要】洗净鲜用或切片晒干用。

【健康妙用】将猪大肠炸或炒至熟，加入适量已去皮的苹果片，炒一分钟即可上碟。该菜味酸甜，有健胃作用。苹果与牛肉同炒，有健脾作用；和排骨同炒，有健胃益脾的作用；与猪蹄、玉竹、茯苓、红枣共同煲成汤，不仅味酸甜，还有健胃、安神、润肺的作用；与生鱼、红枣同煮汤，可治脾虚血气不足，防止眼袋生成，消除黑眼圈。

【食用宜忌】脂肪过多者、糖尿病患者宜吃酸苹果。准妈妈每天吃个苹果可以减轻孕期反应。不要在饭前吃水果，以免影响正常的进食及消化。苹果富含糖类和钾盐，肾炎及糖尿病者不宜多食。不宜与海味同食（海味与含有鞣酸的水果同吃，易引起腹痛、恶心、呕吐等）。

【温馨提示】每天吃1~2个苹果就足以达到上述效果了。男性吃苹果的数量应多于女性，因为苹果有降胆固醇作用。将削掉皮的苹果浸于凉开水里，可防止氧化，使苹果更清脆香甜。

【药典精论】《本草纲目》："水痢不止，奈半熟者10枚，水2升，煎1升并食之。"

26. 怎样鉴别与选购枇杷

【本品概述】

枇杷又名卢橘、金丸，原产中国，为蔷薇科枇杷属植物，堪称江南特有的水果，因其叶似琵琶而得名。主要产自我国淮河以南地区，以安徽"三潭"最为著名。枇杷果呈圆形橘黄色，浆汁清香甜美，风味甚佳，营养全面，深受人们喜爱，无怪乎古人用"摘尽枇杷一树金"的诗句赞美它。枇杷不仅果肉可入药，其叶、花、核、根也有药用价值。

【选购指要】

选购枇杷时以个头大而匀称、呈倒卵形、果皮橙黄并且茸毛完整、多汁、皮薄肉厚、无青果为佳。慎选过大或过小的枇杷。过大的枇杷往往糖度不够，而过小的会比较酸。果实外形要匀称。一些畸形的枇杷可能发育不良，口感不太好。表皮茸毛完整。这是鉴别枇杷是否新鲜的重要方法，如果茸毛脱落则说明枇杷不够新鲜。另外，如果表面颜色深浅不一则说明枇杷很有可能已变质。尽量购买散装产品。散装枇杷质量好坏看得见，而整箱装的则可能有"猫腻"。

食品健康知识链接

【天然药理】枇杷中所含的有机酸，能刺激消化腺分泌，对增进食欲、帮助消化吸收、止渴解暑有相当的作用。枇杷中含有苦杏仁甙，能够润肺止咳、祛痰，治疗各种咳嗽。此外，枇杷中含有丰富的维生素B，对保护视力，保持皮肤健康润泽，促进儿童的身体发育都有着十分重要的作用。枇杷果实及叶有抵制流感病毒作用，常吃可以预防四时感冒。

【用法指要】枇杷果实呈果球形或椭圆形，果色金黄，果肉橙黄，汁多，味鲜甜而柔糯，是水果中的珍品。除生食外，还可制果酱、果膏、果露、果酒等。

【健康妙用】民间以枇杷叶，加鲜果榨的汁，加冰糖，文火熬成中成药“枇杷膏”，具有清肺、宁咳、润喉、解渴、和胃功效，主治慢性支气管炎，肺逆咳嗽。用枇杷叶50克，淡竹叶25克，水煎服，可治疗声音嘶哑；枇杷叶15克，水煎后加冰糖适量调服，治慢性支气管炎咳嗽；鲜枇杷叶30克，洗净，加竹茹15克、陈皮6克，水煎，以蜂蜜调服，可治肺热咳嗽、咳逆呕吐；枇杷叶5片，土牛膝9克，水煎服，可治回乳时乳房胀痛。

【食用宜忌】肺痿咳嗽、胸闷多痰、劳伤吐血者及坏血病患者尤其适合食用。枇杷不宜与小麦同食，否则易生痰。脾虚泄泻者忌食。枇杷含糖量高，糖尿病患者要忌食枇杷。

【温馨提示】每次1~2个即可。枇杷仁有毒，不可食用。

【药典精论】《本草纲目》：“枇杷叶，治肺胃之病，皆属于火，大都取其下气之功耳。气下则火降痰顺，而逆之不逆，呕者不呕，渴者不渴，咳者不咳。”孟诜：“利五脏。”《食经》：“下气，止哕呕逆。”《日华子本草》：“治肺气，润五脏，下气。止呕逆，并渴疾。”

27. 怎样鉴别与选购大枣

【本品概述】

大枣又叫红枣、刺枣、美枣、良枣等，为我国特产之一，已有3000多年的种植历史。其皮薄肉厚，甘甜适中，营养丰富，为秋冬进补之佳品。它的营养十分丰富，含热量大，可以代替粮食。其维生素C含量在水果中名列前茅，比苹果、桃子高很多，维生素B的含量也是百果之冠，人们称它是“天然的维生素丸”。

【选购指要】

应挑选个大、肉厚、核小、干净、光泽红亮、无霉烂、无虫蛀、无明显异味、干枣含水量适中、含糖量高、枣味浓重、大小均匀的当年果。手捏红枣，要干燥而不黏手，有紧实感；枣的果形短壮圆整，颗粒大小均匀，核小，皮薄，皱纹少而浅；掰开枣肉而不见纹丝（断丝），肉色淡黄；口感甜味足，肉质细，为上品。

食品健康知识链接

【天然药理】药理研究发现，红枣能促进白细胞的生成，降低血清胆固醇，提高血清白蛋白，保护肝脏。红枣中还含有抑制癌细胞，甚至可使癌细胞向正常细胞转化的物质。鲜枣中丰富的维生素C，能使体内多余的胆固醇转变为胆汁酸，胆固醇少了，结石形成的概率也就随之减少。红枣所含的芦丁，是一种使血管软化从而使血压降低的物质，对高血压病有防治功效。红枣对贫血、气血虚弱有良好的滋补效果，对妇女产后情绪烦躁有明显作用。红枣还可减轻因心血不足所引起的心跳加速、夜睡不宁和头晕眼花等症状。

【用法指要】红枣可生吃，也可熟食，还可加工制成枣干、枣泥、枣脯、枣酱、醉枣、熏枣、焦枣、乌枣、蜜枣、枣罐头、枣茶、枣酒、枣醋、枣原汁饮料等。还能用以烹调，用它炖鸡、炖鸭、炖猪脚等，都别具风味又甘美滋补。在日常生活中用枣制成的传统食品，更是琳琅满目、各具风味，例如枣粽子、枣年糕、枣花糕、枣卷糕、枣锅糕、枣发糕、油炸糕、长寿糕，以及做成枣泥馅料，用以制作各种糕点。以红枣制成的中华蜜酒和阿胶蜜枣也远销海外，备受赞誉。

【健康妙用】红枣与粳米同煮粥食用，不仅香甜可口，长久服食还能补精血、益肾气；与草鱼同煮食可补肝肾、明目、促进造血功能、增强免疫力等；与燕窝同服食可养阴润肺、清肺化痰，适用于慢性支气管炎、支气管哮喘等；与银耳同煮汤食可以补肾强身，养阴润肺。适用于高血压、神经衰弱、年老体弱及病后、产后体虚者滋补食用；与菊花同泡茶喝有明目、益血、抗衰老、防皱纹之功效；与鸡蛋同煮食可养血补肝、敛肝生津，适用于头晕眼花、视力减退、精神恍惚、心悸、健忘、失眠及慢性肝炎、肺结核、肾虚多尿等症。

【食用宜忌】中医向来把大枣视为清润补品，李时珍说大枣是“脾之果”，因此脾病患者最宜食之。多食枣易损齿，亦易损脾助湿热，能使人壅脾胀胃，故小儿尤其不宜嚼食，更不宜空腹食用。有宿疾者应慎食，脾胃虚寒者不宜多吃，牙病患者不宜食，便秘患者应慎食。腐烂的红枣不宜吃，因为它在微生物的作用下会产生果酸和甲醇，人吃了烂枣会出现头晕、视力障碍等中毒反应，重者可危及生命。枣忌与虾皮、葱、鳝鱼、海鲜、动物肝脏、黄瓜、萝卜同食。

【温馨提示】每天5枚即可。生吃大枣时，枣皮容易滞留在肠道中而不易排出，因此吃枣时应吐枣皮。

【药典精论】《本草纲目》：“大枣气味甘平，安中养脾气、平胃气、通九窍、助十二经，补少气……久服轻身延年。”

28. 怎样鉴别与选购山楂

【本品概述】

山楂又叫“山里红”、“胭脂果”，为蔷薇科落叶灌木或小乔木植物野山楂或山里红的果实，我国河北、北京、辽宁、河南、山东、山西、江苏、云南、广西等地都有栽培。其花白色，果实近球形，红似玛瑙，味酸甜，令人喜爱，而且有很高的营养价值和药用价值。

【选购指要】

选购山楂时，以果个大而均匀，色泽深红而鲜艳，果点明显，有香气，无蛀虫，无伤，无皱皮者为佳。

食品健康知识链接

【天然药理】山楂可开胃消食、化滞消积、活血散瘀、化痰行气，用于肉食滞积、症瘕积聚、腹胀痞满、瘀阻腹痛、痰饮、泄泻、肠风下血等。老年人常吃山楂制品能增强食欲、改善睡眠，保持骨和血中钙的恒定，预防动脉粥样硬化，使人延年益寿。山楂还有降低血清胆固醇，降低血压，利尿镇静等作用，对老年性心脏病有益处。孕妇临产时食用山楂有催生之效，并能促进产后子宫复原。山楂所含的维生素C、胡萝卜素等物质，能阻断并减少自由基的生成，能增强机体的免疫力。此外，山楂中的黄酮类化合物，据研究有较强的抗癌作用。

【用法指要】山楂除鲜食外，可制成山楂片、果丹皮、山楂糕、红果酱、果脯、山楂酒等。山楂片和山楂果丹皮是最普通、最流行的品种。炖老鸡、鸭时，可放三四枚山楂或山楂片，这样鸡肉易烂；炖羊肉时，锅内放半包山楂片，即可除去羊膻味。

【健康妙用】山楂与红糖加水煎服，可治闭经；若用黄酒冲服，可治产后瘀血、留滞腹痛；与荷叶煎水饮用，适用于高血压兼有高脂血症患者，还可活血化瘀、消导通滞、清暑除烦，作夏季消暑饮料。但胃及二十指肠溃疡者禁用；与梨同煮成汤饮用，可清热去火、化痰；与白菜凉拌，可清热解毒、健脾开胃；与百合同煮成汤饮用，可养肺、清热化痰；与猪肉同吃，适用于脾虚积滞、高血压、高血脂等症。

【食用宜忌】孕妇、老年人、消化不良尤其适合食用。伤风感冒、消化不良、食欲不振、儿童软骨缺钙症、儿童缺铁性贫血者可多食山楂片。山楂只消不补，故脾胃虚弱者不宜多食。山楂片、果丹皮含有大量糖分，儿童不宜进食过多，否则会导致营养不良、贫血等。糖尿病患者不宜食用，可适当食用山楂鲜果。山楂具有降血脂的作用，血脂过低的人多食山楂会影响健康。胃酸过多、消化性溃疡和龋齿者，及服用滋补药品期间忌服用。不宜与海鲜、猪肝、人参、柠檬同食。

【温馨提示】每次三四个即可。食用后要注意及时漱口刷牙，以防伤害牙齿。

【药典精论】《本草纲目》：“化饮食，清肉积、症瘕、痰饮、痞满、吞酸，滞血痛胀。”《本草再新》：“治脾虚湿热，消食磨积，利大小便。”《随息居饮食谱》：“多食耗气，损齿，易饥，空腹及羸弱人或虚病后忌之。”

29. 怎样鉴别与选购柿子

【本品概述】

柿子又名米果、猴枣，属植物柿树的果实，其外观扁圆，不同的品种颜色从浅橘黄色到深橘红色不等，甜腻可口，营养丰富，是人们比较喜欢食用的果品之一。

不少人还喜欢在冬季吃冻柿子，别有味道。在中国一些地方的民俗中，还有过年吃柿子的习俗，取“事事如意”之吉利。

【选购指要】

选购柿子时以果面无裂口、虫蛀、腐烂、病斑的为佳。生柿子用酵母或催熟剂来催熟，但柿子的甜度大减。还有果农在生柿子蒂巴处点上“一试灵”使之红透。这些化学药剂都会产生残留，使柿子带毒。

食品健康知识链接

【天然药理】中医认为柿子能润心肺，止咳化痰，清热解渴，健脾涩肠，主治咽喉热痛，咳嗽痰多，口干吐血，肠内宿血，腹泻痢疾，酒毒。柿子含有大量的维生素和碘，能治疗缺碘引起的地方性甲状腺肿大。柿子能促进血液中乙醇的氧化，酒后吃一只冻柿子，可帮助机体对酒精的排泄，减少酒精对机体的伤害。柿子能有效补充人体养分及细胞内液，起到润肺生津的作用；柿子中的有机酸等有助于胃肠消化，增进食欲，同时有涩肠止血的功效；柿子还有助于降低血压，软化血管，增加冠状动脉流量，并且能活血消炎，改善心血管功能。

【用法指要】甜柿可以直接食用，涩柿需要人工脱涩后方可食用。除鲜食外，柿子整个晒干之后可以制成柿饼。柿子还可以酿成柿酒、柿醋，加工成柿脯、柿粉、柿霜、柿茶、冻柿子等。在北方，尤其是山东一些地区，有用柿子来做柿子煎饼。

【健康妙用】柿子与川贝母同蒸煮，可治久咳不愈；与蜂蜜同煮成浓汁，可治久咳不愈、痰多咳嗽；与粳米同煮成粥，可治恶心呕吐；与白芷、苹果制成白芷柿子苹果汁，代茶饮用。具有祛风利湿、消肿止痛的功效；与冰糖制成柿子冰糖饮，代茶饮用，具有清热、润肺、止渴的作用。

【食用宜忌】适合大便干结者、高血压患者、甲状腺疾病患者、长期饮酒者食用。患有慢性胃炎、排空延缓、消化不良等胃动力功能低下者，胃大部分切除术后不宜食柿子。由于柿子性寒，因此凡脾虚泄泻、便溏、体弱多病、产后及外感风寒者忌食。食柿子前后不可食醋或牛奶；食柿后忌饮白酒、热汤，以防患胃柿石症。

与海带、紫菜同食会引起胃肠不适；与酸菜、黑枣、酒同食会导致结石；与鹅肉、甘薯、萝卜、鸡蛋同食会引起腹痛、呕吐、腹泻等症状，严重者可致胃出血而危及生命；忌与螃蟹、其他海鲜类食物同食。柿子的涩味是由鞣酸（又称单宁酸）引起的，故不宜多食。不要空腹吃柿子，柿子宜在饭后吃。

【温馨提示】每次100克即可。柿饼表面的柿霜是柿子的营养精华，千万不要丢弃。

【药典精论】《本草纲目》：“柿乃脾、肺、血分之果也。其味甘而气平，性涩而能收，故有健脾涩肠，治嗽止血之功。”《随息居饮食谱》：“鲜柿，甘寒养肺胃之阴，宜于火燥津枯之体。”

30. 怎样鉴别与选购李子

【本品概述】

李子又名李实，在民间还有好些名字，如中国的李之王叫脆红李，布朗的李之王叫秋姬，欧洲的梅李之王叫蒙娜丽莎，也叫西梅。它是蔷薇科植物李的果实，我国大部分地区均产。李子饱满圆润，玲珑剔透，形态美艳，口味甘甜，是人们喜食的传统果品之一。

【选购指要】

挑选形状饱满、外观新鲜、颜色一致的，果皮有蜡粉的较好。李子品质的好坏，与它的成熟度和采后放置时间的长短有关。应注意选择表皮无伤痕、无皱纹和没有枯萎痕迹的，用手捏果子，感觉很硬，带有涩味的则太生；感觉略有弹性，脆甜适度的，则成熟度适中；感觉柔软的，则太熟，不利于贮存。

食品健康知识链接

【天然药理】李子能生津止渴、清肝除热、利水，主治阴虚内热、骨蒸痨热、消渴引饮、肝胆湿热、腹水、小便不利等病症。食李能促进消化、增加食欲，为胃酸缺乏、食后饱胀、大便秘结者的食疗良品。新鲜李肉中含有多种氨基酸，对于治疗肝硬化腹水大有裨益。对阴虚内热、骨蒸痨热、消渴引饮、肝胆湿热、腹水、小便不利等病症有疗效。李子中的维生素B_{12}有促进血红蛋白再生的作用，贫血者适度食用李子对健康大有益处。经常食用鲜李子，能使颜面光洁如玉，是现代美容美颜不可多得的天然精华。而李子酒就有“驻色酒”之称。

【用法指要】它既可鲜食，又可以制成罐头、果脯，是夏季的主要水果之一。

【健康妙用】将鲜李子洗净后去核捣烂，绞汁。每次服25毫升，每天3次。能清热生津，对糖尿病、阴虚内热、咽干唇燥有疗效。鲜李100克或李干50克水煎冲红糖，早晚饭前各服1次，可治胃痛呕恶。

【食用宜忌】一般人都能食用，特别适合于胃阴不足、口渴咽干、水肿、小便不利等患者食用。发热、口渴、虚痨骨蒸、肝病腹水者、教师、演员音哑或失音者、慢性肝炎、肝硬化者也宜食用。

李子宜熟透后食用。未熟透的李子不能吃，对身体有害。不可过量食用，否则会引起中毒。

脾虚痰湿及小儿不宜多吃，否则易生痰湿、伤脾胃，又损齿。急、慢性胃肠炎患者、脾胃虚弱者应少吃或忌食。李子忌与鸭蛋、雀肉、鸡肉、青鱼等一同食用。

【温馨提示】每次食用4~8个（60克左右）即可。李子可以先放于一般室温环境下稍变软后，再装入保鲜塑料袋中放入冰箱中储存。

【药典精论】《本草纲目》：“（李花）苦、香、无毒。令人面泽，去粉滓黑黯。”《随息居饮食谱》：“清肝涤热，活血生津”；“多食生痰，助湿发疟痢，脾弱者尤忌之”。《医林纂要》：“养肝，泻肝，破瘀。”

31. 怎样鉴别与选购杏子

【本品概述】

杏又名杏子、木落子、甜梅，处方名为生杏仁、光杏仁、杏仁、北杏仁、苦杏仁、炒杏仁、蜜杏仁、炙杏仁、杏仁霜、杏仁泥，为蔷薇科植物杏或山杏的果实。杏起源于中国，我国大部分地区均产，主产东北、华北、西北地区。其果皮多金黄色，果肉黄软，香气扑鼻，酸甜多汁，含有丰富的维生素和矿物质，非常有益于健康。

【选购指要】

常见的杏有两种，一种是青杏，一种是黄杏。青杏味道比较酸，主要用来泡酒、做蜜饯等；成熟的黄杏味道很甜，直接当水果吃或者晒干了吃杏干都不错。应选购表面没有受擦伤或虫蛀，颜色金黄，捏起来手感不致太软的为好。

食品健康知识链接

【天然药理】杏子能润肺止咳，化痰定喘，生津止渴，润肠通便，抗癌，主治咽干烦渴、急慢性咳嗽、大便秘结、视力减退、癌瘤等病症。未熟果实中含类黄酮较多。类黄酮有预防心脏病和减少心肌梗死的作用。因此，常食杏脯、杏干，对心脏病患者有一定好处。杏是维生素B_{17}含量最为丰富的果品，而维生素B_{17}又是极有效的抗癌物质，并且只对癌细胞有杀灭作用，对正常健康的细胞无任何毒害。杏还有美容功效，能促进皮肤微循环，使皮肤红润光泽。

【用法指要】杏果可生食或加工果脯，也可罐装在水、果汁、稀的或浓的糖浆中，还可制成杏汁、杏酱、杏干。果仁可供食用及药用。

【健康妙用】民间用杏仁、绿豆、粳米磨成浆，加白糖煮熟饮用，为夏天解暑、清热润肺的清凉饮料，即“杏仁茶”。以杏加工的产品杏茶、杏浆、杏酱、杏汁等，有防癌抗癌、延缓衰老的功效。

【食用宜忌】急慢性气管炎咳嗽者，肺癌、鼻咽癌患者等，癌症及术后放化疗患者，头发稀疏者尤其适宜食用。杏子甘甜性温，易致热生疮，平素有内热者慎食。孕妇、产妇、幼儿、病人，特别是糖尿病患者，不宜吃杏或杏制品。杏子中苦杏仁可分解成氢氰酸，不可生食和多食。未成熟的杏不可生吃。

【温馨提示】每次3～5个（50克）即可。因鲜杏易受擦伤和储存期短，所以应避免一次购买大量而造成浪费，放入冰箱内冷藏可保2~3天。

【药典精论】《备急千金要方》：“其中核犹未硬者，采之暴干食之，甚止渴，去冷热毒。”《滇南本草》：“治心中冷热，止渴定喘，解瘟疫。”《随息居饮食谱》：“润肺生津”。《农书》：“凡杏熟时，榨浓汁，涂盘中晒干，以手摩刮收之，可和水调麸食，亦五果为助之义也。”

32. 怎样鉴别与选购桃子

【本品概述】

桃别名桃实、毛桃、蜜桃、白桃、红

桃，为蔷薇科植物桃或山桃的成熟果实。原产我国陕西、甘肃一带，目前分布很广。其常被作为福寿祥瑞的象征，在民间素有“寿桃”和“仙桃”的美称。在果品资源中，桃以其果形美观、肉质甜美被称为“天下第一果”。

【选购指要】

看果形大小，着色程度，以果个大，形状端正，色泽鲜艳者为佳；用手摸，表面毛茸茸、有刺痛感的是没有被浇过水的，以稍用力按压时硬度适中不出水的为宜，太软则容易烂；看果肉、果核：以果肉白净，粗纤维少，肉质柔软并与果核粘连，皮薄易剥离者为优。

水蜜桃用工业柠檬酸浸泡，桃色鲜红、不易腐烂。这种化学残留会损害神经系统，诱发过敏性疾病，甚至致癌。选购时要特别注意。

食品健康知识链接

【天然药理】桃子能生津、润肠、活血、消积，主治老年体虚、津伤肠燥便秘，妇女瘀血痛经、闭经，及体内瘀血肿块、肝脾肿大等病症。桃子果肉中含铁量较高，在各种水果中仅次于樱桃。由于铁参与人体血液的合成，所以食桃具有促进血红蛋白再生的能力，可防治因缺铁引起的贫血。桃仁中所含苦杏仁甙的水解产物氢氰酸和苯甲醛对癌细胞有协同破坏作用，而氢氰酸和苯甲醛的进一步代谢产物，分别对改善肿瘤患者的贫血及缓解疼痛有一定作用。桃仁中所含苦杏仁甙、苦杏仁酶等物质，水解后对呼吸器官有镇静作用，能止咳平喘。

【用法指要】桃子有很多吃法，可以鲜食，由于不易保存，也可以加工制成罐头、桃干、桃果脯、桃酱、果酒、果汁等。食用前要将桃毛洗净，以免刺入皮肤，引起皮疹；或吸入呼吸道，引起咳嗽、咽喉刺痒等症。

【健康妙用】早、中、晚饭后各吃鲜桃1只，坚持吃1个月以上，对肺结核有辅助治疗作用。

【食用宜忌】尤其适合老年体虚、肠燥便秘、身体瘦弱、阳虚肾亏者食用；也适合大病之后、气血亏虚、面黄肌瘦、心悸气短者食用。桃性温味甘甜，不宜多食，否则易生膨胀、发疮疖。不要吃未成熟的桃子、腐烂的桃子。桃不宜与龟、鳖肉同食。胃肠功能不良者及老人、小孩均不宜多吃；桃子含糖量高，糖尿病人应慎食；腹泻病人忌吃桃子。孕妇忌服桃红。

【温馨提示】每次1个即可。桃可储存在干燥、阴凉处，但不宜久放，一般宜买回桃后即用保鲜袋装好密封，置于冰箱中保存。

【药典精论】《本草纲目》：“性走泄下降，利大肠甚快，用以治气实人病水饮、肿满、积滞。”《随息居饮食谱》：“补心，活血，生津，涤热。”《本草思辨录》：“桃仁，主攻瘀血而为肝药，兼疏肌股之瘀。”

33. 怎样鉴别与选购梨

【本品概述】

梨又叫快果、果宗、玉乳、蜜父、

雪梨、沙梨。梨的栽培历史悠久，分布遍及全国，以长江流域以南地区及淮河流域一带栽培较多。其果肉脆而多汁，酸甜适口，含丰富的营养成分，有“百果之宗”之誉，又有“天然矿泉水”之称。

【选购指要】

选购梨子时，应挑选个大适中、果皮薄细、光泽鲜艳、果肉脆嫩、汁多味香甜、无虫眼及损伤者。

不良商家使用膨大素、催长素令柿子早熟，再用漂白粉、着色剂（柠檬黄）为其漂白染色。处理过的梨汁少味淡，有时还会伴有异味和腐臭味。

食品健康知识链接

【天然药理】梨含水量多，且含糖分高，其中主要是果糖、葡萄糖、蔗糖等可溶性糖，并含多种有机酸，故味甜，汁多爽口，香甜宜人。食后满口清凉，既有营养，又解热症，可止咳生津、清心润喉、降火解暑，可为夏秋热病之清凉果品；又可润肺、止咳、化痰。对患感冒、咳嗽、急慢性气管炎患者有效。因梨中含有鞣酸成分以及丰富B族维生素，故对高血压、心肺病人出现头昏目眩、心悸耳鸣时大有好处。它能保护心脏，减轻疲劳，增强心肌活力，降低血压。食梨能防止动脉粥样硬化，抑制致癌物质亚硝胺的形成，从而防癌抗癌。

【用法指要】梨果主要用于鲜食，果肉脆嫩多汁，酸甜可口，香甜宜人，风味浓郁，为生食之佳品，是夏秋之清凉果品。梨果加工可制成梨罐头、梨汁、梨干、梨酒、梨醋等。家庭有煮梨、烤梨、蒸梨、冻梨、泡梨等吃法。

【健康妙用】梨与蜂蜜同吃对患肺热咳嗽的病人有效；与杏仁共煮汤，能清热化痰，适于肺燥引起的咳嗽；与川贝共吃具润肺消痰、降火涤热功效，能用于治疗虚劳咳嗽、吐痰咯血等症；与米醋同吃可治消化不良、食欲不振等症，并有解酒作用；与冰糖同煮水，能清热止渴，适用于外感温热病毒引起的发热、伤津、口渴等。

【食用宜忌】咳嗽痰稠或无痰、咽喉发痒干疼者，慢性支气管炎、肺结核患者，高血压、心脏病、肝炎、肝硬化患者，饮酒后或宿醉未醒者尤其适合。脾虚便溏及寒嗽者忌食。梨性偏寒，多吃会伤脾胃，故脾胃虚寒、畏冷食者应少吃。梨有利尿作用，夜尿频多者睡前应少吃梨；血虚、畏寒、腹泻、手脚发凉的患者不可多吃梨，并且最好煮熟再吃，以防湿寒症状加重。梨与螃蟹同食伤肠胃，应注意避免；也忌与鹅肉同食。吃梨时不宜喝热水、食油腻食品，否则会导致腹泻。

【温馨提示】每天1个即可。用以止咳化痰者，不宜选择含糖量太高的甜梨。

【药典精论】《本草衍义》：“梨，多食则动脾，少则不及病，用梨之意，须当斟酌，惟病酒烦渴人，食之甚佳，终不能却疾。”《本草经疏》：“梨，能润肺消痰，降火除热，故苏恭主热嗽止渴，贴汤火伤；大明主贼风心烦，气喘热狂；孟诜主胸中痞塞热结等，诚不可阙者也。”

34. 怎样鉴别与选购哈密瓜

【本品概述】

哈密瓜古称甜瓜、甘瓜，属葫芦科植物，是甜瓜的一个变种，有“瓜中之王”的美称。其风味独特，有的带奶油味，有的含柠檬香，但都味甘如蜜，奇香袭人。因盛产于新疆哈密而得名。在诸多哈密瓜品种中，以“红心脆”、“黄金龙”品质最佳。

【选购指要】

优质哈密瓜一般有香味，且成熟度适中；无香味或香味淡薄的则成熟度较差，可放些时间后食用。挑瓜时可用手捏一捏瓜身，手感坚实微软，成熟度中；太硬则不太熟；太软则成熟过度。瓜瓤为浅绿色的吃时发脆；金黄色的发绵；白色的柔软多汁。

食品健康知识链接

【天然药理】哈密瓜不但好吃，而且营养丰富，有清凉消暑、除烦热、生津止渴的作用，是夏季解暑的佳品。食用哈密瓜对人体造血机能有显著的促进作用，可以用来作为贫血的食疗之品。中医认为，甜瓜类的果品性质偏寒，还具有疗饥、利便、益气、清肺热止咳的功效。

【用法指要】生食或炒食、煮食都可以，还可以制成罐头及果脯食用。取果肉愈靠近种子处，甜度越高，愈靠近果皮越硬，因此皮最好削厚一点，吃起来更美味。

【健康妙用】哈密瓜与百合同煮汤有养颜瘦身的功效；与猪瘦肉同煮汤有养颜瘦身的功效；与冰块可制成哈密瓜奶昔；与香草冰淇淋可制成哈密瓜奶昔；榨汁后调入白糖饮用，能清凉解暑，止渴利尿。

【食用宜忌】适宜于肾病、胃病、咳嗽痰喘、贫血和便秘患者。哈密瓜性凉，不宜吃得过多，以免引起腹泻。

患有脚气病、黄疸、腹胀、便溏、寒性咳喘以及产后、病后的人不宜食用；而且哈密瓜中含糖较多，因此糖尿病人应慎食。

【温馨提示】每次90克左右即可。搬动哈密瓜应轻拿轻放，不要碰伤瓜皮，因为受伤后的瓜很容易变质腐烂，不能储藏。

【药典精论】《食疗本草》：“止渴，益气，除烦热，利小便，通三焦壅塞气。……多食令人阴下湿痒生疮，动宿冷病，癥癖人不可食之，多食令人之虚弱，脚手无力。”《本草衍义》：“甜瓜，多食未有不下痢者，为其消损阳气故也。”

35. 怎样鉴别与选购榴梿

【本品概述】

榴梿是木棉科热带落叶乔木，原产东南亚，声名远播，有“热带水果之王”的美称。榴梿肉色淡黄，黏性多汁，酥软味甜，吃起来有雪糕的口感，回味甚佳，故有“流连（榴梿）忘返”的美誉。其果肉中含有丰富的营养物质，是一种营养密度高且均衡的水果，对机体有很好的补养作用。

【选购指要】

购买榴梿时，应选择外形多丘陵状、

果形完整端正、果皮呈深咖啡色且味道浓烈的果实，如果摇晃起来感觉有物，便是上品。千万不要以为越重越好，其实比较轻的榴梿往往核小。成熟后自然裂口的榴梿存放时间不能太久；好的榴梿气味浓烈，可以在开裂处用鼻子闻，气味很大，且气味浓烈的榴梿肯定是好榴梿。有酒精味的不要购买。

食品健康知识链接

【天然药理】榴梿含有丰富的蛋白蛋和脂类，对机体有很好的补养作用，是良好的果品类营养来源，可用来当作病人和产后妇女补养身体的补品。榴梿性热，可以活血散寒，缓解经痛，特别适合受痛经困扰的女性食用。榴梿还能改善腹部寒凉、促进体温上升，是寒性体质者的理想补品。中医认为榴梿能滋阴强壮、疏风清热、利胆退黄、杀虫止痒，可用于精血亏虚、须发早白、衰老、风热、黄疸、疥癣、皮肤瘙痒等症的食疗。

【用法指要】所买榴梿以七八成熟为佳，吃起来臭味不很重，初学吃者较易接受；若吃过量，会热补充而流鼻血，最好将其壳煎淡盐水服用，可降火解滞；用榴梿皮内解滞；用榴梿皮内肉煮鸡汤喝，可作妇女滋补汤，能去胃寒。榴梿口感较稠结，易积于肠内，多喝开水可助消化。

【健康妙用】榴梿的种子富含蛋白质，炒熟或煮熟后去壳吃，味道类似板栗，吃了能够增加体力。榴梿虽然好吃，但容易引起“上火”。消除燥热的方法是在吃榴梿的同时喝些淡盐水或吃些水分比较多的水果来平衡，梨、西瓜都是很好的选择。不过，榴梿的最好搭档是被称为“水果皇后”的山竹，只有它才能轻易降伏“水果之王”的火气，保护身体不受损害。

【食用宜忌】一般健康人都可食用，病后及妇女产后可用之来补养身体。榴梿不可与酒一起食用。热气体质、喉痛咳嗽、感冒、阴虚体质、气管敏感者吃榴梿会令病情恶化，对身体无益，不宜食用。榴梿性质温热，若吃得太多，会令燥火上升，及出现湿毒的症状。想缓解不适，就要饮海带绿豆汤或夏枯草汤。榴梿含有的热量及糖分较高，因此肥胖人士宜少食。榴梿含有较高钾质，故肾病及心脏病人也宜少食。

【温馨提示】每天食用量最多不超过100克。

【药典精论】《本草纲目》：“可供药用，味甘温，无毒，主治暴痢和心腹冷气。”

36. 怎样鉴别与选购乌梅

【本品概述】

乌梅又名梅实、春梅、酸梅、梅子、干枝梅、合汉梅、熏梅等，我国特产水果之一，大多数地区都有出产。它既是一味可口的零食，又是一味重要的中药。通常，药用的乌梅是由未成熟的青梅经熏制而成。

【选购指要】

选购时应注意产地，以浙江合溪、福建安溪出产的乌梅质量最好。袋装的乌梅放在干燥通风处可以保存很长一段时间。

食品健康知识链接

【天然药理】乌梅具有防止老化、益肝养胃、敛肺止咳、清热除烦、生津止渴、安蛔止痛、中和酸性代谢产物等功效，临床上常用来治疗久咳不止、久泻久痢、虫积腹痛、烦热口渴、食欲不振等症状。此外，将腌制好的乌梅加甘草丁末一起晒干，食用后能解酒醒醉。乌梅有助于体内血液酸碱平衡，肝火旺的人多吃乌梅不但能降低肝火，更能帮助脾胃消化，滋养肝脏；情绪暴躁的人每天吃几颗乌梅，可保持心情愉快。在出游晕车时食用乌梅可以止呕治晕；劳累疲倦时食用乌梅可令筋骨、肌肉与血管组织等恢复活力。

【用法指要】可生食，也可煮汤食用。

【健康妙用】治牙痛：乌梅炒黑涂痛处。或在牙痛一侧脸颊上贴上乌梅肉。

治晕车、眩船：把乌梅放于肚脐上或含在口中。

治泻痢口渴：乌梅煎汤，代茶日饮。

治骨刺鲠喉：用乌梅1枚蘸白糖，放在口中含化。

治白癜风：乌梅（鲜者）捣汁，涂擦，或烧存性，醋和涂抹（《经验方》）

【食用宜忌】感冒、支气管炎、气管炎患者忌食乌梅。一般人在服用磺胺类药和碱性药物时也忌食乌梅。

【温馨提示】每次9~15克即可，不宜多吃。

【药典精论】《神农本草经》：“主下气，除热烦满，安心、肢体痛、偏枯不仁、死肌，去青黑痣、胬肉。”《本草纲目》：“敛肺涩肠，治咳，泻痢，反胃噎嗝，蛔厥吐利，消肿，涌痰，杀虫，解鱼毒、马汗毒、硫黄毒。”

37. 怎样鉴别与选购桑葚

【本品概述】

桑葚又名桑果，有黑、白两种，鲜食以紫黑色为补益上品。早在两千多年前，桑葚已是中国皇帝御用的补品。因桑葚特殊的生长环境使桑果具有天然生长、无任何污染的特点，所以桑葚又被称为“民间圣果”，被医学界誉为“21世纪的最佳保健果品”，已被国家卫生部正式列入“既是食品又是药品”的名单。

【选购指要】

买桑葚的时候要注意选择颗粒比较饱满，厚实，颜色紫红、富有光泽，没有出水，比较坚挺的，是比较好的。如果桑葚颜色比较深，味道比较甜，而里面比较生，就要注意了，这种有可能是经过染色的桑葚。

食品健康知识链接

【天然药理】桑葚具有补肝益肾、生津润肠、乌发明目、止渴解毒、养颜等功效，适用于阴血不足、头晕目眩、盗汗及津伤口渴、消渴、肠燥便秘等症。

【用法指要】桑葚可洗净后鲜用，也可晒干或略蒸后晒干用。

【健康妙用】鲜桑葚子60克，桂圆肉30克，炖烂食，每日2次，可治贫血。桑葚子10

克，五味子10克，水煎服，每日2次，可治自汗、盗汗。鲜桑葚绞汁，每次15克，连服数日，可治习惯性便秘。桑葚15克，水煎常服，可治失眠。

【食用宜忌】一般成人适合食用，女性、中老年人及过度用眼者尤其适合食用。适宜肝肾阴血不足之人，诸如腰酸，头晕，耳鸣，耳聋，神经衰弱失眠，以及少年白发者食用；适宜产后血虚便秘、病后体虚便秘、老人肠燥便秘、体弱之人习惯性便秘者食用。糖尿病人以及平素大便溏薄、脾虚腹泻者忌食。

桑葚熬膏时忌铁器。未成熟的青桑葚不宜食。小儿切忌大量食用。桑葚忌与鸭蛋同食。

【温馨提示】适用量为每次20~30颗（30~50克）。

【药典精论】《新修本草》："桑葚单食止消渴。"《滇南本草》："桑葚益肾而固精，久服黑发明目。"《随息居饮食谱》："桑葚，久久服之，须发不白，以小满前熟透色黑而味纯甘者良。熟桑葚以布滤取汁，瓷器熬成膏收之，老人服之生精神，健步履。"

第七章
饮料与调味品类食品鉴别与选购

1. 怎样鉴别与选购山柰

【本品概述】

山柰又名三奈子（《海上方》）、三赖（《品汇精要》）、三柰、山辣（《纲目》）、三藾（《南越笔记》）、沙姜（《岭南采药录》），为姜科植物山柰的根茎。为多年生草本，不耐寒，根茎药用，其性味功效犹如生姜，因此俗称沙姜。它主要产于广东，云南、广西及台湾省也产。

【选购指要】

应购买外皮浅褐色或黄褐色，皱缩，有根痕或残存须根，切面类白色，粉性，常鼓凸，质脆，易折断，气味辛辣的。

食品健康知识链接

【天然药理】山柰有温中散寒、开胃消食、理气止痛的功效，可用于胸膈胀满、脘腹冷痛、饮食不消、跌打损伤、牙痛等症状。

【用法指要】制作卤菜时，用山柰与砂仁、生姜、肉桂、橘皮、丁香、八角等一同配制成芳香醒脾、和中开胃的香料，腌制各种卤菜食用，以加强口感，增进食欲。

【健康妙用】内服：煎汤，5～10克；或入丸、散。外用：捣敷，研末调敷或吹鼻。把其置于衣物中，可防虫蠹。

【食用宜忌】适宜胃寒之人心腹冷痛，肠鸣腹泻者食用；适宜纳谷不香，不思饮食，或停食不化之人食用。

一次不宜过多，以免吸收大量姜辣素，产生口干、咽痛、便秘等“上火”症状。

烂山柰、冻山柰不要吃。

阴虚血亏、胃有郁火者忌服。

【温馨提示】每次10克左右即可。置阴凉干燥处存放。

【药典精论】《本草纲目》：“暖中，辟瘴疠恶气，治心腹冷痛，寒湿霍乱。”《本草汇言》：“治停食不化，一切寒中诸证。”《品汇精要》：“辟秽气；为末擦牙，祛风止痛及牙宣口臭。”《纲目》：“暖中，辟瘴疠恶气。治心腹冷气痛，寒湿霍乱，风虫牙痛。”《岭南采药录》：“治跌打伤，又能消肿。治骨鲠，以之和赤芍、威灵仙等分，水煎服。”

2. 怎样鉴别与选购大茴香

【本品概述】

大茴香又名八角、大料、八角茴香，是常用的调料，是烧鱼炖肉、制作卤制食品时的必用之品。因为它能除肉中臭气，使之重新添香，故名“茴香”。它是我国的特产，盛产于广东、广西等地。颜色紫褐，呈八角，形状似星，有甜味和强烈的芳香气味，香气来自其中的挥发性的茴香醛。它是制作冷菜及炖、焖菜肴中不可少的调味品，其作用为其他香料所不及，也是加工五香粉的主要原料。

【选购指要】

通常使用的是干品，以干燥、色泽饱满、没有虫蛀、没有霉迹、气味辛香的为佳。

食品健康知识链接

【天然药理】大茴香的主要成分是茴香油，它能刺激胃肠神经血管，促进消化液分泌，增加胃肠蠕动，有健胃、行气的功效，有助于缓解痉挛、减轻疼痛。其所含的茴香烯能促进骨髓细胞成熟并释放外周血液，有明显的升高白细胞的作用，主要是升高中性粒细胞，可用于白细胞减少症。中医认为大茴香有温阳散寒、理气止痛的功效。

【用法指要】大茴香在烹饪中应用广泛，主要用于煮、炸、卤、酱及烧等烹调加工中。炖肉时，肉下锅就放入大茴香，它的香味可充分水解溶入肉内，使肉味更加醇香；做上汤白菜时，可在白菜中加入盐、大茴香同煮，最后放些香油，这样做出的菜有浓郁的荤菜味；在腌鸡蛋、鸭蛋、香椿、香菜时，放入大茴香则会别具风味。

【健康妙用】治小肠气坠：八角茴香，小茴香各三钱，乳香少许。水煎服取汁。

治疝气偏坠：大茴香末50克，小茴香末50克。用猪尿胞一个，连尿入二末于内，系定罐内，以酒煮烂，连胞捣丸如梧子大。每服五十丸，白汤下。

治腰重刺胀：八角茴香，炒为末，食前酒服10克。

治腰痛如刺：八角茴香（炒研）每服

10克，食前盐汤下。外以糯米一二升，炒热，袋盛，拴于痛处。

治大小便皆秘，腹胀如鼓，气促：大麻子（炒，去壳）25克，八角茴香七个。上作末，生葱白三七个，同研煎汤，调五苓散服。

在制作牛肉、兔肉的菜肴中加入大茴香，既可消除腥膻等异味，增添芳香气味，又可调剂口味，增进食欲。

【食用宜忌】一般人群均可食用，尤其适宜痉挛疼痛者、白细胞减少症患者食用。阴虚火旺的人不宜食用。不宜多食，否则容易导致伤目、长疮。

【温馨提示】香料每次3～5克。茴香菜每次60～80克。

【药典精论】《品汇精要》：“主一切冷气及诸疝疗痛。”《本草蒙筌》：“主肾劳疝气，小肠吊气挛疼，干、湿脚气，膀胱冷气肿痛。开胃止呕，下食，补命门不足。（治）诸瘘，霍乱。”《医学入门》：“专主腰痛。”《本草正》：“除齿牙口疾，下气，解毒。”《医林纂要》：“润肾补肾，舒肝木，达阴郁，舒筋，下除脚气。”《得配本草》：“多食损目发疮。”

3. 怎样鉴别与选购丁香

【本品概述】

丁香为桃金娘科植物丁香的花蕾。丁香由“花为细小丁，香而瓣柔”而得名。丁香花开时，满树锦绣，花瓣簇簇相拥。偶有微风袭来，花香四溢，沁人心脾。丁香为常绿乔木，原产马来西亚群岛及非洲，我国广东、海南、广西、云南等地有少量栽培。丁香有公丁香、母丁香之分。人们常把未开放的花蕾称为“公丁香”，而把成熟的果实称为“母丁香”，其用法与用量基本相同。

【选购指要】

选购丁香时以富油性、香气浓郁、入水下沉者为佳。

食品健康知识链接

【天然药理】丁香中的主要有效成分是丁香油酚，可抑制口腔内多种有害细菌，尤其对牙龈炎、龋齿引起的牙痛和口臭有很好的疗效。取丁香1～2粒含口中即可治疗口臭，且疗效甚佳，口臭者不妨一试。用丁香花苞泡制的丁香茶具有抗氧化、促消化、镇痛等功效，有助于健胃。丁香又是一味很好的温胃药，对由寒邪引起的胃痛、呕吐、呃逆、腹痛、泄泻等，均有良好的疗效。丁香煎剂、丁香油、丁香酚等对多种致病性真菌、球菌、链球菌、肺炎、痢疾、绿浓、大肠、伤寒等杆菌及流感病毒等有抑制作用。中医认为，丁香具有温中降逆、散寒止痛、暖肾助阳的作用，可治呃逆、呕吐、反胃、痢疾、心腹冷痛、痃癖、疝气、癣症。

【用法指要】丁香主要用于肉类、糕点、腌制食品、炒货、蜜饯、饮料的制作配制调味品。单独冲泡丁香茶，会像中药汤一样不好喝，一般把丁香和其他花草混合饮用。

【健康妙用】胃寒呃逆，脉迟者，可与柿蒂、人参、生姜配伍。久患心腹冷痛者，可与肉桂、干姜等相伍。肾阳虚衰，阳痿遗精，阴冷不孕，腰膝冷痛者，可与肉桂、附子、鹿角胶等相配。小腹寒疝腹痛者可与川楝子、附子、小茴香等相合。取丁香1～2粒含于口中，可治疗口臭。

【食用宜忌】一般人都可以食用。脾胃虚寒者、呕吐者、热病及阴虚内热者忌服。不宜过量食用。

【温馨提示】每次2~6克即可。

【药典精论】《本草经疏》："一切有火热证者忌之，非属虚寒，概勿施用。"李杲："气血胜者不可服，丁香益其气也。"《雷公炮炙论》："不可见火。畏郁金。"

4. 怎样鉴别与选购小茴香

【本品概述】

小茴香又名茴香、小茴、小香、角茴香、谷茴香，它的种实是调味品，于夏末秋初果实成熟时割取全株，晒干后，打下果实，去净杂质。其产地较广，以四川、陕西、宁夏所产为好，有浓郁的香味，常与大茴香一起使用，为五香粉原料之一。

【选购指要】

以干燥、成熟、呈灰色、形如稻粒、没有虫蛀或霉迹、气味纯正的为佳。

食品健康知识链接

【天然药理】小茴香能刺激胃肠神经血管，促进唾液和胃液分泌，起到增进食欲、帮助消化的作用；还具有促进肠蠕动、缓解痉挛、减少疼痛、抗菌的作用。

【用法指要】小茴香在烹饪中的应用也很广泛，主要用于煮、炸、卤、酱及烧等烹调加工中，而它的茎叶部分具有香气，也被用来做包子、饺子等食品的馅料。不过茴香菜做馅时应先用开水焯过。

【健康妙用】小茴香和其他食物搭配食用，能温肾散寒，和胃理气，主要治疗胃寒腹痛、寒疝作痛、胃寒纳差等症，尤以疏肝散寒止痛见长，为治寒疝要药。

【食用宜忌】一般人群均可食用，尤其适宜痉挛疼痛者、白细胞减少症患者。阴虚火旺者不宜食用。一般人也不能多食。发霉的小茴香不宜吃。

【温馨提示】做香料时每次3～5克，茎叶部分每次60～80克。

【药典精论】《日华子本草》："得酒良。治干湿脚气，并肾劳，颓疝气，开胃下食，治膀胱痛，阴疼。入药炒。"《本草衍义》："治膀胱冷气及肿痛，亦调和胃气。"《药类法象》："破一切臭气，调中止呕下食。炒黄，捣细用。主诸瘘霍乱，治脚气，补命门不足，并肾劳疝气，止膀胱及阴痛，开胃中食，助阳道，理小肠气。"《本草纲目》："小茴香性平，理气开胃，食料宜之。大茴香性热，多食伤目，发疮，食料不宜过用。"

5. 怎样鉴别与选购食茱萸

【本品概述】

食茱萸又名越椒（《广雅》）、档子（《本草拾遗》）、艾子（《本草图经》）、辣子（《纲目》），为芸香科植物樗叶花椒的果实，自古以来就与花椒、姜并列为“三香”。它产于我国四川、浙江、广东、广西、台湾等省，其果实供食用，作为调味香料。

【选购指要】

以肉厚、柔软、色紫红者为佳。

食品健康知识链接

【天然药理】果实作药用，有温中、暖胃、燥湿、健脾、杀虫、止痛的功效。

【用法指要】或者将茱萸果实煎熬成膏状，作牛羊猪肉的配料，以除去腥膻味；或者用整粒茱萸果实作肉食的调味料。

【健康妙用】治赤白带下：食茱萸、石菖蒲等分，研末，混合，每早晨以盐酒温服10克。

治蛇咬毒：食茱萸50克，研末，冷水调，分3次服用。

治脚气冲心：食茱萸和生姜煮汁饮之。

【食用宜忌】适宜脾胃虚寒、腹痛便溏、久泻冷痢、慢性肠炎之人食用。阴虚火旺型体质忌食；患有眼疾之人忌食；干燥综合征、更年期综合征、糖尿病、肺结核等口干心烦失眠之人忌食。一次忌食之过多。

【温馨提示】每次6~10克即可。

【药典精论】《食疗本草》：“食茱萸，主心腹冷气痛。”《本草图经》：“宜人食羹中，能发辛香。”《本草纲目》：“治冷痢滞下，暖胃燥湿。”“食茱萸动脾火，病目者忌之。”

6. 怎样鉴别与选购紫苏

【本品概述】

紫苏为唇形科植物紫苏的叶和茎枝。其叶称紫苏叶，茎枝称苏梗，茎叶合用称全紫苏。多系栽培，我国南北均产。临床用名有紫苏叶、紫苏梗。

【选购指要】

鲜叶及嫩茎以叶片完整、色紫、香气浓者为佳；种子以粒大饱满，色黑者为佳。

食品健康知识链接

【天然药理】紫苏能解表散寒、行气和胃、止咳平喘、利膈宽肠、止痛安胎、解鱼蟹毒。紫苏中含有食物中少见的α－亚麻酸，现代科学证明，α－亚麻酸可以抑制人体内血小板聚集、减少血栓形成，同时还具有预防和延缓动脉硬化、健脑明目、保肝通便、调血脂、降低胆固醇、抗癌防癌等多种保健功能。

【用法指要】鲜叶及嫩茎可药食两用，干品一般作药用。在烹调鱼、虾、蟹、螺等水产品时，放上两三片紫苏叶的话，不但能祛除腥味，还能使菜肴味道更加鲜美味香。干紫苏还可以用来加工酱菜，现在民间晒酱时仍加点紫苏用以去腥防腐。用泡菜坛时，放点紫苏叶，也可使泡菜别有风味。卷着紫苏叶吃烤肉会更香，因为烤肉吃多了不易消化，而紫苏叶具有暖胃、理气、助消化的功能，所以用它来卷着吃就可以避免出现那些不舒服的症状。

【健康妙用】大米同紫苏汁液煮粥，吃起来清香爽口，能健胃解暑。大蒜捣烂与紫苏凉拌食用，有行气健胃、帮助消化、发汗祛寒的作用。紫苏叶水煎后加红糖冲服，可治寒泻。紫苏叶与菊花同煮粥食可消炎利胆；与麻仁同煮粥食可润肠通便，适用于老人、产妇、病后、体质虚弱等大便不通、燥结难解的患者；生姜同煮粥或汤食可治感冒、咳嗽，在风寒感冒及风寒咳嗽初起时最宜。

【食用宜忌】体虚者、孕妇可用。紫苏叶不可同鲤鱼食，生毒疮。气虚、阴虚及温病患者慎服。

【温馨提示】每次4.5~9克即可。

【药典精论】《本草分经》："辛温而香。入气分，兼入血分。利肺下气，发表祛风，宽中利肠，散寒和血。"《神农本草经》："主下气，杀谷，除饮食，辟口臭，去邪毒，辟恶气。"《日华子本草》："补中益气，治心腹胀满，止霍乱转筋，开胃下食，并一切冷气，止脚气，通大小肠。"

7. 怎样鉴别与选购白豆蔻

【本品概述】

白豆蔻又名多骨、壳蔻、白蔻、豆蔻，为姜科植物白豆蔻和爪哇白豆蔻成熟的果实，是多年生草本，生于气候温暖、潮湿、富含腐殖质的林下。它原产于泰国、越南、柬埔寨等国，现在我国广东、云南等地也有栽培。当果实成熟时，剪下果穗，晒干或烤干后用，其气味芳香，味道清凉，略似樟脑。

【选购指要】

以粒大、果皮薄而洁白、饱满、气味浓者为佳。

食品健康知识链接

【天然药理】白豆蔻归肺、脾、胃经，能芳香行散，升中有降，具有行气化湿、温中止呕的功效，主治湿温初起，胸闷不饥，寒湿阻中，脘腹胀痛，饮食不消，呕吐呃逆，疟疾，口臭。它富含豆蔻素、樟脑、龙脑等挥发油，能祛除鱼肉的腥膻异味，令人开胃口、增食欲并促进消化。其提取物可增强机体对肿瘤的免疫功能，破坏癌细胞外围防护因子，使癌组织容易被损害。

【用法指要】多用于烹制肉食时，以祛腥增味。可粉碎但不可炒用，否则将失去或减弱其特有的芳香美味。未用完的须贮于干燥容器内，密闭，置阴凉干燥处，防蛀。

【健康妙用】湿温初起，身热不扬，胸闷不饥，湿重于热者，可与杏仁、薏苡仁、滑石等配伍。脾胃寒湿呕吐者，可与半夏、藿香、生姜等配伍。

【食用宜忌】一般人都可以食用。阴虚血燥者禁食。不宜过量食用。

【温馨提示】每次5~9克即可。

【药典精论】《开宝本草》："主积冷气，止吐逆反胃，消谷下气。"《本草通玄》："白豆蔻，其功全在芳香之气，一经火炒，便减功力；即入汤液，但当研细，乘沸点服尤妙。"

8. 怎样鉴别与选购荜澄茄

【本品概述】

荜澄茄又名澄茄、毗陵茄子、毕澄茄、山鸡椒、毕茄、野胡椒，为樟科木姜子属植物山鸡椒的果实（荜澄茄）、根及叶。秋季果实成熟时采收，根、叶全年可采，除去杂质，晒干后使用。它主要产广西、浙江、江苏、安徽等地，此外，四川、云南、广东、贵州、湖南、湖北、江西、福建等地也产。

【选购指要】

以粒圆、气味浓厚、富油质者为佳。

食品健康知识链接

【天然药理】荜澄茄能温暖脾肾、健胃消食，属芳香开胃性调味品，用于胃寒脘腹冷痛、呕吐、呃逆、寒疝腹痛、寒湿、小便浑浊等症状。根：用于胃寒呕逆，脘腹冷痛，寒疝腹痛，寒湿郁滞，小便浑浊。叶：外用治痈疖肿痛，乳腺炎，虫蛇咬伤，预防蚊虫叮咬。子：感冒头痛，消化不良，胃痛。

【用法指要】通常作为调味料食用，多用于烹制肉食时，以祛腥增味。荜澄茄含挥发油，不可久煮。

【健康妙用】治噎食不纳：荜澄茄、白豆蔻等分，研末，干服。

治支气管哮喘：荜澄茄果实、胡颓子叶、地黄根（野生）各25克，水煎服。忌食酸、辣。

治中暑：荜澄茄果实5~10克，水煎服。

治无名肿毒：澄茄鲜果实适量捣烂外敷。

【食用宜忌】适宜食积气胀、胃寒冷痛、反胃呕吐、不思饮食、肠鸣腹泻之人作为调料食用；也适宜阿米巴痢疾患者食用。阴虚火旺、干燥综合征、结核病、糖尿病患者忌食。

【温馨提示】每次2~5克即可。

【药典精论】《海药本草》："主心腹卒痛，霍乱吐泻，痰癖冷气。"《日华子本草》："治一切气，并肾气膀胱冷。"《滇南本草》："泡酒吃，治面寒疼痛，暖腰膝，壮阳道，治阳痿。"

9. 怎样鉴别与选购肉桂

【本品概述】

肉桂又名牡桂、桂、大桂、筒桂、辣桂、玉桂，为樟科植物肉桂和大叶清化桂的干皮和枝皮，也是一味常用的调味料。肉桂为常绿乔木，生于常绿阔叶林中，但多为栽培，我国福建、台湾、广东、广西、云南等地的热带及亚热带地区均有栽培，尤以广西栽培为多，大多为人工纯林。多于秋分后剥取栽培了5~6年的树皮或枝皮，晒1~2天，卷成圆筒状，阴干，称油筒桂（广桂）；剥取10余年的树皮，将两端削成斜面，夹在木制的凹凸板中晒干，称企边桂；将老树干离地30厘米处作环状剥皮，放木夹内晒至九成干取出，纵横堆叠，加压，约1个月干燥，称板桂；桂皮加工过程中余下的边条，削去外部栓皮，称桂心；块片称桂碎。

【选购指要】

以外表细致、皮厚体重、不破碎、油性大、香气浓、甜味浓而微辛、嚼之渣少者为佳。其外表面灰棕色，略粗糙，有突起的皮孔；内表面棕红色，平滑，指甲刻画显油痕。质坚实而脆，折断面颗粒性，近外层有一条浅黄色切向线纹（石细胞环带）；香气浓烈特异，味甜、辣。

食品健康知识链接

【天然药理】肉桂归肾、心、脾、肝经，香辣气厚，降而兼升，能走能守，具有温肾助阳、引火归原、散寒止痛、温经通脉的功效。主治肾阳不足、畏寒肢冷、腰膝酸软、阳痿遗精、宫冷不孕、小便不利或尿频、遗尿、短气喘促、浮肿尿少、脘腹冷痛、食少便溏、上热下寒、面赤足冷、头晕耳鸣、口舌糜烂、虚寒腰痛、寒湿痹痛、寒疝、痛经经闭、产后瘀滞腹痛、阴疽流注、痈疡脓成不溃或溃后不敛。

【用法指要】肉桂在烹饪中的应用很广泛，主要用于煮、炸、卤、酱及烧等烹调加工中。

【健康妙用】下焦阳虚火衰，症见畏寒肢冷腰膝酸软、阳痿遗精、小便不利或频数者，最宜与附子同用，以增强温补肾阳之功。久寒积冷、寒凝气滞而致脘腥冷痛、胁肋胀痛、肠鸣泄泻者，可单味研末服。

肉桂入肝肾血分，能温经通脉，故常用于寒凝经脉、气血瘀滞所致的痛经、经闭及产后腹痛等症，临床宜与川芎、当归等同用。

【食用宜忌】一般热病都可以食用。阴虚火旺、里有实热，血热妄行及孕妇禁服。肉桂忌与诸葱同吃。

【温馨提示】每次2~5克即可。

【药典精论】《本经》：“主上气咳逆，结气喉痹吐吸，利关节，补中益气。”《药性论》：“主治九种心痛，杀三虫，主破血，通利月闭，治软脚，痹、不仁，胞衣不下，除咳逆，结气、拥痹，止腹内冷气，痛不可忍，主下痢，鼻息肉。杀草木毒。”

10. 怎样鉴别与选购花椒

【本品概述】

花椒为芸香科灌木或小乔木植物青椒的干燥成熟果皮，一般在立秋前后成熟。产于四川、陕西、河南、河北、山西、云南等省，以四川产的质量好，以河北、山西产量为高。它是中国特有的香料，位列调料“十三香”之首。

【选购指要】

市场上黑心商贩把花椒、八角之类的

香料都先泡水，然后再晒干，以此来增加它们的重量。如果用的是干净水源的话，我想卫生方面倒是还好，但是整个香料的味道会淡很多。选购花椒的时候要注意，要买杂质少的、比较干燥的。另外不妨闻闻味道，选花椒香味比较浓的来买。花椒的颜色也有讲究，最好买看起来是自然哑光状态的，太油亮的、太红的也不太好。

食品健康知识链接

【天然药理】花椒气味芳香，可除各种肉类的腥膻臭气，能促进唾液分泌，增加食欲。它能使血管扩张，从而起到降低血压的作用。花椒含挥发油、川椒素、植物甾醇、不饱和有机酸等，对白喉杆菌、炭疽杆菌、金黄色葡萄球菌、溶血性链球菌、肺炎双球菌、伤寒杆菌、绿脓杆菌和某些皮肤真菌有抑制作用；对猪蛔虫有杀灭作用；对局部有麻醉、止痛作用。此外，它可以促进机体的内分泌功能，同时对皮肤表面的细菌有很好的抑制功效。

【用法指要】烹调中花椒的使用方法很多，可以在腌制肉类时加入，也可以在炒菜时煸炸，使其散发出特有的麻香味，还可以使用花椒粉、花椒盐、花椒油等。它也可粗磨成粉，和盐拌匀为椒盐，供蘸食用。炒菜时，在锅内热油中放几粒花椒，发黑后捞出，留油炒菜，可使菜香扑鼻。把花椒、植物油、酱油烧热，浇在凉拌菜上，吃起来会清爽可口。不过中医认为，花椒属于温性食物，烹调羊肉、狗肉时应少放一些。

【健康妙用】椒醋汤：花椒3克，醋60毫升，煎服，治胆道蛔虫；含嗽，治牙痛。

花椒绿豆汤：花椒6克，绿豆50克，煎服，治反胃呕吐。川椒6克（微炒），乌梅9克，水煎，一日2~3次分服，可治蛔虫腹病，或胆道蛔虫、呕吐腹痛。

【食用宜忌】一般人群均能食用。孕妇、阴虚火旺者忌食。花椒是热性香料，不宜多食，否则容易消耗肠道水分，造成便秘。

【温馨提示】每次3～5克即可。花椒受潮后会生白膜、变味，因此要放在干燥的地方储存，注意防潮。

【药典精论】《本草纲目》：“花椒坚齿、乌发、明目，久服，好颜色，耐老、增年、健神。”《神农本草经》：“除风邪气，温中，去寒痹，坚齿发，明日，久服轻身好颜色，耐老增年通神。”《名医别录》：“疗瞄痹吐逆疝瘕，去老血，产后余疾腹痛，出汗，利五脏。”

11. 怎样鉴别与选购草豆蔻

【本品概述】

草豆蔻又名草蔻、草蔻仁、假麻树、偶子、豆蔻、豆蔻子、大草蔻，为姜科植物草豆蔻的成熟的种子团。草豆蔻为多年生草本，分布于广东、海南、广西等地，夏、秋季果熟时采收，晒至八九成干，剥除果皮，取出种子团晒干。它是药食两用食物，也是广泛使用的调料。

【选购指要】

根据炮制方法的不同分为草豆蔻、炒

草豆蔻、姜制草豆蔻、盐制草豆蔻。以个大、饱满、质实、气味浓者为佳。

食品健康知识链接

【天然药理】草豆蔻归脾、胃经，芳香行散，具有温中燥湿、行气健脾的功效，主治寒湿内阻、脘腹冷痛、痞满作胀、呕吐泄泻、食谷不化、口臭、痰饮、脚气、瘴疟、鱼肉中毒等症状。

【用法指要】多用于烹制肉食时，以祛腥增味。

【健康妙用】用于湿阻脾胃之脘腹胀满，尤以寒湿偏盛者为宜，常与川、仆砂仁、陈皮等配合应用；用于治寒湿郁滞呕吐，常与半夏、生姜等配伍应用；寒湿脚气兼有呕吐者可配吴茱萸、槟榔等同用；凡寒湿困脾，症见脘腹冷痛，泛吐清涎者，可与吴茱萸、高良姜等同用，以增散寒止痛之功；气虚寒凝，呕逆不食者，可与人参、甘草、生姜同伍；凡痰饮凝聚，胸膈不利，呕吐涎沫者，可与半夏、陈皮等相配，以加强化痰、和胃、止呕的作用。

【食用宜忌】一般人都可以食用。无寒湿者慎服；阴虚血少、津液不足者禁服。不宜过量食用。

【温馨提示】每次5~9克。

【药典精论】《别录》："主温中，心腹痛，呕吐，去口臭气。"《开宝本草》："下气，止霍乱。"《珍珠囊》："益脾胃、去寒，又治客寒心胃痛。"《纲目》："治瘴疠寒疟，伤暑吐下泻痢，噎膈反胃，痞满吐酸，痰饮积聚，妇人恶阻带下，除寒燥湿，开郁破气，杀鱼肉毒。"《本草原始》："补脾胃，磨积滞，调散冷气甚速，虚弱不能饮食者最宜，兼解酒毒。"

12. 怎样鉴别与选购砂仁

【本品概述】

砂仁又名缩沙蜜、缩砂仁。《本草原始》说道："此物实在根下，皮紧厚缩皱，仁类砂粒，密藏壳内，故名缩沙密也，俗呼砂仁。"它是姜科植物阳春砂仁、绿壳砂仁和海南砂仁的成熟果实或种子。它既可以作为调料使用，又是一种较为温和的草药，其香气浓郁，有甜、酸、苦、辣等多种味道。

【选购指要】

根据炮制方法的不同分为砂仁、盐砂仁、姜砂仁。以个大、坚实、饱满、香气浓、搓之果皮不易脱落者为佳。

食品健康知识链接

【天然药理】砂仁辛温行散，芳香化湿，主入脾胃，为化湿和中醒脾要药，兼有安胎之功。凡中焦湿阻气滞及胎动不安等症，均为常用之品。

【用法指要】砂仁主要用于煮、炸、卤、酱及烧、蒸等烹调加工中，不仅可以祛除肉食的腥膻气味，还有很好的食疗效果。

【健康妙用】砂仁可用于脾胃气滞引起的

脘腹胀痛、不思饮食，多与陈皮、木香同用；用于妊娠呕吐、胎动不安，多与补气血、补肾药同用；凡脾胃气滞湿阻所致脘腹胀痛、不思饮食、呕吐泄泻者，多与木香同用，并随症配伍其他药物；若恶阻偏寒者，可配生姜汁；偏热者可配黄芩、竹茹等，以助消热安胎之力。

【食用宜忌】一般人都可以食用。阴虚血燥、火热内炽者慎服。不宜过量食用。

【温馨提示】每次3~9克即可。

【药典精论】《药性论》："主冷气腹痛，止休息气痢，劳损，消化水谷，温暖脾胃。"《本草拾遗》："主上气咳嗽，奔豚，惊痫邪气。"《日华子本草》："治一切气，霍乱转筋，心腹痛。"《本草纲目》："健脾、化滞、消食。"

13. 怎样鉴别与选购荜拨

【本品概述】

荜拨俗称鼠尾，为胡椒科植物荜拨的未成熟果实，除作为中药使用外，也为民众常用芳香调味食品，主产中国南方及东南亚地区。

【选购指要】

以身干，肥大，色黑褐，质坚，味辛辣为佳。

食品健康知识链接

【天然药理】温中散寒，下气止痛，醒脾开胃，属芳香性调味品。

【用法指要】荜拨为常用调味品，有矫味增香作用。多用于烧、烤、烩等菜肴。亦为卤味香料之一。

【健康妙用】治冷痰恶心：用荜拨50克研细，每服2.5克，饭前服，米汤送下。

治胃冷口酸（流清口水，心连脐痛）：用荜拨25克、厚朴（姜汁浸、炙）50克，共研之，加热鲫鱼肉，捣和成丸，如绿豆大。每服二十丸，米汤送下。

治风虫牙痛：用荜拨末擦牙，煎苍耳汤漱口，去涎。又方：荜拨、胡椒，等分为末，化蜡调末成丸子，如麻子大。用时取一丸，塞牙中。

荜拨可与牛奶同食，中医认为，牛奶除含有丰富的营养外，还有滋润阴液的作用，二者同食对食管癌、贲门癌、胃癌、肠癌、虚而泻者都有一定的疗效。

【食用宜忌】适宜脾胃宿冷，不思饮食，心腹冷痛，呕吐泛酸，肠鸣泄泻之人作为调料食用。凡属阴虚火旺体质，干燥综合征，糖尿病患者，或有发热之人忌食；气虚之人也不宜多食。

【温馨提示】内服：煎汤，每次2~5克即可；或入丸、散。外用：适量，研末搐鼻；或为丸纳龋齿孔中；或浸酒擦。

【药典精论】《海药本草》："主老冷心痛，水泻，虚痢，呕逆醋心，产后泄利。"《本草衍义》："走肠胃中冷气，呕吐，心腹满痛。"《本草正义》："荜拨，脾肾虚寒之主药。"《本草衍义》："多服走泄真气，令人肠虚下重。"《本草纲目》："辛热耗散，能动脾肺之火，多食令人目昏，食料尤不宜之。"

14. 怎样鉴别与选购大蒜

【本品概述】

大蒜又名蒜头、大蒜头、独头蒜，为百合科植物蒜的鳞茎。大蒜的种类繁多，依蒜头皮色的不同，可分为白皮蒜和紫皮蒜；依蒜瓣多少，又可分为大瓣种和小瓣种。紫皮蒜的蒜瓣外皮呈紫红色，瓣少而肥大，辣味浓厚，品质佳。大蒜是烹饪中不可缺少的调味品，南北风味的菜肴都离不开大蒜。而且它不仅能调味，又能防病健身，因此常被人们誉为“天然抗生素”。

【选购指要】

大瓣种以外皮干净、带光泽、无损伤和烂瓣的为上品；皮色发暗、根糟朽或烂瓣、肉质松软发糠、瓣形不整齐的品质次。小瓣种，一般要求不超过12瓣，其他品质同大瓣种。因此选购时要选蒜头大、包衣紧、蒜瓣大且均匀、味道浓厚、辛香可口、汁液黏稠的。

食品健康知识链接

【天然药理】大蒜中含硒较多，对人体中胰岛素合成下降有调节作用，糖尿病患者多食大蒜有助减轻病情。大蒜能保护肝脏，诱导肝细胞脱毒酶的活性，可以阻断亚硝胺致癌物质的合成，从而预防癌症的发生。大蒜有效成分具有明显的降血脂及预防冠心病和动脉硬化的作用，并可防止血栓的形成。大蒜具有抗氧化性，常食可延缓衰老。经常接触铅或有铅中毒倾向的人食用大蒜，能有效地预防铅中毒。大蒜能“除风湿，破冷风”，对风寒湿气类关节炎有抑制作用。大蒜挥发油中所含的大蒜辣素等具有明显的抗炎灭菌作用。大蒜还对病原菌和寄生虫有良好的杀灭作用，可以起到预防流感、防止伤口感染、治疗感染性疾病和驱虫的功效。

【用法指要】大蒜可以直接生食，也可以作为调味品在烹调食物时食用。

【健康妙用】治脘腹冷痛：大蒜头1000克，醋1000毫升，浸泡于瓶中2~3年，痛时每次2～3枚，连服7天。

治急性肠炎：大蒜头数瓣捣烂如泥，加米醋1杯，徐徐服用，每日2次。

治感冒：大蒜头15克，生姜15克，切成片，加水1碗，煮至半碗时放入适量红糖，睡前1次服用。

治噎嗝：大蒜头250克，醋250克，煮熟服食，可呕出多量黏痰，再用韭菜汁半小碗服下。

【食用宜忌】大蒜能使胃酸分泌增多，辣素有刺激作用，因此有胃肠道疾病，特别是有胃溃疡和十二指肠溃疡的人不宜吃大蒜。不宜过多食用，不宜空腹食用。大蒜忌与蜂蜜同食。腌制大蒜不宜时间过长，以免破坏其中的有效成分。

【温馨提示】每次1~4瓣为宜。辣素怕热，遇热后很快分解，其杀菌作用降低。因此，预防治疗感染性疾病应该生食大蒜。

【药典精论】《本草经疏》：“凡肺胃有热，肝肾有火，气虚血弱之人，切勿沾唇。”《本经逢原》：“脚气、风病及时行病后忌食。”《随息居饮食谱》：“阴虚内热，胎产，痧痘，时病，疮疟血证，目疾，口齿喉舌诸患，咸忌之。”

15. 怎样鉴别与选购胡椒

【本品概述】

胡椒又名黑胡椒、白胡椒、浮椒、玉椒，有黑、白两种，将未成熟的绿色嫩胡椒摘下，放在滚水中浸泡5~8分钟，捞起晾干，再放在阳光下晾晒三五天（或火焙干，但以阳光晒干者为上品），将干后的嫩胡椒表皮搓开，就成了黑胡椒；将成熟果穗除去果皮后晒干的即为白胡椒。黑胡椒原产东南亚，我国福建、台湾、广东、海南、广西、云南等地也出产，它既有药用价值，更是调味佳品，能使菜肴更加美味。

【选购指要】

最好购买整粒的，因为粉状胡椒的辛香气味容易挥发掉，保存的时间较短。胡椒粉是灰褐色粉末，具有纯正浓厚的胡椒香气，味道辛辣，粉末均匀，用手指头摸不染颜色。若放入水中浸泡，其液上面为褐色，底下沉有棕褐色颗粒。

食品健康知识链接

【天然药理】胡椒能温中止痛，用于中焦寒滞之脘腹冷痛、呕吐清水、泄泻等症。少量进食胡椒，能增进食欲、帮助消化。若治宿食不消，可配生姜、紫苏等药同用。胡椒还有防腐杀菌的作用，有胡椒的菜肴不易变质。中医认为，颜色黑的食物入肾，因此，黑胡椒温补脾肾的作用比白胡椒明显。

【用法指要】一般加工成胡椒粉，也有整粒使用的，用于烹制内脏、海味类菜肴或用于汤羹的调味，具有祛腥提味的作用。无论黑胡椒、白胡椒皆不能高温油炸，应在菜肴或汤羹即将出锅时添加少许，均匀拌入。

【健康妙用】肺寒痰多的人可将白胡椒加入羊肉汤，以温肺化痰。有些人容易肚子痛，是由于肠胃虚寒造成的，可在炖肉时加入人参、白术，再放点白胡椒调味，除了散寒以外，还能起到温补脾胃的作用。平时吃凉拌菜加点白胡椒粉，可以去凉防寒。

【食用宜忌】阴虚有火、痔疮者和孕妇忌用。发炎和上火的人要暂时禁吃胡椒，否则更容易动火伤气。消化道溃疡、咳嗽咯血、痔疮、咽喉炎、眼疾患者应慎食。

【温馨提示】每次5克左右。用黑胡椒做菜时要注意两点：一是与肉食同煮的时间不宜太长，因为黑胡椒中含挥发油，受热时间太久会使它独特的香辣味挥发掉；二是高热可让胡椒的味道更浓郁，因此做铁板类的菜肴效果更好。

【药典精论】《新修本草》：“下气，温中去痰，除脏腑中风冷。”《本草纲目》：“胡椒大辛热，纯阳之物，肠胃寒湿者宜之。热病人食之，动火伤气，阴受其害。”《本草求真》：“比之蜀椒，其热更甚。凡因火衰寒人，痰食内滞，肠滑冷痢及阴毒腹痛，胃寒吐水，牙齿浮热作痛者，治皆有效。以其寒气既除而病自可愈也。”

16. 怎样鉴别与选购生姜

【本品概述】

生姜又称鲜姜、黄姜，处方名为生姜、鲜生姜、蜜炙姜，有独特的辛辣芳香，是一种重要的常用调味品，也可作为蔬菜食用。生姜做香辛调料，味道清香，它能使各种菜肴鲜美可口；还可作药材，有健胃、除湿、祛寒的作用，在医药上是良好的发汗剂和解毒剂。姜对改善食欲的作用显著，“饭不香，吃生姜”的俗语即由此而来。

【选购指要】

鲜根茎为扁平不规则的块状，并有枝状分支，各枝顶端有茎痕或芽，表面黄白色或灰白色，有光泽，具浅棕色环节。质脆，折断后有汁液渗出；断面浅黄色，有一明显环纹，中间稍现筋脉。气芳香而特殊，味辛辣。以块大、丰满、质嫩者为佳。

食品健康知识链接

【天然药理】生姜的辣味成分主要有姜酮、姜醇、姜酚三种，它们具有一定的挥发性，能增强和加速血液循环，刺激胃液分泌，帮助消化，有健胃的功能。生姜还具有发汗解表、温中止呕的功效，着凉、感冒时熬些姜汤喝，能起到很好的治疗作用。生姜也是传统的治疗恶心、呕吐的中药，有“呕家圣药”之誉，对孕妇早期的孕吐症状有很好的缓解作用。人体在进行正常新陈代谢生理功能时，会产生一种有害物质氧自由基，促使机体发生癌症和衰老，生姜中的姜辣素进入体内后，能产生一种抗氧化本酶，它有很强的对付氧自由基的本领，比维生素E还要强得多，所以吃姜能抗衰老。老年人常吃生姜可除“老年斑”，还有保护心脏、预防胆结石等多种奇效。

【用法指要】生姜除了鲜食和做调料之外，还可加工成姜干、糖姜片、咸姜片、姜粉、姜汁、姜酒等。嫩姜可腌制糖渍，老姜可制干姜粉或药用。

【健康妙用】姜配大枣，可行脾胃津液；配茶叶，可辛温并调，消食止痢；配半夏，祛痰涤饮；配桂枝，可发汗解表；配陈皮，可温胃止呕。与丝瓜同吃则有清热解毒、利尿消肿的作用；与大枣同吃能行脾胃津液；与茶叶同吃能辛温并调，消食止痢；与紫苏叶同水煎，可治风寒感冒、鼻寒流清涕、头痛等。

【食用宜忌】适宜伤风感冒、寒性痛经、晕车晕船者、孕妇食用。烂姜、冻姜不要吃，因为姜变质后会产生致癌物。凡患热性病时，应忌食生姜，以免使热症加重。阴虚内热及邪热亢盛者忌食。

【温馨提示】每次10克左右即可，食用过多可能产生口干、咽痛、便秘“上火”症状。生姜喜阴湿暖，忌干怕冷，适宜的存贮温度为12℃~15℃。

【药典精论】《本草经疏》：“久服损阴伤目，阴虚内热，阴虚咳嗽吐血，表虚有热汗出，自汗盗汗，脏毒下血，因热呕恶，火热腹痛，法并忌之。”《随息居饮食谱》：“内热阴虚，目赤喉患，血证疮痛，呕泻有火，暑热时症，热哮大喘，胎产痧胀及时病后、痧痘后均忌之。”

17. 怎样鉴别与选购红糖

【本品概述】

红糖又名砂糖、赤砂糖、紫砂糖、片黄糖，为禾本科草本植物甘蔗的茎经压榨取汁炼制而成的赤色结晶体。红糖是未经提纯的糖，保留了较多甘蔗的营养成分，也更加容易被人体消化吸收，能快速补充体力、增加活力，所以又被称为“东方的巧克力”。此外，红糖的营养价值高于白糖。

【选购指要】

不能单以色泽来辨别红糖质量的好坏，色泽金黄，颜色越正越新鲜。颜色暗沉则表示红糖的存放时间较久，相比之下，口感和营养价值也要稍逊一筹。优质红糖颜色暗红，色泽光亮，无杂质，无霉变，尝之有浓浓的甜味，红糖捏起来手感细腻，用水泡开后杯底不会有沉淀。有结块或受潮，有杂质，糖水溶液中可见沉淀物、悬浮物为劣质红糖，最好不要买。

食品健康知识链接

【天然药理】红糖可补中缓急，和血行瘀，主治脾胃虚弱、腹痛呕哕、妇女产后恶露不尽。妇女经期受寒、体虚或瘀血所致的行经不利、痛经、经色暗红兼腹冷痛等症，喝些红糖水会有明显的改善作用。红糖对老年体弱，特别是大病初愈的人，还有极好的疗虚进补作用。国外学者经多年研究证实，红糖对血管硬化能起一定治疗作用，且不易诱发龋齿等牙科疾病，特别是红糖中的棕黑色物质成分能阻止血清中脂肪及胰岛素含量上升，阻碍肠道对葡萄糖的过多吸收。

【用法指要】红糖的成分所含物质丰富，除了甜味外，还具有独树一格的特殊风味，适合运用在做法简单的料理上，才不会使味道太过复杂而弄巧成拙，例如用来制作红豆汤、红糖糕、红茶、咖啡等。

【健康妙用】红糖水也可以加入白木耳、枸杞、红枣或是红豆一起煮，有利水利尿的功效，月经期间则有助子宫废物排出，能缓解腹胀、腰紧症状；黑糖加桂圆、姜汁共煮，有补中补血效果；取番薯、红糖、姜汁一同煮，不仅具有养生功效，更是一道别具风味的点心。

【食用宜忌】尤其是红糖对妇女的经期、孕期、产期和哺乳期，大有益处。

产妇适合食用红糖，但时间不要太久。糖尿病者忌食。红糖不宜与生鸡蛋、皮蛋同食。红糖虽有和中助脾、保肝缓肝气之作用，但多食令人胀闷、生痰、损齿、生疳虫、消肌肉。另外，晚上睡觉前也不宜吃糖，特别是儿童，最容易发生龋齿。

【温馨提示】红糖因杂质较多，不宜直接食用，以沸水、酒或药汁化服，或煎汤饮服为好。红糖容易吸收异味，不能和有浓烈气味的调味品放在一起，应装在玻璃或陶制容器中，置于阴凉干燥处保存。保质期一般为18个月。

【药典精论】《食疗本草》："多食损齿，发疳䘌，不可长食之。"《本经逢原》："助湿热，不可多食。"

18. 怎样鉴别与选购白糖

【本品概述】

白糖又名白砂糖、白蜜，是我们生活中重要的副食品之一，也是饮料、食品和制药工业不可少的重要原料。白砂糖的主要原料是甘蔗和甜菜。

【选购指要】

优质白糖外观干燥松散，颗粒均匀、洁白、有光泽，闻之有清甜之香，无异味，无杂质。

次质白糖白中略带浅黄色；劣质白糖发黄、光度暗、无光泽。劣质白糖吸潮结块或溶化，有杂质，糖水溶液可见有沉淀。次质白糖有轻微的糖蜜味；劣质白糖有酸味、酒味或其他外来气味，滋味不纯正。

此外，选购白砂糖产品时，颜色较白者一般质量较好；糖粒应干燥不黏手，水分是糖品加速变质的一个主因；要注意生产日期，一年以上的不选为宜；包装上各种标志要规范、齐全。

食品健康知识链接

【天然药理】白糖能滋阴润肺、和中益脾、舒缓肝气、生津止渴，主治脾胃虚痛、阴虚肺燥咳嗽、口渴，外用可治褥疮、下肢溃疡。适当食用白糖有助于机体对钙的吸收，但过多就会妨碍钙的吸收。中医常用白糖作为清热消炎的辅助药物，现代研究还发现，白糖能改变伤口的酸碱性，促进组织细胞的生长，有加速伤口愈合的作用。

【用法指要】白糖甜味浓厚，适用于一般饮品、点心及其他糖制食品，它也是烹饪菜肴时经常用到的调味料。炒糖醋味菜时，如糖醋鱼等，放糖的最佳时间是在放盐之前。用温糖水浸泡干蘑菇，可使之更鲜美。煮火腿前，先在火腿上涂些白糖，不仅容易煮烂，还有提味的作用。

【健康妙用】用白糖煮浓汤饮，可解食鱼、蟹后不适，吃大蒜后口臭。将白糖粉撒于创口处，用纱布包扎。5~7天更换一次，可治褥疮，下肢溃疡。乌梅煮水，加入白糖至酸甜可口为度，即成"酸梅汤"，是夏令之清凉饮料。有生津止渴，养阴敛汗，滋益身体，防暑降温作用。将白糖炒至黑色存性，用茶油调匀后外敷，可治烫火伤。

【食用宜忌】糖可产生较高热量，糖尿病人、高血糖患者忌食。白糖用于烹饪时温度不能过高，当白砂糖直接受高温时很易焦化，焦化后的黑色焦糖不宜食用。存放过久的白糖，不能生吃。食糖过多有助热、损齿、生虫之弊。高血压、动脉硬化、冠心病患者以及孕妇、儿童更应严格控制食用量。

【温馨提示】每天不超过30克。白糖应装入密封的玻璃或塑料瓶中，置于阴凉干燥处保存，保质期一般为18个月。

【药典精论】《本草蒙筌》："和脾，润肺，止渴，消痰。"

19. 怎样鉴别与选购蜂蜜

【本品概述】

蜂蜜又称蜜糖、白蜜、石蜜、白沙蜜、蜜糖、蜂糖、百花精，是蜜蜂采集植物蜜腺分泌的汁液酿成。根据其采集季节不同有冬蜜、夏蜜、春蜜之分，以冬蜜最好。蜂蜜一直被看作是"大自然赠与人类的贵重礼物"，所含的单糖不需要经消化就可被人体吸收，尤其对老人有良好的保健作用，还被称为"老人的牛奶"。

【选购指要】

看颜色：一般来说，深色蜂蜜所含的矿物质比浅色蜂蜜丰富。如果你想补充微量元素，可以适当选择深色蜂蜜，如枣花蜜。质量好的蜂蜜，质地细腻，颜色光亮；质量差的蜂蜜通常混浊，且光泽度差。

闻气味：不纯的蜂蜜闻起来会有水果糖或人工香精味，掺有香料的蜜有异常香味，纯蜂蜜气味天然，有淡淡的花香。

尝味道：纯蜂蜜口味醇厚，芳香甜润，入口后回味长，易结晶；不纯蜂蜜口感甜味单一，没有芳香味，有白糖水味，结晶体入口即化，有涩味，略有黏性，倒入水中很快溶解。

看浓度：摇动看流速，流动慢证明浓度高。浓度高的质量要好。

选购瓶装蜜：消费者最好到正规的商店购买经过检验合格的蜂蜜。购买时要注意标签上有无厂名、厂址、卫生许可证号、生产日期、保质期、产品质量代号等相关内容。

食品健康知识链接

【天然药理】蜂蜜甘而滋润，能滑利大肠，内服能使大肠通畅。对肠燥便秘、体虚而不宜用攻下药者，甚为适宜。蜂蜜能改善血液的成分，促进心脑和血管功能，因此经常服用于心血管病人很有好处。蜂蜜对肝脏有保护作用，能促使肝细胞再生，对脂肪肝的形成有一定的抑制作用。食用蜂蜜能迅速补充体力，消除疲劳，增强对疾病的抵抗力。蜂蜜还有杀菌的作用，经常食用蜂蜜，不仅对牙齿无妨碍，还能在口腔内起到杀菌消毒的作用。蜂蜜对心脏病、肝脏病、高血压、肺病、眼病、糖尿病、痢疾、便秘、贫血、胃及十二指肠溃疡、关节炎、神经系统疾病、皮肤病、烫伤、冻伤等症都有不同程度的疗效。

【用法指要】去火的：黄连蜜、枇杷蜜、荆花蜜、紫云英蜜、槐花蜜。

美容养颜的：雪脂莲蜜（苕子蜜）、野玫瑰蜜、益母草蜜。

对肺有好处的：枸杞蜜、柑橘蜜、枇杷蜜。

对胃有好处的：桂花蜜、五味子蜜、枣花蜜、柑橘蜜、芝麻蜜。

对失眠有好处的：龙眼蜜、五味子蜜、枣花蜜，最好是蜂王浆。

【健康妙用】蜂蜜与冬瓜汁各一杯，共调服，治妊娠小便不通。藕粉用滚开水冲搅成糊状，加入蜂蜜温服，有清除虚热、润肺止咳作用。川贝末与蜂蜜蒸半小时服用，可治经久不愈的肺燥咳嗽，干咳无痰，或痰中带血。金银花用水两碗煎成一碗，去渣取汁，冲入蜂蜜，分早晚两次服。可治流感、咽炎、老年人便秘。

【食用宜忌】适宜老人、小孩、便秘患者、高血压患者、支气管哮喘患者食用。不适宜糖尿病患者、脾虚泻泄及湿阻中焦的脘腹胀满、苔厚腻者食用。蜂蜜忌与大米、菱角、葱、大蒜、莴苣、韭菜、茭白、鲫鱼、螃蟹、豆浆、豆腐、李子一同食用。食用蜂蜜时用温开水冲服即可，不能用沸水冲，更不宜煎煮。蜂蜜最好不要盛放在金属器皿中，以免增加蜂蜜中重金属的含量。

【温馨提示】每天20克。在平时烹调菜肴时，在需要加糖的时候，如果改用加蜂蜜，不但会使菜肴的色泽更加明亮好看，而且菜肴的味道更加鲜美。

【药典精论】《本草纲目》："蜂蜜，益气补中，止痛解毒，除众病，和百药，久服强志轻身，不饥不老延年。"《药品化义》："蜂蜜采百花之精，味甘主补，滋养五脏，体滑主利，润泽三焦，生用通利大肠，老年便结，更宜服之。"

20. 怎样鉴别与选购食盐

【本品概述】

食盐又名盐巴，化学名称为氯化钠，是人们生活中必不可少的一种调料，其中含有的主要成分钠离子是人体新陈代谢过程中的必需元素。可以说人们餐餐都少不了它，而且以它为基本味，可以调制出许多味型，号称"百味之祖（王）"。如果胃里缺少盐，会引起消化不良；肌肉缺少盐，会发生抽筋；夏天如果流汗过多，也要适当补充一些盐分，不然就会手脚无力，甚至可能发生中暑现象。如果长期缺盐，就会全身软弱无力，影响健康。

【选购指要】

应选购正规商家生产的食用细盐。优质食盐应为白色，呈透明或半透明状；结晶很整齐，坚硬光滑，干燥、水分少，不易返卤吸潮。

食品健康知识链接

【天然药理】盐能催吐利水、泄热软坚、润燥通便，主治痰癖、痰核、热眼、喉痛、牙痛。适量饮用淡盐开水可以预防声音嘶哑；盐水有杀菌作用，用它来洗伤口，可以防止感染；将盐炒焦后用开水送服，是最容易找到的且效果较好的食物中毒催吐剂。早晨空腹饮淡盐水1杯，不仅可清理胃火、清除口臭和口中苦淡无味的现象，还能增强消化功能、增进食欲、清理肠部内热。用盐水漱口后可以促进血液凝结，起到自然止血的作用。

【用法指要】用食盐调味，能解腻提鲜，祛除腥膻之味，使食物保持原料的本味。制作鸡、鱼一类的菜肴应少加盐，因为它们富含具有鲜味的谷氨酸钠，本身就会有些咸味。由于现在的食盐中都添加了碘或锌、硒等营养元素，烹饪时宜在菜肴即将出锅前加入，以免这些营养素受热蒸发掉。

【健康妙用】将盐炒焦，开水送服，能吐胸中痰澼、解食物中毒。开水冲少量食盐饮之能通利大小便，明目固齿，治火眼赤痛，喉痛，痰核。食盐适量擦牙痛处，治牙痛；加皂角同炒，研碎擦牙，可固齿。炎热天喝些淡盐水，以补充因出汗失去的盐分，可预防中暑。

【食用宜忌】适宜急性胃肠炎之人呕吐腹泻者、炎夏中暑多汗烦渴及咽喉肿痛、口腔发炎、齿龈出血之人食用；也适宜胃酸缺乏引起消化不良、大便干结和习惯性便秘之人食用。服用补肾中药之人，适宜吃少许盐汤，以作引经之用。患急性胃肠炎而呕吐腹泻的人不宜食用。水肿者、高血压、心脏功能不全、肾脏病、慢性肝炎患者不宜食用。

【温馨提示】每天6～10克即可。

【药典精论】《随息居饮食谱》："盐，补肾，引火下行，润燥祛风，清热渗湿，明目。"《黄帝素问》："咸走血，血病无多食咸，多食则脉凝涩而变色。"《别录》："多食伤肺喜咳。"《蜀本草》："多食令人失色肤黑，损筋力。"《本草衍义》："病嗽及水者，宜全禁之。"《本草经疏》："消渴，法所大忌。"《本草纲目》："盐之味微辛，辛走肺，咸走肾，哨嗽、水肿、消渴者，盐为大忌。"

21. 怎样鉴别与选购植物油

【本品概述】

植物油主要包括豆油、橄榄油、香油、花生油、茶油等。豆油就是通常所说的大豆色拉油，是最常用的烹调油之一，是从大豆中压榨出来的，较其他油脂营养价值高，我国各地区都喜欢食用。橄榄油是由新鲜的油橄榄果实直接冷榨而成，不经加热和化学处理，保留了天然营养成分，颜色呈黄绿色，气味清香，是地中海沿岸各国人民的传统食用油。由于橄榄油营养成分丰富、医疗保健功能突出而被公认为绿色保健食用油，素有"液体黄金"的美誉。芝麻油简称麻油，俗称香油，是小磨香油和机制香油的统称。花生油为豆科植物花生的种子榨出之脂肪油，淡黄透明，色泽清亮，气味芬芳，滋味可口，是一种比较容易消化的食用油，是目前我国主要的食用植物油之一。

【选购指要】

优质植物油一般呈淡黄色，油体澄清、透明、无杂质，有浓郁香味，无异味。一些植物油市场上，以次充好、以假充真的情况较为严重，如将毛油当一级或二级油进行销售，将低价位的植物油掺入高价位植物油中进行销售，如在香油中掺入低价油进行销售，以牟取暴利。消费者在购买食用植物油时可从以下几个方面进行鉴别：一看色泽：一般高品位油色浅，低品位色深（香油除外），油的色泽深浅也因其品种不同而使同品位油色略有差异。二看透明度：一般高品位油透明度好，无浑浊。三看有无沉淀物：高品位油无沉淀和悬浮物，黏度小。四看有无分层现象：若有分层则很可能是掺假的混杂油（芝麻油掺假较多）。五闻：各品种油有其正常的独特气味，而无酸臭异味。六查：对小包装油要认真查看其商标，特别要注意保质期和出厂期，无厂名、无厂址、无质量标准代号的，千万要特别注意，不要上当。最后，提醒消费者，在购买食用植物油时，除考虑品种、风味外，还应注意健康和安全，优先选择精炼程度较高的食用植物油。

另外，转基因原料的植物油现在市场上一般都有标注，在购买时要注意鉴别。

食品健康知识链接

【天然药理】豆油具有驱虫、润肠的作用，可治肠道梗阻、大便秘结不通，还有涂解多种疮疥毒瘀等。橄榄油可改善血液循环、促进消化、增强内分泌系统功能、强化骨骼系统、预防癌症、预防辐射、抗衰老、保养皮肤，也是优秀的婴儿食品。芝麻油有利于食物的消化吸收，有延缓衰老、保护血管、润肠通便、减轻烟酒毒害、保护嗓子的功效，对口腔溃疡、牙周炎、牙龈出血、咽喉发炎均有很好的改善作用。花生油可补脾润肺、润肠下虫，熟食可治疗蛔虫性肠梗阻。植物油中的脂肪酸能使皮肤滋润有光泽。如果人体长时期摄入油脂不足，体内长期缺乏脂肪，即会营养不良、体力不佳、体重减轻，甚至丧失劳动能力等。

【用法指要】食油主要用于烹饪、糕点、罐头食品等，还可以加工成菜油、人造奶油、烘烤油等供人们食用。

【健康妙用】巧辩油温有几成：油温一二成时，锅底有一些小油泡漫漫泛起；三四成油温，油面开始波动，没有油烟产生；五六成油温，油面波动较大，有油烟袅袅升起；七八成油温，油面趋向平静，出现大量油烟；九成油温，油烟呈密集型上升。

【食用宜忌】适宜血管硬化、高血压、冠心病、高脂血症、糖尿病、肝胆病人食用；适宜在冬季寒冷地区及冷冻仓库工作者食用；适宜从事繁重体力劳动者食用；适宜患有胃酸增多之人食用；适宜大便干燥难解或患有蛔虫性肠梗阻者食用。患有菌痢、急性胃肠炎、腹泻之人，由于胃肠功能紊乱不宜多吃食油。不管哪种植物油都不宜过量食用。油脂有一定的保质期，放置时间太久的植物油不能食用。忌反复使用经高温加热后的油。

【温馨提示】每天25克即可。

【药典精论】《随息居饮食谱》：“茶油，诸油惟此最为轻清，故诸病不忌。麻油，诸油惟此可以生食，故为日用所珍，且与诸病无忌。”

22. 怎样鉴别与选购咖啡

【本品概述】

咖啡是用咖啡豆制成的饮料。咖啡豆原产于非洲热带地区，现在中国广东、云南等省亦有栽培，种子咖啡豆，炒熟研粉可作饮料，即咖啡茶，是现今世界著名的饮料之一。由于其加工方式不同，可分成精制碎咖啡、速溶咖啡等几种。喝咖啡渐渐成为都市生活的一种时尚，有人甚至称咖啡是创造美丽笑容的魔术饮料。

【选购指要】

质量好的咖啡色泽枣红，香气浓郁，味微苦。如果咖啡颜色发黑，没有香味，而且味道酸涩，则为劣质品。

食品健康知识链接

【天然药理】咖啡可以增强血管收缩，避免血管扩张而头痛。此外，少量的咖啡能增强心肌收缩能力，促进血液循环，达到预防心血管疾病的作用。它所含的咖啡因会刺激脑部的中枢神经系统，延长脑部清醒的时间，使思路清晰、敏锐，注意力更加集中，可提高工作及学习的效率；它还会刺激交感神经，提高胃液分泌，如果在饭后适量饮用，有助消化。咖啡可刺激肠胃激素或蠕动激素，产生通便作用，可当快速通便剂。咖啡含有天然抗氧化物，能降低患肠癌或直肠癌的几率。其所含的单宁酸，具有收敛性及止血、防臭的作用。人们在生活中不可避免地接触到各种辐射，如光波、电磁波等，会对机体产生不同程度的伤害，适量饮用咖啡可以减轻这些伤害。

【用法指要】因加工不同，可分成精制碎咖啡、速溶咖啡等几种。饮咖啡时适量放糖，可增加咖啡的味道；但如果放糖过多，则会使人没精打采，甚至感到十分疲倦。在品咖啡时应配搭一杯白水。品咖啡前先喝一口白水，冲掉口中异味，再品咖啡才会感受到香醇。

【健康妙用】咖啡与鲜奶油一同食用，不仅会使人心神安定，还可使人精神爽快。

【食用宜忌】适宜精神萎靡不振，神疲乏力，嗜睡多睡以及春困之人食用。适宜慢性支气管炎，肺气肿，肺源性心脏病人服食。适宜宿醒未消，酒醉者服用。凡失眠之人或临睡前忌服。冠心病人和消化道溃疡患者忌食。小儿和孕妇忌食。服用西药痢特灵、异烟肼时忌食。饮用咖啡忌浓度过高，否则会造成体内肾上腺素骤增、心跳加快、血压明显升高，并出现紧张不安、烦躁、耳鸣及肢体颤抖等异常现象。

【温馨提示】每天1~2杯为宜，最多不超过5杯。

【药典精论】《食物中药与便方》：“酒醉不醒：浓咖啡茶频频饮服。”

23. 怎样鉴别与选购茶叶

【本品概述】

中国人饮用茶的历史由来已久，唐朝时即已兴起，宋朝时开始盛行，著名的“茶马古道”就是这时形成的。它与咖啡、可可一起成为风行世界的饮料，在东方尤其被人们所推崇。茶叶一般分为三大类，即绿茶、红茶、乌龙茶。绿茶在日本、韩国、印度等国家较为普遍，英国等西欧国家则习惯于饮用红茶。

【选购指要】

茶叶种类繁多，但无论选购什么茶叶，有两点都是应该引起注意的，一是干燥度，二是新鲜度。用两个手指能将茶研成粉末的，说明茶叶是干燥的。如果只能研成细片状，说明茶叶已吸潮，干燥度不足，这种茶叶极易变质。除个别茶类如六堡茶、普洱茶外，都要力求新鲜。一般的小包装茶，超过一年以上者，往往容易变质。已经发霉的茶叶是不能饮用的，因为这样的茶叶常滋生许多有害霉菌，分泌出不少有损于健康的毒素。喝了这样的茶水，常会发生腹痛、腹泻、头晕等症状，严重者影响到某些脏器，引发某些疾病。

食品健康知识链接

【天然药理】茶叶中含有丰富的维生素C，可以降低血液中的胆固醇和中性脂肪；茶叶中的维生素C和P，具有软化毛细血管的作用，使血管处于血液畅通、管壁干净、管道柔韧状态。茶能抗氧化、防辐射、提高免疫力，有很好的抗癌、防癌作用。茶叶能吸收黑色素并使之随尿排出体外，因而常喝茶可使皮肤变得细腻、白润、有光泽。茶中含有氟、茶多酚等物质，能防龋固齿。饮茶可使体内剩余脂肪不停地消化、分解，从而达到减肥的目的。饮茶可使血液循环加快，使酒精能快速从尿中排出。茶还可帮助肝脏解毒，减轻肝脏负担，降低烟害，抑制尼古丁对身体的影响。茶叶还能提神醒脑、振奋精神、消除疲劳、抗过敏、杀菌、抗病毒、消除异味、解毒等。

【用法指要】泡茶水温的高低和用茶数量的多少，也影响冲泡时间的长短。水温高，用茶多，冲泡时间宜短；水温低，用茶少，冲泡时间宜长。冲泡时间以茶汤浓度适合饮用者的口味为标准。

【健康妙用】将茶叶、食盐放入杯内，用开水冲泡后饮用，可治感冒咳嗽、目赤牙痛；孕妇经常咀嚼干绿茶可减轻恶心呕吐等妊娠反应；将捣烂的茶叶敷在蜂蜇虫咬处，使蜂蜇虫咬处消肿止痛；将废茶渣放火上烤至微焦，研成细末，与适量茶油混合调成稀糊状，涂于患处，可治轻度烫伤消肿止痛。

【食用宜忌】适宜高血压、高血脂、冠心病、动脉硬化、糖尿病、油腻食品食用过多者、醉酒者。发热、肾功能不全、心血管疾病、习惯性便秘、消化道溃疡、神经衰弱、失眠者及孕妇、哺乳期妇女、儿童不适宜饮用。茶叶中含有大量水溶性维生素，浸泡得越久，就越没有营养价值，香味也会减少，因此不宜泡得太久。隔夜的残茶不能饮用。不要用茶水送服药物。服药前后1小时内不要饮茶。人参、西洋参不宜和茶一起食用。忌饮浓茶解酒。饭前饭后不宜饮茶。

【温馨提示】泡过茶的陶瓷或搪瓷器皿，往往沉积一层褐色的污垢，很难洗净。如果用细布蘸上少量牙膏，轻轻擦洗，很快就可以洗净，而且不会损伤瓷面。

【药典精论】《唐本草》：“主瘘疮，利小便，去淡（痰）热渴。主下气，消宿食。”《食疗本草》：“利大肠，去热，解痰。”《本草别说》：“治伤暑，合醋治泄泻甚效。”《随息居饮食谱》：“清心神，凉肝胆，涤热，肃肺胃。”

24. 怎样鉴别与选购酱油

【本品概述】

酱油又称酱汁、豉汁等，是用一种豆、麦、麸皮酿造的液体调味品，是从豆酱演变和发展而成的，它的发明是中国祖先对人类饮食文化的一项伟大贡献。中国历史上最早使用“酱油”这一名称是在宋朝。唐朝时酱油生产技术随鉴真大师传至日本，后来又相继传入朝鲜、越南、泰国、马来西亚、菲律宾等国，并逐渐被人们接受，成为饮食必备的调味品之一。

【选购指要】

酱油感官鉴别指标主要包括色泽、气味、滋味和外观形态等。在感官指标上掌握到不霉、不臭、不酸败、不板结、无异物、无杂质、无寄生虫的程度。打开瓶盖，未触及瓶口，优质酱油就可闻到一股浓厚的香味和酯香味，劣质酱油香气或有异味。滴几滴酱油于口中品尝，优质酱油味道鲜美，咸甜适口，味醇厚，柔和味长。

食品健康知识链接

【天然药理】酱油中含有丰富的氨基酸，对人体有着极其重要的生理功能，人们只能在食品中得到氨基酸才能构成自身的蛋白质，而蛋白质是生命的物质基础。酱油中的还原糖是人体热能的重要来源。总酸也是酱油的一个重要组成部分，可消除机体中过剩的酸，降低尿的酸度，减少尿酸在膀胱中形成结石的可能。食盐也是酱油的主要成分之一，能为人体补充盐分。除了上述的主要成分外，酱油中还含有钙、铁等微量元素，能有效地维持机体的生理平衡。此外酱油的主要原料是大豆，而大豆及大豆制品都有防癌的效果。酱油还有很好的抗氧化作用，能减少自由基对人体的损害，其功效比常见的维生素C、E等抗氧化剂高很多倍。

【用法指要】酱油一般有老抽和生抽两种：老抽较咸，主要用于提色；生抽主要用于增鲜。酱油应在出锅前加入，酱油不宜在锅内高温烧煮，高温会使其失去鲜味和香味，同时，酱油中的糖分在高温下会焦化变苦，食后对身体有害，所以放酱油应在出锅之前。蘸食酱油或在调拌凉菜时，要加热后再用。这是因为酱油在贮存、运输、销售等环节中会受到各种细菌污染。加热方法是蒸煮，不宜煎熬。

【健康妙用】酱油可用于水、火烫伤和蜂、蚊等虫的蜇伤，并能止痒消肿。

【食用宜忌】一般人群均可食用。服用治疗血管疾病、胃肠道疾病的药物时应禁止食用酱油烹制的菜肴，以免引起恶心、呕吐等副作用。酱油如果已经长白膜，那就表明变质了，不能食用。

【温馨提示】每次10～30毫升。在烹饪绿色蔬菜时不必放酱油，因为酱油会使这些蔬菜的色泽变得黑褐暗淡，并失去了蔬菜原有的清香。

【药典精论】《本草经疏》：“圣人不得

其酱不食，朱子云，食肉用酱，各有所宜，如食蟹用橙酱，或姜酱，煮鱼用茱萸酱，取其能解毒之义也。”《随息居饮食谱》：“调和物味，荤索皆宜。”“痘痂新脱时食之，则瘢黑。”

25. 怎样鉴别与选购食醋

【本品概述】

食醋在古时被称为苦酒，在我国已有两千多年的食用历史。它是一种发酵的液态调味品，味酸而绵长，微甜，可用于烹饪各种菜肴。醋的品种多样，目前较为知名的黑醋有山西陈醋、镇江香醋等。

【选购指要】

选购食醋时，应从以下几方面鉴别其质量：一是看颜色。食醋有红、白两种，优质红醋要求为琥珀色或红棕色。优质白醋应无色透明。二是闻香味。优质醋具有酸味芳香，没有其他气味。三是尝味道。优质醋酸度虽高但无刺激感、酸味柔和、稍有甜味、不涩、无其他异味。此外，优质醋应透明澄清，浓度适当，没有悬浮物、沉淀物、霉花浮膜。食醋从出厂时算起，瓶装醋三个月内不得有霉花浮膜等变质现象。

食品健康知识链接

【天然药理】醋除了含有醋酸以外，还含有乳酸、葡萄糖酸、琥珀酸、氨基酸、维生素B_2、钙、磷、铁等多种对人体有益的营养成分，它能减少烹饪原料中维生素C的损失，促进食物中钙、铁、磷等矿物成分的溶解，提高菜肴的营养价值，同时还可以促进消化液的分泌，消食化积。中医认为醋有生发、美容、降压、减肥的功效。此外，醋具有抑菌、杀菌的能力，对流行性感冒有一定的预防作用，还能消除疲劳，促进睡眠，减轻晕车、晕船和醉酒的不适症状。

【用法指要】在烧牛肉时，放少许醋，容易煮烂；煮骨头汤时，加些醋，可使骨头中的磷、钙得到溶解，增加汤的营养，味道也更加鲜美；烧鱼时加点醋，既可解除腥味，又可使鱼骨中的钙、磷溶解出来，提高其营养价值；拌凉菜时，浇上些醋，不仅能杀菌，还可以软化蔬菜的纤维，有助于消化。

【健康妙用】打嗝（即横膈肌痉挛症）时，饮醋一小杯，一口气喝下，即可停止；便秘者每日酌情喝醋开水（开水中滴进数滴醋）少许，可缓解大便困难；浮肿之人，长期饮服少许醋开水，有很好的消肿作用；晕车晕船，出发前喝醋开水一小盅，可减少乘车乘船的眩晕。用黄瓜、南瓜、胡萝卜、白菜、卷心菜各适量，洗净切片，用盐腌6小时后，以食醋凉拌佐餐，可减淡面部色素沉着，防止长痘。

【食用宜忌】醋不宜用铜器盛放，因为铜会与醋酸等发生化学反应，对身体产生危害。每次不宜过量食用，否则会导致体内钙的流失。胃溃疡患者和胃酸过多者不宜食醋，骨折患者在治疗期间也应避免食醋。

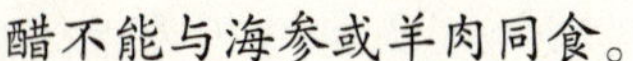

醋不能与海参或羊肉同食。

【温馨提示】每次5～20毫升。可在盛醋的瓶中加入少许香油，使表面覆盖一层薄薄的油膜，防止醋发霉变质。

【药典精论】《医海拾零》：“饮酒过多，酌饮醋有解酒作用。”《本草备要》：“醋，散瘀，解毒，下气，消食，开胃气。”《千金•食治》：“扁鹊云，多食醋，损人骨。”唐•孟诜：“多食损人胃，服诸药不可多食。”《本草纲目》：“服茯苓，丹参人不可食醋。”《本草经疏》：“经曰：酸走筋，筋病勿多食酸。凡筋挛偏痹，手足屈伸不利，皆忌之。”《随息居饮食谱》：“醋，性主收敛，风寒咳嗽，外感疟痢，初病皆忌。”

26. 怎样鉴别与选购酒

【本品概述】

白酒，又叫烧酒、白干儿，是烈性酒，酒精浓度很高，它是用高粱、玉米、红薯、米糠、稗子等粮食或其他果品发酵、蒸馏而成，无色透明，故名。

【选购指要】

选购白酒时应注意以下几点：白酒产品并非“越陈越香”。低度白酒（通常指酒精度40°以下的产品）是我国当前白酒产品中的主流，它的发展是我国白酒行业遵循产品结构调整方针的结果。近几年来，低度白酒在存放一段时间后（通常指一年或更久）出现的酯类物质水解，并导致口味寡淡的问题已逐步成为白酒行业关注的焦点。因此，在购买低度白酒时，最好应选择两年以内的白酒产品饮用。

应首先选择大中型企业生产的国家名优产品。经过国家质量技监、工商、卫生等部门对白酒产品质量的监督抽查发现，名优白酒质量上乘，感官品质、理化指标俱佳，低度化的产品也能保持其固有的独特风格。

不要购买无生产日期、厂名、厂址的白酒产品。因为这些产品可能在采购原料、生产加工过程中不符合卫生要求，如甲醇、杂醇油等有毒有害物质超标。

食品健康知识链接

【天然药理】白酒中除含有极少量的钠、铜、锌外，几乎不含维生素和钙、磷、铁等，有的仅是水和乙酸。中医认为白酒有活血通脉、助药力、增进食欲、消除疲劳、陶冶情志、使人轻快、御寒提神的功能。饮用少量白酒特别是低度白酒可以扩张小血管，促进血液循环，延缓胆固醇等脂质在血管壁沉积；能活血通脉，助药力，增进食欲，消除疲劳，陶冶情志，御寒提神。

【用法指要】每次1小杯，15~25毫升。每天不超过50毫升。

【健康妙用】炒鸡蛋时加点白酒，炒出的鸡蛋会更松软芳香；当红烧羊肉开锅时，倒入少许白酒，可去除膻味，并有助于将肉炖烂；在烹调脂肪较多的肉和鱼时，加一杯啤酒可去除油腻味；用油煎鱼时，向锅内喷上半小杯葡萄酒，能防止鱼皮黏锅；

做菜时醋放多了，只要在菜中加一些米酒，就可以减轻酸味。

【食用宜忌】健康的35岁以上的男性和过了绝经期的妇女可适量饮用，不可天天饮用。血压病、心脑血管病患者、肝功能不佳或有肝病者禁饮。心情不佳或悲伤时慎饮。不可和其他酒一起饮用。饮白酒前后不能服用各类镇定药、降糖药、抗生素和抗结核药，否则会引起头痛、呕吐、腹泻、低血糖，甚至导致死亡。孕妇、哺乳期妇女不可饮用，以免对胎（婴）儿不利。饮酒取暖不可取。在空气流通相对较差的室内少量饮酒有御寒作用，在有风的室外饮酒只能使人更加寒冷。有生育计划的夫妇，至少半年内应绝对戒酒。

【温馨提示】白酒产品并非“越陈越香”。因此，在购买低度白酒时，最好应选择两年以内的白酒产品饮用。

【药典精论】《本草纲目》：“酒后食芥及辣物，缓人筋骨。酒后饮茶，伤肾脏，腰脚重坠，膀胱冷痛，兼患痰饮水肿、消渴挛痛之疾。一切毒药，因酒得者难治。又酒得咸而解者，水治火也，酒性上而咸润下也。”“痛饮则伤神耗血，损胃亡精，生痰动火。”

第八章
谷物、豆类食品鉴别与选购

1. 怎样鉴别与选购绿豆

【本品概述】

绿豆又叫青小豆、青豆子、交豆，是我国人民的传统豆类食物，原产于我国、印度、缅甸，有2000多年的栽培史，现在主要产于四川、河南、河北、山东、安徽等省，一般秋季成熟上市。它不仅有很好的食用价值，还具有非常好的药用价值，有“济世之良谷”之称，是传统的夏季消暑食物。

【选购指要】

绿豆种皮的颜色主要有青绿、黄绿、墨绿三大类，种皮分有光泽（明绿）和无光泽（暗绿）两种。以色浓绿而富有光泽、粒大、整齐、形圆、煮之易酥烂者品质最好。挑选绿豆的时候不应选霉烂的，这种绿豆的口感已发生了变化，而且含一定的有毒物质。是否霉烂直接看绿豆的表面即可看出，有些霉烂的绿豆还有不好闻的味道，用鼻子仔细闻一下即可发现。有些时候我们会把绿豆的虫口忽略，但是经受过虫害的绿豆其营养成分也会大打折扣。即使绿豆非常小，在挑选的时候也应仔细观察是否有虫口。变质的绿豆和霉烂的绿豆一样也具有一定的有毒物质，而变质的绿豆一般颜色不再新鲜，绿中带黑。

食品健康知识链接

【天然药理】绿豆清热解毒、利尿、消暑除烦、止渴健胃、利水消肿，主治暑热烦渴、湿热泄泻、水肿腹胀、疮疡肿毒、丹毒疖肿、痄腮、痘疹以及金石砒霜草木中毒。经常在有毒环境下工作或接触有毒物质的人应多食用绿豆来解毒保健。夏天在高温环境工作的人出汗多，水液损失很大，体内的电解质平衡遭到破坏，用绿豆煮汤来补充是最理想的方法，能够清暑益气、止渴利尿、补充水分及无机盐。绿豆中的多糖成分能增强血清脂蛋白酶的活性，使脂蛋白中甘油三酯水解达到降血脂的疗效，从而可以防治冠心病、心绞痛。

【用法指要】绿豆可与大米、小米掺和起来制作干饭、稀饭等主食，也可磨成粉后制作糕点及小吃。绿豆中的淀粉还是制作粉丝、粉皮及芡粉的原料，此外，绿豆还可制成细沙做馅心。用绿豆熬制的绿豆汤，更是夏季清热解暑的饮料。

【健康妙用】绿豆与大米同吃能提高氨基酸的利用率，使营养更全面丰富；与茯苓、大米三者同煮粥，食用后能宁心安神、化痰祛腻；与海带同煮汤，食用后能清热消暑、软坚化痰、健脾补血；与草莓、大米同煮粥，有清热消暑、润肺生津、健脾补血的作用。

【食用宜忌】适宜中毒者、眼病患者、高血压患者、水肿患者、红眼病患者食用。因为绿豆性寒，所以脾胃虚弱的人不宜多吃。服药特别是服温补药时不要吃绿豆食品，以免降低药效。绿豆不能与鲤鱼、狗肉、榧子壳同食。绿豆忌用铁锅烹煮。绿豆不宜煮得过烂，以免使有机酸和维生素遭到破坏，降低清热解毒功效。

【温馨提示】每次40克即可。虽然大多数人都可以放心地喝绿豆汤，没有太多禁忌，但是体质虚弱的人不宜多喝。

【药典精论】《本草纲目》：“治痘毒，利肿胀，为食中要药；解金石砒霜草木一切诸毒……真济世之良谷也。”《本草经疏》：“绿豆甘寒能除热下气解毒，阳明客热则发出风疹，以胃主肌肉，热极生风故也，解阳明之热，则风疹自除。”

2. 怎样鉴别与选购黑豆

【本品概述】

黑豆，又名料豆、零乌豆，民间多称其为黑小豆和马料豆，中医处方将其称为乌豆。它与黄豆同属大豆类，是植物中营养最丰富的保健佳品，因此一直被人们视为药食两用的佳品。

【选购指要】

优质黑豆颗粒饱满，大小均匀，购买后如果不立即食用，可将其放置在阴凉、干燥的地方保存。

现在市场上常见的黑豆掺假主要有两种情况，一种是对劣质黑豆进行再加工，经染色后以次充好出售；另一种是用普通大豆染色冒充黑豆出售。

黑豆掉色是正常的，但正常情况下泡黑豆的水是紫红色，如果泡出的水像墨汁一样，有可能就是假黑豆。市民在购买时，最好加点水放在手心揉搓，看它是否掉色，如掉色严重就可能是造假。另外有一个方法：用白纸擦表皮，真黑豆用力在白纸上擦不掉色，而染色黑豆的颜色经摩擦会在白纸上留下颜色。

食品健康知识链接

【天然药理】黑豆中粗纤维含量高达4%，常食黑豆，可以促进消化，防止便秘发生。黑豆对年轻女性来说，还有美容养颜的功效，因为它含有丰富的维生素E，而维生素E是一种相当重要的保持青春健美的物质。肾虚的人食用黑豆可以祛风除热、调中下气、解毒利尿，可以有效地缓解尿频、腰酸、女性白带异常及下腹部阴冷等症状。

【用法指要】除了作主食外，药用还有用黑豆加工的大豆卷、豆豉、黑豆衣等。

【健康妙用】黑豆与猪肉同食可滋阴补肾、活血利水；与甲鱼同食可滋肝补肾、益气壮阳；与羊肉同食可补虚益气、温中暖下、养血乌发；与浮小麦水煎服，可治盗汗；与炒杜仲、枸杞子煎水服，可治腰痛；与苏木水煎，加红糖调服，可治月经不调。

头昏畏明：以黑豆30克，菊花12克，枸杞子、刺蒺藜各15克煎服。

筋骨痹痛：黑豆30克，桑枝、枸杞子、当归各15克，独活9克，煎服。

婴儿湿疹：黑豆油30毫升，黄蜡15克，共熔化为膏，涂患处。

烫伤：黑豆250克，煮浓汁，取适量涂患处。

【食用宜忌】黑豆不适宜生吃，尤其是肠胃不好的人食用后会出现胀气现象；但是过度加热之后，其部分营养成分又会被高温分解掉。服用参药、龙胆草、蓖麻子、厚朴时不能吃黑豆。

【温馨提示】每次60克。

【药典精论】《增补内经拾遗方论》：“煮料豆药方：老人服之能乌须黑发，固齿明目。”《本经逢原》：“入肾经血分，同青盐、旱莲草、何首乌蒸熟，但食黑豆则须发不白，其补肾之功可知。”《本草纲目拾遗》：“服之能益精补髓，壮力润肌，发白后黑，久则转老为少，终其身无病。”

3. 怎样鉴别与选购赤小豆

【本品概述】

赤小豆又名红小豆，红饭豆，是一种可食的模样似黄豆的长条红色豆类食物，与红豆是有区别的。它具有律精液、利小便、消胀、除肿、止吐的功能，被李时珍称为“心之谷”。

【选购指要】

选购时应选择颗粒饱满、大小比例一致、颜色较鲜艳的，品质才会比较好也比较新鲜。

赤小豆以豆粒完整、颜色深红、大小均匀、紧实皮薄、没有被虫蛀过的为佳；其中颜色越深，表示其铁质含量越高，营养价值更佳。

食品健康知识链接

【天然药理】赤小豆含有较多的皂角甙，可刺激肠道，有良好的利尿作用，可治疗小便不利、脾虚水肿、脚气症等。赤小豆还有较多的膳食纤维，可降血压、血脂，调节血糖、解毒抗癌、预防结石、健美减肥。产妇、乳母多吃赤小豆还有催乳的功效。

【用法指要】赤小豆宜和其他谷类食品混合食用，一般制成豆沙包、豆饭、豆粥或用来煲汤等。

【健康妙用】将赤小豆和鲤鱼煮汤食用，对水肿、脚气、小便困难等能起食疗作用，还能治疗肝硬化、肝腹水、补体虚；赤小豆与冬瓜同煮后的汤汁是全身水肿的食疗佳品；赤小豆与扁豆、薏仁同煮，可治疗腹泻；与鸡肉同吃，具有补肾滋阴、补血明目和祛风解毒的功效；与粳米同煮粥服食，有健脾益胃、清热解毒、利水消肿、通乳的作用；与茅根同煮粥服食，可治水肿、小便不利等症。另外，赤小豆还可与中药同用，如赤小豆配连翘和当归煎汤，可治疗肝脓肿；赤小豆配以蒲公英、甘草煎汤，可治疗肠痈等。

【食用宜忌】一般人都可以食用。水肿、哺乳期妇女尤为适合。赤小豆利尿，因此尿频的人应注意少吃。胃肠较弱的人也不宜多食，因为容易胀气。

【温馨提示】每次30克。赤小豆必须放在干燥不潮湿处存放，以免发霉。也可以放在冰箱中保存，保存期限约在20天左右。

【药典精论】《药论》：“散气令人心孔开，止小便数。”《本草新编》：“专利下身之水而不能利上身之湿。”《神农本草经》：“红豆通小肠、利小便、消肿排脓、消热解毒、治泻痢脚气、止渴解酒、通乳下胎。”

4. 怎样鉴别与选购蚕豆

【本品概述】

蚕豆俗称胡豆、佛豆、罗汉豆、倭豆，为豆科一年生或两年生草本植物。产于我国长江流域，因豆荚形似老蚕，故名。夏季采收未成熟或成熟的荚果，除去荚壳，留豆鲜用或晒干用。按种皮颜色不同，可分为绿皮蚕豆、白皮蚕豆和红皮蚕豆等，是美味营养的大众食物。

【选购指要】

优质蚕豆大小均匀、饱满、洁净、无缺损。选购时，选嫩豆荚绿色，表面白色短茸毛新鲜直立，每荚有种子2~3粒。剥开豆荚，嫩豆粒肥大，种皮浅绿色，种脐（俗称眉）白色，则嫩豆质软糯，品质佳。若豆荚已变黑褐色，种脐变黄或变黑，则表示该豆已老熟或已变质。为避免人工染色，选购时还应用嘴呵气，用手捏捏，看是否有掉色的情况。新鲜的蚕豆贮藏一段时间后，颜色就会慢慢变深。要防止蚕豆变色，只要将蚕豆放在低温（5℃以下）、干燥、避光的环境中，便可延缓蚕豆的变色速度。

食品健康知识链接

【天然药理】蚕豆中含有大脑和神经组织的重要组成成分磷脂，并含有丰富的胆碱，有增强记忆力的作用。蚕豆所含的蛋白质可以延缓动脉硬化；豆皮中的粗纤维有降低胆固醇、促进肠蠕动的作用。中医认为，蚕豆具有祛湿、和腑、健脾、固精、清热、补中益气、涩精实肠等功能，可以用于治疗多种疾病，例如水肿、慢性肾炎等。蚕豆花有止血、止带、降血压等作用。蚕豆衣可辅助治疗浮肿、小便不通等症。

【用法指要】嫩蚕豆的食法有烧、炒、烩、拌等；老熟蚕豆经水发后可炸、炒、煮粥，也可做糕、磨粉或做豆瓣酱及其他风味小食品。

【健康妙用】蚕豆与红糖同食能利湿消肿、祛瘀降脂；与海参同制成羹，食用后能健脾益气、止血；与牛肉同吃能清暑利尿、强筋增力；与百合同吃能滋阴、减肥、降低血脂。将蚕豆煮后取汁，不加盐，随意饮用，可治消渴。

【食用宜忌】老人、考试期间的学生、脑力工作者及高胆固醇、便秘者最宜食用。家庭中有“遗传性红细胞缺陷症”病史的人应禁食生熟蚕豆。另外，痔疮出血、消化不良、慢性结肠炎和尿毒症患者最好不要食用蚕豆。蚕豆不宜生吃，应将生蚕豆多次浸泡或焯水后再进行烹调。蚕豆含有致敏物质，发生蚕豆过敏者一定不要再吃蚕豆。发育期儿童不能食用蚕豆。

【温馨提示】每次30克即可。

【药典精论】《食物本草》：“快胃，和脏腑。”《本草从新》：“补中益气，涩精，实肠。”《湖南药物志》：“健脾，止血，利尿。”

5. 怎样鉴别与选购扁豆

【本品概述】

扁豆俗称豆角、带豆、腰豆、四季豆，为豆科扁豆属植物扁豆一年生草本。原产于亚洲东南部热带地区，我国南北各地普遍种植，南方四季供应，北方夏秋上市。扁豆以嫩质荚果供食，鲜嫩味美。扁豆有赤、白两种。白扁豆入药，中医处方称生扁豆，炒扁豆。生扁豆是将扁豆经沸水煮至皮鼓起、松软时捞出的豆，将扁豆放锅内炒至黄色，即炒扁豆。豆荚幼嫩时可作蔬菜食用。

【选购指要】

优质扁豆豆荚呈翠绿色，饱满，豆粒呈青白色或红棕色，有光泽，鲜嫩清香。此外，还要注意豆荚的横断面，圆形的粗纤维少，口感佳；扁圆形的粗纤维多，口感较差。白扁豆干品则以颗粒饱满肥大、色泽鲜明的为佳。扁豆一定要煮熟以后才能食用，否则可能会出现食物中毒现象。

食品健康知识链接

【天然药理】扁豆能理中益气、补肾、健脾，止消渴、脾虚腹泻、恶心呕吐、食欲不振，可辅助治疗糖尿病、口渴、便频等症。经常食用扁豆能健脾胃，增进食欲。夏天多吃扁豆能消暑、洁口。扁豆对痢疾杆菌有抑制作用，对食物中毒引起的呕吐、急性胃肠炎等有解毒作用。经常饮用扁豆子煎汤，可以防治肠胃炎。

【用法指要】扁豆的食法有炒、油焖、干烧、拌、炝、腌、制馅等，也可做各种荤素菜肴的需用材料。

【健康妙用】治暑疟：白扁豆（姜制）、厚朴各100克，香薷200克，锉碎，加乌梅水煎，将熟时入生姜汁温服。

治蜂蜇伤：鲜白扁豆叶捣烂敷患处。

治脾胃虚弱，饮食不进而呕泻：炒扁豆、茯苓各30克，研细末，每次3克，加红糖适量，用沸水冲调服。

【食用宜忌】扁豆中含有一种凝血物质及溶血性皂素，如炒不熟食后可引起中毒，所以一定要炒熟后食用。过量食用白芸豆会导致胀肚，因此消化功能不良、有慢性消化道疾病的人应尽量少吃。经过霜打的鲜扁豆，含有大量的皂甙和血球凝集素，食用时如果没有熟透，则会发生中毒。

【温馨提示】每次鲜品50~70克，干品9～15克。干品应放入干净容器内密闭储存，置于干燥处，注意防霉蛀、鼠食。

【药典精论】苏颂：“蔓延而上，大叶细花，花有紫白二色，荚生花下。其实亦有黑白二种，白者温而黑者小冷，入药当用白者。”《本草纲目》：“子有黑白赤斑四色，一种荚硬不堪食。惟豆子粗圆而色白者可入药。”

6. 怎样鉴别与选购豌豆

【本品概述】

豌豆俗称荷兰豆、青荷兰豆、小寒豆、淮豆、麻豆、青小豆、留豆、金豆、回回豆。属豆科豌豆属一年生攀缘草本植物，是豆科中以嫩豆粒或嫩豆荚供菜食的蔬菜。原产欧洲和亚洲，在我国南北方均有种植，可分为粮用豌豆和菜用豌豆两种类型。菜用豌豆分软荚种和硬荚种两种，以嫩荚与种子供食。如杭州白花豌豆、成都冬豌豆及山西一号、二号豌豆等，都是有名的菜用豌豆。另外，鲜嫩的豌豆苗也是较好的蔬菜。

【选购指要】

新鲜豌豆荚颜色深绿，花蒂部分洁白，容易折断，味道也很佳，但很容易枯萎，如果不立即食用则应放入冰箱冷藏。优质豌豆干品以颗粒饱满肥大、色泽鲜明的为佳。

食品健康知识链接

【天然药理】中医认为，豌豆有和中下气、利小便、解疮毒、益脾和胃、生津止渴、除呃逆、止泻痢、解渴通乳的作用，常食对脾胃虚弱、小腹胀满、呕吐泻痢、产后乳汁不下、烦热口渴均有疗效。豌豆中富含人体所需的各种营养物质，尤其是含有优质蛋白质，可以提高机体的抗病能力和康复能力。豌豆中富含胡萝卜素，食用后可防止人体致癌物质的合成，从而减少癌细胞的形成，降低人体癌症的发病率。豌豆中还富含粗纤维，能促进大肠蠕动，保持大便通畅，起到清洁大肠的作用。

【用法指要】豌豆的食法有炒、熘、烩、煮、腌、做罐头。豌豆籽实成熟后又可磨成豌豆面粉食用。因豌豆豆粒圆润鲜绿，十分好看，也常被用来作为配菜，以增加菜肴的色彩，促进食欲。豆苗是豌豆萌发出2～4个子叶的幼苗，鲜嫩清香，最适宜做汤，营养价值与豌豆大致相同。

【健康妙用】牛肉和豌豆一起烹饪出来的菜肴，不仅可口，营养也更丰富；豌豆与豆腐同煮汤，食用后能健脾益气、活血化瘀；与茭白同吃能清热解毒、除烦消渴；与春笋同吃能清热解毒、祛瘀降脂；与猪肉同吃能补虚健脾、解毒利尿；与羊肉同吃能补中益气，对于中气不足或身体虚弱的人有很好的补益保健作用；与虾仁同吃能益精壮阳、健脾和胃。

【食用宜忌】一般人群均可食用。豌豆适合与富含氨基酸的食物一起烹调，可以大大提高豌豆的营养价值。

许多优质粉丝是用豌豆等豆类淀粉制成的，在加工时往往会加入明矾，经常大量食用会使体内的铝增加，影响健康。炒熟的干豌豆尤其不易消化，过食可引起消化不良、腹胀等。必须完全煮熟后才可以食用，否则可能发生中毒。

【温馨提示】鲜品每次50克，干品9～15克。豌豆所含的钙和磷在豆类食物中较低，因此在饮食当中需要用其他食物补充钙，比如牛肉含钙较多，用牛肉和豌豆一起烹饪出的菜肴，不仅可口，营养也更丰富。

【药典精论】《随息居饮食谱》："煮食，和中生津，止渴下气，通乳消胀。"《饮膳正要》："每1两此豆捣去皮，同羊肉治食之，补中益气。"

7. 怎样鉴别与选购豇豆

【本品概述】

豇豆又名角豆、带豆、豆角、裙带豆，一般分为长豇豆和饭豇豆两种。长豇豆一般作为蔬菜食用，既可热炒，又可焯水后凉拌；饭豇豆一般作为粮食煮粥食用，或制成豆沙馅食用。李时珍称道："此豆可菜、可果、可谷，备用最好，乃豆中之上品。"

【选购指要】

优质嫩豆荚颜色鲜绿、外表光滑、豆粒数量多、排列稠密。嫩豆荚不宜久存，应尽快食用。

食品健康知识链接

【天然药理】豇豆能健脾益气、补肾益精、止消渴，主治脾胃虚弱、呃逆呕吐、消渴、遗精、白带、白浊、小便频数等病症。此外，豇豆所含维生素B_1能维持正常消化腺分泌和胃肠道蠕动的功能，抑制胆碱酯酶活性，可帮助消化，增进饮食。其所含的维生素C能促进抗体的合成，提高机体抗病毒的能力。

【用法指要】豇豆的吃法多样。比如糖醋豇豆、蒜泥豇豆等。把豇豆与肉、葱一并切碎做馅来包饺子或包子，也不失为极佳的面食。将嫩豇豆入盐水泡12小时后捞出，切碎后炒肉糜（烂肉豇豆），也是佐餐的家常菜。至于用豇豆炖肉、老豇豆子熬粥、蒸饭或做糕饼，则有健脾肾、生津液的功效，最适宜老年体弱者食用。

【健康妙用】豇豆炖肉汤有健脾肾、生津液的功效，最适宜老年体弱者食用；蒜泥豇豆对食积腹胀、肾虚遗精、糖尿病有效，还能消肿；与冬瓜同煮汤，食用后能补肾消肿；与绿豆、荷叶同煮汤，饮用后能清热解毒、消暑；与生姜同吃能增进食欲，对脘腹胀痛、大便溏泻也有很好的改善作用；与大米同煮粥，食用后能调治肾虚遗精、带下等症状。带壳干豇豆60克，水煎后吃豆喝汤，治糖尿病、口渴、尿多。豇豆子50~100克与大米100~150克同煮饭，用油盐调味食用，有益气、健脾、消肿作用，适用于脾虚水肿、脚气病、小儿病后脾胃虚弱等症。

【食用宜忌】一般人群均可食用。尤其适合糖尿病、肾虚、尿频、遗精及一些妇科功能性疾病患者食用。烹调长豇豆的时间不宜过长，以免造成营养损失。豇豆多食则性滞，故气滞便结者不宜食之过量，以免生腹胀之疾。

【温馨提示】长豇豆每餐60克，饭豇豆每餐30克。嫩豆荚不宜久存，应尽快食用。

【药典精论】《本草纲目》："理中益气，补肾健胃，和五脏，调营卫，生精髓，止消渴，吐逆，泻痢，小便数，解鼠莽毒。"《滇南本草》："治脾土虚弱，开胃健脾。"《医林纂要》："补心泻肾，渗水，利小便，降浊升清。"《本草从新》："散血消肿，清热解毒。"

8. 怎样鉴别与选购黄豆

【本品概述】

黄豆与青豆、黑豆统称大豆，是豆科植物大豆的黄色种子，起源于中国，并由中国向南部及东南亚各国传播，以后于18世纪到欧洲，已有5000年的历史。现在全国普遍都有出产。黄豆既供食用，又可炸油，其营养价值很高，故又有"豆中之王"、"田中之肉"之誉，

【选购指要】

具有该品种固有的色泽，为黄色，鲜艳有光泽的是好大豆。色泽暗淡，无光泽的则为劣质大豆。颗粒饱满且整齐均匀，无破瓣，无缺损，无虫害，无霉变，无挂丝的为好大豆。颗粒瘦瘪，不完整，大小不一，有破瓣，有虫蛀，霉变的为劣质大豆。用牙咬豆粒，若发音清脆呈碎粒，说明大豆干燥。若发音不清脆则说明大豆潮湿。优质大豆具有正常的香气和口味，有酸味或霉味者质量较次。

食品健康知识链接

【天然药理】中医认为，黄豆具有健脾宽中、润燥消水、清热解毒、益气的功效，能抗菌消炎，对咽炎、结膜炎、口腔炎、菌痢、肠炎有效。现代医学研究发现，黄豆可以提高人体免疫力，可以治疗因情志抑郁而引起的气滞，有补脾益气、消热解

毒的功效，是食疗佳品。黄豆中含有丰富的维生素和多种人体必需的氨基酸，常食可以使皮肤细嫩、白皙、润泽，有效防止雀斑和皱纹的出现。黄豆中的卵磷脂可除掉附在血管壁上的胆固醇，防止血管硬化，预防心血管疾病，保护心脏，防止肝脏内积存过多脂肪，从而有效地防治因肥胖而引起的脂肪肝。黄豆对缺铁性贫血有一定疗效，对糖尿病也有治疗作用。其所含的皂甙有明显的降血脂作用，同时可抑制体重增加。

【用法指要】黄豆的食法有炒、熘、烩、煮、腌、做罐头等，还可发酵制成豆豉等，也可育成豆芽食用，还能制成豆浆、豆腐等，无论怎样吃，营养价值都非常高。

【健康妙用】取黄豆少许，加干芫荽3克，或加葱白3根，白萝卜3片，水煎温服，可防治感冒。黄豆100克、浮小麦50克、大枣5枚水煎服，可治体虚自汗、盗汗。将黄豆100克煮至皮裂豆熟时，加入猪肝100克（切片）煮熟，分三次服食，连服三周，可治贫血、面色萎黄、夜盲、营养不良等症。黄豆与海带同煮汤，有清热、降压、散结、软坚作用，适用于高血压、单纯性甲状腺肿、慢性颈淋巴腺炎等症；与排骨搭配，味道鲜美，营养互补，有益气养血、清热解毒的作用；与猪蹄同吃，营养丰富，美容养颜，有通乳之效，很适合产后的女性补益食用，可促进身体复原及分泌高质量的乳汁；与绿豆加水同煮，以红糖调味，有清热凉血、消肿的作用，十分滋补。

【食用宜忌】黄豆是更年期妇女、糖尿病和心血管病患者的理想食品；脑力工作者和减肥的朋友也很适合。消化功能不良、有慢性消化道疾病的人应尽量少食黄豆。患有严重肝病、肾病、痛风、消化性溃疡、低碘者应禁食；体弱、胃寒怕冷及大便溏稀者也应忌食；患疮痘期间不宜吃黄豆及其制品。黄豆不宜与猪血、蕨菜、虾皮、猪肝、酸奶同食。黄豆不宜生食，夹生黄豆也不宜吃。

【温馨提示】每天40克。

【药典精论】《名医别录》：“逐水胀，除胃中热痹、伤中淋露，下瘀血，散五脏结积内寒。”《本经》：“主湿痹，筋挛，膝痛。”《中药志》：“发表利湿。治湿热内蕴，汗少，小便不利。”

9. 怎样鉴别与选购芝麻

【本品概述】

芝麻又称胡麻，不但是食品，可榨油，而且也供作药用，分黑白两种，“取油以白者为胜，服食以黑者为良”。芝麻是人类重要的油料作物。原产非洲，后传入印度，现印度已成为世界第一芝麻生产大国，占世界栽培面积的1/3。我国也盛产芝麻，占世界栽培面积的13. 5%，中国的小磨麻油，被视为烹调油的珍品。

【选购指要】

以颗粒饱满、表面有光泽、大小均匀、干燥、气味香的为佳品，表面潮湿油腻并有腐油味者则不宜购买。

食品健康知识链接

【天然药理】芝麻可润肠通便、补肺益气、助脾长肌、通血脉、润肌肤、滋补肝肾、益阴润燥、养血增乳、养发、填髓脑，主治大小便不通、妇人乳闭、小儿透发麻疹、老人或体虚者大便干结、头发早白、头晕耳鸣、贫血萎黄、津液不足等症状。

【用法指要】芝麻的用法很多：如生嚼，炒食，煮食，磨酱，榨油，作糕饼糖果配料。

【健康妙用】将桑叶、黑芝麻（炒）同等分研末，以糯米饮捣丸，日服12~15克，可治肝肾亏损、津液不足、肠道燥结等症；取芝麻与连翘等份研为末，频频服之，可治小儿瘰疬；取炒芝麻捣烂敷在伤口处，可治疗疮疡脓溃。

【食用宜忌】适合便秘者食用。脾虚便溏者勿服。芝麻助脾、燥热，炒熟食之尤为显著，易引起牙疼及胃热加重，因此牙疼、脾胃疾病患者忌食之。芝麻也是一种发物，因此皮肤疮毒、湿疹、瘙痒患者忌食。

芝麻不宜久食，否则会令人滑精、消瘦、发渴、困脾。

【温馨提示】每次12~15克即可，不宜过量。

【药典精论】《本经》：“主伤中虚羸，补五内，益气力，长肌肉，填脑髓。”《本草备要》：“补肝肾，润五脏，滑肠。”

10. 怎样鉴别与选购薏苡仁

【本品概述】

薏苡仁属禾本植物，又名薏米、六谷米、薏苡、米仁、水玉米、菩提子、胶念珠等。薏米是我国古老的食药皆佳的粮种之一。民间对薏苡仁早有认识，视其为名贵中药，在药膳中应用很广泛，被列为宫廷膳食之一。它也是营养丰富的盛夏消暑佳品之一。

【选购指要】

超市里一般会有卖那种真空包装的小袋，选购时看保质期。如是散装的，看是否米粒均匀，无碎米。抓一小把闻闻味道，是否有异味，潮味。表面有黑点的不宜选购。

食品健康知识链接

【天然药理】薏苡仁可清利湿热、除风湿、利小便、益肺排脓、健脾胃、强筋骨，主治风湿身痛、湿热脚气、湿热筋急拘挛、湿痹、水肿、肺萎肺痈、咳吐脓血、喉痹痈肿、肠痈热淋。薏苡仁还是一种美容食品，常食可以保持人体皮肤光泽细腻，消除粉刺、斑雀、老年斑、妊娠斑、蝴蝶斑，对脱屑、痤疮、皲裂、皮肤粗糙等都有良好疗效。经常食用薏苡仁食品对慢性肠炎、消化不良等症也有效果。正常健康人常食薏苡仁食品，既可化湿利尿，又使身体轻捷，还可减少患癌的几率。

【用法指要】薏苡仁可用作粮食吃，味道和大米相似，且易消化吸收，煮粥、做汤均可。夏秋季和冬瓜煮汤，既可佐餐食用，又能清暑利湿。

【健康妙用】取薏苡仁60克，用水煎服，每日两次，可治黄疸。取薏苡仁60克、白术45克，水煎服，可治湿重腰疼。用薏苡仁与野菱角（带壳切开）共煮浓汁，1日2次分服，连服1个月为1疗程，对胃癌、子宫癌、皮肤癌等癌细胞发展有抑制作用。

【食用宜忌】一般人都可以食用，尤其适合身体虚弱、消化功能不良的人。便秘、尿多者及孕早期的妇女应忌食。消化功能较弱的孩子和老弱病者更应禁忌。滑精、小便多者不宜食用。

【温馨提示】薏苡仁的常用量为20~30克，病重者可加大剂量至60克。

【药典精论】《本草纲目》："苡仁健脾，益胃，补肺，清热，去风，祛湿。增食欲，治冷气，煎服利水。苡仁根捣汁和酒服，治黄疸有效。"《别录》："薏苡生真定平泽及田野。八月采实，采根无时。"《本草经》："主筋急拘挛，不可曲伸，风湿痹。"

11. 怎样鉴别与选购青稞

【本品概述】

青稞，藏语称为"乃"，也称米大麦、元麦、淮麦。也叫米大麦，是大麦的一种特殊类型，因其内外壳分离，籽粒裸露，故又称裸大麦。产于西藏、青海、甘肃和四川等藏区，分为白色和黑色两种。青稞在我国具有悠久的栽培历史。青稞是藏区的特殊商品和藏民的主食，有着不可替代的作用。

食品健康知识链接

【天然药理】青稞可下气宽中、壮精益力、除湿发汗、止泻。营养学家指出，长期食用青稞可以降低血液中有害的胆固醇含量；降低动脉血液凝结成块的可能性，消除已形成的血液凝块；降低紧张的心情所造成的动脉压缩；降低血压；扩充冠状动脉，促进血液流动。

【选购指要】选购时以形状饱满、颗粒均匀的为佳，表面有黑点的不宜选购。

【用法指要】既可当主食，也可用来酿酒或制茶或饼干。

【健康妙用】青稞干酒以优质青稞提炼而成，是名种红酒、白酒、啤酒的营养之冠。其酒感醇厚，口味爽净，富含多种人体必需的微量元素，据研究表明所含β-葡聚糖能有效降解胆固醇、预防结肠癌和糖尿病，是现代生活中必备的时尚佳品，被誉为"雪域圣酒"。

【食用宜忌】一般人都可以食用，尤其适合脾胃气虚、倦怠无力、腹泻便溏之人食用。由于它性平而养胃，因此没有什么禁忌。

【温馨提示】每次100克左右即可。

【药典精论】《本草纲目拾遗》："下气宽中，壮筋益力，除湿发汗，止泻。"《药性考》："青稞形同大麦，皮薄面脆，西南人倚为正食。"

12. 怎样鉴别与选购燕麦

【本品概述】

燕麦就是我国的莜麦，人们又俗称为油麦、玉麦，是我国宁夏固原地区人们的主要杂粮之一。

【选购指要】

选购燕麦片时最好选择颗粒都差不多大的燕麦片，这样溶解程度都会相同，不会在口感上造成不适。不要选择透明包装的燕麦片，容易受潮，且营养价值也会有部分遗失，最好选择锡纸包装的燕麦。

食品健康知识链接

【天然药理】燕麦有很好的辅疗作用：由于亚油酸含量高，可降低人体血液中胆固醇；含有8种植物胆固醇，可防止肠道吸附胆固醇。其高质量的膳食纤维，具有缓解结肠癌、糖尿病、便秘、静脉曲张、静脉炎等病患的功效。经常食用燕麦对糖尿病也有非常好的降糖、减肥的功效。它还可以改善血液循环、缓解生活工作带来的压力；含有的钙、磷、锌等矿物质也有预防骨质疏松、促进伤口愈合、预防贫血的功效，是补钙佳品。

【用法指要】燕麦最好是煮粥食用。

【健康妙用】治虚汗、盗汗：燕麦60克，水煎服用；或者用燕麦60克、瘦猪肉100克，一起炖食。

肺结核：燕麦片90克，羊肉100克，一起炖食。每日一次，连续服用一段时间会有奇效。

妇女血崩：燕麦60克，新鲜鸡血30克，加少许白酒，一起炖服。

【食用宜忌】一般人都可食用，尤其适合中老年人。人人皆可食用，凡高血压、血脂异常、脂肪肝、冠心病、糖尿病、肥胖症、自汗盗汗、动脉硬化、贫血病、前列腺炎、前列腺肥大等患者，以及老年人、孕妇、产妇、幼儿等，均适宜经常吃燕麦粥。燕麦营养极其丰富，但一次也不宜吃得太多，否则会造成胃痉挛或是胀气。

【温馨提示】每餐40克左右，必须适量进食。

【药典精论】《本草纲目》：“燕麦性味甘，平，无毒，有润肠、通便作用，治难产等症”。“燕麦甘凉，初烦养心、降糖补阴、强肾增能、养颜美容”。

13. 怎样鉴别与选购荞麦

【本品概述】

荞麦又叫胡荞麦、乌麦、花麦、三角麦，一年生草本。种子含丰富的淀粉，供食用，又供药用。

【选购指要】

大小均匀：挑选荞麦时最好选择颗粒均匀的，这样的荞麦在煮食的过程中受热均匀，会在同一时间内煮熟，利于食用。同时，颗粒均匀的荞麦属于天然生长的荞麦，没有受到任何外界因素的影响，其口感是非常好的。

质地饱满：颗粒饱满的荞麦营养自然是非常充足的，而且质地饱满的荞麦吃起来很有嚼头，口感好。挑选时应选出几颗来用手捏捏，坚实、圆润者为佳。

有光泽：荞麦是有一定光泽的，而且光泽好的荞麦在收割和保存的过程中保护得比较好，营养和口感也是一流的。

食品健康知识链接

【天然药理】荞麦具有开胃宽肠、下气消积、解湿热毒的作用，主治绞肠痧、肠胃积滞、慢性泄泻、咽喉肿痛、肺脓疡、脓胸、肺炎、胃痛、肝炎、痢疾、消化不良、盗汗、痛经、闭经、白带等症；外用可治淋巴结结核、痈疖肿毒、跌打损伤。

【用法指要】荞麦面可做成扒糕或面条，荞麦粒可以用来煮粥，或制丸、散内服，也可研末外用。荞麦去壳后可直接烧制成荞麦米饭，荞麦磨成粉可做糕饼、面条、水饺皮、凉粉等，荞麦还可作麦片和糖果的原料。荞麦的嫩叶可作蔬菜食用。

【健康妙用】治慢性泻痢，妇女白带：荞麦炒后研末，水泛为丸，每服6克，一日2次。

治高血压，眼底出血，毛细血管脆性出血，紫癜：鲜荞麦叶30~60克，藕节3~4个，水煎服。

治疮毒，疖毒，丹毒，无名肿毒：荞麦面炒黄，用米醋调如糊状，涂于患部，早晚更换，有良好的消炎、消肿作用。

治出黄汗：荞麦子500克，磨粉后筛去壳，加红糖烙饼或煮食。

治夏季痧症：将荞麦面炒香，用开水搅成稀糊，适量服。

【食用宜忌】荞麦是老弱妇孺皆宜的食品，对于糖尿病人非常适宜；也适宜食欲不振、饮食不香、肠胃积滞、慢性泄泻、出黄汗之人和夏季痧症者多食。脾胃虚寒、消化功能不佳及经常腹泻的人不宜食用荞麦。

荞麦一次不可食用太多，否则易造成消化不良。荞麦不宜与黄鱼同食。

【温馨提示】每餐50克左右，不宜多食，否则难以消化，令人头晕。荞麦有清理肠道沉积废物的作用，因此民间称之为“净肠草”，平时在食用细粮的同时，经常食用一些荞麦对身体很有好处。

【药典精论】《本草求真》：“荞麦，味甘性寒，能降气宽肠，消积去秽，凡白带、白浊、泻痢、痘疮溃烂、汤火灼伤、气盛湿热等症，是其所宜。”《随息居饮食谱》：“莜麦，罗面煮食，开胃宽肠，益气力，御风寒，炼滓秽，磨积滞，与芦菔同食良。以性有微毒而发痼疾，芦菔能制之也。”《食疗本草》：“荞麦难消，动热风，不宜多食。”《本草纲目》：“气盛有湿热者宜之。”

14. 怎样鉴别与选购大麦

【本品概述】

大麦又名倮麦、饭麦、牟麦，为禾本科植物大麦的种仁。在各种禾谷类作物中，大麦适合广泛的气候：从亚寒带到亚热带，它都能生长。在俄罗斯、澳大利亚、德国、加拿大、土耳其和北美洲的广阔的地带内，都有大麦种植。

【选购指要】

大麦以颗粒饱满、完整，色泽黄褐，有淡淡坚果香味者为宜。

食品健康知识链接

【天然药理】大麦具有益气、宽中、化食、

回乳之功效，有助消化、平胃止渴、消渴除热等作用，对滋补虚劳、强脉益肤、充实五脏、消化谷食、止泻、宽肠利水、小便淋痛、消化不良、饱闷腹胀有明显疗效。大麦还含有大量的膳食纤维，不仅可刺激肠胃蠕动，达到通便作用，还可抑制肠内致癌物质产生，降低血中胆固醇，预防动脉硬化，因此巴基斯坦人又誉其为“心脏病良药”。其富含的钙对孩童的生长发育起着良好的作用。

【用法指要】大麦普遍用于主食，用来做汤，以补充植物蛋白质，偶尔也被磨成面粉。大麦磨成粉称为大麦面，可制作饼、馍、吃起来很柔香；大麦磨成粗粉粒被称为大麦糁子，可制作粥、饭；大麦也可制作麦片，做麦片粥或掺入一部分糯米粉做麦片糕；食用时先制成粉，再经烘炒深加工制成糌粑，是西藏人民的主要食物。

【健康妙用】大麦还可制成麦芽，大部分麦芽用于生产啤酒。小部分麦芽用来酿造烈性酒，如威士忌，还用于食品业生产点心粉和面包。

【食用宜忌】一般人都可以食用，对腹泻、烫伤、水肿患者都有益，也适合胃气虚弱、消化不良、食欲不振与产后乳房胀痛者食用。炒熟的大麦不宜长期食用，因为炒熟的大麦性质温热，长期食用容易助热，有内热体质的人应慎用。

【温馨提示】每餐约80克。大麦宜在烹调前先用水浸泡一段时间。

【药典精论】《本草经疏》：“大麦，功用与小麦相似，而其性更平凉滑腻，故人以之佐粳米同食。或歉岁全食之，益气补中、实五脏、厚肠胃之功，不亚于粳米。”《本草纲目》：“大麦芽消化一切米面果食积。”《滇南本草》：“大麦芽，并治妇人奶乳不收，乳汁不止。”

15. 怎样鉴别与选购小麦

【本品概述】

小麦为禾本科植物，是世界上分布最广泛的粮食作物，是主要的粮食之一，可分为冬小麦和春小麦两种，也可以用面筋的含量来分为硬小麦和软小麦。小麦自古就是滋养人体的重要食用物。

【选购指要】

选购小麦粉时应注意三点：一是看包装上是否标明厂名、厂址、生产日期、保质期、质量等级、产品标准号等内容，尽量选用标明不加增白剂的小麦粉。二是闻，质量好的小麦粉具有正常的香味，若有异味或霉味，说明小麦粉质量差或已变质。三是要根据不同的用途选择相应品种的小麦粉，如制作馒头、面条、饺子等要选择中筋小麦粉。

食品健康知识链接

【天然药理】进食全麦可以降低血液循环中的雌激素的含量，从而达到预防乳腺癌的目的。对于更年期妇女，食用未精制的小麦还能缓解更年期综合征。小麦粉（面粉）有很好的嫩肤、除皱、祛斑的功效。小麦中所含的维生素E有抗氧化作用，加上可降低血液中胆固醇的亚油酸，能有效预防动脉硬化等心血管疾病。中医认为，小麦可养心益肾、清热止渴、调理脾胃、利小便、润肺燥。对于心血不足产生的失眠、心悸不安、喜怒无常有良好效果，还可缓和脚气病、体虚多汗、末梢神经炎等症状。

【用法指要】小麦可煎汤，煮粥，或制成面食常服；也可炮制研末外敷，治痈肿、外伤及烫伤。面粉与大米搭配着吃最有利于营养的全面平衡。

【健康妙用】小麦与大米同煮粥，是滋养补益的重要食品；与黑豆用水煎煮，治失眠；与淮山同捣碎煮粥，用适量白糖调味食用，适用于脾胃虚弱者调补之用；与花生米同煮粥食用，适用于营养性浮肿，营养不良，贫血等症；与糯米同煮粥，有养心神，敛虚汗，厚肠胃，强气力作用，适用于平时汗多（自汗）、精神疲倦、小儿肠胃虚弱、妇女心神不宁、神经衰弱等症。

【食用宜忌】适宜心血不足的失眠多梦、心悸不安、多哈欠、脚气病、末梢神经炎者食用。对脏燥的女性来说，小麦宜与大枣、甘草同食；对自汗、盗汗者来说，小麦宜与大枣、黄芪同食。小麦面忌同萝卜、粟米、枇杷同时食用。糖尿病患者慎食。

【温馨提示】每餐100克。存放时间适当长些的面粉比新磨的面粉的品质好，民间有“麦吃陈，米吃新”的说法。

【药典精论】《本草拾遗》：“小麦面，补虚，实人肤体，厚肠胃，强气力。”《别录》：“除热，止燥渴，利小便，养肝气，止漏血，唾血。”《本草拾遗》：“小麦面，补虚，实人肤体，厚肠胃，强气力。”

16. 怎样鉴别与选购高粱

【本品概述】

高粱为禾本科草本植物蜀黍的种子，又名木稷、秫、芦粟、荻粱，是人类最早培育的作物之一。世界的许多地区，如美国、印度和中国，一直把高粱当作主要谷物之一。

【选购指要】

一般高粱米有光泽，颗粒饱满、完整，均匀一致，用牙咬籽粒，断面质地紧密，无杂质、虫害和霉变。次质和劣质高粱米色泽暗淡，颗粒皱缩不饱满，质地疏松，有虫蚀粒、生芽粒、破损粒，有杂质。取少量高粱米于手掌中，用嘴哈热气，然后立即嗅其气味。优质高粱米具有高粱固有的气味，无任何其他不良气味。次质和劣质高粱米微有异味，或有霉味、酒味、腐败变质及其他异味。取少许样品，用嘴咀嚼，品尝其滋味。优质高粱米具有高粱特有的滋味，味微甜。次质和劣质高粱米乏而无味或有苦味、涩味、辛辣味、酸味及其他不良滋味。

食品健康知识链接

【天然药理】中医认为，高粱能和胃、健

脾、止泻，有固涩肠胃、抑止呕吐、益脾温中、催治难产等功能，可用来治疗食积、消化不良、湿热、下痢、小便不利、妇女倒经、胎产不下等病症。高粱的烟酸含量虽不如玉米多，但却能为人体所吸收，因此，以高粱为主食的地区很少发生“癞皮病”。

【用法指要】高粱米在烹制前宜先浸泡适当时间，以使营养素完全挥发出来。高粱米曾是东北城乡人民的主要食粮之一，可以做米饭，也可磨粉和制作各种面食，也可用来酿酒，中国的名酒如茅台、五粮液、汾酒等都以红高粱为主要原料。

【健康妙用】取红高粱花适量水煎，加少许红糖服用，可治倒经。高粱米糠30克炒至黄赤色，以有香味为宜，除去上面多余的粗壳，每日食3次，一次3克，可治腹泻。高粱米6克，炒至炸裂；石榴皮15克，二者同水煎，每日服1剂，可治小儿腹泻。高粱穗、茜草、茶叶各10克，同放入容器，水煎，加红糖适量调味，代茶饮，可防治高血压。高粱根120克，先用清水洗净，再用水煎服，可治四肢无力。

【食用宜忌】一般人都可以食用，尤其适合小儿消化不良、女性白带过多者食用。适宜肺虚咳嗽者食用；适宜胃脘疼痛、吐逆及泻痢者食用。糖尿病患者应禁食高粱；大便燥结以及便秘者应少食或不食高粱。

高粱米忌与瓠子和中药附子同食。高粱籽粒含有丹宁，丹宁有涩味，会妨碍人体对食物的消化吸收，容易引起便秘。因此碾制高粱米时应尽量将皮层去净。食用时可通过水浸泡及煮沸，以改善口味和减轻对人体的影响。

【温馨提示】每次80克左右即可，不能过量食用。

【药典精论】孙思邈：“黍米肺之谷也，肺病宜食之。”《食物本草会纂》：“多食令人烦热，昏五脏，软筋骨，令人好肿。”

17. 怎样鉴别与选购西谷米

【本品概述】

西谷米又名西米、西国米、莎木面、沙孤米，在广东等沿海地区，也叫做沙谷米、沙弧米。它产于南洋群岛一带，是取棕榈科植物莎木的木髓部，用普通制淀粉法，经过粉碎、筛浆过滤、反复漂洗、沉淀、干燥等过程制取的淀粉。淀粉晒至半干燥时，摇成细粒，再行晒干，即为西谷米，质净色白者名真珠西谷，白净滑糯，营养丰富。

【选购指要】

以色泽白净、表面光滑圆润、质硬而不碎、煮熟之后不糊、透明度好、嚼之有韧性的为佳品。

食品健康知识链接

【天然药理】西谷米有健脾、补肺、化痰的作用，可治脾胃虚弱和消化不良。它还有使皮肤恢复天然润泽的功能，所以西米羹很受人们尤其是女士的喜爱。

【用法指要】西米可以煮粥、煮羹食用。

【健康妙用】西米也可和水果等同制成甜品食用，如鸭梨西米露、杂果西米羹、什锦西米羹、西米银耳羹、香蕉西米羹、西米木瓜奶露、西米珍珠蛋、红豆西米羹、甜瓜西米露等。

【食用宜忌】一般人群均可食用，尤其适宜体质虚弱、产后病后恢复期、消化不良、神疲乏力之人食用；也适宜肺气虚、肺结核、肺痿咳嗽者食用。患有糖尿病者忌食。

【温馨提示】每餐约30克即可，不可过量。

【药典精论】《药海本草》："主补虚冷，消食。"《柑园小识》："健脾运胃，久病虚乏者，煮粥食最宜。"

18. 怎样鉴别与选购玉米

【本品概述】

玉米又名玉蜀黍、包谷、包芦、珍珠米等，原产于南美洲的墨西哥和秘鲁，大约在16世纪中期开始引进我国，已有四五百年的历史，现在玉米是我国主要杂粮之一，全国各地均有出产。玉米是粗粮中的保健佳品，我国北方一些地区也将其作为主食，而玉米在主食中的营养价值和保健作用最高。

【选购指要】

玉米一旦过了保存期限，很容易受潮发霉而产生毒素，购买时注意查看生产日期和保质期。选购鲜嫩玉米时，应注意挑选颗粒饱满、排列紧密、软硬适中的。选购干玉米粒时，以颗粒饱满、软硬适中、质糯无虫的为佳品。

食品健康知识链接

【天然药理】玉米中所含的维生素A有助于保护眼睛，增强视力。其所含的丰富膳食纤维、硒、镁、胡萝卜素等可以抑制癌细胞产生，并能促进肠胃蠕动，使毒素排出，可防治便秘，预防直肠癌。玉米口味清甜，有调中开胃的功效，能让人增加食欲，健脾胃。玉米中含有较多的谷氨酸，能帮助和促进脑细胞呼吸，排除脑组织里的氨，清除体内废物，常食可以健脑。

【用法指要】玉米既可作粮食，又可作蔬菜食用。药用于利尿以玉米须为佳，降脂以玉米油为佳。

【健康妙用】用玉米须煮水，代茶早晚饮，可治肾炎水肿、黄疸性肝炎、小儿慢性肾炎。玉米与粳米同煮粥，用白糖调味食用，有宁心和血，调中开胃作用，适用于冠心病，高血压，高血脂，心肌梗死，动脉硬化等心血管疾病及癌症的防治；与山药加水煮粥，可治小便不利、水肿；嫩玉米切块与肉类（如排骨等）煮汤，或玉米粒与猪肉、鸡肉丁同入菜，荤素互补，口味鲜美，营养提高。

【食用宜忌】一般人都可以食用，便秘者和老年人尤其宜用。一次不要食用过多，以免引起胃闷胀气。玉米发霉后能产生致癌物质，所以绝对不能食用发霉的玉米。玉米蛋白质中缺乏色氨酸（长期单一食用玉米易发糙皮病），宜与豆类食品搭配食用。以玉米为主食时更应多吃豆类食品。

【温馨提示】每餐100克。吃玉米时把玉米粒的胚尖全部吃进营养最高，许多营养都集中在这里。

【药典精论】《饮膳正要》记载："黍米……主补中益气。"《本草推新》："健胃剂，煎服亦有利尿之功。"《本草纲目》："调中和胃。"

19. 怎样鉴别与选购粟米

【本品概述】

粟米即小米，原产于中国北方黄河流域，已经约有八千多年的栽培历史，是我国主要的粮食作物。今天世界各地栽培的小米，都是由中国传去的。由于不需精制，小米保存了许多维生素和矿物质。

【选购指要】

米粒大小均匀、饱满且无虫、无杂质，闻起来有谷类食物的清香味，手摸有凉爽感，颜色呈黄色、金黄色或乳白色并有光泽，尝起来微甜、味佳、无任何异味的为优质粟米。

食品健康知识链接

【天然药理】粟米因富含维生素B_1、维生素B_2等，具有防止消化不良及口角生疮的功能，还可以使产妇虚寒的体质得到调养，帮助她们恢复体力。粟米除含有丰富的营养成分外，还含有色氨酸，色氨酸有调节睡眠的作用。中医认为，粟米有清热解渴、健胃除湿、养神安眠等功效。用粟米煮粥，睡前服用，易使人安然入睡。

【用法指要】粟米粥是健康食品，有"代参汤"的美称，而我国北方许多地方都有用小米加红糖来调养产妇身体的传统。它既可单独煮熬，也可添加大枣、红豆、红薯、莲子、百合等，熬成风味各异的营养品。粟米磨成粉，可制糕点，美味可口。除食用外，粟米还可以用来酿酒、制饴糖。

【健康妙用】粟米与大米同煮粥，空腹食用，可治脾胃虚弱、身体消瘦；与大豆混合食用，大豆的氨基酸中富含赖氨酸，可以补充小米的不足，提高营养价值；与羊骨同煮粥，可治虚劳、腰膝无力等症；与红糖同煮粥，是产后理想的调养食品；与绿豆同煮粥，营养滋补，有补中、和胃、清热、利水的作用。

【食用宜忌】粟米宜与大豆或肉类食物混合食用。这是由于小米的氨基酸中缺乏赖氨酸，而大豆和肉类的氨基酸中富含赖氨酸，可以补充小米的不足。粟米煮粥时粥不宜太稀薄，且胃冷者不宜多食。妇女产后不能完全以粟米为主食，应注意搭配，以免缺乏其他营养。粟米忌与杏仁同食，否则会令人吐泻。

【温馨提示】每次60克。粟米通常适宜在阴凉、干燥、通风较好的环境中用密闭容器储存。水分过多时，不能曝晒，可阴干。

【药典精论】《本草纲目》："粟米味咸淡，气寒下渗，肾之谷也，肾病宜食之，虚热消渴泄痢，皆肾病也，渗利小便，所以泄肾邪也，降冒火，故脾胃之病宜食之。"《本草纲目》："治反胃热痢，煮粥食，益丹田，补虚损，开肠胃。"明•李时珍称："粟米煮粥食益丹田，补虚损，开肠胃。"《食医心镜》："治消渴口干，粟米炊饭，食之良。"《随息居饮食谱》："粟米功用与籼、粳二米略同，而性较凉，病人食之为宜。"

20. 怎样鉴别与选购糯米

【本品概述】

糯米又叫江米，是大米的一种，常被用来包粽子或熬粥，是家常食用的粮食之一。因其香糯黏滑，常被用来制成风味小吃，深受大家喜爱。逢年过节很多地方都有吃年糕的习俗。正月十五的元宵也是由糯米粉制成的。

【选购指要】

糯米的颜色雪白，如果发黄且米粒上有黑点儿，就是发霉了，不宜购买。

糯米是白色不透明状颗粒，如果糯米中有半透明的米粒，则是滥竽充数，掺了大米。

陈米的米粒上会"爆腰"，仔细看米粒的中间，有"横纹"的叫做"爆腰"。不要选择米粒较大的糯米，有爆腰的陈米不宜购买。

还有一种糯米是细长尖尖的，挑的时候看是否发黑或坏掉，出现此情况则不宜购买。

食品健康知识链接

【天然药理】糯米自古就被认为是温养妙品，含蛋白质、糖类、维生素B_1、维生素B_2及钙、铁、磷等矿物质，对于脾胃的虚弱、体虚乏力、多汗、呕吐、经常性腹泻、痔疮、产后痢疾等症状有舒缓的作用；对体虚产生的盗汗、血虚、头昏眼花也能发挥妙用。神经衰弱、病后或产后的人食用糯米粥，可滋补营养、补养胃气。

【用法指要】糯米常被用来包粽子或熬粥，也可磨成粉后制成各种糕点，还可以用来酿酒。

【健康妙用】糯米加水煮成糯米粥，在临睡前食用，能帮助入睡。如果在糯米粥中再加入百合或莲子，则对帮助睡眠的效果更好。用糯米、红枣适量煮粥食用，可治由阳虚导致的胃部隐痛。用糯米、莲子、大枣、山药一起煮粥，熟后加适量白糖食用，对脾胃虚弱、腹胀、倦怠、乏力等症状有效。由脾胃虚导致的腹泻、消化不良者，可用糯米酒煮沸后加鸡蛋煮熟食用。用糯米、杜仲、黄芪、杞子、当归等酿成的"杜仲糯米酒"，饮之有壮气提神、美容益寿、舒筋活血的功效。

【食用宜忌】糯米食品宜加热后食用。糯米性黏滞，难消化，因此不宜一次食用过多，老人、小孩或病人更宜慎用。糖尿病、体重过重或其他慢性病如肾脏病、高血脂的人要慎用。儿童最好不吃或少吃糯米食品。

【温馨提示】每次50克即可。

【药典精论】《本草经疏论》："补脾胃、益肺气之谷。脾胃得利，则中自温，力便亦坚实；温能养气，气顺则身自多热，脾肺虚寒者宜之。"

21. 怎样鉴别与选购大米

【本品概述】

大米也称稻米或简称米，是由稻子的籽实脱壳而成的，是世界上仅次于小麦粉的主要食物，在亚洲为第一主食，是我国人民的主食之一。无论是家庭用餐还是去餐馆，米饭都是必不可少的。

【选购指要】

正常大米大小均匀、丰满光滑，有光泽，色泽正常，少有碎米和黄粒米。抓一把大米，放开后，观察手中粘有糠粉情况，合格大米糠粉很少。闻大米的气味。手中取少量大米，向大米哈一口热气，或用手摩擦发热，然后立即嗅其气味。正常大米具有清香味，无异味。尝大米的味道。取几粒大米放入口中细嚼，正常大米微甜，无异味。

另外消费者在购买大米时还应查看包装上标注的内容。最好不要购买无标签的大米。不要只图价格便宜，而购买色泽气味不正常、发霉变质的大米。

2013年“镉大米”给消费者带来了很大的恐慌，其成因涉及方面比较多，仅凭肉眼，人们不能辨出“镉大米”，只有选购时多了解市场相关的信息。

食品健康知识链接

【天然药理】大米是人们补充营养素的基础食物，如米粥具有补脾、和胃、清肺功效；米汤有益气、养阴、润燥的功能，有益于婴儿的发育和健康，因此用米汤冲奶粉或给婴儿作辅助饮食都是比较理想的。中医认为大米有补中益气、健脾养胃、益精强志、和五脏、通血脉、聪耳明目、止烦、止渴、止泻的功效，多服能“强身好颜色”。

【用法指要】大米粒可以用来煮粥、蒸米饭、酿造啤酒；大米粉可以做增稠剂、婴儿食品、米饼、米片；大米糠可以提炼出大米油，比其他的植物油有更好的稳定性，可用于制造人造黄油、色拉油，也可制作一般食用油。

【健康妙用】大米与贝母、冰糖同煮成粥，食用后能清热化痰、散瘀解毒；与荷叶同吃有清热解毒、生津止渴的作用；与砂仁同煮粥，食用后能行气调中、和胃醒脾；与枸杞子同煮成粥，食用后能滋补肝肾、益睛明目；将大米、党参、黄芪煮粥，用白糖调味，食用后能补中益气、健脾生津；与韭菜籽同煮成粥，食用后能补肝益肾、壮阳固精。

【食用宜忌】大米是老弱妇孺皆宜的饮食，病后脾胃虚弱或有烦热口渴的病人更为适宜。产妇奶水不足时，也可用米汤来辅助喂养婴儿。做大米粥时，千万不要放碱，因为大米是人体维生素B_1的重要来源，碱能破坏大米中的维生素B_1，会导致维生素B_1缺乏，出现脚气病。不能长期食用精米而对糙米不闻不问。因为精米在加工时会损失大量养分，长期食用会导致营养缺乏，所以应粗细结合，才能营养均衡。

【温馨提示】每餐60克。白米除去了谷糠和胚芽，因此损失了一部分最好的蛋白质、大部分脂肪、维生素和矿物质。特别是当白米用过量的水蒸煮并把蒸煮的水倒掉时，养分损失会更大。因此淘米时不宜用手使劲搓，蒸食或煮粥是最佳的食用方式。

【药典精论】《本草经疏》："粳米，为五谷之长，人相须赖以为命者也。"《随息居饮食谱》："粳米甘平，宜煮粥食，粥饭为世间第一补人之物。贫人患虚证，以浓米汤代参汤，屡收奇效。病人产妇，粥养最宜。凡煮粥宜用井泉水，则味更佳也。"

22. 怎样鉴别与选购黑米

【本品概述】

黑米是一种药、食兼用的大米，米质佳，口味很好，很香纯。黑米属于糯米类，是经过长期培育而成的特色米类，其营养价值是非常高的，中国民间有"逢黑必补"之说。有"补血米"、"长寿米"、"黑珍珠"和"世界米中之王"的美誉。

【选购指要】

一般黑米有光泽，米粒大小均匀，很少有碎米、爆腰（米粒上有裂纹），无虫，不含杂质。次质、劣质黑米的色泽暗淡，米粒大小不匀，饱满度差，碎米多，有虫，有结块等。对于染色黑米，由于黑米的黑色集中在皮层，胚乳仍为白色，因此，消费者可以将米粒外面皮层全部刮掉，观察米粒是否呈白色，若不是呈白色，则极有可能是染色黑米。也可以看泡米水，正常黑米的泡米水是紫红色，稀释以后也是紫红色或偏近红色。如果泡出的水像墨汁一样的，经稀释以后还是黑色，这就是假黑米。

食品健康知识链接

【天然药理】黑米营养丰富，含有蛋白质、脂肪、B族维生素、钙、磷、铁、锌等物质，营养价值高于普通稻米。它能明显提高人体血色素和血红蛋白的含量，有利于心血管系统的保健，有利于儿童骨骼和大脑的发育，并可促进产妇、病后体虚者的康复，所以它是一种理想的营养保健食品。

【用法指要】黑米除了粥之外，黑米还可以做成点心、汤圆、粽子、面包等。黑米无论煮粥或焖饭不失为一种理想的滋补食品。为了更多地保存营养，黑米往往不像白米那样精加工，而是多半在脱壳之后以"糙米"的形式直接食用。这种口感较粗的黑米最适合用来煮粥，而不是做成米饭。煮粥时，为了使它较快地变软，最好预先浸泡一下，让它充分吸收水分。夏季要用水浸泡一昼夜，冬季浸泡两昼夜。然后用高压锅烹煮，只需20分钟左右即可食用。为了避免黑米中所含的色素在浸泡中溶于水，泡之前可用冷水轻轻淘洗，不要揉搓；泡米用的水要与米同煮，不能丢弃，以保存其中的营养成分。一般来说，黑粳米和黑糯米用来煮粥口感最好。黑籼米煮粥时，最好配些糯米来增加黏度。

【健康妙用】酿造成的黑米酒，其中含有黑色素，能起到保健作用。

【食用宜忌】现代医学证实，多食黑米具有开胃益中，健脾暖肝，明目活血，滑涩补精之功，对于少年白发、妇女产后虚弱、病后体虚以及贫血、肾虚均有很好的补养作用。黑米中含膳食纤维较多，淀粉消化速度比较慢，血糖指数仅有55（白米饭为87），因此，吃黑米不会像吃白米那样造成血糖的剧烈波动。此外，黑米中的钾、镁等矿物质还有利于控制血压、减少患心脑血管疾病的风险。所以，糖尿病人和心血管疾病患者可以把食用黑米作为膳食调养的一部分。由于黑米不易煮烂，应先浸泡一夜再煮。消化功能较弱的幼儿和老弱病人不宜多食用。

【温馨提示】黑米必须熬煮至烂熟方可食用。因为黑米外部是一层较坚韧的种皮，如不煮烂很难被胃酸和消化酶分解消化，容易引起消化不良与急性肠胃炎。因此，消化不良的人不要吃未煮烂的黑米。病后消化能力弱的人不宜急于吃黑米，可吃些紫米来调养。黑米适用量，每餐50克。

【药典精论】《本草纲目》：“黑米滋阴补肾、健脾暖肝、明目活血。”

第九章
坚果种仁类食品鉴别与选购

1. 怎样鉴别与选购山药

【本品概述】

山药俗名淮山药、山芋、署豫、野山豆、薯蓣。为薯芋科植物薯芋的块茎。它原名“薯芋”，因唐代宗皇帝名豫而改叫“薯药”，后又因宋朝英宗名署，再易其名才改称山药。我国各地均有出产，主产于山西、河南等地，尤以河南新乡地区产的怀山药质量最佳，古代曾被当作贡品进奉天子。其主要品种有广州鹤颈薯、黎洞薯，河南怀山药，浙江瑞安红薯等。山药别有风味，自古以来就是一种健康食物，它含有多种营养物质，是珍贵的蔬菜。

【选购指要】

好品质的山药是：色正、薯块完整肥厚，皮细薄、无病虫蚀痕，不留须根。掂重量，大小相同的山药，较重的更好。

看须毛，同一品种的山药，须毛越多的越好。须毛越多的山药口感更面，含山药多糖更多，营养也更好。

看横切面，山药的横切面肉质应呈雪白色，这说明是新鲜的，若呈黄色似铁锈的切勿购买。如果表面有异常斑点的山药绝对不能买，因为这可能已经感染过病害。还要注意山药断面应带有黏液，外皮无损伤。山药怕冻、怕热，冬季买山药时，可用手将其握10分钟左右，如山药出汗就是受过冻了。掰开来看，冻过的山药横断面黏液会化成水，有硬心且肉色发红，质量差。

食品健康知识链接

【天然药理】山药可消食降糖、滋阴补阳、增强新陈代谢、预防心血管疾病、阻止动脉过早发生硬化、延缓衰老、增强免疫功能、减肥瘦身。中医学认为，山药具有健脾、补肺、固肾、益精等多种功效，并且对肺虚咳嗽、脾虚泄泻、肾虚遗精、带下及小便频繁等症，都有一定的疗补作用。此外，山药中的黏液多糖物质与无机盐类相结合，可以形成骨质，使软骨具有一定弹性。山药叶腋间的珠芽，名叫零余子，功用与山药相同。

【用法指要】山药的食法有蒸、炸、烧、熘、拔丝、蜜汁等。

【健康妙用】治固肠止泻：淮山药为末，取4份山药配6份米煮食。

治再生障碍性贫血：山药30克、大枣10克、紫荆皮9克水煎服，每日1剂，分3次服。

治糖尿病：山药15克，黄连6克，水煎服。

治脾胃虚弱、泄泻：山药500克、红枣60克、粳米250克煮粥。有助于开胃和止泻。

【食用宜忌】适宜于身体虚弱、精神倦怠、食欲不振、消化不良、慢性腹泻、遗精盗汗、虚劳咳嗽、妇女白带、夜多小便和糖尿病患者食用。山药属于补益之品，又有收敛作用，所以凡有湿热实邪以及大便干燥者都不宜食用。煮山药时最好不要用铁器或铜器。

【温馨提示】每次85克（15厘米左右）。食用山药时应先去皮，以免产生麻、刺等异常口感。

【药典精论】《医学衷中参西录》：“山药色白人肺，味甘归脾，液浓滋肾，宁嗽定喘，强志育神，性平，可常服多服。宜用生者煮汁饮之，不可炒用，以其禽蛋白质甚多，炒之则其蛋白质焦枯，服之无效。”《随息居饮食谱》：“肿胀、气滞诸病均忌。”

2. 怎样鉴别与选购白果

【本品概述】

白果又名银杏、果仁、鸭脚子（因其树叶形似鸭掌，故有鸭脚之称），是银杏科落叶乔木银杏（又名公孙树）的成熟种子，主要产于广西、四川、河南、山东、湖北、辽宁等地。每年10—11月采收成熟果实，待肉质外种皮腐烂后洗净、晒干即得。宋朝时，人们还把白果列为贡品、圣品，由此可见它的不凡价值。

【选购指要】

购买白果时，可以通过一看二摇三嗅来鉴别优劣。

一看就是察看白果的外观，优质的白果壳色洁白、坚实、肉饱满、无霉点、无破壳、无枯肉霉坏，白果的胚乳鲜嫩，水分多。若种仁灰白粗糙、有黑斑则表明其干缩变质。

二摇就是通过摇动听音判定品质，摇动种核无声音者为佳，有声响者表明种仁已干缩变质。

三嗅就是用嗅觉闻味判定品质，种仁无任何异味者表明未变质，如果发现臭味，虽未霉变干缩但也说明其开始变质。

食品健康知识链接

【天然药理】白果具有润肺、化痰、止咳、定喘、补肺等疗效，对肺虚喘咳、哮喘、等症都有很好的疗效。白果肉、白果汁、白果酚，尤其是白果酸体外试验时对人型结核杆菌和牛型结核杆菌有抑制作用。其果肉的抗菌力较果皮强。白果还有通经、驱虫、止浊、利尿等疗效，对肾气不固、遗尿、尿频、脾虚或脾肾两虚、带下、白浊、腹泻等症都有很好的疗效。

【用法指要】处方中写白果指生白果仁。为原药材去外壳及仁外之薄衣，捣碎入药者。蒸白果为净白果仁蒸后捣碎入药者。炒白果为净白果仁用文火炒至深黄色，略见焦斑，捣碎入药者。熟白果为蒸、煮、煨、炒白果的统称。白果仁可以采用炒、烤、蒸、煨、炖、烩、烧等多种烹饪方法，常用于高级宴席接待宾客，如鲁菜中的“诗礼银杏”，四川青城山的“白果炖鸡”、“蜜制白果”等。

【健康妙用】白果与猪腰同吃能补肾固精；与猪肺同吃有补气养心、滋阴清热的作用；与燕窝同吃能滋阴补肾、敛肺止喘；与薏米同吃能健脾、利湿、清热、止痛、补肺、抗癌。

【食用宜忌】白果在食用时还必须摘除白果芯。不能生吃白果。不宜过量、过频食用白果。患有呼吸系统疾病而且痰湿内盛的人忌食白果。白果不能与鳗鲡一同食用。白果含有一种有机毒素，孩子吃多了会中毒，尤其是婴幼儿更不能随意吃。

【温馨提示】成人每次不超过20粒，小儿以控制在10粒以下为佳。

【药典精论】《随息居饮食谱》：“中银杏毒者，昏晕如醉，白果壳或白鲞头煎汤解之。食或太多，甚至不救，慎生者不可不知也。”《三元延寿书》：“生食解酒。”《本草再新》：“补气养心，益肾滋阴，止咳除烦，生肌长肉，排脓拔毒，消疮疥疽瘤。”《本草便读》：“上敛肺金除咳逆，下行湿浊化痰涎。”

3. 怎样鉴别与选购核桃

【本品概述】

核桃又名胡桃，在国际市场上它与扁桃、腰果、榛子一起，并列为世界四大干果。在国外人称其“大力士食品”、“营养丰富的坚果”、“益智果”；在国内则享有“万岁子”、“长寿果”、“养人之宝”的美称。核桃属于胡桃科落叶乔木干果。我国栽培核桃历史悠久，公元前3世纪张华著的《博物志》一书中，就有“张骞使西域，得还胡桃种”的记载。另有一种山核桃，又叫野核桃，是我国浙江杭州的土特产，营养与核桃基本相同。

【选购指要】

核桃以个大圆润，壳薄白净，出仁率高，果身干燥，桃仁片张大，色泽白净，含油量高的为质优。

具体鉴别以取仁观察为主。果仁丰满为上，干瘪为次；仁衣色泽以黄白为上，暗黄为次，褐黄更次，带深褐斑纹的“虎皮核桃”质量也不好。仁肉白净新鲜为上，有油迹“菊花心”为次；籽仁全部泛油，黏手，色黑褐，有哈喇味的，已严重变质，不能食用。

看核桃分触觉，嗅觉，听觉，视觉。首先是触觉，拿来一对核桃，放在手里要打手，也就是说相对它的体积、分量要够。核桃放在手里轻飘飘的没有分量，一般地都说明没有熟，有可能热天就摘下来了，也就是六成熟，所以不要买。

食品健康知识链接

【天然药理】按照中医理论，核桃仁的主要功用是补肾固精、温肺定喘、润肠，可以治疗肾虚喘嗽、腰痛脚弱、阳痿、遗精、小便频数、石淋、大便燥结等症。核桃中含有丰富的维生素B和维生素E，能防止细胞老化、增强记忆力、延缓衰老。经常食用核桃能减少对胆固醇的吸收。核桃中脂肪含量较多，能润肠通便，还能使体形消瘦的人增胖。核桃中的脂肪主要是亚麻油酸，它是人体最好的肌肤美容剂，因此经常食用核桃能滋润肌肤、使须发转青。核桃也是滋补肝肾、强健筋骨之要药，可用于治疗由于肝肾亏虚引起的症状，如腰腿酸软、筋骨疼痛、牙齿松动、须发早白、虚劳咳嗽、尿频、女性月经和白带过多等。

【用法指要】核桃无论是配药用，还是单独生吃、水煮、做糖蘸、烧菜都可以。

【健康妙用】核桃配党参治虚喘；配补骨脂、杜仲治肾虚腰痛。有胆石症的患者，不妨坚持天天吃核桃仁，就有可能免除手术之苦。与芹菜同食有润发、明目、养血的作用。与香菇同食有补气养胃、补肾润肺、定喘润肠的作用。与鸡蛋同食能乌发健脑、补血降压。与大米同煮粥，食用后能健脾和中、润肺生津。

【食用宜忌】一般人都可食用，动脉硬化、高血压、冠心病人也宜食用。慢性肠炎患者忌食核桃。

核桃不能与白酒一同食用。由于核桃含有较多脂肪，因此一次不宜吃得太多，否则会影响消化。

【温馨提示】每次以20克为宜。感到疲劳时，吃一些核桃仁，有缓解疲劳和压力的作用。有的人喜欢将核桃仁表面的褐色薄皮剥掉，这样会损失掉一部分营养，所以不要剥掉这层薄皮。

【药典精论】《本草纲目》：“补气养血，润燥化痰，益命门，处三焦，温肺润肠，治虚寒喘咳，腰脚重疼，心腹疝痛，血痢肠风。”

4. 怎样鉴别与选购板栗

【木品概述】

板栗是果树种植史上最悠久的树种之一，与李、杏、桃、枣并列为我国古代“五大名果”。板栗树起源于欧洲南部和小亚细亚地区，由罗马人传到其他地区，现在主要产于中国、日本、意大利和西班牙。板栗俗称栗子，又名毛栗、瑰栗、风栗，享有“干果之王”的美誉，国外甚至称其为“人参果”，是一种价廉物美、营养丰富的滋补品及补养佳品。

【选购指要】

一看颜色。表面光亮，颜色深如巧克力的是陈年板栗。颜色浅一些（像加多了伴侣的咖啡），表面像覆了一层薄粉不太光泽的才是新栗子。选购栗子的时候不要一味追求果肉的色泽洁白或金黄。金黄色的果肉有可能是经过化学处理的栗子，相反，如果炒熟后或煮熟后果肉中间有些发褐，是栗子所含酶发生“褐变反应”所致，只要味道没变，对人体没有危害。二看绒毛。新栗子尾部的绒毛一般比较多。陈年板栗的毛一般比较少，只在尾尖有一点点。三看虫眼。购买板栗时要挑选表面没有虫眼的，可以用手摩擦板栗的表皮察看是否有虫眼。四看个头。个头很大的一般是日本板栗，水分大，甜味少，口味不如国内品种面、甜。中等大小板栗根据产地的不同口味上有些差别。个头很小的一般是山栗子，口味甘甜。五看形状。常见的板栗大致分为两种形状，第一种是一面圆，一面较平；第二种是两面都平。一般第一种比较甜。

食品健康知识链接

【天然药理】板栗对人体的滋补功能，与人参、黄芪、当归等相当，尤其对肾虚患者有良好的疗效。传统中医把栗子列为药用上品，认为能补肾活血、益气厚胃，久服可增强体质、祛病延年。现代医学认为，板栗含有丰富的不饱和脂肪酸、多种维生素以及矿物质，有预防和治疗高血压、冠心病、动脉硬化、骨质疏松等疾病的作用，所以老年人适宜适量吃板栗。此外，板栗中含有维生素B_2，常吃对日久难愈的小儿口舌生疮及成人口腔溃疡有很好的治疗作用。

【用法指要】新鲜的生板栗仁外呈表褐色，内呈淡黄色，口感脆甜。板栗可炒、煮、磨成粉直接食用或制作糖果、甜点心、粥、汤、馅等。先用刀把板栗的外壳剖开剥除，再将板栗放入沸水中煮3～5分钟，捞出放入冷水中浸泡3～5分钟，再用手指甲或小刀就很容易剥去皮，而且能保持风味不变。

【健康妙用】板栗与粳米煮粥食用既能健运脾胃、增进食欲，又能补肾强筋骨，尤其适合老年人机能退化所致的胃纳不佳、腰膝酸软无力、步履蹒跚。坚持每天吃生栗10余个，可治肾虚和腰足不遂。民间有“煮熟大栗，日日与之”的说法，可治百日咳与小儿口疮。将生栗捣碎，敷无名肿痛或蛇虫咬伤处，能消炎、去毒、镇痛。此外，栗壳煎水可治反胃。素有药王之誉的唐代名医孙思邈也曾说，生食栗子可治疗腰脚不遂。所谓的“生食栗子”，是将剥了壳的栗子仁晒干，于每日晨起时分空腹咀嚼，可以起到补肾气、强腰膝、益腿脚的作用。

【食用宜忌】日久难愈的小儿口舌生疮和成人口腔溃疡患者宜常吃板栗。每次不可进食过多板栗。如果生吃过量会难以消化，熟食过多则会阻滞肠胃。糖尿病患者不能食用板栗。

【温馨提示】一次不宜多吃，以10个（约50克）为宜。

【药典精论】《本草纲目》："乃须细嚼，使液尽咽，则有益，若顿食至饱反至伤脾矣。"唐•孙思邈："肾之果也，肾病宜食之。"

5. 怎样鉴别与选购花生

【本品概述】

花生别名落花生、长生果，原产于巴西、秘鲁，故又称番豆，明代传入我国福建。它的种子有长圆、长卵、短圆等形，营养价值很高，可与鸡蛋、牛奶、肉类等一些动物性食品媲美，很适宜制作各种营养食品，因此历来被人们誉为"素中之荤"、"植物肉"。

【选购指要】

优质花生带荚花生和去荚果仁均颗粒饱满、形态完整、大小均匀，子叶肥厚而有光泽，无杂质。一般的花生颗粒不饱满、大小不均匀或有未成熟颗粒，体积小于正常完善粒的1/2或重量小于正常完善粒的1/2，另外还有破碎颗粒、虫蚀颗粒、生芽颗粒等。劣质花生不仅发霉，严重虫蚀，有大量变软、色泽变暗的颗粒。从气味上鉴别，优质花生具有花生特有的气味。一般花生其特有的气味平淡或略有异味。劣质花生有霉味、哈喇味等不良气味。

从滋味上鉴别，优质花生具有花生纯正的香味，无任何异味。一般花生其固有的味道淡薄。劣质花生有油脂酸败味、辣味、苦涩味及其他令人不愉快的滋味。

食品健康知识链接

【天然药理】花生能醒脾和胃、润肺化痰、滋养调气、清咽止咳，主治营养不良、食少体弱、燥咳少痰、咯血、齿衄鼻衄、皮肤紫斑、脚气、产妇乳少等病症。花生蛋白中含十多种人体所需的氨基酸，其中赖氨酸可使儿童提高智力，谷氨酸和天门冬氨酸可促使细胞发育和增强大脑的记忆能力。花生中所含有的儿茶素对人体具有很强的抗老化的作用，赖氨酸也是防止过早衰老的重要成分。花生衣中含有油脂和多种维生素，并含有使凝血时间缩短的物质，能对抗纤维蛋白的溶解，有促进骨髓制造血小板的功能，对多种出血性疾病不但有止血的作用，而且对原发病有一定的治疗作用，对人体造血功能有益。

【用法指要】花生可以生食，炒食，煮食，或煎汤服，还被用以榨油或作副食；饮食业用以做菜或作辅料。在花生的诸多吃法中以炖吃为最佳，这样既避免了其营养素的破坏，又易于消化，老少皆宜。

【健康妙用】将花生与粳米洗净加水同煮，沸后改用文火，待粥将成时放入冰糖稍煮即可。本粥具有健脾开胃、养血通乳的功效，适用于脾虚纳差、贫血体衰、产后乳汁不足等病症，经常食之有补益的作用。

取饱满花生米洗净，沥去水分，桑叶拣去杂质；花生米加水烧沸，入桑叶及冰糖，改小火同煮至烂熟，去桑叶，其余服食。此粥具有止咳平喘、润肠通便的功效，是肺燥咳嗽、哮喘发作、百日咳、大便干结等病症良好的辅助治疗食品。

【食用宜忌】病后体虚、手术病人恢复期以及妇女孕期产后进食花生均有补养效果。花生富含油脂，胆病患者、体寒湿滞及肠滑便泄者不宜服食。花生不宜与黄瓜、螃蟹、香瓜同食。忌食霉变花生。炒熟或油炸后的花生性质热燥，不宜多食。

【温馨提示】每天80~100克即可。花生红衣的止血作用比花生高出50倍，对多种出血性疾病都有良好的止血功效。

【药典精论】《药性考》："生研用下痰；炒熟用开胃醒脾，滑肠，干咳者宜餐，滋燥润火。"《本草纲目拾遗》："多食治反胃。"《现代实用中药》："治脚气及妇人乳汁缺乏。"

6. 怎样鉴别与选购松子

【本品概述】

松子又名罗松子、海松子、红松果等。人们一直把松子视为"长寿果"、"坚果中的精品"，对之异常喜爱。

【选购指要】

选购时以外表干燥不潮湿、颗粒大而饱满、颜色白净、无异味、带清香气息者为佳。

看壳色：以壳色浅褐，光亮者质好；壳色深灰或黑褐色，萎暗者质差。

看仁色：松仁肉色洁白质好；淡黄色质次；深黄带红，已泛油变质。

看牙芯：松仁芽芯色白质好；发青时已开始变质；发黑的已变质。

验干潮：松子壳易碎，声脆，仁肉易脱出，仁衣略有皱纹且较易脱落者身干；这样的比较好，而壳质软韧，仁衣无皱纹且不易脱落，仁肉较嫩者身潮。

食品健康知识链接

【天然药理】松子中的脂肪成分是油酸、亚油酸等不饱和脂肪酸，有很好的软化血管的作用，是中老年人保护血管的理想食物。松子中的磷和锰含量丰富，对大脑和神经有补益作用，是学生和脑力劳动者的健脑佳品，对老年痴呆也有很好的预防作用。松子含有丰富的油脂，能润肠通便，并且有很好的润肤美容功效，能延缓衰老。经常食用松子有强身健体、提高机体抗病能力、增进性欲、使体重增加等作用。中医认为松子具有强阳壮骨、和血美肤、润肺止咳、润肠通便等功效。

【用法指要】烹制前应将松子装入盆内，加适量清水轻轻搓洗，沥去杂质。松子可炒、煮、炖或做汤，也可作糕点用料。

【健康妙用】松子与鸡肉同吃能健脾养胃、滋润健体；与冬菇同吃能健脾益气、滋阴润肠、滋补强壮；与胡萝卜同吃能健脾开胃、滋阴润肺；与大米同煮粥食用能润肠增液，滑肠通便，对妇女产后便秘有较好的疗效。

【食用宜忌】一般人都可以食用，老人最宜食用。脾胃虚寒、慢性腹泻者不宜食用松子，因为它有润肠通便的作用。因其富含丰富的油脂，胆功能严重不良者应慎用；有脾虚而腹泻者或热性咳嗽患者不宜食用；想瘦身者应尽量避免食用。存放时间较长的松子会产生哈喇味，不宜食用。

【温馨提示】每次20克左右即可，不宜过量食用。

【药典精论】《海药本草》："海松子……久服轻身，延年益寿。"《日华子本草》载"逐风痹寒气，虚羸少气，补不足，润皮肤，肥五脏"。《玉楸药解》载"润肺止咳，滑肠通便，开关逐痹，泽肤荣毛"。

7. 怎样鉴别与选购荸荠

【本品概述】

荸荠俗称地栗、马蹄、乌芋，我国古代最早的名物工具书《尔雅》称之为凫茈，是因为凫鸟喜食而得名。为莎草科多年生草本植物，茎有主茎、叶状茎和匍匐茎三种。荸荠皮色紫黑，肉质洁白，味甜多汁，清脆可口，自古有"地下雪梨"之美誉，北方人视之为"江南人参"。它是大众喜爱的时令之品，原产中国。中国很多地方都有种植。

【选购指要】

由于荸荠外有一层黑色表皮阻挡，所以很难分辨好坏，因此在挑选时更需要注意。

优质的荸荠以皮薄，肉白，芽粗短，无破损，略带泥土的为好。没有破皮损伤、霉烂的痕迹。

颜色：荸荠表皮一般呈淡紫红色或红黑色，有些显老。如果发现荸荠表皮色泽鲜嫩，或呈不正常的鲜红色，分布又很均匀，最好不要购买，因为可能是经过浸泡处理的。

闻：在挑选荸荠时，可以闻一闻荸荠的味道，如果有刺鼻的味道，或别的异味，最好不要购买，因为可能是被浸泡处理过。

摸：在挑选荸荠时，要注意观察有无变质、发软、腐败等状况，还可以用手挤荸荠的角，如果浸泡过，手上会粘上黄色的汁液。

食品健康知识链接

【天然药理】荸荠是寒性食物，能清热生津、凉血解毒、利尿通便，还能补充营养，尤其适合发烧病人食用。荸荠中含有一种抗菌成分，对肺部、食道和乳腺的肿瘤有防治作用。中医认为，荸荠具有益气安中、清热止渴、开胃消食、利咽明目、化湿祛痰的功效。在呼吸道传染病较多的季节，吃鲜荸荠还有利于流脑、麻疹、百日咳以及急性咽喉炎的防治。

【用法指要】荸荠的食法一般有清炒、炖、烧等，也可生吃，还可以制成荸荠干、荸荠粉以及罐装荸荠。

【健康妙用】将荸荠与甘蔗老头共煮是清火解毒良药，对咽干喉痛、消化不良、大便燥结等症有很好的食疗作用。与无花果、瘦肉一同煲汤，饮用后可清热化痰、利咽止咳、补脾益气、润肠通便。与豆浆同食可生津开胃、滋阴润燥。与山楂、牛奶一同熬制成羹，食用后可健脾消食、补钙、降压。

【食用宜忌】荸荠有利小便的功用，当小便呈金黄色而尿量又不多时，或有刺痛情形，宜用荸荠煲糖水饮服，可除膀胱积热，尿道炎热及小便赤痛。喉干舌燥、肝胃积热、喉咙有寒痰时，宜多吃荸荠。凡脾胃虚弱及血虚者慎服。荸荠不宜与驴肉同食。

【温馨提示】每次食用10个左右即可。

【药典精论】《别录》："主消渴，痹热，热中，益气。"孟诜："消风毒，除胸中实热气；可作粉食，明耳目，止渴，消疸黄。"《日华子本草》："开胃下食。"《日用本草》："下五淋，泻胃热。"《滇南本草》："治腹中热痰，大肠下血。"《本草汇编》："疗五种膈气，消宿食，饭后宜食之。"《纲目》："主血痢、下血、血崩。"《本经逢原》："治酒客肺胃湿热，声音不清。"《北砚食规》："荸荠粉：清心，开翳。"《本草再新》："清心降火，补肺凉肝，消食化痰，破积滞，利藏血。"

8. 怎样鉴别与选购百合

【本品概述】

本品为百合科多年生草本植物卷丹、百合或细叶百合的干燥肉质鳞叶，是著名的保健食品和常用中药，因其鳞茎瓣片紧抱，"数十片相摞"，状如白莲花，故得名。人们常将其看作团结友好、和睦合作的象征。

【选购指要】

百合有鲜百合和干百合之分，鲜百合的感官要求是，柔软、颜色洁白、有光泽、无明显斑痕、鳞片肥厚饱满，无烂斑、伤斑、虫斑、黄锈斑。闻起来有淡淡的味道，尝起来有点苦。

买百合时，要注意两点：一是袋内装的新鲜百合要有光泽，没有黑褐斑点，个大瓣厚、质地细腻、外形好；二是打开后不能有怪味。

对于干百合的选购，民间存在两个误区，以为越白越好，越大越好，其实这是不对的。干百合的颜色应该是白色，或者是稍带淡黄色或淡棕黄。

另外，干百合应该是质硬而脆的，折断后的断面应该有角质样，比较光滑。而颜色过于白的干百合，有可能是用硫黄漂白过的，用在药用上会有副作用。

就药用来说，鳞片小的比大的好。用硫磺漂白过的干百合容易受潮，而且煮开来会带酸味，购买时要小心。

食品健康知识链接

【天然药理】百合能润肺止咳、宁心安神、美容养颜、清热凉血，主治肺燥、肺热，或肺热咳嗽、热病后余热未清、心烦口渴等病症。百合有良好的营养滋补之功，特别是对病后体弱、神经衰弱等症大有裨益。它还可以显著抑制黄曲霉素的致突变作用，临床上常用于白血病、肺癌、鼻咽癌等肿瘤的辅助治疗，可缓解放疗反应。

【用法指要】百合是良好的食品，其食用方法很多，除了药用外，南方人还用鲜百合烹制出各种菜肴。如“百合炒牛肉”、“百合炒西芹”等，味淡且清爽，实属上好的清炒时蔬。

【健康妙用】百合能清肺润燥，对肺燥或肺热咳嗽等症，常与麦冬、沙参、贝母、甘草等配合应用。用于热病后余热未清、神思恍惚之症，则与知母、地黄等配合应用。百合与蛋黄合用，滋阴润肺、安神，可益智健脑，减少疾病。还适合于辅助治疗阴虚失眠、心烦、精神不安、惊悸、阴虚咳嗽等病证。

【食用宜忌】食疗上建议选择新鲜百合更佳，秋季食用更宜。老少皆宜，但由于百合偏凉性，因此凡风寒咳嗽、虚寒出血、脾虚便溏者不宜选用。由于百合性寒黏腻，因此脾胃虚寒、湿浊内阻者不宜多食。

【温馨提示】每次10～30克。

【药典精论】《食疗本草》：“百合，主心急黄，以百合蒸过，蜜和食之。作粉尤佳。红花者名山丹，不堪食。”《大明本草》：“安心定胆，益志养五脏。”《百草镜》：“百合，白花者入药。红花者山丹，黄花者名夜合，今惟作盆玩，不入药。”《本经》：“邪气腹胀心病，利大小便，补中益气。”《别录》：“除浮肿胪胀，痞满寒热，通身疼痛，及乳难喉痹，止涕泪。”

9. 怎样鉴别与选购莲子

【本品概述】

莲子又名莲、藕实、水芝丹、泽芝、莲蓬，中国著名土特产之一，是一种老少皆宜的食疗佳品，有很好的滋补作用。古人认为经常食用莲子可以祛百病。莲子按产季不同，可分为伏莲（夏季成熟的）和秋莲（秋季成熟的）两类；按颜色不同，又可分为白莲和红莲（皮色暗红）。

【选购指要】

莲子以颗粒饱满、个大、均匀、身干、肉厚、色泽鲜亮、没有虫蛀、碎粒少的为佳品。

首先看颜色，漂白过的莲子一眼看上去就是泛白的，并且全部颜色一样，很漂亮，而真正太阳晒，或者是烘干机烘干的，颜色不可能全部都是很白的，也不会那么统一，天然的、没有漂白过的莲子是有点带黄色的。

其次是味道，可以闻一下味道，漂过的莲子没有天然的那种淡香味，干的莲子一把抓起来还是有很浓的香味，但不会像漂白过的莲子那样有点刺鼻。

最次听声音，莲子一定要非常干才可以长时间储藏，很干的莲子一把抓起来有咔咔的响声，很清脆；很多商家会在销售之前在干莲子里面加少量的水，表面上是看不出来的，但是听声音一般可以辨别。

最后看每颗的饱满度，越饱满的越好，营养越丰富，不饱满的一般是没有成熟了就被采摘，或是长了虫。劣质莲子煮后无清香味，有碱味，煮后大小几乎无变化。

食品健康知识链接

【天然药理】中医认为，莲子既能补，又能固，具有补益脾胃、止泻、养心安神、补肾固涩等功效，可以治疗脾虚泄泻、心悸不安、失眠、夜梦、男子遗精、女子月经过多、食欲不振等症状。现代医学则认为，莲子可促进凝血，使某些酶活化，维持神经传导性、肌肉的伸缩性和心跳的节律、毛细血管的渗透压、体内酸碱平衡，具有安神养心、治疗贫血、减轻疲劳的作用。

【用法指要】它是老少皆宜的滋补品，吃法很多，除鲜生食外，可制成冰糖莲子、蜜饯莲子、莲子粥或莲子羹，还可做糕点、汤品等，都非常美味可口。

【健康妙用】莲子与鸡肉同炖，食用后能健脾补肾、养心强身；与银耳同吃能补肺健脾，女性食用后还能美容养颜；与龙眼、芡实、薏苡仁煨汤，加蜂蜜调味，能为皮肤提供营养，促进新陈代谢，改善粗糙、病态的皮肤，使面部皮肤润滑细腻，或延缓皱纹形成。

【食用宜忌】脾虚泄泻、食欲不振、肾虚遗精、尿频、妇女体虚带下、心悸、虚烦不眠等症患者都宜食用。妇科需止血安胎，月经过多、崩漏者也可服用莲子。大便燥结者不可过多服用莲子，因为莲子有很强的收涩作用，可能使便秘症状加重。血压过低的人不能吃生莲子，因为莲子芯中含的生物碱有明显的降压作用。莲心不可与蟹、龟类同服，否则可出现某些不良反应。

【温馨提示】每次6~12克。买回的莲子应置于干燥处，以防虫蛀鼠食，保存时应经常翻晒，或者与花椒一起贮存。

【药典精论】《本草纲目》："莲子可以厚肠胃，治白带。"《神农本草经》："主补中，养神，益气力。"《日华子本草》："益气，止渴，助心，止痢。治腰痛，泄精。"《本草备要》："清心除烦，开胃进食，专治噤口痢，淋浊诸证。"《随息居饮食谱》："镇逆止呕，固下焦，愈二便禁。"

10. 怎样鉴别与选购菱角

【本品概述】

菱角古时叫"菱"，又称水栗子、沙角，是一种水生植物，属于菱科或者千屈菜科，是我国著名的土特产之一，距今已有3000多年栽培历史了。菱角的肉厚而味甘香，鲜老皆宜，生熟俱佳，不亚于板栗，生食可当水果，熟食能代粮。其营养价值可与其他坚果相媲美，被视为养生之果和秋季进补的药膳佳品。

【选购指要】

一般情况下，根据具体食用方法选购，生食以皮脆肉嫩的嫩菱为好，熟食以肉质洁白的老菱角为佳，但都应注意是否有霉变发生。如果要熟食菱角，肉质洁白的老菱口感最好。其中黄色或红色的菱角为完全成熟的，煮熟后口感绵软粉糯。如何区分鲜菱和老菱？用手指掐菱角，外壳相对比较脆嫩的就是鲜菱。鲜菱的硬壳有角，皮为绿色或褐色，果壳容易剥开，肉嫩，味甜，白净且清香多汁。老菱果实肥大，果壳坚硬，击之有声，味苦。把菱角放进水里浸泡，浮在水面上的是鲜菱，沉在底下的为老菱。

带壳菱角放冰箱可保存一星期，塑胶袋上要留洞通风，以免湿气在袋中易发霉。去壳菱角放进保鲜盒中，再包一层保鲜膜，放冰箱冷藏可保存两天。

食品健康知识链接

【天然药理】菱角含有一种叫AH-13的抗癌物质，这种物质对腹水型癌细胞的变性和组织增生有明显的抑制作用。据近代医学研究，菱角具有防癌抗癌的奇效，近年来已经开始将菱角果实用于食道癌、乳腺癌、子宫癌的辅助治疗。菱角属凉性食物，可以帮助胃肠消毒解热。中医学认为，食菱角可以“安中补五脏，不饥轻身”。菱角可粮可果，也是现代女性美容减肥的辅助食品。夏季食用还有行水、祛暑、解毒之效。

【用法指要】菱角的品种很多，现在有猪婆菱、腰子菱、水红菱、富元菱、小白菱、馄饨菱、一号白等，以猪婆菱、一号白为主。鲜菱可供生食，脆嫩爽口；老菱煮食，清香微甜；菱肉可煮菜肴，尤以炖豆腐为江南素食名菜。老菱还可制淀粉、酒精、糕点、罐头等。菱除鲜食外还可风干贮藏，称风菱，经年不坏，食之味更甜美；亦可水中藏，称栈菱、扒菱，至翌年清明上市；又可堆集在泥土中浇水存放，称酱菱；还有些菱成熟后掉落泥水中，待来年清明前后，长出芽茎，捞出称为芽菱，味美无比。

【健康妙用】将菱角与牛肉共煮，不但味道鲜美，也是时令补品。用菱角、红枣、花生，加入适量红糖做成“大补汤”，具有助消化、调脾胃、益气养血等功用，对体虚的老人、脾胃虚寒的产妇和患贫血、气管炎等人群具有良好辅助治疗作用。用菱角炖瘦肉，对解除神经痛、头痛、关节痛、腰腿痛等病症也有很好的治疗作用。

【食用宜忌】老年人常食有益。尤其适合于食欲不振、惊悸失眠、肾虚遗精者食用。大便燥结者不可过多服用。鲜果生吃过多易损伤脾胃，因此宜煮熟吃。菱角性凉，胃寒脾弱者不宜食用过多。与蜂蜜同食会造成消化不良。

【温馨提示】一次不可过多食用，以100克为宜。要生吃时一定要清洗干净，或少吃生品。

【药典精论】《本草纲目》：“补脾胃，强股膝，健力益气……菱实粉粥益胃肠，解内热。”

11. 怎样鉴别与选购芡实

【本品概述】

芡实，又名鸡头米、水鸡头、鸡嘴莲、鸡头苞等，我国中部、南部各省均有产，多生于池沼湖塘浅水中，果实可食用，也作药用。古药书中说芡实是“婴儿食之不老，老人食之延年”的粮菜佳品，它具有“补而不峻”、“防燥不腻”的特点，是秋季进补的首选食物。

【选购指要】

购买芡实时，要选择身干、无虫蛀、颗粒饱满均匀、少碎屑、粉性足、无杂质的。破开后，断面不平，色泽白，粒上残留的种皮为淡红色的质好；色泽暗，粒上残留的种皮为褐红色的质差。齿咬后易碎的为身干，不易碎、有韧性的为身潮。

食品健康知识链接

【天然药理】芡实具有固肾涩精，补脾止泄，利湿健中之功效；主治腰膝痹痛，遗精，淋浊，带下，小便不禁，大便泄泻等病症。芡实含有丰富的淀粉，可为人体提供热能，并含有多种维生素和碳物质，保证体内营养所需成分。芡实可以加强小肠吸收功能，提高尿木糖排泄率，增加血清胡萝卜素浓度。血清胡萝卜素水平的提高，可使肺癌、胃癌的发病几率下降，大大减少癌症发生的机会。

【用法指要】生芡实以补肾涩精为主，而炒芡实以健脾开胃为主。炒芡实一般药店有售，因炒制时，要加麦麸，并掌握一定的火候，家庭制作不方便。另外也有将芡实炒焦使用的，主要以补脾止泻为主。

【健康妙用】将炒芡实倒入锅内，加水煮开片刻，再加淘洗干净的大米，粥成即可食用。常吃可健身体，强筋骨，聪耳明目。也可制作芡实糊：将炒熟的芡实研磨成粉，临服时，取50～100克粉末冲开水调服。随自己爱好，可加入芝麻、花生仁、核桃肉等。民间常用炒芡实与瘦牛肉加调料煮烂食用，也能取得较好的疗效。对于老人脾胃虚弱，便溏腹泻者，可常服芡实扁豆粥。

【食用宜忌】适宜妇女脾虚白带频多、肾亏腰脊酸痛者食用；适宜老年人小便频数者食用；适宜体虚遗尿之儿童食用；适宜肾虚梦遗滑精、早泄、脾虚便溏、慢性腹泻者食用。芡实性涩滞气，一次切忌食之过多，否则难以消化。平素大便干结或腹胀之人忌食。

【温馨提示】每餐50克，不宜食用太多。芡实要用慢火炖煮至烂熟，细嚼慢咽，方能起到滋养身体的作用。

【药典精论】《神农本草经》：“主湿痹腰脊膝痛，补中除暴疾，益精气，强志，令耳目聪明。”《日华子本草》：“开胃助气。”《随息居饮食谱》：“凡外感前后，疟痢疳痔，气郁痞胀，溺赤便秘，食不运化及新产后皆忌之。”《本草从新》：“补脾固肾，助气涩精。治梦遗滑精，疗带浊泄泻，小便不禁。”

12. 怎样鉴别与选购南瓜子

【本品概述】

南瓜子别名番撤、北瓜子、白瓜子、金瓜子、南瓜仁，为葫芦科植物南瓜的种子，我国各地广泛种植，营养丰富。主产于中国浙江、江苏、河北、山东、山西、四川等地。

【选购指要】

到市场一定要选购质量尚好的南瓜子，生熟均可，挑选时以个大、籽粒饱满、厚实、有光泽、洁净、无斑点者为佳品。霉烂变质、虫蛀的南瓜子，购回之后要进行筛选、清除坏籽或杂质，防止“病从口入”。

食品健康知识链接

【天然药理】现代医学研究证明：南瓜子有很好的杀灭人体内寄生虫的作用，对血吸虫幼虫也具有很好的杀灭效果，可使虫数减少，对急性血吸虫患者产生的发热、食欲不振等症状有缓和作用，并使体温恢复正常，是血吸虫病的理想的食疗食品。前列腺的分泌激素功能主要依靠脂肪酸，南瓜子含有丰富的泛酸和脂肪酸，因此南瓜子可以使前列腺保持良好功能，也能治疗部分阳痿、早泄、尿无力等症状，因此也有“男性的矿物质”的称号。传统中医学认为南瓜子具有消水利肿的作用，对女性产后的浮肿等症有很好的疗效。

【用法指要】南瓜子生吃或者熟吃都可以。食用前可将南瓜子装在有细密漏格的菜篮内，置于水龙头下放水冲洗，沥干水即可。

【健康妙用】南瓜子配槟榔用，可以杀虫消积，行气助运，驱邪扶正，诸虫可除；配茯苓，健脾除湿，利中带补；配莱菔子，消降兼施，气顺痰消，食积得化，咳喘得平；配桑白皮，泻肺火，润肺燥，平肺气，助清肃，标本兼顾；配芦荟，杀虫除积，功效大增；配鸡内金，健脾和胃，杀虫除疳，扶正去邪，攻补兼施。

【食用宜忌】人人都可以食用，尤其适合男性经常食用；生活在卫生条件较差地区的人可经常食用以驱虫。产妇哺乳期间不宜食用炒或者煮熟的南瓜子，否则可能会减缓乳汁的分泌，因此宜食用生南瓜子。胃热病人不宜多吃，否则会感到脘腹胀闷。正常人一次也不要吃得太多。

【温馨提示】每次以50克为宜。

【药典精论】《纲目拾遗》：“多食壅气滞膈。”《安徽药材》：“能杀蛔虫。”

13. 怎样鉴别与选购榧子

【本品概述】

榧子又名赤果、玉山果、玉榧、野极子等，是红豆杉科植物香榧的种子。它和其他植物种子一样，含有丰富的脂肪油，甚至超过了花生和芝麻，其所含的乙酸芳樟脂和玫瑰香油是提炼高级芳香油的原料。其营养成分也十分丰富，具有很好的食用价值。

【选购指要】

优质的榧子外有坚硬的果皮包裹，大小如枣，核如橄榄，两头尖，呈椭圆形，成熟后果壳为黄褐色或紫褐色，种实为黄白色，富有油脂和特有的一种香气。以个大、壳薄、种仁黄白色、不泛油、不破碎者为佳。外壳有霉点、有霉味的不要食用。

食品健康知识链接

【天然药理】现代医学认为，榧子可以用于多种肠道寄生虫病，其杀虫能力与中药使君子相当；其脂肪酸和维生素E的含量很高，经常食用可以润泽肌肤、延缓衰老；其含有较多的维生素A等，这对保护视力十分有益，对眼睛干涩、易流泪、夜盲等症状有预防和缓解的功效。中医学则认为，榧子具有消除疳积、润肺滑肠、化痰止咳等功效，适用于多种便秘、痔疮、消化不良、食积、咳痰等多种症状。

【用法指要】与核桃相同。

【健康妙用】将适量榧子炒熟，不要炒焦，备用。5岁以上儿童，每岁每次2粒，嚼细烂，日服3次，连服1周。5岁以下儿童，服榧子粉为宜，即炒熟榧子，研细末，每岁每次1克，温开水送服，日服3次，连服1周。可治蛲虫。

【食用宜忌】一般人都可以食用，小儿和有寄生虫者更应该适量服用。由于榧子有润肠通便的作用，因此本身就有腹泻或大便溏薄者不要服用。香榧不要与绿豆同食，否则容易发生腹泻。饭前不宜多吃，以免影响正常进餐。榧子的性质偏温热，多吃可以使人内热上火，因此有咳嗽咽痛的人最好不要食用。榧子也不宜和绿豆一起食用，否则会发生腹泻。

【温馨提示】每次10~15颗即可。

【药典精论】《日用本草》："杀腹间大小虫，小儿黄瘦，腹中有虫积者食之即愈。又带壳细嚼食下，消痰。"孟诜："令人能食，消谷，助筋骨，行营卫，明目。"《生主编》："治咳嗽，白浊，助阳道。"《本草再新》："治肺火，健脾土，补气化痰，止咳嗽，定呵喘，去瘀生新。"《随息居饮食谱》："多食助火，热嗽非宜。"

14. 怎样鉴别与选购槟榔

【本品概述】

槟榔又名榔玉、宾门、海南子等，为棕榈科植物槟榔的成熟种子。槟榔树为常绿乔木，生于热带地区，常栽培于阳光充足、湿度大的林间地上。我国福建、台湾、广东、海南、广西、云南等地有栽培。11—12月将采下的青果煮沸4小时，烘12小时即得榔干。3—6月采收成熟果实，晒3~4日，捶破或用刀剖开取出种子，晒干，也有经水煮，熏烧7~10日，待干后剥去果皮，取出种子，烘干者，称为榔玉。

【选购指要】

挑选槟榔，先是看。看形体，看颜色。制作得恰到好处的槟榔，无论干果青果，均保存有它的原汁原味，虽然也可感受到食品添加剂的存在，但配方科学适度，槟榔入口，爽而不涩，甜而不腻，能耐咀嚼，齿颊留香，让人满面红光，精神振奋，酒毕餐后，更是感到胃肠舒服，通体轻快。

一等干货呈扁圆形或圆锥形，表面淡黄色或棕色。质坚实，断面有灰白色与红棕色交错的大理石花纹。味涩微苦。每1000克160个以内。无枯心、破碎、杂质、虫蛀、霉变。

二等干货呈扁圆形或圆锥形，表面淡黄色或棕黄色。质坚实，断面有灰白色与红棕色交错的大理石样花纹。味涩微苦。每1000克160个以上，间有破碎、枯心不超过5%；轻度虫蛀不超过3%。无杂质、霉变。

食品健康知识链接

【天然药理】槟榔归脾、胃、大肠经，具有驱虫、消积、下气、行水、消肿、截疟的功效，主治虫积疳疾、食滞不消、脘腹胀痛、泻痢后重、大便秘结、疝气、脚气、水肿、疟疾等症。

【用法指要】槟榔为药食两用食物，可以内服、煎汤，或制成丸、散。

【健康妙用】用槟榔制成溶液点眼，可治疗青光眼。小儿虫积腹痛者，可与鹤虱、苦楝根等同用；虫积腹痛，消化不良者，可与神曲、麦芽、使君子等配伍；情志失调，气逆喘急，胸膈满闷，不思饮食者，可与沉香、乌药、人参磨汁服；水湿壅盛，症见遍身水肿，呼吸喘急，二便不利者，可与羌活、泽泻、商陆等配伍；寒湿痰饮而致疟疾常发者，每与常山、草果等同用。

【食用宜忌】一般人都可以食用，但不宜过量。气虚下陷及脾虚便溏者禁食。

【温馨提示】每次6~15克即可，杀虫则需要60~120克。

【药典精论】《名医别录》谓："槟榔生南海，气味苦辛温涩、无毒，消谷逐水除痰癖，杀三虫，伏尸，寸白。"南朝梁•庾肩吾《槟榔颂》曰："无劳朱实，兼荔枝之五滋，能发红颜，类芙蓉之十酒。"

15. 怎样鉴别与选购罗汉果

【本品概述】

罗汉果又名汉果、拉汉果、青皮果、罗晃子、假苦瓜等，为葫芦科多年生藤本植物，产于广西、广东。其外形似鸡蛋，鲜果外皮呈绿色，经炭火烘干后成褐红色，有光泽，残留少许茸毛，干果皮薄而脆，果实表面呈黄白色，质松软，似海绵状。

【选购指要】

罗汉果以果形端正、果大干爽、果皮黄褐色、果干而不焦、壳不破、摇不响、味甜而不苦为佳。具体选购方法如下：

看。罗汉果表面为褐色、黄褐色或绿褐色，有深色斑块及黄色柔毛，果实表面茸毛越多表明越新鲜；尽量要选购长形果；看罗汉果是否有烤焦现象；果心不发白，不显湿状。

摇。拿起罗汉果摇一摇，摇不响为佳，响果因生长日龄不够而造成果实烘干之后果内物质未能与果壳联结而成为自由物，当果实被摇动时，此自由物撞击果壳而发出声音。

碰。干爽有弹性：罗汉果轻抛在桌面上像乒乓球一样会弹跳者佳，两果相碰时发出清脆声。

泡。罗汉果泡开水具有清甜的香味，不苦。

食品健康知识链接

【天然药理】中医学认为，罗汉果有清热凉血、生津止咳、滑肠排毒、嫩肤益颜、润肺化痰等功效，可用于益寿延年、驻颜悦色及治疗痰热咳嗽、咽喉肿痛、大便秘结、消渴烦躁诸症。现代医药学研究发现，罗汉果含有丰富的糖甙，具有降血糖作用，可以用来辅助治疗糖尿病；它也含有丰富的维生素C，能抗衰老、抗癌及益肤美容，改善肥胖者的体形。

【用法指要】罗汉果可鲜吃，但常烘干保存，是一种风味独特的干果。煎煮罗汉果时最好剥开切碎，以利药效释出。

【健康妙用】用罗汉果少许，冲入开水浸泡，是一种极好的清凉饮料，既可提神生津，又可预防呼吸道感染，常年服用，能驻颜美容、延年益寿，无任何毒副作用。罗汉果与猪瘦肉煮汤食用，可解热消暑，止咳化痰，促进肠胃机能和抑制哮喘；罗汉果与兔肉同食，可润肺，止咳，美容；罗汉果与大米煮粥食用可清肺止咳，润肠通便，适用于小儿百日咳、肺热咳嗽、肠燥便秘、慢性咽炎、慢性气管炎等症患者，经常食用还能保护声带。

【食用宜忌】一般人都可以食用，尤其适合血管硬化、高血压、糖尿病患者食用，也适合肺燥咳嗽、咽喉干痛、暑热口渴、血燥便秘者食用。胃寒、肺虚喘者不宜食用罗汉果。

【温馨提示】每次1个即可。

【药典精论】《中药大辞典》、《广西中药志》："益肝健脾、清热解暑、化痰止咳、凉血舒骨、清肺润肠。"《岭南采药录》："理痰火咳嗽，和猪精肉煎汤服之。"

第十章 奶类食品鉴别与选购

1. 怎样鉴别与选购酸奶

【本品概述】

酸奶俗称酸牛奶，是以新鲜的牛奶为原料，加入一定比例的蔗糖，经过高温杀菌冷却后，再加入纯乳酸菌种培养而成，其营养成分同牛奶。目前市场上酸奶制品多以凝固型、搅拌型和添加各种果汁、果酱等辅料的果味型为多。它口味酸甜细滑，营养丰富，深受人们喜爱。专家称它是“21世纪的食品”，是一种“功能独特的营养品”。和新鲜牛奶相比，酸奶不但具有新鲜牛奶的全部营养素，而且酸能使蛋白质结成细微的乳块，乳酸和钙结合生成的乳酸钙，更容易被消化吸收。

【选购指要】

合格的酸奶凝块均匀、细腻、无气泡，表面可有少量的乳清析出，呈乳白色或淡黄色，气味清香并且具有弹性。搅拌型酸奶由于添加的配料不同，会出现不同色泽。变质的酸奶，有的呈流质状态；有的酸味过浓或有酒精发酵味；有的冒气泡，并带有一股霉味；有的颜色变为深黄色或发绿。

食品健康知识链接

【天然药理】酸奶可维护肠道菌群生态平衡，形成生物屏障，抑制有害菌对肠道的入侵。酸奶通过产生大量的短链脂肪酸促进肠道蠕动及菌体大量生长改变渗透压而防止便秘。酸奶含有多种酶，能促进消化吸收。酸奶通过抑制腐生菌在肠道的生长，抑制了腐败所产生的毒素，使肝脏和大脑免受这些毒素的危害，防止衰老。乳酸菌可以产生一些增强免疫功能的物质，可以提高人体免疫力，防止疾病。经常喝酸奶可以防止癌症和贫血，并可改善牛皮癣和缓解儿童营养不良。

【用法指要】酸牛奶买回后，先存入冰箱，以防变质，因为其保质期较短，一般为一周，且需在2℃~6℃下保藏。

【健康妙用】酸奶还具有减轻辐射损伤、抑制辐射后人的淋巴细胞数目下降的作用。因此，午饭时或午饭后喝一杯酸奶，不仅可以让上班族放松心情，在整个下午都精神抖擞，更有利于提高工作效率，还能减轻辐射对免疫系统的损害，对健康非常有益。

【食用宜忌】酸奶是幼儿较好的乳品，尤其适用于消化能力差易腹泻的幼儿。此外，体质虚弱、气血不足、肠燥便秘、高胆固醇血症、动脉硬化、冠心病、脂肪肝、癌症患者也宜食；老、弱、病、妇及幼儿四季都宜食。空腹不宜喝酸奶，在饭后2小时内饮用，效果最佳。饮用酸奶不能加热。不要用酸奶代替水服药，特别是不能用酸奶送服氯霉素、红霉素、磺胺等抗生素及治疗腹泻的一些药物。胃酸过多之人不宜多吃。糖尿病患者要慎食。对牛奶过敏的人、胃肠道手术后的病人、腹泻或其他肠道疾患的患者不适合喝酸奶。

【温馨提示】酸奶是极好的美容食品，长期适量饮用可使皮肤滋润、细腻。每日150~250毫升。

2. 怎样鉴别与选购牛乳

【本品概述】

牛乳俗称牛奶，营养丰富，容易消化吸收，物美价廉，食用方便，是最“接近完美的食品”、“白色血液”、最理想的天然食品。

【选购指要】

一般而言，鲜牛奶呈乳白色或微黄色的均匀胶态流体，无沉淀、无凝块、无杂质、无淀粉感、无异味，且具有新鲜牛奶固有的香味。如果将牛奶倒入杯中晃动，奶液易挂壁；滴一滴牛奶在玻璃上，乳滴呈圆形，不易流散；煮制后无凝结和絮状物。

食品健康知识链接

【天然药理】牛奶为完全蛋白质食品，有较好的保健和医疗价值，对脑髓和神经的形成及发育有重要作用。牛奶能中和胃酸，防止胃酸对溃疡面的刺激，因此服用牛奶对消化道溃疡，特别是胃及十二指肠溃疡有良好的治疗作用。奶制品中丰富的钙元素，对人体内的脂肪降解非常重要，能帮助人体燃烧脂肪，促进机体产生更多能降解脂肪的酶，因此有助于减肥。其含有较多的B族维生素，能滋润肌肤，保护表皮、防裂、防皱，使皮肤光滑柔软、白嫩，使头发乌黑，减少脱落，从而起到护肤美容作用。牛奶中所含的铁、铜和维生素A，对胃癌和结肠癌还有一定的预防作用。每晚睡前饮一杯热牛奶，可治神经衰弱、失眠。

【用法指要】买回牛奶后，可先存入冰箱，以防变质。饮用时将牛奶倒入不锈钢锅内，煮沸后加糖即可饮用。每100毫升牛奶加糖6克较宜。

【健康妙用】炸鱼前，先将鱼浸入牛奶片刻，可除腥增香。炖鱼时加奶，可使鱼更酥软。白水煮马铃薯时，水中加一些牛奶，不但使马铃薯味好，也可变白。做蛋卷外皮时，用牛奶调和鸡蛋，不仅味美，而且可增加柔软度。将牛奶煮沸，当茶饮用，可治产后虚弱、下虚消渴（小便多，日见消瘦）。

【食用宜忌】适宜于年老体弱、儿童生长发育期、体质虚弱、营养不良、病后者食用；也适合糖尿病、高血压、高血脂、动脉硬化、冠心病、干燥综合征等患者饮用。缺铁性贫血患者、腹部手术病人、痰多及平素脾胃虚寒、腹泻便溏者忌食。肾结石病人不宜在睡前喝牛奶。患有高血压、冠心病而服用复方丹参片者不宜喝牛奶，牛奶忌与酸性果汁同服，因为牛奶中的酪蛋白遇酸性果汁常会结成凝块而影响消化吸收，还会出现腹胀、恶心、呕吐。

【温馨提示】鲜牛奶宜放在避光的地方或容器内暂存，日光的直照能使牛奶变质。一般人每天饮用200毫升左右即可；孕妇每天饮用200~400毫升。

【药典精论】《本草经疏》："牛乳乃牛之血液所化，其味甘，其气微寒无毒。甘寒能养血脉，滋润五脏，故主补虚馁，止渴。"《本草汇言》："膈中有冷痰积饮者忌之。"